普通高等教育计算机类特色专业系列规划教材

C语言程序设计实用教程

张幸儿 编著

科学出版社

北京

内 容 简 介

本书以应用为主线，讨论C语言程序设计，内容包括概况、C语言程序的运算功能、最简单程序的设计、分支程序设计、循环程序设计、同类问题的求解、表格处理功能的实现、链表的设计与实现、C语言应用程序的编写、界面的设计与实现及应用程序编写实例、C语言低级特性及其在系统软件中的应用，以及C语言程序的阅读与查错。

本书强调程序设计全过程，即设计、编程与调试，强调程序设计的基本功，即程序的读、写与调试能力，强调思路与总体设计，兼顾基础性、实用性、趣味性与拓展性。

本书可作为高等院校理工科C语言程序设计课程的教材，或作为使用C语言开发应用程序的参考书，也可作为C语言程序设计自学读物。书中融合了C语言程序设计二级等级考试内容，亦可作为等级考试的辅助读物。

本书所附光盘中包含有可运行的界面函数及管理信息系统实例，对进行毕业设计的读者可提供有效支持。

图书在版编目(CIP)数据

C语言程序设计实用教程/张幸儿编著．—北京：科学出版社，2012
普通高等教育计算机类特色专业系列规划教材
ISBN 978-7-03-034945-3

Ⅰ．①C… Ⅱ．①张… Ⅲ．①C语言－程序设计－高等学校－教材 Ⅳ．①TP312

中国版本图书馆CIP数据核字(2012)第132588号

责任编辑：贾瑞娜 / 责任校对：张怡君
责任印制：闫 磊 / 封面设计：迷底书装

科学出版社 出版
北京东黄城根北街16号
邮政编码:100717
http://www.sciencep.com

双青印刷厂 印刷
科学出版社发行 各地新华书店经销

*

2012年8月第 一 版 开本：787×1092 1/16
2012年8月第一次印刷 印张：25 1/4
字数：648 000

定价：46.00元(含光盘)

(如有印装质量问题，我社负责调换)

前 言

C 语言程序设计，顾名思义，是使用 C 语言作为编写程序的规范进行程序设计。C 语言程序设计是一门实践性的课程，作为实用教程，重点是实用性，即把所学的知识应用到程序的编写中。实用体现在哪里？本书重点讨论了下列几方面的应用，如数学计算、表格处理、智力游戏、管理信息系统，直到编译系统这类系统软件。读者可以深切体验 C 语言表达的丰富性和应用的广泛性，感受C 语言的魅力。

程序设计是包括设计、编程与调试的整个过程。因此，不宜以 C 语言成分为主线，更重要的是从程序设计方法学的角度来讲授程序设计的规范、思路、方法与技巧，使读者能逐步理解、领悟与掌握，以系统而有条理的方式来开发应用程序。作者编写本书的指导思想如下。

（1）重基础。深入浅出，讲清概念，如对量与类型及函数等概念有深层次的阐述。书中引入丰富的典型实例，包含各种重点而典型的算法。各章末都有语法概括，特别是突出 C 语言与其他程序设计语言的区别。

（2）重能力。本书强调程序设计全过程，透彻分析、阐述应用程序的设计与实现，结合笔者多年来的教学经验与科研实践，引入各种编程方法与技巧。本书强调程序设计的要点与基本法则，强调写程序、读程序与调试程序是程序设计的三个基本功，强调程序控制流程图、静态模拟追踪法和动态调试工具，着重培养程序设计能力（包括分析问题能力、编程能力与上机调试能力)。强调思路与总体设计，便于读者掌握 C 语言程序设计的思路和要点，能举一反三，灵活运用。

（3）重实用。以应用为主线，从应用问题的需求出发，逐步引入各种语言成分和概念，结合数学计算、表格处理、智力游戏程序、管理信息系统、编译系统等实例，讨论应用程序的设计，特别是强调界面与程序的联系。一个应用程序通常涉及三个方面，即界面、程序与数据。界面是人机交互的手段，用户通过界面来控制程序的运行；程序是实现的主体；数据是程序处理的对象。书中突出这三者之间的联系并进行深入讨论，为读者今后研制应用程序打下良好的基础，对于完成毕业设计课题，也有一定的参考价值。

（4）重趣味性。本书讨论幼儿算术题测验程序、知识小测验程序、算术题自测程序与幻方程序等的设计，以增加趣味性。特别是 24 点游戏程序，它的实现富有技巧性，给读者带来享受。

（5）重拓展。结合 C 语言程序设计等级考试，以计算机应用基础、数据结构与编译原理等课程中相关内容作为实例，从 C 语言程序设计角度展开讨论，进行程序设计，拓宽读者的知识面，给读者留下深刻印象，有利于读者后续课程的学习。

本书引用了全国与江苏省 C 语言程序设计二级等级考试近几年（主要是最近 3 年）的试题作为实例进行讲解，使读者既加深概念理解，又熟悉等级考试的题型，有助于参加等级考试。，

本书兼顾基础性、实用性、趣味性、拓展性。

本书配套光盘附录 1 中给出了使用 Turbo C 2.0 的详细内容，包括它的操作与快捷键、常用的 DOS 命令，以及编译时程序报错信息的中英文对照，特别给出了成然拼音输入法的帮助说明，以便读者熟练掌握 Turbo C 的应用，使汉字输入不再困难。还提供了常用系统函数名及相应的头文件名，便于读者利用 C 语言现有系统函数编写应用程序。

配套光盘内容还包括：①C 语言实现的菜单函数与窗口函数；②界面函数应用实例：24 点游戏程序、小学数学自测系统与知识咨询系统；③基于 VC++的通讯录管理系统；④各章例题的 C 程序源代码；⑤计算机等级考试 C 语言二级相关的综合题、补充例题与习题。所列程序与实例都是可运行的，为读者提供了用 C 语言设计应用程序的模板，便于读者设计与实现各类应用程序，包括进行毕业设计。

本书突出了程序设计全过程，内容丰富，例题颇多，读者可以根据自己的需要精读相关内容。对于希望提高 C 程序的编写能力，包括进行毕业设计的读者，可精读第 9、10 章，对于关注 C 语言程序设计等级考试的读者，除了重点理解与掌握 C 语言程序设计相关的基本概念外，可精读第 12 章，并完成光盘附录 6 中的补充题。

本书提供电子课件供任课教师参考，可向出版社申领。

最后，感谢科学出版社的编辑对本书的支持及所做的大量工作，使本书能顺利面世。感谢张福炎教授、李宣东教授与陈家骏教授长期以来对本书编写的关心与支持。感谢刘益新为收集本书例题与习题所做的工作。感谢曾琦与严萍，她们在南京大学就读期间开发的应用系统，为用 C 语言实现界面做出了卓有成效的工作。另外，还感谢李意勉对本书编写的全力支持。

由于作者水平有限，书中难免存在疏漏与不足之处，敬请读者批评指正。

作者的 E-mail 地址：zhangxr0@sina.com 或 zhang_xinger@hotmail.com。

作　者

南京大学计算机科学与技术系

2012 年 5 月

目　录

光盘目录

第1章　概　　况

当今的信息时代建立在计算机广泛应用的基础之上，不仅高端的科技成果归功于计算机，就是日常工作、生活，大家也离不开计算机。计算机为什么有这样的能耐？这要归功于计算机软件。计算机软件是什么？它是程序及相关的一些文档和数据，其中程序是核心。

C语言程序设计，其中的关键字是程序设计，也就是说，使用C程序设计语言来进行程序设计。我们首先应了解程序是什么？程序设计语言是什么？同时程序设计又是什么？

希望读者通过本章的讨论，对C语言与C语言程序的结构有一个概括性的了解，对程序设计的概念有一个整体的轮廓，包括程序设计的过程、程序设计的要点、编程的基本法则和程序的书写格式等，都有一个初步的认识。

1.1　程序与程序设计语言

1.1.1　程序的概念

程序是什么？人们早已熟悉程序这个名称，如开大会，就有大会程序，大会按照既定的大会程序进行。这表明，程序是要求按序完成的一系列指令，按照它来完成一系列的事项。沿用到计算机领域，计算机程序自然是要求计算机按序完成的一系列指令。要求计算机完成的这一系列指令如何表达呢？

现在假定要从键盘上键入三个整数，求其平均值，可分别用汉语和英语来表达如下：

汉语	英语
提示：“请键入a、b与c的值”。	Prompt: “Type the values of a, b and c.”
键入a、b与c的值。	Type the values of a, b and c.
求a、b与c的平均值average。	Calculate the average of a, b and c.
打印输出平均值average。	Print the value of average.

若用C程序设计语言来表达，则可写出如下语句：

```
printf("Type the values of a, b and c: ");
scanf("%f,%f,%f", &a, &b, &c);
average=(a+b+c)/3;
printf("average=%f\n", average);
```

显然前面两种表达方式都是容易理解的。对于第三种表达方式，读者了解C语言的书写规则后也不难理解。这是因为所有这些表达方式在书写上都是正确的，即单词和符号都是正确的，顺序安排符合语法，含义表达清晰。但这些仅是片段，不是完整的表述，尤其是上述第三种表达方式并不是一个完整的程序。

一个C语言程序必须遵循C语言程序书写规定，按照特定的格式来书写。例如，下面是可运行的完整的C语言程序。

```
/*  ave3.c  */
main()
{  float a,b,c;  float average;
   printf("Type values of a, b and c:");
   scanf("%d,%d,%d", &a, &b, &c);  /* 输入a、b与c的值*/
```

```
    average=(a+b+c)/3;                    /* average 存放a、b与c的平均值*/
    printf("average=%f\n", average);
}
```

1.1.2　程序设计语言的引进

为了书写程序，就需要引进程序设计语言。程序设计语言是专门用来书写程序的工具，它一般包含一组记号及一组规则。记号是程序的基本组成成分，规则规定了如何由这些记号组成程序。C 程序设计语言（今后简称为C语言）就是为了书写C程序设计语言程序（今后简称为C语言程序或C程序）而引进的程序设计语言。C语言的记号，将称为基本符号，包括字母、数字、运算符与标点符号等。不言而喻，并不是把这些记号随意拼凑在一起就能组成程序，必须按照规则对记号进行组织。正像分析英语句子时引进各种语法概念（如名词、主语与谓语等），为了便于分析C程序的结构，对由若干个连续的基本符号组成的符号，以及由若干个连续符号组成的部分，引进相应的各种语法成分，如标识符、表达式与语句等。

C语言，作为一种程序设计语言，通常涉及四个方面，即语法、语义、语用与语境。

• 语法：指明程序设计语言程序的书写规则，其中由基本符号组成符号的拼写规则称为词法规则。例如，按照词法规则，前面例子中由字母这种基本符号组成了符号 main 与 average。由符号组成语法成分的规则称为语法规则。词法规则与语法规则全体统称为语法。例如，符号 average、=、(、a、b、c、)、+、/、3 与;组成赋值语句“average=(a+b+c)/3;”。

• 语义：指明按语法规则构成的各个语法成分的含义，尤其是程序的含义。程序设计语言的语义决定了语法成分的含义，即程序执行后将达到的效果。例如，赋值语句

```
average=(a+b+c)/3;
```

的语义是：计算变量a、b与c值之和除以3，即求a、b与c的平均值，然后把这个平均值赋给变量average。

• 语用：一般用来表示语言中的符号及其使用者之间的关系。例如，C程序中的注释指明某变量的物理意义与用途等，这就是语用的体现。例如，程序中的注释

```
/* average 存放a、b与c的平均值 */
```

说明 average 的用途是存放平均值。

• 语境：指理解和实现程序设计语言的环境，包括编译环境与实现环境。不同的语境明显地影响着语言的实现。例如，C语言中，整型量通常占用2个存储字节，这意味着一个整型量最大值为 $2^{16}-1=32767$，当值32767再加1时的结果，将不是32768，而是得到结果-32768，这显然是错误的。但如果让一个整型量占4字节，显然情况就完全不一样，32767 + 1 = 32768，这时不会发生错误。在应用一种程序设计语言编写程序时，注意语境问题是非常必要的。

1.1.3　C语言特点

设计C语言的初衷是为了研制计算机系统软件（特别是操作系统）程序，当前已广泛应用于各种应用领域，这是因为C语言有下列特点：

• C语言是一种人为设计的符号语言，相对于计算机机器语言与汇编语言，通常称为高级程序设计语言，应用它来书写的程序接近于通常的口语描述，也接近于通常的数学表示，因此易于书写，利于阅读理解，便于修改。相比低级程序设计语言，程序编写效率更高。

• C语言有着较强的表达能力。它具有较完备的数据结构和运算种类，可以用来表达各种计算功能，而且具有各种控制功能，因此可以用来编写广泛应用范围的应用程序。

• C语言可以支持对机器语言级指令的操作，因此C语言又具有低级程序设计语言的特征，适合于编写系统软件程序。

• C语言支持模块化程序设计，可以用于编写较大的应用程序。

• C语言的集成开发环境具有较强的优化功能，编写的C程序具有较高的时空功效，特别是它提供动态调试手段，给程序员带来方便。

但C语言也有着一些明显的不足，表现在下列几个方面。

• C语言表达能力强，却过于灵活，语法定义又不太严格，因此易错，又不易查出错误，典型的例子是自增自减运算与赋值表达式。

• C语言的实现细节有时与通常的处理思路不一致，如函数调用时实际参数的计算，当有多个参数时，不是按书写的顺序从左到右计算，而是按从右到左的顺序计算。

• C语言程序在DOS方式下运行，用户接口界面不利于用户操作，进一步说，为让应用程序有较好的接口界面，需要应用程序开发人员自行开发相应的界面程序。

尽管C语言有着一些不足，但它的问世，推动了计算机高级程序设计语言的发展，目前在C语言基础上，发展了可视化C语言（VC++）与Java语言等，然而，在开发系统软件与各个应用领域的应用程序上，C语言依然有着广泛的应用。目前在我国相当多的高校，不仅在计算机专业，而且在其他理工科专业也开设了C语言程序设计课程。

1.2　C语言程序的组成

编写程序的目的是为了达到某个目标，在运行程序时取得某种效果。为了达到这个目标，一个程序首先必须在书写上是正确的，也就是说要严格按照语法规则来书写程序；当语法正确后，便要求程序的含义必须与预期达到的效果一致。为此，有必要明确C语言程序的结构是怎样的，组成程序的各个语法成分的书写规则是怎样的，以及各个语法成分的语义又是怎样的。

1.2.1　C语言程序结构

先从实例来了解C语言程序的结构。

例1.1　试写出计算3个整数值的平均值的C程序。

假定有3个取整数值的变量a、b与c，要求计算它们的平均值average，可写出C程序如下：

```
main()
{  int a,b,c;  int average;
   average=(a+b+c)/3;
}
```

其中a、b与c是3个int型（整数值）的变量，average是存放平均值的变量。程序运行结果是把计算所得的平均值存放在average中。很明显，a、b与c三者均无值，需要从键盘输入值，同时需要打印输出计算结果。再者，这时所得的平均值是整数，假定要求精确到小数点后1位，可修改成如下的程序：

```
main()
{  int a,b,c;  float average;            /* average存放平均值 */
   printf("请输入a、b与c的值：");        /* 提示要输入a、b与c的值 */
   scanf("%d,%d,%d", &a,&b,&c);         /* 输入3个整数值，中间用逗号隔开 */
   average=(a+b+c)/3.0;                  /* 求出平均值 */
   printf("%d,%d,%d的平均值=%f\n",a,b,c,average);  /* 输出平均值 */
}
```

注意　求平均值时，不是除以3，而是除以3.0。

这是一个书写正确的C程序，运行后可得到期望的结果。从C语言的角度，这是一个C

语言的函数定义，且是由关键字 main 标记的主函数定义。第一行称为函数首部，后面 6 行组成函数体。函数体中的第一行是说明部分，指明有哪些变量，它们的值是什么类型的；其后的 4 行指明如何处理，每一行是一个语句。其中，/*与*/之间的内容是注释，指明用途与功能。注释开始于“/*”，结束于“*/”，可以出现在程序中几乎任何位置上，只要不出现在一个符号的内部。因为那样将使一个符号被分隔成 2 个符号，显然是不合适的。注释的存在不影响程序的功能。当然，添加注释时，应该尽量有利于增强程序的易读性，而不是影响易读性。

由此可见，一般地，一个 C 程序由函数定义组成，其中涉及两部分，即数据部分与控制部分。数据部分指明程序中将处理的数据对象，而控制部分指明如何对数据对象进行处理。可以说，所有程序设计语言所写的程序都涉及数据部分与控制部分，因此，通常把程序概括为：程序是一个计算任务的处理对象与处理规则的描述。要注意的是，数据部分与控制部分都可看成是由语句组成的，即说明语句与控制语句。C 语言规定，凡语句都必须结束于分号，即使是最后一个语句，它也必须结束于分号，不能缺少分号。但在控制部分中多写分号没有关系，C 语言中，单个分号是一个空语句。不言而喻，空语句只能出现在控制部分中，不能夹杂在说明部分中。

一般情况下，一个 C 程序由若干个函数定义组成，其中包含且仅包含一个 main 函数（主函数）定义。最简单的情况是，一个 C 程序仅由一个 main 函数定义组成。当由多个函数定义组成时，main 函数可以放在其他函数定义的前面，也可以放在其他函数定义的后面。

函数定义由函数首部与函数体组成，函数体一般由说明部分和控制部分组成，这两个部分又分别由变量说明语句与控制语句组成。关于函数的进一步讨论见第 6 章。

1.2.2 C 语言程序基本成分

1. 基本符号集

如上所见，程序由函数定义组成。函数定义由函数首部与函数体组成，函数体又由变量说明语句和控制语句组成。继续分解下去，最终将由基本符号组成。例如，main 是由基本符号，即字母 m、a、i 与 n 组成的符号。C 语言的基本符号包含下列几类：字母、数字和专用字符，还有特别的一类称为关键字。为了使读者对 C 语言的所有基本符号有一个整体了解，罗列如下。

```
字母：a b c d e f g h i j k l m n o p q r s t u v w x y z
      A B C D E F G H I J K L M N O P Q R S T U V W X Y Z（共 64 个）
数字： 0 1 2 3 4 5 6 7 8 9                              （共 10 个）
专用字符：+  -  *  /  %  !  &  |  ~  ^  <  =  >  ,  .  ?  :
          (  )  [  ]  {  }
          _  ;  '  "  \  #                              （共 29 个）
关键字：int float double char void
        short long signed unsigned
        auto static register extern
        struct union enum typedef
        const
        sizeof
        if else switch case break default
        while do for continue return goto
        volatile                                        （共 32 个）
```

注意 空格并不是 C 语言的基本符号，因此空格字符不在上列之中。但是为了隔开两个相邻的符号，或者为了程序的易读性，使程序有较好的编排格式，往往需要使用空格字符。C 程序中还可能包含其他一些不可见字符，如换行字符与列表字符等，它们虽然会出现在 C 程序中，但也不是 C 语言的基本符号。

基本符号有的具有特定的含义，例如，+是加法运算符符号，;是分隔专用符号等。但有的基本符号并不一定具有独立的含义，如字母 a，不能确定它有什么含义，只有当它用来组成 C 程序中的符号时，才有特定含义。C 语言的符号在下一小节中介绍。

这里要强调的是关键字这一类基本符号。

关键字是指以特定含义使用在程序中特定位置上的专用符号。关键字有多种用途，可以作为类型符（如 int 与 float）与运算符（如 sizeof），也可以作为各种控制结构的标志符号（如 if、else 与 for）等。关键字不能以不同于特定含义的其他含义出现在程序中非特定的其他位置上。例如，关键字 sizeof 只能作为表达式中的运算符，功能是求一种数据类型的大小，如果程序中写出下列说明语句：

```
float sizeof;
```

由于把关键字 sizeof 用作用户自定义的变量名，将引起下列错误：

```
Error: Declaration syntax error          （说明语法错）
```

关键字 int 只能作为说明语句中的类型符使用，如果程序中写出下列语句：

```
int int;  int=1;
```

将引起两个错误：

```
Error: too many types in declaration  （说明中包含太多的类型）
Error: Declaration syntax error        （说明语法错）
```

这是由于把关键字 int 用作了用户自定义的变量名。因此，在 C 语言中，关键字事实上是保留字，只能用在程序的特定位置上，并以特定的含义使用。

C 语言的关键字在上面已全部列出，不在其中的均不是关键字，如 printf、include 与 fun 等都不是 C 语言关键字。

C 语言关键字的一个重要特征是，它们必定全由小写字母组成，只要一个符号中包含大写字母或者其他字符，就一定不是关键字。例如，Case 就不是关键字，因为第 1 个字母是大写字母 C，不同于关键字 case。

由于程序是通过键盘键入到计算机内并用二进制形式存储的，字母、数字与专用字符作为字符，都采用 ASCII 编码。读者记住下列字符的 ASCII 编码（十进制值）将十分有用。

空格字符：32，数字字符 0：48，字母字符 A：65，字母字符 a：97

例如，ASCII 编码值 54 所对应的字符是数字字符 6，字母字符 M 的 ASCII 编码值-6 所对应的字符是字母字符 G。这样叙述显然太累赘，在 C 语言中为了便于表达字符，将字符用单撇号括住，如字母字符 A 写成'A'，数字字符 0 写成'0'等。这样，'0'+6 对应于'6'，'M'-6 对应于'G'。

一个 C 程序归根到底是由基本符号组成的。先由基本符号组成符号，再由相继的若干符号组成各种语法成分。首先可以组成量，继而组成表达式，进而组成语句，构成说明部分与控制部分，从而构成函数定义，最终构成程序。从微观到宏观，可有这样的线索：

基本符号—符号—量—表达式—语句—函数定义—程序

这里首先说明符号的情况，然后逐步引进各个概念。

2. C 语言符号

C 语言的符号由基本符号组成，它们是组成 C 语言程序的具有独立含义的最小语法成分。C 语言符号包括标识符、常量、字符串、标号、关键字与专用符号等。它们具有特定的含义，不可再分解。

1）标识符

C语言标识符由标识符打头字符与标识符成分字符组成：

　　标识符打头字符　标识符成分字符　…　标识符成分字符

标识符打头字符可以是字母字符或下划线字符，仅一个字符；标识符成分字符可以是字母字符与数字字符，还可以是下划线字符。标识符成分字符可以一个也没有或者仅一个，也可以不止一个。例如，a、b2、temp、_11、_0_、c_2d3_4与_2010等都可以用作C语言标识符。而4a、8_8、1-1、3_b与c#等都不是C语言标识符。标识符在C语言程序中的用途是作为用户自定义的量或其他处理对象的名字，如可用作常量名、变量名、类型名、参数名与函数名等。一般来说，标识符在取名时应该结合使用背景，有利于阅读理解。

要注意的是，关键字虽然与标识符有相同的构造，但终究是关键字，不能作为标识符，因此，void与unsigned等都不能作为C语言标识符。

2）常量

常量是C语言中值不被改变的量，如5与3.1416都是C语言常量。这种常量是明显地写在程序中的，因此称为字面常量。C语言中，还有一类常量称为符号常量。符号常量由常量定义语句来定义，它由关键字const标志。例如：

```
const float pi=3.1416，E=2.727;
const int N=20;
```

定义符号常量pi与E分别为3.1416与2.727，定义N为20。这些都是常量定义。

有时还可以使用下列形式把一个标识符定义为常量：

```
#define  pi  3.1416
```

这种设置称为宏定义。这一行的作用是把标识符pi定义为字符串3.1416，意指：在C程序中每当出现标识符pi，就把pi替换为字符串3.1416。这种替换称为宏替换或宏调用。这相当于把标识符pi看作常量3.1416。为把标识符N定义为常量20，可写出如下命令：

```
#define  N   20
```

当在程序中其他位置上出现标识符N时，进行宏替换，把标识符N替换为字符串20。

虽然上述两种方式都可以定义符号常量，但概念上是不一样的。关于宏定义与宏替换，下面还将进一步讨论。

20与3.1416分别是整数与实数，它们都是算术值。除了算术值（整数值与实数值）的常量外，C程序中还可以包含字符常量与字符串常量。

字符常量是用一对单撇号括住的一个字符，如'd'、'3'、'*'与'$'等，这是在C语言（或其他程序设计语言）程序中的书写表示法。一个字母字符，在程序中不用一对单撇号括住时，就只能看作是标识符了。类似地，一个数字字符，在程序中不用一对单撇号括住时，就只能看作是数值了。其他字符情况类似。如果不是C语言基本符号的字符，是不能出现在C程序中的，但作为字符型常量就可能出现了。

为了表达不可见字符，如换行字符与列表字符等，C语言引进了转义字符。转义字符用反斜杠字符标志，如换行字符'\n'与列表字符'\t'等。关于转义字符，将在第2章中进一步讨论。

字符串常量是用一对双撇号括住的一串字符，如"Hello!"、"Nanjing is a beautiful city!"与"+-*/%"等。不是C语言基本符号的字符，可以出现在字符串常量中，因此可出现在C程序中。例如，一般情况下，字符@与$是不能单独出现在C程序中的，但它们作为字符串常量的组成部分，就可出现在C程序中。

概括起来，C语言常量有两大类，即字面常量与符号常量，从取值来看，有整数常量、实数常量、字符常量与字符串常量。

3）字符串

C 语言中，字符串的书写形式也是用一对双撇号括住的一串字符，但这里的字符串，指的是仅仅出现在输入输出语句中描述输入输出格式的部分，它用来指明按照什么格式对输入输出项进行转换，然后输入输出，通常称为格式描述串或格式控制串。输入输出语句中，进行格式描述或格式控制的字符串，不能像字符串常量那样进行处理。如何处理的问题，将在相关章节中讨论。这里要强调的是，作为格式控制串的字符串，其中也可能包含转义字符。

4）标号

C 语言中，标号表面上与标识符有相同的拼写形式，也是由标识符打头字符与标识符成分字符组成，但标号不是为处理对象取的名，而是用来标记程序中的位置，使得控制转移语句（goto 语句）能够把控制转移到所期望的程序位置。由于程序设计方法学原理不鼓励使用无条件控制转移语句，即 goto 语句，因此，标号往往不为人们所注意。

5）关键字

C 语言中，关键字既作为基本符号，又作为符号，它们中的每一个都有特定含义，是不可再分解的。不同的关键字有不同的含义与不同的用途，例如，如前所述，作为类型符的 int 与 float 等，作为运算符的 sizeof，以及作为控制结构标志符号的 if、else、while 等，还可以是作为程序变量存储类别的 auto（自动）与 static（静态）等。它们将分别在相关章节中讨论。

关键字已在前面全部罗列，并基本上按含义与用途分类，希望读者熟练掌握。这里要强调的是，C 语言的关键字事实上是保留字，不得它用，尤其是不能作为标识符。

6）专用符号

C 语言中的专用符号，按其用途可以是：运算符、分隔符及一些其他专用符号等。专用符号有的是单字符的，如+、<、;、(等，有的是双字符的，如++、<=、!=、+=等。相关表示法与用途等将逐步介绍。

1.2.3　数据结构与控制结构

程序是计算任务的处理对象与处理规则的描述，处理对象就是数据，而处理规则涉及控制部分。

1. 数据结构

在考虑如何处理数据时，首先应该考虑处理的是怎样的数据。一般，同一个问题往往可能有几种不同的处理思路与方法。今后将用实例说明，当仔细透彻地分析所处理的数据后，引进合适的数据结构可能大大提高控制部分的处理效率。

数据是有应用背景的，如人的体重值是实数值，而人数是整数值，这表明数据有类型，它们存储在计算机存储器中应该有不同的存储表示，有相应的操作指令。因此对数据进行处理时，程序中应该首先指明将被处理的数据是什么类型。如同前面例子中所见：

```
float pi;  int N;
```

这一行由两个部分组成，分别把标识符 pi 所相应的数据对象定义为 float 型的变量（即实型变量），把标识符 N 所相应的数据对象定义为 int 型的变量（即整型变量）。这种叙述太累赘，往往简单地说“把标识符 pi 定义为 float 型变量”等。这种把标识符定义为某种数据类型变量的语言成分称为变量说明语句，简称为变量说明。若干变量说明组成说明部分。说明部分的作用是把标识符与类型属性相关联，即让标识符代表某种类型的变量。本例把标识符 pi 与 float 型相关联，把标识符 N 与 int 型相关联。

与其他程序设计语言一样，C语言的数据类型也有基本类型与构造类型之分。

基本类型包括整型、实型与字符型，与其他语言不同的是，整型有长、短整型（long int与short int）之分，实型又有单、双精度（float与double）之分。整型与字符型又可以有有正负号与无正负号（signed与unsigned）之分。

还有一种类型称为无值类型，它用关键字void表示。另外C语言允许由用户定义的枚举类型，这种枚举型取的值是整数值，也可以看作是基本类型。

构造类型包括数组类型、结构类型与共用体类型，还可以是指针类型。

数组类型是由若干个具有相同类型属性的数据组成的集合，它的引进，有利于按整体方式来考虑问题，特别是方便重复操作。定义数组类型时将使用中括号[]。

结构类型（有的教材称为结构体类型）是由若干个具有不同类型属性的数据组成的集合，在数据（表格）处理应用领域中往往需要引进结构类型。定义结构类型时，用关键字struct标记。

共用体类型，又称联合类型，它的引进，使得若干个待处理的数据对象可以安放在相同的存储区域中。换句话说，可以从不同的角度去看待同一个存储区域，进行相应的处理。定义共用体类型时，用关键字union标记。

指针类型将涉及计算机存储字地址，它的主要用途是构造链表。对于大小可变的表格或其他数据结构，往往会应用指针类型。定义指针类型时将使用符号*。

通常，程序中不会孤立隔离地应用各种类型，而是组合应用各种类型，如结构数组与结构指针等。只有充分理解和掌握各种数据类型，才可能熟练应用各种数据类型编写应用程序，提高程序的运行效率。

数据结构一般在函数定义的说明部分中定义，使得一个标识符代表的变量能与某种类型属性相关联。

2. 控制结构

控制结构是程序中进行处理，完成某种功能，从而达到某种效果的基本成分，它们由控制语句组成。例如，前面例子中看到的

```
average=(a+b+c)/3.0;
```

是一个语句，确切地说是一个赋值语句，指明把a、b与c的值相加所得的和除以3，即求这3者的平均值，结果存放在变量average中。这指明了如何进行处理。

赋值语句是最基本的控制成分，一般形式如下：

　　变量=表达式;

其中的符号=称为赋值号，其含义是：把赋值语句中（赋值号）右部表达式的值赋给（赋值号）左部的变量，因此，通常说“左部变量赋以右部表达式的值”。注意，C语言中，千万不要把单个的符号=读作“等号”，应该读作“赋值号”。

除了赋值语句，程序中的最基本成分是输入输出语句，它是对输入输出函数的调用语句。最常用的输入输出函数是scanf与printf，它们是有格式的输入与输出函数。也可以使用无格式的字符输入输出函数getchar与putchar、字符串输入输出函数gets与puts。

一个程序中，一些相继的可执行语句组成各种控制结构。一般来说，一个程序中，控制结构有三大类，即顺序结构、选择结构与迭代结构。这三类控制结构是按结构化程序设计思想编写的结构化程序的基本组成部分。

顺序结构是由若干个相继的语句组成的序列，它们按照书写顺序，从上到下、从左到右

逐个语句地顺次执行。前面计算 3 个数的平均值的程序就是顺序结构，它们由输出语句、输入语句、赋值语句与输出语句等 4 个语句组成。今后将看到，顺序结构中将不仅包含这两类语句，还可以包含其他各类控制结构的语句。

选择结构是依据一定的条件，在若干个候选程序部分中选取某个部分程序进行操作处理的控制结构。C 语言中选择结构有两类语句，即 if（条件）语句与 switch（开关）语句。if 语句是两者择一结构，即依据条件的满足与否，执行两个部分其中一个的语句。switch 语句是多路选择结构，即依据条件去执行多个控制部分中的某一个。

应用选择结构进行程序设计，通常称为分支程序设计。

if 语句的一般形式如下：

```
if(表达式) 语句 else 语句
```

或

```
if(表达式) 语句
```

switch 语句的一般形式如下：

```
switch(表达式)
{  case 常量表达式：语句序列
   case 常量表达式：语句序列
     …
   case 常量表达式：语句序列
   default: 语句序列
}
```

其中，常量表达式是由常量组成的表达式，其值是确定而不可被改变的。语句序列是一列语句，每个语句结束于分号。

例 1.2 求 a、b 与 c 中的最小值，并存放在变量 min 中的控制部分如下。

```
if(a<b)
   if(a<c) min=a;          /* a<b 且 a<c，最小值是 a */
   else min=c;             /* a<b 且 c≤a，最小值是 c */
else
   if(b<c) min=b;          /* b≤a 且 b<c，最小值是 b */
   else min=c;             /* b≤a 且 c≤b，最小值是 c */
```

例 1.3 把 5 级记分制转化百分制计分范围的控制部分如下。

```
switch(grade)
{  case 'A': printf("\n[90..100]");  break;
   case 'B': printf("\n[80..89]");   break;
   case 'C': printf("\n[70..79]");   break;
   case 'D': printf("\n[60..69]");   break;
   case 'E': printf("\n[0..59]");    break;
   default: printf("\nError: grade %c, grade");
}
```

迭代结构是依据某条件重复执行某程序部分的控制结构。C 语言中迭代结构有 3 类，即 while 语句、do-while 语句与 for 语句。while 语句是当某条件满足时重复执行该语句的内嵌语句，直到条件不满足而终止执行；do-while 语句是重复执行该 do-while 语句的内嵌语句，直到某条件不满足而不再执行。for 语句是 C 语言中最为灵活、表达能力最强的控制结构，在较简单情况时，给出变量的初值和增值地依据某条件重复执行 for 语句的内嵌语句。迭代结构又称循环结构，对于迭代结构的 3 类语句，分别有 while 循环、do-while 循环与 for 循环。

应用迭代结构进行程序设计，通常称为循环程序设计。

三类迭代语句的一般形式如下：

while 语句：while(表达式) 语句

do-while 语句：do 语句 while(表达式);

for 语句：for(表达式；表达式；表达式) 语句

例 1.4 输出"*****"的 while 循环。

```
k=1;
while(k<=5)
{  printf("*");
   k=k+1;
}
```

例 1.5 输出"*****"的 do-while 循环。

```
k=1;
do
{  printf("*");
   k=k+1;
}  while(k<=5)
```

例 1.6 输出"*****"的 for 循环。

```
for(k=1;k<=5;k=k+1)
     printf("*");
```

相当多领域的应用程序都可以应用 C 语言的顺序结构、选择结构与迭代结构实现。

除了上面所列与这三类控制结构相关的语句外，还有若干控制语句，包括 goto 语句、continue 语句与 break 语句，实现程序控制的转移。goto 语句实现把控制无条件地转移到由标号指明的程序位置处，continue 语句实现在迭代结构内，不再继续执行当前循环的其余未执行语句而把控制转移到循环开始位置处，而 break 语句实现把控制从循环内转移到循环外。

注意 C 程序中，语句都结束于分号。如果接连 2 个分号，就认为第二个分号是空语句的结束。如果一个语句不结束于分号，将出错。

本小节概括了 C 程序的结构及其组成，使读者对 C 语言及程序有一个总体的轮廓和初步的了解，具体细节将逐步展开。下面考虑关于 C 语言的程序设计问题，这对于应用其他程序设计语言来编写程序，同样有参考价值。

1.2.4 C 语言程序的书写格式

C 语言程序由函数定义组成，可包含若干个函数定义，其中必须包含一个且仅有一个 main 函数。函数定义内包含有说明部分与控制部分，它们都由语句组成。一行中可以写一个语句，也可以写几个语句，或者把一个语句写在 2 行或几行上。但是，一个程序，归根结底是一个字符串，如果不按照特定的格式书写，而是密密麻麻的一串字符，将难以阅读理解，难以检查程序是否正确，如表达式中左右括号是否配对等，这样的问题将难以检查。基于 C 语言的程序结构及其组成成分的结构，按照一定的格式书写将是有好处的，将易读、易理解与易查错。

为了易于阅读与检查程序书写的正确性。本教材强调以行首缩进的、锯齿形的书写格式来书写 C 程序。

例 1.7　计算 s=1+2+…+100 的 C 程序。

```
main()
{  int s, t;
   s=0; t=1;
   do
   {  s=s+t;
      t=t+1;
   }  while(t<=100);
   printf ("s=%d\n", s);
}
```

其中第 1 行、第 2 行与第 9 行都不向右移，行首第 1 个字符对齐，而第 3 行直到第 8 行的行首字符对齐，这时它们都右移相同个数（3 个）的字符位置，与第 2 行中的 int 对齐。由于第 6 行又是第 4 行开始的 do-while 语句的内嵌语句，行首字符再次右移固定个数（3 个）的字符位置，与第 5 行的第 1 个字母 s 对齐。可这样来编排：程序内并列部分的各行行首字符均右移相同个数的空格，每当进入内嵌语句，就把此内嵌部分的各行行首字符右移固定个数的字符位置，每当下一行是包含此内嵌部分的紧外层时，则从此下一行开始，行首字符向左移固定个数的字符位置。因此，一个 C 程序所有行的行首字符最终连贯起来看将呈锯齿形。

务必按照行首缩进的锯齿形格式书写程序，这样的好处是易于检查语法结构的正确性，特别是容易查出括号不配对的错误，以及查出多层嵌套 if 语句的关键字 if 与 else 不配对等错误。

例如，下面是求 i、j 与 k 最大值的程序：

```
main()
{  int i, j, k, max;
   printf("Input 3 integer values for i, j, k:");
   scanf("%d,%d,%d", &i, &j, &k);
   if(i>j)
   {
     if(i>k)
        max=i;
     else
        max=k;
   }
   else
     if(j>k)
        max=j;
     else
        max=k;
   printf("max of %d,%d,%d is %d\n", i, j, k, max);
}
```

是按照行首缩进的锯齿形格式书写的 C 程序，如前所述，其中每一行的行首字符按其嵌套层次而向右移动若干个字符位置，同一层语法成分各行的行首字符都处在同一列上，所有行首字符将形成锯齿形。显然这样的书写格式，是易读易理解且易查错改错的。

说明　有的教材对大括号有不同的编排格式，即不是把左大括号放在一行的行首，而是放在上一行的最右端，例如：

```
main() {
    …
    if(i>j) {
     …
    }
}
```

这样显然不利于检查大括号的配对正确性，看起来也不美观。建议读者采用本教材推荐的 C 程序书写格式。

1.3　C 语言程序设计

1.3.1　程序设计的概念

程序设计，其实不是简单地用某种程序设计语言书写程序，而是一个过程。程序设计的过程通常涉及设计、编程与调试等阶段。

1. 设计

设计阶段是程序设计的第一个阶段，这个阶段为下面的编程阶段做准备。通常在设计阶段要完成下列工作：分析问题、确定数学模型与算法、进行程序的设计。

1）分析问题

对于待求解问题进行分析，明确求解什么问题，实现哪些功能，达到什么效果。这时要明确已知的是什么，要求得到的效果又是什么。

2）确定数学模型与算法

一般来说，一个特定应用领域的数学模型是明确的，如求解弹道轨迹，一般是求解偏微分方程，如果有关天气预报，则往往是求解多参数线性方程组等。如果不是这样的典型问题，尚无典型的数学模型，则要求仔细认真地分析所给问题，探索概括出相应的数学模型，这是一件难度较大的工作，需要较强的数学基础和分析问题的能力。

一旦确定了数学模型，下一步的工作是确定算法。

算法是为求解一个特定问题而确定的一系列步骤，它可以在有限步骤内结束而获得所期望的效果。例如，交换瓶 A 和瓶 B 中的水，可利用另外一个空瓶 C，按如下步骤进行：

步骤 1　把瓶 A 中的水倒入瓶 C 中；

步骤 2　把瓶 B 中的水倒入瓶 A 中；

步骤 3　把瓶 C 中的水倒入瓶 B 中。

这样就完成了交换。这一系列步骤就是一个算法。当然，有的算法是难以、甚至无法由计算机实现的，而有些则能，上述例子是能由计算机实现的算法。本书讨论的重点当然是能由计算机实现的算法，也就是说，根据所确定的算法，可以写出相应的程序，通过运行达到所期望的效果。

算法处理的数据可以是数值型的，也可以是非数值型的。不论是哪种类型的数据，在确定算法的过程中，都要设法用易于转化为相应程序设计语言程序的表示法来表示，从而为编程做好准备。

对于简单的应用问题来说，一般不涉及复杂的数学模型，甚至不需考虑数学模型，可以直接考虑算法的设计。

为了便于编程，尤其是要能在计算机上实现，自然对算法有一定的要求，通常包括如下几方面：

· 有穷性：算法中包含有穷多个步骤，能在有穷多个步骤内结束，也就是说不能无限制地进行下去，必须在可控制的步骤内结束。

· 确定性：算法中的每个步骤必须确切地规定所要进行的操作，不能模棱两可或含糊不清，无法操作，如“把两个较大的数相加”这样的操作是无法进行的。

· 有零个或多个输入：执行一个算法，往往需要有若干个输入数据，通过对它们进行操作处理，从而得到所期望的效果，但也允许没有输入。例如，求从1～100的所有整数的和的程序，不需要有输入，判断自然数2011是否为素数的算法也不需要有输入。

· 有一个或多个输出：为了了解一个算法的正确性，自然需要查看算法执行的效果，这就需要有输出，而且必须有输出。可以有一个输出，也可以有多个输出，如寻找自然数1～1000范围内的所有素数的算法，这时有较多个输出。

· 有效性：算法中的每一个步骤都必须能有效地执行，并产生确定的结果。如果某个步骤不能有效执行，或者不能产生确定的效果，该算法是不可取的。

概括一句话，算法是能以零个或多个输入，在有穷多个可执行步骤内，确定地产生一个或多个输出结果的一系列步骤。上述5个要求可看成是一个算法必须具有的5个特征。

3）进行程序的设计

进行程序的设计，并不是编写程序，而是用某种方式来表达算法，这种表示法应该有利于转化为用具体程序设计语言所写的程序。通常可使用的表示法有口语表示法、程序控制流程图与伪代码等。下面举例说明。

（1）口语表示法。

首先举例说明如何用口语表示法来表达算法，从中体会确定算法的思路。

例1.8 假定需要计算 s=1+3+5+…+99 的值，试以口语表示法写出相应的算法。

解 通常求和的思路是：开始时和是0，然后加入第1项，再加入第2项等，逐次求部分和，直到加入最后一项。本例的情况如下：开始时，未加入任何项，部分和是0，以后从当前项1开始，逐次加入下一当前项，即依次加入当前项1、3、5、…到部分和中，直到加入当前项99。最终的部分和就是所求结果。显然，因为加入的项太多，难以一一写出，也不能写成 s=1+3+…+99，必须考虑便于用C语言表达的形式。为确切起见，设所求的部分和是s，当前项是t。开始时，部分和s的值是0。求和时，当前项t开始时是1，加入s中，以后当前项t增加2成为3，加入s中，如此每次把当前项t加2并累加入部分和s中，直到当前项t是99，累加结束。因此可以把求和的思路概括成下列步骤：

步骤1 开始时令部分和s是0，当前项t是1；

步骤2 把当前项t的值加入部分和s中；

步骤3 把当前项t的值加2；

步骤4 判别当前项t的值是否未超过99，如果还未超过，则重复步骤2，否则执行步骤5；

步骤5 求和结束，输出结果s。

这是一个算法，它具有前面所列的5个特征：有穷性、确定性、零个或多个输入、一个或多个输出、有效性。但一般情况下，这种口语表达的算法，结构不是很清晰，篇幅较大，且容易含义不清，甚至有歧义。口语表示法并不是最好的选择，更好的是采用程序控制流程图与伪代码等方式表达算法。

（2）程序控制流程图。

本书重点介绍程序控制流程图方法，它既结构清晰直观、含义明确，又易于转化为程序。

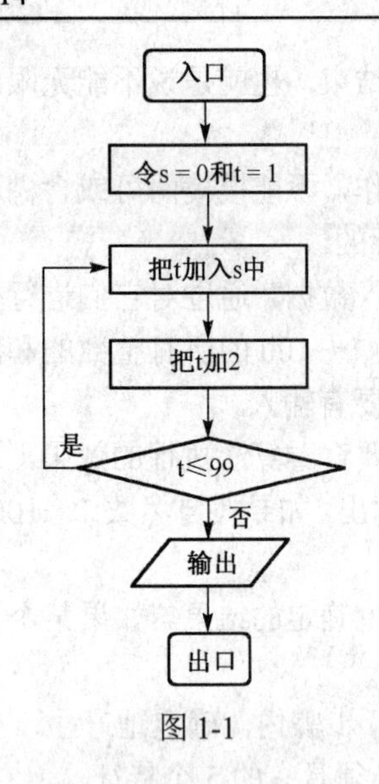

图 1-1

例如本例，可画出程序控制流程图如图 1-1 所示。

程序控制流程图（简称控制流程图）是一种图形表示法，其中用各种不同的图形符号表示不同的功能，通常有一定的约定，如用长方形表示处理功能，用菱形表示判断功能等。我国在1979年制定了信息处理流程图图形符号国家标准GB 1526—79，在其中规定了图形符号的名称与意义，以及各类图形符号的使用规则。表 1-1 中是一些常用符号的名称及其意义。因此，在软件工厂，控制流程图有时甚至作为软件生产的蓝图。

较之口语表示法，控制流程图的优点是直观、结构清晰，能明显地表达控制流程，而且可以方便地对应到 C 语言成分，有利于从控制流程图转化为程序。最突出的优点是画流程图的过程就是明确思路的过程。如图 1-1 所示，思路是十分清晰的。

表 1-1　常用符号的名称及其意义

符号	名称	意义
	处理	表示一般的处理符号
	判断	表示判断或开关类型的操作
	既定处理	表示一个已定义的处理，它由在别处详细说明的一个或多个操作或程序步骤组成
	人工输入	表示处理过程中人工输入信息的功能
	输入输出	表示输入/输出功能
	端点、中断	表示流程的起始、结束等
	连接	表示转向流程图别处，或从流程图别处转入的连接符号
	流线	用以连接图形符号，一般从左到右，从上到下；为清晰，可用箭头指示流程方向

（3）伪代码。

程序设计语言的语法从形式上看，一般由两部分组成，一部分是固定不变的部分，另一部分是可变部分。例如，while 语句一般形式如下：

```
while （表达式）语句
```

它的含义是：如果条件（即表达式）的值是真，重复执行该 while 语句内嵌的语句，直到条件的值是假，结束此 while 语句的执行，其中 while（与）是固定部分，这给出了一个 while 语句的结构轮廓，是不能改变的，而其中的表达式与语句是可变部分，由程序编写人员根据所要实现的功能而填入。伪代码可以既有程序设计语言的表达，又有口语描述。

伪代码表示法，保持语法的固定部分，但可变部分是口语陈述，并不一定遵循程序设计语言的语法。例如，对于例 1.8，可以写出如下的伪代码：

```
令 s=0 和 t=1;
do
```

```
{ 把t的值加入s中；
  把t的值加2；
} while（t未超过99）；
输出s；
```

当理解各个英语单词的含义，或者说掌握语法的固定部分时，伪代码程序是很容易写出的，而且十分易于转化成C程序。当把伪代码中可变部分用C语言语句完整地写出时，就可得到可运行的C程序。此时，所填入的内容，必定是使用程序设计语言所允许的、符合语法规则的一系列符号。

可见，伪代码是一种介于程序设计语言程序与口语陈述之间的折中表示，既有程序设计语言控制结构的轮廓，又有随意表达的灵活性，具有表达能力强、易理解和易于转化成程序的优点，只是结构不如控制流程图那样清晰直观。

对照3种表示法，控制流程图以直观的形式表达各项处理及控制之间的联系，图中的符号一般由一定的标准表示法约定，容易对应到程序设计语言的相应控制结构。这样，编程工作就转化为机械的工作。在一些软件开发公司，程序控制流程图已成为软件开发过程中程序编写的蓝图，程序编写人员只需对照程序控制流程图就可以方便地写出程序。

本教材将强调控制流程图的应用，主要还是因为应用控制流程图可以整理和明确思路，有利于编写C语言程序。

对于简单的练习题，一般不涉及数学模型，甚至不涉及算法，可以直接考虑编程。

2. 编程

编程是程序设计的第二阶段，这时对照设计阶段时所确定的算法，或者求解思路，应用某种程序设计语言编写程序。本教材自然是应用C 语言编程。

如果有一个良好的程序表示法，编程的工作将变得简单。例如，对照例1.8的图1-1所示程序控制流程图，或者伪代码程序，十分容易写出下面的C语言程序段：

```
s=0;  t=1;
do
{  s=s+t;                               for( s=0, t=1; t<=99; t=t+2)
   t=t+2;                 或                 s=s+t;
} while(t<=99);                         printf("\ns=%d",s);
printf("\ns=%d",s);
```

补充说明部分，对程序中的变量引进变量说明语句，可进一步扩展成函数定义，最终得到可执行的程序，例如：

```
#include <stdio.h>
main()
{  int s, t;
   for(s=0, t=1; t<=99; t=t+2)
       s=s+t;
   printf("\ns=%d",s);
}
```

一般来说，熟悉程序设计语言的书写规则和程序的设计表示法约定后，可以十分方便地把程序的设计表示转化为程序。

3. 程序调试

当一个程序刚编写好时，其中往往包含错误，对于一个较大的程序，其中的错误个数是很可观的。应该查出其中的全部错误，并加以改正。

一种最常用的查出错误的方法是读程序，采用某些阅读方法，可以查出相当数量的错误。本教材将介绍多种阅读程序的方法，尤其是静态模拟追踪法。另一种常用方法就是上机，在计算机上动态地调试。程序调试不光是验证程序的正确性，也不仅仅是发现程序中的错误。程序调试的任务是诊断和改正程序中的错误。为了提高功效，可以在动态调试之前准备一些调试实例。

在上机调试时，如果程序中包含错误，将显示报错信息，指出在程序的何处出现何种性质的错误，对于非汉化版本的 Turbo C，重要的是理解英语报错信息的含义，了解通常的改正方法，从而能尽快改正。

如果没有语法上的错误，仍然不一定能得到预期的运行效果，一种可能是运行夭折，得不到任何结果，还有一种可能是虽然能得到运行结果，但把实际运行的结果与调试实例中预先准备的答案进行比较，发现两者不一致，这时就得分析是在程序什么位置出现什么问题，这不是容易的事，需要经验。关于程序调试将在相关章节中讨论。

1.3.2 程序设计的要点

对于一个稍大的应用问题，分析问题、确定数学模型是根本，只有正确地确定数学模型，才能确定相应的算法，并编写出相应的程序，从而运行得到期望的效果。作为初学者入门教程，本书以小型、甚至微小型应用问题为讨论内容，因此一般无需去考虑数学模型问题，可以把注意力集中在算法设计与编程上。

在应用 C 语言编写应用程序时，或者说完成 C 程序设计作业时，记住下面 16 字口诀是有益处的：

仔细审题、明确思路、确定算法、模拟执行

- 仔细审题：拿到一个问题时，不急于编程，首先认真仔细地理解题目，明确已知的是什么，要求完成的功能、达到的效果是什么。在审题时，注意问题的解决要点。
- 明确思路：初学者拿到一个问题要编程时，往往感到无从下手，不知道怎样写第一个语句，这时重要的是理清头绪、明确思路，这好似中学几何题，看似很难，但理清思路后只需加一条辅助线就能解决问题。理清思路，就可以找出解决办法，确定实现所要求功能的操作步骤。
- 确定算法：确定实现所要求功能的算法，是指确定操作步骤的先后顺序。算法应该反映思路、步骤清晰、易读易理解，且应该便于编程，即易于把算法中的步骤转化成程序。这时往往采用某种表示法来表达算法。如前所述，这种表示法有多种，最常用的是程序控制流程图。
- 模拟执行：算法是一系列的步骤，各个步骤完成一定的工作，产生一定的效果。为了检查算法的正确性，程序员可以把自己看作一台计算机，根据每一步的功能效果，模拟“执行”每一步，查看是否能产生所需要的效果。如果每一步及最终均能产生所预期的效果，则算法正确，否则，必须检查问题出在何处，并作相应的修改。要强调的是，不论是程序，还是程序控制流程图，或者伪代码程序，都可以模拟执行。模拟执行，事实上是程序设计的基本功。

例 1.9 把从 1～100 的所有正整数以每行 8 个打印输出，试写出相应的程序。

解 本题的题意应该说是很清楚的，程序功能是要求以下列格式打印输出从 1～100 的所有正整数。

```
 1   2   3   4   5   6   7   8
 9  10  11  12  13  14  15  16
17  18  19  20  21  22  23  24
 …
```

因此，要点是对每行个数的控制。

最直观的方法是设立一个计数器，记录一行中已输出整数的个数，从 0 开始，到 8 时输出换行字符。这样需要引进 2 个变量，一个是输出的当前项 N，它的值是 1、2、…、100。另一个是计数器 k，开始时是 0，每输出一个整数，值加 1，直到 8 时，再复原到 0。

然而，对输出结果考察，不难发现，每行的最后 1 个整数是 8 的倍数，因此，无需引进计数器，可以通过测试是否是 8 的倍数来控制输出换行字符。这样，思路明确后，可以确定算法步骤如图 1-2 所示。这很容易转化为 C 程序如下：

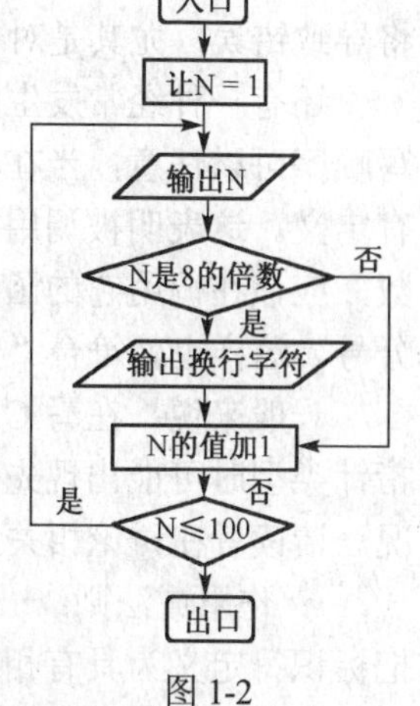

图 1-2

```
#include <stdio.h>
main()
{  int N;
   N=1;
   do
   {  printf("%d", N);
      if(N%8=0)
         printf("\n");
      ++N;
   } while(N<=100);
}
```

模拟执行这一程序，如果比较仔细，应该能发现其中的问题，但也可能由于各种原因，没有发现问题，这时应该上机运行。编译后，将立即报错：“Error 7: Lvalue required”，意为：第 7 行需要左值。这表明：第 7 行中的赋值表达式的左部应该取的是存储地址，而不是一个值。原来，这是由于等号=在 C 语言中作为赋值运算符，要把它右边的表达式的值传送给左部变量，而这时是 N%8，明显不正确。究其原因，C 语言中，比较相等运算符必须是= =（相继两个等号）。因此，把“=”改为“= =”。

再次运行这程序，不发生错误，但是显示的结果，第 1 行是 12345678，而第 2 行是 910111213141516 等。显然在相继输出的两个整数之间没有分隔开。为此，输出语句应该改为：“printf(“%4d”, N);”，这样每一个整数都占 4 位，所有输出的数值能够整齐地排列。再运行，检查确认正确无误后，完成该程序。这表明，当程序编写完成后，应该先静态地模拟执行，检查程序中是否存在错误，然后上机运行，动态调试。把静态检查与动态调试相结合，便能较快地查出错误，并改正。

1.3.3　C 语言编程的基本法则

为了能在运行 C 程序后得到所期望的效果，一个 C 程序，首先应该在程序结构上是正确的，即它的书写符合程序书写规则，包括符号拼写的词法规则和由符号组成语法成分的语法规则。

C 语言程序中的所有内容，必须写在一行上，也就是说，不能有上标，也不能有下标。对照 C 语言的语法定义和特点，关于 C 语言程序的书写，可概括如下几点：

• 显式定义：对于在程序控制部分中所处理的数据对象，必须显式地在说明部分中定义，例如，说明语句

```
int a, b, sum;
```

显式定义标识符 a、b 与 sum 为 int 型变量。

- 先定义，后使用：这有两层含义，① 在控制部分中处理的数据对象必须先在说明部分中定义，定义之后才能使用，例如：

```
int a, b, sum;   sum=a+b;
```

② 仅在处理之前变量说明（定义）还不够，还必须有值才能被引用，如上例中，计算 sum 之前，a 与 b 无值，不能得到和。正确的是：

```
int a=3, b, sum; b=6;  sum=a+b;
```

在变量说明的同时，为 a 置初值 3，由赋值语句把值 6 赋给 b。如果一个变量没有赋值就使用，将导致错误，尤其是对于今后将看到的指针型变量，将导致重大错误。

还有一种经常发生的错误情况。当一个 C 程序由若干个函数定义组成时，函数定义的书写顺序可以任意，当在其中一个函数定义中调用其他某一个函数时，却发现被调用的函数没有定义。这表明被调用的函数在调用它的函数的函数定义之后定义，那么，对于此被调用函数，应该在调用它的函数的定义之前，给出函数原型，函数原型也就是函数首部，后跟一个分号。这样也就符合“先定义后使用”的法则。

一般来说，在写 C 程序时应遵循“先定义后使用”法则，但在某些情况下，如定义结构指针类型时可能出现先使用后定义的情况，这是唯一允许不遵循“先定义后使用”法则的情况。请读者在讨论相关内容时注意。

- 作用域法则：一个 C 程序由函数定义所组成。在一个函数定义中，一般包含变量说明，把标识符定义为具有相应类型的变量。换句话说，把标识符与某种类型属性相关联。这个关联仅在这个函数定义范围内有效，称这个函数定义是在其中定义的标识符的作用域，相应的量是这个作用域内的局部量。因此，在两个不同的函数定义内，可以分别有同名的变量，虽然同名，但却对应于不同的数据实体，可以有不同的类型。例如，在一个函数定义内，变量 temp 定义为 int 型，而在另一个函数定义内，变量 temp 却定义为 float 型。除了函数定义内定义的变量，C 语言允许在函数定义之前与函数定义之间进行变量说明，把标识符与某种类型属性相关联。这样定义的标识符的作用域是整个程序，相应变量是整个 C 程序的全局量，在整个程序中都有所定义的类型属性。全局量可以自动继承到定义它的变量说明之后的函数定义内去，除非在函数定义内，对相同的标识符重新定义，这时重新定义的标识符的作用域是所在的函数定义。

例如，下列程序：

```
#include <stdio.h>
int a=5;
void fun(int b)
{  int a=10;
   a+=b; print("%d",a);
}
main()
{  int c=20;
   fun(c);a+=c;  printf("%d\n",a);
}
```

其中，第 2 行定义 a 是整个程序的全局量，值为 5，第 4 行中定义 a 是 fun 函数定义中的局部量，第5行中引用的a就是这个局部量a。而第9行中引用的a不是main函数定义中的局部量，而是第2行中定义的全局量。

只有确定一个标识符的作用域，才可能正确地确定相应的类型属性。

除了上述几个要遵循的基本法则外，在写C程序时，注意下列几点是有帮助的。

（1）程序应该是易读易理解，且易查错的。

为了易读易理解，可从下列几方面着手。

• 标识符取名：针对所代表数据对象的背景，为标识符取名。例如，为长度变量取名length，为暂存中间运算结果的变量取名 temp。又如为表明是同一性质的若干个体，可以取名group_1与group_2等。

• 在程序中加入注释，指明一个变量的用途或作用，或者指明一个语句或一列语句的功能等。C 程序中的注释用/*与*/括住。/*开始一个注释，而*/结束一个注释。例如，程序中可有如下的注释：

```
int  temp;  /* temp用来存放中间结果 */
s=0;        /* s用来存放求和结果，初值为0 */
```

注释一般出现在一个语句的后面，也可以出现在程序中任意位置上，书写注释时应该注意不影响程序的易读性，特别是不能分裂程序中的符号，即出现在一个符号的中间。

注意 /与*之间不能有空格，*与/之间也不能有空格，且仅*/标记注释的结束。

（2）边写程序边查错。

• 为了尽可能避免出错，初学者在编写程序时，由于不熟悉语法，宜把语法列表放在一边，以便对照，检查是否符合语法规则。

• 为了尽可能减少错误，写了一部分语句后，便可以根据各个语句的语法规则和含义，在自己脑中模拟执行这些语句，考虑是否能达到预期的效果。如果不能，则查出问题所在，进行改正。

• 为了能尽快改正程序中的错误，记住上机运行C程序时显示的报错信息中的英语单词与错误的含义是有帮助的，因为英语版本以英语表达报错信息，不了解报错信息中的英语单词，就难以了解是什么错误，更不用提如何改正了。

• 为了能尽快查出错误，在必要时可以上机运行，查看运行结果是否正确，这样能较快发现错误并改正。当然，不能完全依赖上机来发现错误，那样不利于提高程序阅读能力。

1.4 C语言程序的执行

C程序是算法的具体化，执行C程序，能够达到所预期的效果。但显然，C程序本身是一列符号，更确切地说，是一串字符。计算机能直接接受、理解和执行的是二进位指令序列。这表明：C程序是不能直接由计算机来执行的。为此需要考虑如何才能执行C程序的问题。

1.4.1 C语言程序的执行方式与集成支持系统

高级程序设计语言程序的执行，通常有两种执行方式，即解释方式与翻译方式。

解释方式是指，为执行高级语言程序，引进一个解释程序，它逐个语句地模拟执行程序中的各个语句，根据各个语句的含义给出相应的效果，最后得到预期的效果。例如BASIC语言，通常采用解释方式执行。好处是上机运行时，如果发现程序中存在错误，可以立即在程序中进行改正，无错误时可以立即看到执行结果。不足是功效太低，对于一个重复结构，每次重复执行时都要重复分析。例如，计算 s=1+2+…+100 的下列语句：

```
for(s=0, t=1; t<=100; t=t+1)
    s=s+t;
```

其中第一行将重复分析 100 次。C 语言则采用效率高得多的翻译方式执行。

翻译方式是指，首先由一个翻译程序把程序设计语言程序翻译成等价的低级语言程序，然后执行该低级语言程序。把高级语言程序翻译成低级语言程序的翻译程序称为编译程序。高级语言程序称为源程序，低级语言程序称为目标程序。相应的语言分别称为源语言与目标语言。采用翻译方式执行高级语言程序的示意如图 1-3 所示。其中的运行子程序是指由系统提供的库子程序，如计算初等函数的子程序等。

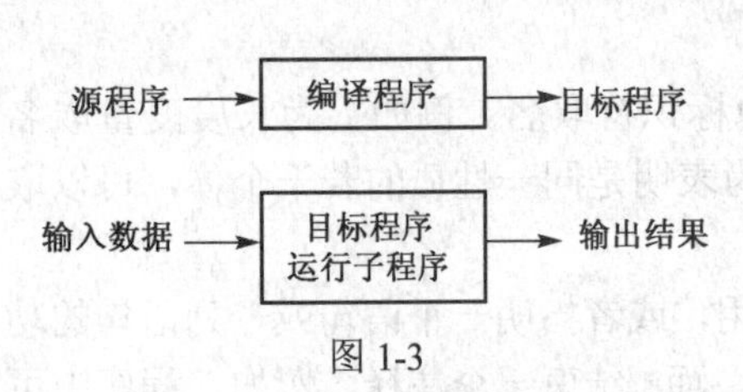

图 1-3

编译仅一次，对一个源程序编译完成之后，就不需要再次重新编译，因为只对一个源程序编译一次，在编译时可以花费较多时间进行优化，改进目标程序质量，而目标程序的执行可以进行无数次，因此编译方式执行高级语言程序的功效是更高的。一个编译程序往往是很大的，往往称为编译系统，特别是，当前的编译系统往往把编辑、编译、执行与调试集成在一起，形成一个高级程序设计语言的集成支持系统，或称集成开发环境，更是大大提高了程序的生产效率，为软件事业的发展提供了良好的基础。

BASIC 语言是以解释方式执行的程序设计语言的典型，C 语言是以翻译方式或编译方式执行的程序设计语言的典型，C 语言程序只能以翻译或编译方式执行。

C 语言常见的集成支持系统是 Turbo C，本教程的 C 程序都在 Turbo C 下执行，下面对它作简单介绍。

1.4.2　C 语言集成支持系统 Turbo C

当前 Turbo C 的常用版本是 2.0 ，它在 DOS 方式下运行，但它具有良好的 Windows 风格的菜单方式界面，如图 1-4 所示。

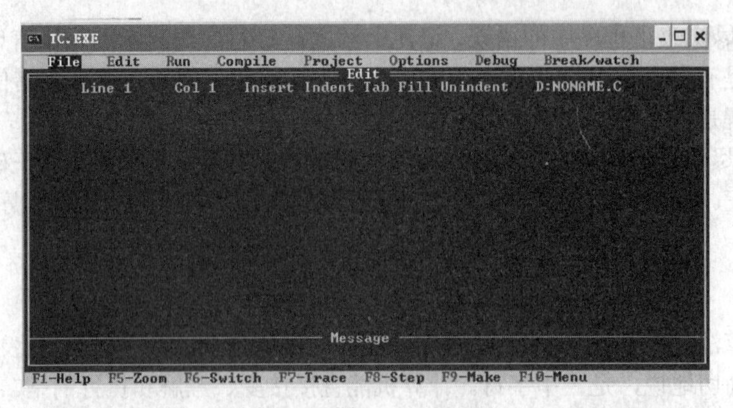

图 1-4

- 编辑：在主菜单的 File（文件）选项下，可以通过子菜单选项 Load（读入）打开 C 程序文件或正文文件，然后通过 Edit（编辑）选项在此界面中进入编辑状态，进行键入与修改等操作。当编辑好时再在 File 选项中通过子选项 Save（或者 F2 键）进行保存或通过子选项 Write to 另存入另外的文件中。例如，把正文文件另存为 C 程序文件。记住，C 程序文件的扩展名是.c，而正文文件的扩展名是.txt。由于在 Windows 界面中较易编辑正文文件，往往在正文文件中编辑好 C 程序正文，然后在 Turbo C 中读入此正文文件，另存为 C 程序文件。只是必须注意，此正文文件中，除了汉字外，组成 C 语言基本符号的字符，都必须以英语输入法键入。

• 编译：在主菜单 Compile（编译）选项下，通过子菜单选项 Compile to OBJ（编译成 OBJ 文件）对 C 程序进行编译，生成以.obj 为扩展名的目标模块，或者通过子菜单 Make EXE file（生成 exe 文件）生成二进制代码的可执行程序。可执行程序文件的扩展名是.exe。通常编译与生成可执行程序的操作可以通过按 F9 键来完成。注意，不是一下子就从源程序生成可执行的目标程序的，而是先从源程序生成以.obj 为扩展名的目标模块，把目标模块进行链接装配后，再生成可执行的目标程序。只有编译没有错误，链接装配也没有错误时，才可以执行此可执行的目标程序。一旦一个 C 程序经过编译得到可执行的目标程序后，就可以脱离 C 语言的集成支持系统而执行。

• 执行：在主菜单 Run（运行）选项下，可以通过子菜单选项 Run 来执行 C 程序（当然实际上是可执行程序.exe 文件）。通常执行 C 程序可由按 Ctrl+F9 键来完成，即同时按下 Ctrl 键与 F9 键。不言而喻，可执行程序是二进位的程序，计算都是以二进制方式进行的。

• 调试：为查看一个程序在执行过程中的正确性，需要查看执行某些语句的正确性，即是否达到预期的效果。因此，一是在需要查看的程序位置上暂停执行程序，二是在这些位置上查看某些变量的值。Turbo C 提供了如下的设施，即断点与查看。断点是通过主菜单 Break/watch（断点/查看）选项中子菜单的 Toggle breakpoint（设置断点）选项来设置，或者按 Ctrl+F8 键来设置。而查看则由主菜单 Break/watch 选项中子菜单的 Add watch（增加查看）选项来设置，或者按 Ctrl+F7 键来设置，这时在弹出的窗口中设置要查看值的变量名。一旦设置了断点，当程序执行到此设置了断点的语句位置时，便将自动暂停执行程序。如果这时设置了查看，将可从界面下方的 Watch 窗口中看到要查看的变量的值。为了帮助用户查看连续几个语句执行的效果，考察变量值的连续变化情况，特别地可以按 F8 键来进行步进（Step over），即逐个语句地执行。这时可以方便地查看变量值的变化情况，比较容易发现错误。

为查看执行 C 程序的输出结果，需要按 Alt+F5 键，即同时按 Alt 键与 F5 键，在显示屏上将显示程序的输出结果。按任意键返回 Turbo C 主界面。

读者可以自行对下列 C 程序进行上机调试，以了解并熟悉调试的方法。

例 1.10 为计算 s=100+101+…+500，编写下列程序：

```
main()
{  int k, s;
   s=0;                          /* 初始时，和 s=0 */
   for(k=100; k<=500; k=k+1)     /* 设置 k 的初值、判断条件与 k 增值 */
        s=s+k;
   printf( "s=%d\n", s);         /* 显示输出 s 的值 */
}
```

和值应该是一个正整数值，但执行结束时发现结果是负数。试检查错误发生在什么时候，并改正。

解 对于此程序，需要查看变量 k 达到什么值时加入到变量 s，s 的值开始成为负数。然而执行此程序的时间是十分短少的，难以抓住 s 值由正变负的时刻，如果一开始就步进，将花费大量时间，该如何解决？

提示 可以这样进行调试，即修改上限 500 为较小的值，如 400、300、…，直到发现 s 的值从正变负的、尽可能大的 k 上限值，譬如说是 N，直到加上值 N 时，s 的值还是正的，则把 for 语句中的 500 改为值 N，并在输出语句前新增加一个 for 语句如下：

```
for ( k=N+1; k<=500; k=k+1)   /* N 有正整数值 */
  s=s+k;
```

在此语句“s=s+k;”处设置断点，并设置查看 k 与 s 的值。当程序执行到此语句时，程序中断，开始步进执行，逐次查看使 s 的值成负数的 k 之值。这样就得到使 s 值保持为正值的最大 k 值。

由此可见，原因是 int 型取值范围太小，因此，把 s 说明为 long int 型（长整型）后，问题解决。

注意　在进行编译之前必须进行系统的设置，即目录（文件夹）的设置。在主菜单 Options（任选）选项中子菜单的 Directories（目录）选项中设置。Include directories（文件包含目录）是 Turbo C 的 include 文件（扩展名是.h）所在的文件夹位置，Library directories（子程序库目录）是 Turbo C 库文件（扩展名是.lib）所在的文件夹位置，Output directory（输出目录）是编译所产生的目标模块文件（扩展名是.obj）与可执行文件（扩展名是.exe）所在的文件夹位置，Turbo C directory 是 C 语言程序（扩展名是.c）所在的文件夹位置。必须设置好这些文件夹位置，特别是前两者的位置，才能正确地进行编译。例如可设置如下：

```
Include directories     D:\tc\include  tc 是存放 Turbo C 系统的文件夹
Library directories     D:\tc\lib
Output directory        D:\ctest       ctest 是存放目标程序与编译结果的文件夹
Turbo C directory       D:\ctest
```

当一个 C 程序是多文件的，即它分别存放在若干个文件上时，则需要处理作为一个项目（Project），在其中给出组成该 C 程序的所有文件名。这部分将在后续有关章节中讨论。

最后，说明进入汉化版 Turbo C 的操作步骤。

如果在 DOS 方式下执行 CCDOS 进入汉字方式，则可以在 Turbo C 的汉化版本下执行 C 程序，这时的菜单等都显示为汉字，更便于操作。操作步骤大致如下：

（1）Windows 系统下，单击“开始”\“所有程序”\“附件”\“命令提示符”，弹出 DOS 界面，显示：

```
C:\Ducuments and Settings\Admin1strator>
```

（2）把文件夹设置为汉化版 Turbo C 所在的位置。例如，键入下列 DOS 命令：

```
C:\Ducuments and Settings\Admin1strator>d:<enter 键>
d:\>cd tchan<enter 键>
```

说明　汉化版 Turbo C 存放在 d 盘的文件夹 tchan 中。

（3）进入汉化版 DOS 系统，键入下列 DOS 命令：

```
d:\tchan>ccdos\ccdos<enter 键>
```

（4）进入汉化版 Turbo C，键入下列 DOS 命令

```
d:\tchan>tc<enter 键>
```

（5）进入 Tubro C 后，操作类似于英文版 Turbo C。当退出 Turbo C 时，为了退出 DOS 系统，键入命令：

```
d:\tchan>exit<enter 键>
```

这时恢复在 Windows 方式下继续操作。

汉化版 Turbo C 下，可以键入汉字。

注意　为使用快捷键，如设置断点的 Ctrl+F8，应该按右 Shift 键，使得显示屏最下方不显示输入法有关的信息行。

不论是使用英文版还是汉化版 Turbo C，都可以参看界面上菜单选项的信息，了解可以进行的操作，也可以按控制键 F1，获取帮助信息，从而了解如何进行复制与移动等操作，提高编辑的功效。

1.5　C语言程序错误的查出

一个C程序中难免存在有错误，这不仅是初学的缘故，即使一个熟练的程序员，由于问题的复杂性和人的自身局限性，所写的程序中也会或多或少地存在错误。重要的是能查出错误并改正。

1.5.1　静态模拟追踪法

为了所写程序是正确的，一般来说，在写好一个程序后程序编写人员都会查看程序，从语法角度检查，从算法与功能效果角度检查等。这样的检查都是脱机的静态检查，未必能查出绝大部分的错误，建议采用静态模拟追踪法检查。

静态模拟追踪法的思路是：程序编写人员把自己看作是一台计算机，按照程序中各个语句的含义，逐个语句地模拟执行，给出相应的效果。这时把逐个语句执行的效果记录下来，与预期的结果进行比较，以发现程序中的问题。这也是阅读程序的一种有效方法。下面看一个简单例子。

设有下列语句序列：

```
x=x+y;
y=x-y;
x=x-y;
```

这三个语句的作用是什么？一下子很难看出。假定x与y的初值分别是x_0与y_0。并设初始时间是t_0，执行各语句的时间分别为t_1、t_2与t_3。采用静态模拟追踪法，列表如下：

变量	t_0	t_1	t_2	t_3
x	x_0	x_0+y_0	x_0+y_0	y_0
y	y_0	y_0	x_0	x_0

很明显，最终结果是：x与y的值对调了，即这三个语句的功能是对两个变量的值进行交换。由此可见，运用静态模拟追踪法可以考察程序的功能，当对要求实现某功能的程序应用静态模拟追踪法时，可检查程序的正确性。

当综合应用各种方法查错时，可查出程序中的绝大部分错误。

1.5.2　动态调试法

由于问题的复杂性与人的自身因素，静态检查程序不一定能查出全部的错误，这时需要利用动态调试功能，也就是说，在计算机上利用编译系统提供的调试手段进行查错。

如前所述，Turbo C是C语言的集成支持系统，它有着调试功能，可以设置断点与查看窗，进行步进，对语句执行的效果进行检查，从而发现错误。例如，除以零的错误，如果不采用动态调试，是很难查出的。当进行步进调试时，可以及时发现这一错误。

动态调试，要点是确定错误所在位置及确定错误的性质，这需要经验，但只要注意逐步缩小范围，最终总能确定错误所在的确切位置，从而找出错误并加以改正。例1.10是动态调试的一个典型实例。

1.6　C语言程序中的预处理命令

C语言的特点之一是提供预处理命令，但它们并不是C语言标准文本的内容，而是C语言集成支持系统实现的扩充功能。在编译之前的预处理阶段，由专门的预处理程序处理预处理命令。当了解了预处理命令的具体内容后，就可以理解预处理的作用。

C 语言的预处理有三类命令，即宏定义、文件包含与条件编译，它们都开始于符号#，因此，符号#是预处理命令的标志。预处理命令可以出现在程序中的任意位置，可以在函数定义的外部，也可以出现在函数定义的内部。一旦在某程序位置上写了预处理命令，它就发生作用。但是需注意，预处理命令必须从一行的行首开始，且一行中只能有一个预处理命令。

1.6.1　宏定义

宏定义命令由字符串#define 标志，一般形式如下：

```
#define  宏名  替换字符串
```

其中，宏名是一个标识符，宏定义把宏名定义为其后面的替换字符串，作用是：程序中每当出现此宏名，它就将被替换为相应的替换字符串。例如前面所见的：

```
#define  pi   3.1416
```

把宏名 pi 定义为替换字符串 3.1416，在程序中其他位置上出现 pi 时都将进行替换，即把 pi 替换为字符串“3.1416”，这称为宏替换。注意，pi 并不是被替换为数值 3.1416，而是被替换为 ASCII 编码的 6 个字符“3.1416”。因此，如果在程序中出现如下的赋值语句：

```
l=2*pi*r;
```

实际上是赋值语句：

```
l=2*3.1416*r;
```

如果有下列两个宏定义：

```
#define  L  10
#define  C  L+L
```

程序中如果出现下列赋值语句：

```
Area=C;
```

进行宏替换的结果，此赋值语句实际上是下列赋值语句：

```
Area=10+10;
```

因为其中的 C 宏替换为“L+L”，而 L 宏替换为“10”。但要注意，如果赋值语句是：

```
Area=C*L;
```

宏替换后的赋值语句是：

```
Area=10+10*10;
```

千万注意，不能宏替换为：

```
Area=(10+10)*10;
```

注意　宏替换是名副其实的替换，而不是运算！

宏定义有两种，即无参数的与带有参数的。上述是无参数的宏定义，带有参数的宏定义一般形式如下：

```
#define 宏名(参数，参数，…)  包含各参数的替换字符串
```

带有参数的宏定义例子如下：

```
#define  MUL(x, y)  x*y
```

当程序中出现赋值语句

```
z=MUL (12, 3);
```

时，此赋值语句实际上是：

```
z=12*3;
```

因为MUL(x, y)被替换为x*y，其中用字符串“12”替换x，用字符串“3”替换y。因此，z将得到值36。注意，宏替换是纯粹的替换，并不涉及运算。例如，如果有赋值语句：

```
t=MUL(1+2, 2+3);
```

进行宏替换，x*y中，x被替换为1+2，y被替换为2+3，因此此赋值语句实际上是：

```
t=1+2*2+3
```

执行结果，t将是1+2×2+3=8，并不是(1+2)×(2+3)=15。

再次强调：宏替换时，进行的是字符串替换，不是数值的替换。是纯粹的替换，不涉及运算。如果在所替换的字符串中还有未被替换的参数，将继续替换，请看下例。

设有宏定义：

```
#define   N   2
#define   M   N+5
```

则当C程序中有下列赋值语句

```
k=N*M-M/3;
```

时，k的值将是8，并不是12，因为宏替换后此赋值语句相当于：

```
k=N*N+5-N+5/3;
```

进一步替换为：

```
k=2*2+5-2+5/3;
```

最后再给出2个例子。

例1.11　设有以下程序：

```
#include <stdio.h>
#define S(x)  4*(x)*x+1
main()
{ int k=5,j=2;
  printf("%d\n",S(k+j));
}
```

试给出程序运行后的输出结果。

解　此题要点是宏定义与宏替换。S(x)被宏替换为4*(x)*x+1，其中x被替换为k+j，因此，输出的是下列表达式的值：

```
4*(k+j)*k+j+1
```

其中，k与j的值分别是5与2，因此程序运行后的输出结果是：143。

例1.12　试给出下列程序执行后的输出结果。

```
#define MAX(A,B)  A>B?2*A:2*B
void main()
{  int a=1,b=2,c=3,d=4,t;
   t=MAX(a+b,c+d);
   printf("%d\n",t);
}
```

解　此题要点是宏定义与宏替换。MAX(A,B)被宏替换为A>B?2*A:2*B，其中的A宏替换为字符串a+b，B宏替换为c+d，因此赋值语句

```
t=MAX(a+b,c+d);
```

宏替换后，实际上是赋值语句：

```
t=a+b>c+d?2*a+b:2*c+d;
```

由于 a、b、c 与 d 的值分别是 1、2、3 与 4，因此最终 t 的值是 2*c+d ，即 2×3+4=10。

输出结果是：10。

1.6.2　文件包含

文件包含命令由字符串#include 标志，前面例子中见到的

```
#include <stdio.h>
```

就是文件包含命令。这个文件包含命令的作用是把文件 stdio.h 中的全部内容原封不动地复制到该文件包含命令所在的程序位置处。

文件包含命令的一般形式如下：

```
#include <被包含文件名>
```

或

```
#include "被包含文件名"
```

文件包含命令的主要用途是：把以.h 为扩展名的头文件（如 stdio.h）中的内容复制到文件包含命令所在的程序位置处，以便取得相应文件中的常量或函数等的定义信息。这是因为 C 程序必须遵循“先定义后使用”法则，对于编译系统定义的系统常量，或者由编译系统提供而无需程序编写人员自己去实现的函数的原型，往往在头文件中定义，程序编写人员只需在程序中使用这些常量或函数之前，写出有关头文件的文件包含命令，这些常量或函数就有了定义，可以使用而不引起错误。

文件包含命令中涉及的文件也不仅是以.h 为扩展名的文件。

如果一个程序较大，由很多部分组成，也可以把一部分程序放在一个文件上，而把其他部分放在其他文件上，这时也可以利用文件包含命令。例如，文件 exp1.c 中可以包含下列文件包含命令：

```
#include "exp2.c"
```

其中文件 exp2.c 中包含了文件 exp1.c 中的 C 程序需要调用的程序部分。当编译时，就好像只有一个文件 exp1.c，文件 exp2.c 中的内容就复制在文件 exp1.c 中。

注意　所包含文件名可以用尖括号对<与>括住，也可以用双撇号对"与"括住，区别是：前者一般是系统的文件，是确定文件夹路径的，因而一般来说可立即取到该文件而无需花费过多时间查找；而后者一般是用户引进的文件，需查找其位置，但本质上并无多大差别。

要注意的是，C 语言的集成支持系统即编译系统，包含有系统预定义的常量与函数，它们分别存放在各个头文件（扩展名是.h）中，当程序中用及这些常量与函数时，必须在程序中使用它们之前，给出相应的文件包含命令。例如，当用及数学函数时，需包含的头文件是 math.h，而涉及字符串的运算时需包含的头文件是 string.h。这里给出常用的一些函数及相应的头文件名。

- stdio.h 用于标准设备（键盘与显示屏）输入输出，如 printf（输出），scanf（输入）。该文件包含命令往往被省略不写，但如果调用函数 getchar 与 putchar，以及空指针常量 NULL 等，该头文件必须被包含。
- math.h 用于数学函数，如 sqrt（平方根），fabs（绝对值），sin（三角正弦）。
- string.h 用于字符串运算，如 strcpy（复制），strcmp（比较），strlen（串长度）。
- ctype.h 用于字符运算，如 isalpha（判断是否为字母），islower（判断是否为小写字母），isupper（判断是否为大写字母）。
- alloc.h 用于存储分配，如 malloc（分配存储），free（释放存储）。

这里要强调的是，当使用某些函数时，千万不要忘记写出相应的文件包含命令。

1.6.3　条件编译

条件编译命令的引入使得可以根据不同的条件，对不同的程序部分进行编译或不编译，从而使得生成或不生成相应的目标代码。一个典型的例子如下：

```
#ifdef   debug                              /* 如果定义了标识符 debug */
printf("进行调试.");                         /* 显示输出"进行调试" */
printf("x/y 中 y 的值=%f\n", y);             /* 显示输出"x/y 中 y 的值=…" */
#else                                       /* 这 1 行与下 1 行可以省略 */
printf("正式运行，不显示 y 的值。");
#endif                                      /* 结束条件编译 */
```

其含义是：如果 debug 已有定义，则对第 2、3 行生成目标代码，不生成第 5 行的目标代码；否则，生成第 5 行的目标代码，而不生成第 2、3 行的目标代码。

当调试并执行此条件编译命令所在的程序时，由于定义了 debug，编译系统生成显示输出 y 值的输出语句的目标代码，因此显示输出除法 x/y 中分母 y 的值，可以检查它是否是 0，或发现什么时候开始成为 0，这样就可以查出错误可能发生在什么位置。由于每次都要显示输出 y 的值，程序运行效率将受很大影响。因此改正了错误后，正式运行所在的程序时，不再定义 debug，将不再生成显示输出 y 的值的目标代码，从而正常运行程序。

条件编译命令还有其他两种形式，但很少用到，由于本书作为入门性教材，将不再详细讨论，有兴趣的读者可以自行参考相关资料。

1.7　小　　结

1.7.1　本章 C 语法概括

1. C 程序组成

（1）C 语言基本符号集：字母、数字、关键字、专用字符。

字母：a b c d e f g h i j k l m n o p q r s t u v w x y z
　　　A B C D E F G H I J K L M N O P Q R S T U V W X Y Z

数字：0 1 2 3 4 5 6 7 8 9

专用字符：+ - * / % ! & | ~ ^ < = > , . ? :
　　　( ) [ ] { }
　　　_ ; '" \ #

关键字：

int float double char void	（类型符）
short long signed unsigned	（类型修饰符）
auto static register extern	（存储类）
struct union enum typedef	（构造类型符　类型定义）
const	（常量定义）
sizeof	（求类型大小运算符）
if else switch case break default	（选择结构）
while do for continue return goto	（循环结构 控制转移）
volatile	（易变不优化）

说明　关键字是全部由小写字母组成的专用符号。

（2）C 语言符号：标识符、常量、字符串、标号、关键字、专用符号。

标识符：标识符打头字符 标识符成分字符 … 标识符成分字符

标识符打头字符：字母、下划线

标识符成分字符：字母、数字、下划线

常量：字面常量、符号常量

十进制常量、八进制常量、十六进制常量

整型常量、实型常量、字符型常量、字符串常量

字符串："可能包含转义字符的一串字符"

（3）程序结构：函数定义 … 函数定义。

说明　其中必须有一个，且仅一个 main 函数定义。

函数定义：函数首部　函数体

函数首部：函数值类型 函数名（参数，…，参数）

或　　函数值类型 函数名（）

函数体：　{ 说明部分　控制部分 }

函数原型：函数首部;

2. 数据类型

（1）基本类型：整型、实型、字符型、无值类型。

整型：int（整型）、short（短整型）、long（长整型）

实型：float（浮点型）、double（双精度型）

字符型：char

无值类型：void

还可以是枚举型。

说明　整型与字符型有有正负号与无正负号之分。

（2）结构类型：数组、结构（结构体）、共用体（联合）、指针。

3. 控制结构：顺序结构、选择结构、迭代结构

（1）基本语句：赋值语句、输入语句、输出语句。

（2）选择结构：if 语句、switch 语句。

（3）迭代结构：while 语句、do-while 语句、for 语句。

（4）其他控制语句：continue 语句、break 语句、goto 语句。

（5）空语句。

4. C 语言预处理命令

（1）宏定义命令：　#define　宏名　替换字符串

或　　#define　宏名(参数,参数,…)　　包含各参数的替换字符串

（2）文件包含命令：　#Include　<被包含文件名>

或　　#Include　"被包含文件名"

（3）条件编译命令：

如果定义了标识符	如果没定义标识符	如果表达式
#ifdef　标识符 　程序段 #else 　程序段 #endif	#ifndef　标识符 　程序段 #else 　程序段 #endif	#if 表达式 　程序段 #else 　程序段 #endif

1.7.2　C 语言有别于其他语言处

1. C 程序结构

C 语言是模块化程序设计语言，体现在函数定义可看成是一类模块，因此 C 语言支持模块化程序设计，程序可以存放在多个文件上。

2. 具有低级语言特性

C 语言提供了低级语言特性的语言成分，如位与位运算、自增自减运算、取存储地址运算及共用体类型等，这样有助于编写操作系统与编译系统之类的系统软件。

3. 预处理命令

C 语言程序中允许有预处理命令，包括宏定义、文件包含及条件编译等 3 类预处理命令，这样既增强了灵活性，又支持了模块化程序设计，特别是支持了程序调试。

4. 处理思路不同

多参数函数调用时实际参数的计算顺序是从右到左的，这与通常的书写顺序相反，特别是对自增自减运算的处理，读者要特别小心。

5. 在 DOS 方式下运行操作

C 语言及其集成支持系统是在计算机领域发展早期开发的，因此如同 PASCAL 等语言，都是在 DOS 方式下运行与操作的，这给用户带来了不便。但是 C 程序的可执行文件，无需在 DOS 方式下运行，因此，对所编写的应用程序并无影响。事实上，使用 C 语言已经开发了众多的应用程序。学习 C 语言程序设计，根本上是为了培养与提高读者的实际动手能力。

本章概括

本章讨论了什么是程序及什么是程序设计语言，介绍了 C 语言程序的结构与组成，以及 C 语言程序的执行方式，列举了 C 语言的特点，使读者对这些有一个整体的了解。本章也详细讨论了程序设计的概念，包括程序设计的过程、程序设计的要点、编程的基本法则，以及 C 程序的书写格式等，使读者对这些有一个初步的认识，有利于了解和理解本教材的编写思路，从而有利于今后内容的学习。应该说，这些对于今后深入学习 C 语言程序设计，具有指导作用和参考价值。希望读者经常回顾本章的内容。

本章介绍了 C 语言的集成支持系统 Turbo C，它集编辑、编译、执行与调试于一体，可以看成是使用 C 语言的集成开发平台，希望读者通过上机实践，加深对 C 语言概念的理解，并且通过这一平台，掌握基本的调试功能，不断提高自己的程序调试能力，从而培养和提高动手能力。

习 题

一、选择与填空题

1. C 语言程序由函数定义组成，下列叙述中最贴切的是________。

A）函数定义可以有任意多个　　B）必须包含一个 main 函数定义

C）必须包含一个且仅一个 main 函数定义　　D）main 函数不一定调用其他函数

2. 以下关于 C 源程序的叙述中正确的是__________。

A）注释只能出现在程序的开始位置或语句后面　　B）一行中不能写多个语句

C）一个语句可以分写在多行中　　D）一个源程序只能保存在一个文件中

3. 以下选项中，_________是 C 语言关键字。

A）fun　　B）printf　　C）default　　D）include

4. 计算机高级语言程序的运行方式有编译执行和解释执行两种，以下叙述中正确的是________。

A）C 语言程序只可以编译执行　　B）C 语言程序只可以解释执行

C）C 语言程序既可以编译执行又可以解释执行　　D）以上说法都不对

5. 使用 Turbo C 系统编译 C 语言源程序后生成的文件名后缀是_________。

A）.c　　B）.exe　　C）.obj　　D）.h

6. 以下叙述中错误的是________。

A）C 语言的可执行程序是由一系列机器指令构成的

B）用 C 语言编写的源程序不能直接在计算机上运行

C）通过编译得到的二进位目标程序需要链接才可以运行

D）在没有安装 C 语言集成开发环境的机器上不能运行从 C 源程序生成的.exe 文件

7. 以下叙述中错误的是________。

A）C 程序在运行过程中所有计算都以二进制方式进行

B）C 程序在运行过程中所有计算都以十进制方式进行

C）所有 C 程序都需要编译，并链接装配无误后才能运行

D）C 程序中整型变量只能存放整数值，实型变量只能存放浮点数值

8. 程序设计是一个过程，包括________、编程和调试三个阶段。

A）分析　　B）设计　　C）需求分析　　D）可行性研究

9. 程序调试的任务是________。

A）设计测试用例　　B）验证程序的正确性

C）发现程序中的错误　　D）诊断和改正程序中的错误

10. 下列有关算法和程序关系的叙述中，正确的是________。

A）算法必须使用程序设计语言进行描述　　B）算法与程序是一一对应的

C）算法是程序的简化　　D）程序是算法的具体实现

11. 以下关于预处理命令的叙述中错误的是________。

A）预处理命令由预处理程序解释

B）程序中的预处理命令是以#开始的

C）若在程序的一行中出现多个预处理命令，这些命令都是有效的

D）预处理命令既可以出现在函数定义的外部，也可以出现在函数体内部

12. C 源程序中的命令#include 与#define 是在________阶段被处理的。

A）预处理　　B）编译　　C）连接　　D）执行

13. 设有以下程序：

```
#include <stdio.h>
#define NET(a) a*a
main()
{  int a=2,b=3,c=4,d;
   d=NET(a+b)*c;
   printf("%d\n",d);
}
```

程序运行后输出的结果是________。

A）-4　　B）-20　　C）4　　D）20

14. 设有以下程序：

```
#include <stdio.h>
#define PT 3.5
#define S(x)  PT*x*x
main()
{  int a=1, b=2; printf("%4.1f\n",S(a+b));}
```

程序运行后输出的结果是________。

A）14.0　　B）31.5　　C）7.5　　D）程序有错无输出结果

15. 若有以下宏定义

```
#define M(a,b) -a/b
```

则执行语句“printf("%d",M(4+3,2+1));”后输出结果为________。

二、编程实习题

1. 下列程序由函数定义 fun 与 main 组成，试对下列 C 程序进行动态调试，记录变量 a、b 与 c 值的变化，并说明何时发生变化。

```
#include <stdio.h>
int a=5;
void fun(int b)
{  int a=10;
   a+=b;
   printf("%d",a);
}
main()
{  int c=20;
   fun(c);
   a+=c;
   printf("%d\n",a);
}
```

2. 试对下列 C 程序进行动态调试，查出使和 s 成为负值的最小 k 值。

```
main()
{  int k, s;
   s=0;                          /* 初始时，和 s=0 */
   for(k=100; k<=500; k=k+1)     /* k 从 100 开始、每次加 1，直到 500 */
     s=s+k;                      /* 把 k 加入 s 中 */
   printf("s=%d\n",s);           /* 输出 s 的值 */
}
```

第2章　C语言程序的运算功能

程序设计语言中最基本的功能是运算，包括数值运算与非数值运算。C 语言也一样，运算功能是在各个应用领域中实现各项功能的基础。运算涉及两方面，即运算对象与进行的运算。例如，计算三角形面积 s，计算公式是 $s = 0.5 \times a \times b \times \sin C$，其中 a 与 b 是三角形的两个边，值是边长，而 C 是这两个边的夹角，值是夹角角度。在这里 0.5、a、b 与 C 都是运算对象（量），× 是运算（乘法），而 sin 是三角正弦函数名。按 C 语言表示法，计算三角形面积的式子写成 0.5*a*b*sin(C)，称为表达式。其中*是乘法运算符×在 C 语言中的表示，进行运算的运算对象是量，称为运算分量。由运算分量和运算符组成表达式。当由算术运算计算得到一个数值时，这种表达式称为算术表达式。

下面介绍相关的概念与表示法。

2.1　表　达　式

表达式是各种程序设计语言中最基本的成分，作用是描述如何对数据对象进行处理，因此说，表达式是对数据对象进行相应处理的描述。表达式由运算分量与运算符组成，其中可能还包含括号对。运算分量是参与运算的量，可以是常量、变量和有值函数调用。小括号对则表示其中所括住的运算符，要先于其左右的运算符而计算。有值函数调用的例子是，对计算三角正弦值的函数 sin 的调用 sin(C)。相关概念将在有关函数的章节中讨论。

2.1.1　量

一个运算所涉及的运算对象是量，称为运算分量，例如，0.5*a 中左运算分量是 0.5，右运算分量是 a，这里 0.5 是值不能被改变的量，称为常量，a、b 与 C 都是在程序执行过程中值可以被改变的量，称为变量。下面介绍这两类量。

1. 常量

常量是在程序执行过程中，值不能被改变的量。C 语言中有两类常量，一类是字面常量，另一类是符号常量。

字面常量是直接书写在程序中，从字面上一眼就可看出是什么值的常量，如同 2、0.5 与 3.1416 这样的常量。2 是整数值，称 2 是整型常量。0.5 与 3.1416 中包含小数点，是实数值，称为实型常量。

整型常量用一列数字表示，数字之前可能有正负号，如 123、-1000 与+99999 等，其中不包含小数点，都是合法的 C 语言整型常量表示。但 2,000 不是 C 语言的合法常量表示，因为在整型常量中不允许包含逗号。

实型常量用包含一个小数点的一列数字表示，如 2.717 与 9.8 都是合法的 C 语言实型常量表示。这种称为实型常量的小数点表示法，C 语言允许小数点的前面或者后面没有数字，只要这个实型常量中包含有数字就行，如 5.、-5 与+5.都是正确的。C 语言中的实型常量，除了小数点表示法，还可以有指数表示法，即用字母 e 或 E 表示后面的整数是指数部分（10 的幂次）。例如，31.416E-1 与 0.98E1 都是合法的 C 语言实型常量表示，它们的值分别是 3.1416 与 9.8。.1e0 也是合法的 C 程序实数表示，它是值为 0.1 的实型常量。注意，实型常量的指数表示法中，指数部分必须有数值，且是整数值，不能包含小数点。因此，5e-1是值为$5\times10^{-1}=0.5$的实型常量，0.31416E1是值为$0.31416\times10^{1}=3.1416$的实型常量。但是，-1.5e1.5、3.0e0.2、9.12E与E9都不可以作为C程序中的实型常量，因为3.0e0.2中的指数部分不是整数，9.12E中字母E后无整数，而E9不是从数字开始，以字母开始的符号E9是C语言标识符。

直接书写在程序中的常量值都是字面常量。对于出现在程序中的整数值，一般都隐指是十进制的，然而为了易于联系整型量在存储字中的表示和进行相应的操作，特别是适应编写系统软件的需求，C语言允许在程序中出现八进制形式与十六进制形式的整型常量表示。这时必要的是遵循一些书写约定。C语言约定，八进制整数的数值部分以数字0打头，而十六进制整数以0x或0X打头，由于数字符号仅0到9共十个，对于十六进制中的10～15，用字母字符（大写或小写）表示，即a(A)：10、b(B)：11、c(C)：12、d(D)：13、e(E)：14与f(F)：15。例如：

077，表示八进制整数77，$77_8=7\times8^1+7\times8^0=63_{10}$

0177，表示八进制整数177，$177_8=1\times8^2+7\times8^1+7\times8^0=127_{10}$

0x7F，表示十六进制整数7F，$7F_{16}=7\times16^1+15\times16^0=127_{10}$

0X17f，表示十六进制整数17f，$17f_{16}=1\times16^2+7\times16^1+15\times16^0=383_{10}$

又例如，011、0117是合法的C程序常量表示，只是是八进制的。0118不是合法的C语言常量表示，因为8不是8进制数字。o115也不是合法的C语言常量，而是C语言标识符，因为它以字母o打头。因此在书写八进制常量时，注意不要把数字0错写成字母o。

由于引进了八进制的表示，对于十进制的整数，第一位有效数字之前不能有数字0，如果有，就将是八进制数，不是十进制数了。

除了字面常量，另一类常量是符号常量，是用符号（标识符）表示的常量，如可以有下列常量定义：

```
const  int  ONE=1, TWO=2;
const  float  pi=3.1416;
```

关键字const 是常量定义的标志，关键字int与float是类型符，分别标记整型和实型，指明它们后面的标识符所相应常量具有的类型。上面的定义中，定义ONE与TWO是int（整）型符号常量，它们的值分别是1与2，而定义pi是一个float（实）型符号常量，它的值是3.1416。通常符号常量的取名都与其应用背景紧密相关，这样使程序更易读易理解。在常量定义时，符号=的右边允许是一个表达式，并且可以引用前面已定义的符号常量。例如：

```
const int ONE=1, TWO=ONE+1;
```

效果与前面的常量定义相同。

常量定义的一般形式如下：

```
const 类型 标识符=常量表达式，…，标识符=常量表达式;
```

C语言规定，同一个常量定义中定义的符号常量都有相同的类型，不同类型的符号常量必须在不同的常量定义中定义。

要强调的是，符号常量虽然看起来是一个标识符，但它是常量，值不能被改变，因此，不能对它进行赋值以改变它的值，如果对上面的ONE、TWO或pi赋值，将发生错误，例如，赋值语句

```
ONE=3;
```

是错误的。编译时将显示如下的报错信息：

```
Cannot modify a const object   (不能修改常量对象)
```

照理，下列输入语句应该也是错误的：

```
scanf("%d", &TWO);
```

不想，C 编译系统竟允许把一个值输入给所定义的符号常量 TWO，这应该说是一个系统错误。虽然可以对符号常量进行输入，建议读者也绝不要这样做。常量绝不能被改变值！

之前所见到的宏定义，也可以认为引进了符号常量。例如：

```
#define N 50
```

可以认为定义了符号常量 N，它的值是 50，但实际上 N 仅是宏名，在编译之前的预处理阶段，N 被宏替换为字符串“50”。因此，上机调试时，不可能查看到 N 的值。如果执行下列输入语句：

```
scanf("%d", &N);
```

将报错：

```
Error: Must take address of memory location (必须取存储地址)
```

除了整型常量与实型常量外，C 语言还允许使用字符型常量与字符串常量。

字符型常量（往往简称为字符常量）如同第 1 章所述，在 C 语言中是用单撇号对括住的一个字符来表示，如'A'、'5'与'*'等，都是合法的 C 语言字符常量表示。例如，字符常量'A'，如果不用单撇号对括住，仅字母 A 出现在程序中，将把 A 处理为标识符；字符常量'5'，在程序中不用一对单撇号括住时就只能看作是整型常量 5 了。类似地，字符常量'*' 在程序中不用一对单撇号括住时就只能看作是乘法运算符*。为叙述简便起见，在讨论中，即使不是在程序中，谈到字符常量时，为清晰表明是字符，也往往用单撇号对括住的字符表示。

字符型常量是一个字符，存放在一个存储字节中，占用 8 个二进位。通常采用 ASCII 编码。再次建议读者记住下列字符的 ASCII 编码：

```
'0': 48   'A': 65   'a': 97   '□': 32
```

其中，由于空格字符不可见，难以计数，所以用字符□表示空格字符。这样，很容易从'A'的 ASCII 编码 65，得到'F'的 ASCII 编码是 65 + 5 = 70。也不难看到，'F'-'A'的值是 5，类似地有'8'-'4'的值是 4 等。

例 2.1　已知有定义“char ch='g';”，则表达式 ch=ch-'a'+'A'的值为字符______的编码。

解　变量 ch 的初值是'g'，小写字母，因此，ch-'a'的值将是 ch 的值'g'相对于字母'a'的位移量，再加上'A'，使得转化为大写，位移量没变，因此，结果成为大写字母'G'，答案是'G'。

例 2.2　设有以下程序：

```
#include <stdio.h>
main()
{  char c1,c2;
   c1='A'+'8'-'4';
   c2='A'+'8'-'5';
   printf("%c,%d\n",c1,c2);
}
```

已知字母 A 的 ASCII 码为 65，程序运行后的输出结果是________。

A）E,68　　B）D,69　　C）E,D　　D）输出无定值

解　显然，输出结果是变量 c1 与 c2 的值。从 c1 得到值的赋值语句右部表达式看，是对字符常量的加减运算，由于'8' - '4' = 4，'8' - '5' = 3，因此，c1 = 'A' + 4 = 'E'和 c2 = 'A' + 3 = 'D'，即 c1 是'E'，c2 是'D'，由于 c2 以整数值格式输出，最终输出结果应该是“E,68”，答案是 A。

字符串常量是用一对双撇号"括住的一串字符，如"How are you!"与"#@&$"等。不是 C 语言基本符号的字符，可以出现在字符串常量中，因此可出现在 C 程序中。在进行表格处理时，往往要使用字符串常量。

在程序中往往可能需要表达一些不可见字符，如换行字符与列表字符等，尤其是需要在程序中表达单撇号字符'，如果写成'''，将发生错误。如果双撇号字符"出现在字符串常量或字符串中，如"This " is a char"，其中前面的两个双撇号字符"已经配对，后面的 is a char"将是错误的，把第 3 个双撇号看作是一个新的字符串常量的开始，因此将报错：字符串不终止。如何识别出单撇号字符与双撇号字符而不出错？

C 语言中引进转义字符的概念。转义字符用反斜杠字符\标记。例如，C 程序中，'\''表示一个字符常量，它的值是单撇号字符'，'\"'表示一个字符常量，它的值是双撇号字符"，字符串常量"This \" is a char"，它的值是字符串“This " is a char”，其中包含了双撇号字符"。

现在如果要在程序中表达字符常量反斜杠\，写成'\'将发生错误，必须写成'\\'。

转义字符也可以用 8 进制编码表示，这时可以是 1～3 位的 8 进制数字，例如，'\101'是字符'A'，'\123'是字符'S'。又如'\47'，它是单撇号字符'，'\42'则是双撇号字符"。转义字符还可以用 16 进制编码表示，这时可以是 1～2 位的 16 进制数字，只是前面必须由字母 x 或 X 打头，例如，'\x27'，它同样是单撇号字符'，又如'\X22'，它同样是双撇号字符"。'x2d'也是正确的 C 语言字符常量，但'aa'与'\48'不是 C 语言转义字符的正确表示法。

转义字符表见表 2-1。

表 2-1

转义字符	含义	转义字符	含义
\n	换行（new line）	\'	单撇号
\t	水平制表（table）	\"	双撇号
\b	向后退格（backspace）	\r	回车（return）
\f	换页	\a	响铃警报（alert）
\v	垂直制表	\\	反斜杠（backslash）
\ddd	d 表示 8 进制数字（最多 3 位）对应字符的 ASCII 编码，如\101 是字符 A	\xhh	x 是 16 进制标志，h 表示 16 进制数字（最多 2 位）对应字符的 ASCII 编码，如\x41 是字符 A

转义字符可以作为单个字符常量，也可以出现在字符串常量或字符串中，例如，"\x7G\123"与"\"It\'s a string.\" is a string."，前者的长度是 3，即包含 3 个字符，而后者的长度是 29，即包含 29 个字符。当转义字符出现在字符串中时，如同字母字符一样，不必要再写出单撇号对。

作为例子，假定 C 程序中有一个字符串常量"It\'s \x41 string:\40\"Hello\041\"\n"，如果把它打印输出，显示的将是如下的一行：

```
It's a string: "Hello!" <回车>
```

其中'\x41'、'\40'和'\041'分别是'a'、空格字符和'!'的转义字符。<回车>表示换行字符。

对于字符串中的转义字符，不能忘记写反斜杠字符。例如，"\041"是长度为 1 的字符串，"041"则是长度为 3 的字符串。

概括地说，字符串常量是用一对双撇号"括住、可能包含转义字符的一串字符。

再次强调，在执行输入语句输入字符时，只需键入要输入的字符，无需键入单撇号字符对，但在 C 程序中，作为字符常量，字符必须用一对单撇号括住，不能仅写出字符本身。例如，仅写出字母 t 时，将把 t 处理作标识符，而不是字符常量，如果 t 是字符常量，必须写成't'。类似地，在 C 程序中，字符串常量必须用一对双撇号括住。

这里提醒读者，字符串中可以包含八进制表示，这是允许的转义字符，但不能包含数字 0 开始的十六进制表示，这不是允许的转义字符表示。例如，字符串"x=\0x17□or□x=23"的长度是多少？其中的字符□表示空格字符。如果说是 11，那就错了，它的长度是 2！请读者思考为什么。

概括起来，C 语言常量分两大类：字面常量与符号常量。从类型角度看，包括整型常量、实型常量、字符型常量和字符串型常量。如果从值的角度看，可以分为数值常量与非数值常量。

2. 变量

变量是在程序执行过程中，值能被改变的量。变量通常用标识符表示，为了程序易读，变量取名往往与它们的应用背景紧密相关。如果随意取名就不易了解变量是做什么用的。程序难以理解，也就不易查错改错。例如，可以使用标识符 weight 作为值是重量的变量名，使用标识符 age 作为值是年龄的变量名，作为暂时保存计算的中间结果的变量往往取名 temp 等。通常用标识符来称呼变量，换句话说，存取变量是通过标识符进行的。

常量按其应用背景，有不同的类型，例如，人数 12(个)是 int 型常量，长度 12.5（米）是 float 型常量。同样地，变量也有 int（整）型与 float（实）型之分。一个变量是什么类型的，取决于此变量的应用背景。例如，上面的变量 age 是 int 型的，变量 weight 是 float 型的等。

不论是常量还是变量，它们都有一个值，以二进制形式存储在计算机存储器内，C 程序在运行过程中所有的计算都以二进制方式进行。int 型值存储在 2 个存储字节中，例如，int 型数值 5 在存储字中的存储表示示意图如下：

ε_0	ε_1	ε_2	ε_3	ε_4	ε_5	ε_6	ε_7	ε_8	ε_9	ε_{10}	ε_{11}	ε_{12}	ε_{13}	ε_{14}	ε_{15}
0	0	0	0	0	0	0	0	0	0	0	0	0	1	0	1

一般地，每个 int 型值占用 2 个存储字节，16 位二进位，其中最左边第 1 个二进位ε_0是正负号位，0 为正，1 为负，小数点隐含在最右边，即ε_{15}的右边。图中所存储的值，二进制的 101，是十进制的 5：$101_2 = 1 \times 2^2 + 0\times2^1 + 1 \times 2^0 = 5_{10}$。如果是 float 型量，它将占用 4 个存储字节，比 int 型量多占用 2 个存储字节，而且一般的 float 型值在存储字中以有指数部分的小数形式存储。为了与 int 型量的存储表示容易比较，假定 float 型量也只占用 2 个存储字节，且指数部分假定仅占 4 位二进位，值 5.0 在存储器中的存储表示可如下图所示：

ε_0	ε_1	ε_2	ε_3	ε_4	ε_5	ε_6	ε_7	ε_8	ε_9	ε_{10}	ε_{11}	ε_{12}	ε_{13}	ε_{14}	ε_{15}
0	0	1	1	0	1	0	1	0	0	0	0	0	0	0	0

$\varepsilon_0\varepsilon_1\varepsilon_2\varepsilon_3$ 是指数部分，表示 2 的幂次，$11_2 = 1 \times 2^1 + 1 \times 2^0 = 3_{10}$，小数部分$\varepsilon_4\varepsilon_5\varepsilon_6\varepsilon_7\varepsilon_8\varepsilon_9\varepsilon_{10}\varepsilon_{11}\varepsilon_{12}\varepsilon_{13}\varepsilon_{14}\varepsilon_{15}$中$\varepsilon_4$是正负号位，小数点隐含在$\varepsilon_4$与$\varepsilon_5$之间，即小数部分的值从$\varepsilon_5$开始，$\varepsilon_5 = 1$ 对应于 2^{-1}，$\varepsilon_5 = 1$ 对应于 2^{-2} 等。因此是 $0.10100000_2 = 1 \times 2^{-1} + 0 \times 2^{-2} + 1 \times 2^{-3} + 0 \times 2^{-4} + \cdots = (1 \times 2^2 + 0 \times 2^1 + 1 \times 2^0) \times 2^{-3} = 5 \times 2^{-3}$，所存储的值是：指数部分×小数部分 $= 2^3 \times (5 \times 2^{-3}) = 5.0_{10}$。注意，一个实型值，不论其绝对值大小怎样，书写时小数点的位置在哪里，在计算机存储器内存储时，ε_5必须总是 1，这可以通过调整指数部分的值保持原有值。因此称为浮点值，类型也称为浮点（float）型。例如，$0.0625 = 1 \times 2^{-4}$，似乎是如下存储表示：

ε_0	ε_1	ε_2	ε_3	ε_4	ε_5	ε_6	ε_7	ε_8	ε_9	ε_{10}	ε_{11}	ε_{12}	ε_{13}	ε_{14}	ε_{15}
0	0	0	0	0	0	0	0	1	0	0	0	0	0	0	0

但这是不正确的，因为ε_5是 0。应该调整为：$0.0625=2^{-3}\times2^{-1}$，存储表示如下：

ε_0	ε_1	ε_2	ε_3	ε_4	ε_5	ε_6	ε_7	ε_8	ε_9	ε_{10}	ε_{11}	ε_{12}	ε_{13}	ε_{14}	ε_{15}
1	0	1	1	0	1	0	0	0	0	0	0	0	0	0	0

因此，可以说，实型变量的值是浮点数。

通过上面对 int 型值 5 与 float 型值 5.0 的存储表示进行的比较，可见如果两个量的值的类型不同，则它们在存储器中的存储表示也不同，因此一般来说，不同类型的量不能进行运算，即使都有算术型值，也必须进行类型转换，使得两个值都有相同的存储表示时才能运算。

从上面的讨论可知，对于任何的量，都涉及 3 个方面，即名、类型与值。

· 名：名用来称呼一个量，有了名，才使得能够指称或存取一个量。变量的名由标识符来给出，如标识符 k 与 s 就是相应变量的名。常量的名通常是常量值的字面，如常量 2 的名就是 2，而常量 3.1416 的名则是 3.1416。符号常量的名，由标识符给出。

· 类型：类型是量的一个属性，可以从量的值来了解这个属性，如 2 是整型（int 型），3.1416 是实型（float 型）。一个量有什么类型，取决于它的应用背景，如人数只能是整数值，因此是整型，而人的体重一般是实数值，因此是实型。整型与实型都是算术型。当确定了一个量的类型时，也就确定了这个量在计算机内的存储表示法，包括存储字节数与具体存储方式。显然，类型也决定了一个量能进行哪些运算，如实型量就不能进行整除求余运算。

· 值：C 程序中的每一个量，都要在存储器中为它分配相应的存储字，存储字中的内容便是这个量的值。如何能存取这个存储字的内容，即量的值？存取存储字自然是通过存储字地址，而量有一个名，让名与存储字地址建立起对应关系，便不难从量的名得到量的值。其对应关系如下所示：

$$名 \leftrightarrow 存储地址 \rightarrow 存储字$$

变量的名用标识符表示，因此通过标识符可以存取变量的值。当然，这种对应关系无需程序编写人员关心，将由编译系统自动完成。

2.1.2　运算

1. 运算的种类

程序中进行什么运算，由运算符表示，C 语言允许的运算符有如下几类。

（1）算术运算符　+(加，单目加)　-(减，单目减)　*(乘)　/(除)　%(整除求余)

++(自增)　--(自减)

（2）逻辑运算符　&& (逻辑与)　||(逻辑或)　! (逻辑非)

（3）关系运算符　< (小于)　<= (小于等于)　> (大于)　>= (大于等于)

!= (不等)　= = (相等)

（4）条件运算符　? :

（5）赋值运算符　= (赋值)

复合赋值运算符可以是以下几类：

+= (加复合赋值)　-= (减复合赋值)

*= (乘复合赋值)　/=　(除复合赋值)　%= (整除求余复合赋值)

<<=(左移复合赋值)　>> (右移复合赋值)

^= (按位异或复合赋值)　&= (按位与复合赋值)　|= (按位或复合赋值)

（6）逗号运算符　,

（7）括号运算符　( ) (圆括号运算符)　[ ]（下标运算符）

（8）位运算符　& (按位与)　|(按位或)　~(按位取反)　^(按位异或)

（9）移位运算符　<< (左移)　>> (右移)

（10）其他类运算符　&(取地址)　·(取成员)

*(取指向的对象)　→(取指向的结构成员)

注意　C 语言中还有求某类型量所占存储字节数的运算符，它是关键字 sizeof，如求 int 型量所占存储字节数，写为 sizeof(int)。一般形式是：

```
sizeof(类型)　或　sizeof(表达式)
```

其中，参数可以是类型，也可以是表达式，即求此表达式的值所占用存储字节数。

例 2.3　有以下程序：

```
#include <stdio.h>
main()
{  int s,t,A=10; double B=6;
   s=sizeof(A);  t=sizeof(B);
   printf("%d,%d\n",s,t);
}
```

程序运行后的输出结果是______。

A）2,4　　B）2,8　　C）4,8　　D）10,6

解　首先查看输出的是什么值，显然输出的是变量 s 与 t 的值，它们分别是变量 A 与 B 所占用存储区域的大小，与值无关，答案不可能是 10,6。int 型与 double 型分别占用 2 个与 8 个存储字节，应该输出“2,8”，因此，答案是 B。

各类运算符将在相关章节中讨论，这里仅对其中几类运算符作一些说明。

1）整除求余%

整除求余运算符是%，该运算求两个整型量相除所得的余数，只要有一个运算分量不是整数，就将出错。例如，编译 5.0%3 时将报错：浮点数使用不合法，这里的浮点数就是实数 5.0。例如，计算 5%3 的结果是 2，而计算 6%3 的结果是 0。如果两个运算分量异号，则整除求余运算的结果要取决于哪个运算分量是负的，如计算(−5)% 3 的结果是−2，但计算 5%(−3) 的结果不是−2，而是正整数 2。这表明，运算

左运算分量 % 右运算分量

结果的正负号由左运算分量决定。记住下式便不难理解了：

左运算分量 = 商 × 右运算分量 + 余数

例如，(−5)%3 的值是−2，因为−5 = (−1) × 3 + (−2)，5%(−3)的值是 2，因为 5 = (−1) × (−3) + 2。

整除求余运算与整除运算相结合，可以求得一个整数的各位数字，如对于整数 123，123%10，可以得到个位数字 3。123/10 的值是 12，可以得到十位数字与百位数字，因此，(123/10)%10 可以得到十位数字 2，(123/10)/10 得到百位数字 1。

2）关系运算符= =

这是比较两个量（或表达式）的值是否相等的关系运算符。书写程序时，千万注意：判别两个数值是否相等的运算符是= =，一定不能少写一个等号，单个等号=是赋值运算符，“= =”错写成“=”将造成严重后果。例如，判别变量 k 的值是否等于 3，将写作条件“k= =3”，这时，它的值可能真（k 的值是 3），也可能假（k 的值不是 3）。但如果错写成“k=3”，则将把值 3 赋给 k，改变了 k 的值，而且 k=3 作为表达式，值将永远为真。

3）条件运算符：？：

条件运算符的一般应用形式如下：

条件？条件为真时的表达式 ：条件为假时的表达式

应用条件运算符组成的表达式可称为条件表达式。下面给出条件表达式的例子：

```
a<b ? a : b
```

对其解释如下：若 a<b，则此表达式的值是 a，否则此表达式的值是 b。进一步的例子是：

```
a>b? (c>a? c: a) : (b>c? b : c)
```

请读者自行分析此条件表达式所求值是什么。也请考虑，能否省略其中的括号。

不言而喻，条件表达式的类型由所得值的类型决定。

引入条件运算符是 C 语言与其他程序设计语言的区别之一。

4）赋值运算符=

与其他程序设计语言不同的是，C 语言把赋值也看作是运算，因此有赋值运算符（通常称为赋值号），赋值运算符用来构成赋值表达式，如 n = 5，其效果是把整数值 5 赋给变量 n；又如，k=k+1，其效果是把（赋值号右边）变量 k 的值加 1 ，然后赋给（赋值号左边）变量 k。从数学角度看，这是难以理解的。从计算机程序设计的角度，可以这样理解：从为变量 k 分配的存储字中取出 k 的值，加上 1 ，然后把和值传输到为变量 k 分配的存储字中。因此，赋值号右边出现的变量名，是引用相应变量的值，然而赋值号左边出现的变量名，不是引用变量的值，而是代表变量的存储地址，把赋值号右边表达式的值传输到此存储地址相应的存储字中。因此称赋值号左边的变量取的是左值。凡是赋值运算，赋值运算符的左边必须取左值，因此不能是常量，也不能是一般的表达式，如 3=n 或 x+1=y 都是错误的。

在实际应用中，不少计算往往是对一个变量进行运算，然后把运算结果保存入该变量中。为了紧凑地表达这种情况，C 语言引进了简洁的表示法，即复合赋值运算符。复合赋值运算符是 C 语言区别于其他语言的又一特色，一般形式是：

运算符=

其中的运算符是允许进行复合赋值的运算符，有 3 类，即算术运算符、移位运算符与位运算符，如%=、>>=、&=，可参见表 2-2。

关于赋值，还将在下一小节中讨论。

5）逗号运算符，

逗号作为运算符是 C 语言与其他程序设计语言的又一个区别。若干个表达式，两两之间用逗号隔开，这个逗号就是逗号运算符。其中以逗号运算符为最低优先级运算符的表达式称为逗号表达式。逗号表达式的一般形式如下：

表达式，…，表达式

逗号表达式的值是从左到右、最后一个逗号运算符后面的表达式的值。例如，下列两个表达式都是逗号表达式：

```
b=a+b, a=2*b
t1=b*b-4*a*c, t2=-b+sqrt(t1), x1=t2/(2*a)
```

它们的值都是从左到右、最后一个赋值表达式的值，即分别是 a 与 x1 的值。逗号表达式可以作为更大的表达式的组成部分，如下面的例子：

```
a>b?(max=a, min=b):(max=b, min=a)
```

这些简单情况是容易理解的。

上述（8）与（9）两类中的 C 语言运算符是接近于机器语言级的运算，即在计算机存储字二进位级上进行的运算，这是C语言与其他程序设计语言的又一个区别。（10）类中的运算符则多数是涉及存储字地址的运算。细节将在后续章节中讨论。

C语言中还有一类运算，即类型转换运算，例如，如果y是float型变量，(int)y将把变量y强制转换为int型。类型转换运算符也是C语言所特有的运算。

例 2.4　设有以下定义："int a; long b; float x, y;" 则以下选项中正确的表达式是______。

A）(a*y)%b　　B）y=x+y=x　　C）a%(int x-y)　　D）a=x!=y

解　逐个分析各个答案。A中y是float（实）型，a*y因此是float型，不能进行整除求余运算%，因此A不正确。B中的赋值表达式等价于y=(x+y=x)，显然，括号内的赋值运算是错误的，因为赋值号左部必须是左值，但x+y不是左值，因此B不正确。C中，运算符是%，整除求余，运算分量必须都是整型，而其中的int明显是用来把实型的x-y转换为整型的，因此应该把(int x-y)修改为(int)(x-y)，即C是错误的。D中，a=x!=y等价于a=(x!=y)，明显是正确的。概括起来，D是正确的。

下面重点讨论自增自减运算。

2. 自增自减运算

1）书写格式

自增自减运算用自增自减运算符表示，自增运算符是++，自减运算符是--，它们都是单目运算符，作用是把进行运算的变量之值增1或减1，例如，++j与j++都是把j的值增加1，而--j与j--都是把 j的值减少1。但注意，自增自减运算符写在变量的前面与写在后面是不一样的。具体说，++j是前自增（运算符在运算分量的前面），j的值先加1后j再参与其他的运算，而j++是后自增（运算符在运算分量的后面），j先参与运算之后再j的值加1，例如，假定k的值是2，j的值是3，则k+(++j)的值是6，这里先把j的值加1，再把j加到k中。然而，k+(j++)的值是5，因为这时先把j的值加到k中，然后再把j的值加1。

例 2.5　设有程序段：

```
int x=011;
printf("%d\n",++x);
```

执行输出语句的输出结果是________。

解　输出结果是++x的值，即x的值加1。但请注意，x的值是011，这不是十进制的11，以0开始的整数是八进制的，因此011是十进制的9，输出结果是9+1=10。但如果输出语句是：

```
printf("%d\n",x++);
```

虽然x的值增加到10，但输出的是加1之前的x的值，输出结果是9。

自减运算情况类似。例如，前自减-- j，先把j的值减1后j再参与其他的运算，而后自减j--，j先参与其他的运算之后再把j的值减1。例如，假定k的值是2，j的值是3，则k+(--j)的值是4，这里先把j的值减1，再把j加到k中。然而，k+(j--)的值是5，因为先把j的值加到k中，然后再把j的值减1。

当包含自增自减运算符时，表达式的计算要十分小心，下列逗号表达式便是如此：

```
(a++)*b+c, ++b*b-4*a*c, (b+c--)/2-a
```

假定a、b与c的值分别是1、2与3。这是逗号表达式，它的值是其中最后一个内含表达式的值，最终此表达式的值是1。要注意的是，如果要输出此逗号表达式的值，如果直接输出此值，必须把它加括号然后输出，否则输出结果不正确。读者可以自行尝试，并思考问题出在何处。

说明　对于此类问题，无需详细计算所包含的各个表达式，只需考虑最后一个表达式。例如，(b+c--)/2-a，这时查看其中所包含变量的值，特别是看哪些进行了自增自减运算，当时的值是多少。由于变量a后自增1次，值是2，变量b前自增1次，值为3，而变量c之前没有进行自增自减运算，这时又是后自减，取原有值3，因此，结果是(3+3)/2−2=1。

自增自减运算的引入，为C语言提供了简洁的形式，特别是在计算机指令系统中包含增1指令与减1指令时可以为自增自减运算生成高功效的目标指令：增1指令或减1指令。

2）注意问题

虽然自增自减运算带来方便，也可生成高功效目标代码，但由于它们过分灵活，可以出现在任何可以出现表达式的位置上，一不当心就容易造成错误，因此要特别仔细。

如果写了k+++j，可以理解为(k++)+j,，也可理解为k+(++j)。按优先级，理解为：(k++)+j。事实上，编译系统总是按最长字符串匹配原则来分析，即理解为(k++)+j。如果一个表达式是k+++++j，将如何理解？编译系统按最长字符串匹配原则来分析，即理解为((k++)++)+j。k++是可以理解的：取值以后加1。但(k++)++，因为括号对后面的自增运算符++，要求(k++)是一个左值，即一个存储地址，这样可以在进行第2个++运算时，把1加到此存储地址指明的存储字中。但现在k++在取用过k之值后加1相当于k+1，不是左值。因此当对它编译时，将显示报错信息：

```
Error: Lvalue required in function xxx
```

中文含义是：在函数xxx中需要左值。

为减少不必要的错误，最好加括号，按问题要求，写成上面两种形式中的一种。例如，把k+++++j写成：(k++)+(++j)。请读者自行阅读下列几个语句：

```
int x, y, z, a=1, b=2;
x=a+++b++;
y=a+++b++;
z=a+++b++;
```

执行这3个赋值语句后，x、y与z的值是否相等？结果值分别应该是什么？

特别要提醒注意的是，由于编译系统不同，表达式中运算次序的处理可能不同，导致运算结果不同。例如，假定k的值是3，计算(++k)+(++k)+(++k)的值，按通常的理解，从左到右逐个地计算运算分量，4+5+6=15。计算结果应该是15。但在Turbo C 2.0这一开发环境下运行，计算结果是18。

为了考察Turbo C 2.0如何处理自增自减运算，可以设计若干个调试实例，上机运行，查看运算结果。譬如说，给出下列例子：

（1）
```
int j=1, k;
k=(++j)-j+j*10;
```

运行结果：k=20，j=2。

（2）
```
int j=1, k;
k=j-(++j)+j*10;
```

运行结果：k=20，j=2。

（3）
```
int j=1, k;
k=(++j)-(j--)+j*10;
```

运行结果：k=20，j=1。

（4）
```
int j=1, k;
k=(j--)-(++j)+j*10;
```

运行结果：k=20，j=1。

（5）int j=1, k;

```
k=(--j)-(++j)+(j--)*10;
```

运行结果：k=10, j=0。

分析运行结果可以得出下列结论：一个表达式中，首先进行对变量 j 的前自增自减运算，然后计算表达式的值，这时，把进行前自增自减运算后变量 j 的最终值代入变量 j 的所有出现处，求得最终结果，如果还有后自增自减运算，则进行对变量 j 的后自增自减运算。例如，对于上例(5)，对变量 j，2 处前自增自减运算，j 的值仍是 1，j*10 结果是 10，求得运算结果为 10，由于还有 1 处后自减，j 的值成为 0。

请读者自行对下列几种情况求变量 k 与 j 的值。

（1）int j=3,k; k=++j+(++j);

（2）int j=3,k; k=(j++)+(j++)+(j++);

（3）int j=3,k; k=(j++)+j+(--j);

（4）int j=3,k; k=(j++)+j+j;

（5）int j=3,k; k=(j++)+(++j)+j;

由此可见，读者在处理自增自减运算时一定要特别小心，不要在同一个表达式中出现对同一个变量的多处自增自减运算。

读者在编写 C 语言程序时，要注意集成支持系统对运行结果的影响。一个有效的方法是准备一些调试实例，上机运行，对运行结果进行分析，从而掌握编译系统的处理方法。

2.1.3　表达式的组成与计算

1. 表达式的组成

表达式是对数据对象如何处理的描述，它由运算符和运算分量组成。例如，一元二次方程的求解，一个根的计算可表达如下：

```
(-b+sqrt(b*b-4*a*c))/(2*a)
```

其中包含的运算符是-(单目减、减法)、+(加法)、*(乘法)与/(除法)。运算分量是参与运算的数据对象，包括 a、b 与 c。请注意，其中加法运算的右运算分量是 sqrt(b*b-4*a*c)，sqrt 是 C 语言中求平方根的函数名，当把它应用于 x 时，写成 sqrt(x)，也就是计算 x 的平方根，一般地，当 f 是一个函数的名字时，f(x)称为函数调用（引用）。从前面的讨论，括号对也是运算符，因此，从上述例子可见，表达式中参与运算的运算分量可以是常量、变量和（有值）函数调用。要注意的是：

- 所有的符号必须写在一行上，不能有上标，也不能有下标，例如，不能写 b^2，只能写成 b*b，也不能写 $^1/_2$ 或者写成 $\frac{1}{2}$。

- 任何两个运算分量之间必须有运算符隔开，因此，4ac 必须写成 4*a*c，而 2a 必须写成 2*a。

一般来说，表达式是按照计算公式，或者按照某个题目的要求写出的。如从梯形面积的计算公式：

(上底 a+下底 b)×高 h÷2

可以很方便地写出下列表达式：(a+b)*h/2。假使要写出如下要求的表达式：

|x|开平方不等于 4a 除以 bc

可以写出表达式：

```
sqrt(fabs(x))!=(4*a)/(b*c)
```

注意　不要把 4a 除以 bc 写成 4*a/b*c，显然这样是与题目要求不符的。另外，对于求绝对值与开平方，需要查看 C 语言中使用的函数名是什么、对类型的要求是什么等。

2. *表达式的求值次序*

一个表达式往往包含有多个运算符，如 3+5*7，自然地有计算的先后次序问题。一般都是按书写顺序，从上到下从左到右地计算。众所熟知，先乘除后加减是算术运算的基本法则，这表明不同的运算符有不同的优先级，乘除运算符的优先级高于加减运算符的优先级，另外还引入了运算符的结合性，即左结合性与右结合性。

运算符优先级是一个表达式中出现两个相继的运算符时，进行计算的先后次序的特性，优先级高的先计算，优先级低的后计算。例如，*优先级高于+，1+3*5，先计算 3 乘 5，再加 1。

运算符的结合性是一个表达式中出现两个相继的、优先级相等的运算符时，进行计算的先后次序的特性，具有左结合性，则左边的运算符先参与计算，具有右结合性，则右边的运算符先参与计算。例如，+有左结合性，1+3+5，先 1 加 3，再加 5。

C 语言中运算符的优先级与结合性列表如表 2-2 所示。双目运算符一般都是左结合的，例外情况是赋值运算符与复合赋值运算符，它们是右结合的。单目运算符一般是右结合的，例外情况是括号运算符等。表 2-2 中未指明是几目运算符的隐指是双目的。部分运算符的含义在说明部分中注明。

表 2-2

优先级	运算符	结合性	说明
15	()　[]　->　•	左结合	()与[ ]是单目运算符
14	!　～　++　--　- (类型)　*　&　sizeof	右结合	单目运算符 类型转换 去指针 取地址 求存储大小
13	*　/　%	左结合	
12	+　-	左结合	
11	<<　>>	左结合	左移　右移
10	<　<=　>　>=	左结合	
9	==　!=	左结合	等于　不等于
8	&	左结合	按位与
7	∧	左结合	按位异或
6	|	左结合	按位或
5	&&	左结合	逻辑与
4	||	左结合	逻辑或
3	?:	右结合	三目条件运算符
2	=　+=　-=　*=　/=　%= <<=　>>=　^=　&=　|=	右结合	赋值与复合赋值运算符 移位与位运算复合赋值运算符
1	,	左结合	逗号运算符

其中优先级为 14 的运算符&是取地址运算符，如&x 的值是为变量 x 分配的存储字的地址，这样，在输入语句中可以提供变量的存储地址。

从表 2-2 可见，C 语言中确定表达式计算次序的规则如下：

• 自增自减运算最先计算。

• 括号内的表达式将先计算（圆括号看作运算符，优先级最高，是 15）。

• 函数调用先计算。

• 两个相继的运算符，优先级高的先参与计算，优先级相等时，按结合性确定计算先后次序，即左结合的，先计算左边的，然后再计算右边的；右结合时正相反，先计算右边的，然后再计算左边的。

注意　这里优先级最高是 15，其后的逐次减 1，也有的教材中，最高优先级是 1，其后的逐次加 1，但这一区别并非实质性的。

例 2.6　设有表达式 x=(−b+sqrt(b*b−4*a*c))/(2*a)，试指明该表达式的计算次序。

解　为指明此表达式的计算次序，较好的方式是用图示法如图 2-1 所示，这样，有层次地指明了计算的次序。请读者自行为计算次序加上序号。

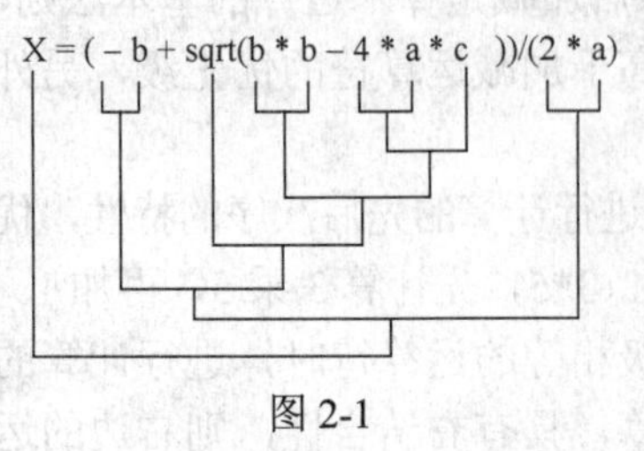

图 2-1

当一个表达式中包含的运算符相当多时，可能会难以识别计算的先后次序，这时可以这样解决：先找出优先级最低的运算符 op，以此运算符为中点，把表达式分成左右两部分。如果有几个相同的优先级最低的运算符，这时根据是左结合的还是右结合的，找出相应的运算符，即右结合时找出左边的运算符，左结合时找出右边的运算符，以此运算符 op 为中点，把表达式分成左右两部分。这样，表达式形如：左部分表达式 op 右部分表达式。在这两部分中再次找出优先级最低的，这样继续分解，就可确定整个表达式的计算次序。显然，要点是掌握运算符的优先级与结合性。

例 2.7　试确定表达式 a+b>c && b+c>a && c+a>b ||a*a+b*b= =c*c 的计算次序。

解　为确定计算次序，可先把此表达式分解如图 2-2 所示。

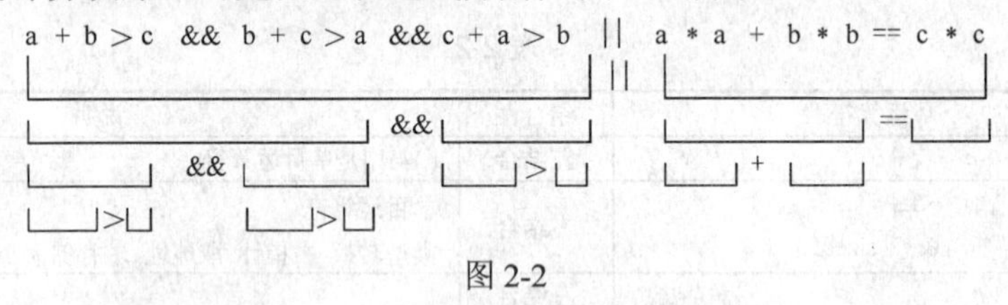

图 2-2

显然，这样的分解有利于确定计算次序。为了确定表达式中计算的次序，读者也可以在从左向右计算时采用下列的口诀：

可计算时则计算，不能计算时放一放，一旦可计算，立即去计算

3. 表达式的类型

可以从两个角度对表达式进行分类，一是从运算符角度，二是从数据类型角度。

按运算符的种类，表达式可以分成算术表达式、逻辑表达式、关系表达式、条件表达式、赋值表达式与逗号表达式等。至于括号运算符、位运算符与移位运算符等，往往是以上几类表达式的组成部分，尤其是括号运算符用于改变表达式中的运算次序而出现在以上各类表达式中。

如果按数据类型来分，表达式主要分成算术表达式与逻辑表达式两大类。

量有类型，因此表达式也有类型，这个类型就是表达式值的类型。算术表达式值的类型可以是整型或实型，有时为突出类型，称为整型表达式与实型表达式。逻辑表达式的值是逻辑型的，值是逻辑真或逻辑假。逻辑表达式的特殊情况是关系表达式。C 语言中字符型与整型可以混用，可把字符型表达式归入整型表达式，只是字符型仅占一个存储字节，取值范围小些。

运算结果值是逻辑型的运算，应该是逻辑型量参与运算，但注意，C 语言数据类型中并没有引进逻辑型，而是用算术型来代替，具体说，用数值零（0）表示逻辑假（false）值，非零表示逻辑真（true）值，特别是用 1 代表逻辑真值。例如，关系表达式 3<5 的值是真，如果输出，它的值将是 1。逻辑表达式将在第 4 章相关章节中详细讨论。

关于表达式，要注意下列几方面。

（1）运算符对于运算分量来说应该是合法的，合法运算符的两个运算分量的类型必须是

一致的。例如，C 语言中的整除求余运算符%，两个运算分量必须都是整型，23%5 是 3，14%(-3)是 2。对于实型量来说，%是不合法的运算符，所以 4.5%3 是错误的。

（2）表达式中一个运算符的两个运算分量类型一般来说要求是一致的，当不同时，C 语言允许只需相容。例如，字符型与整型可以混用，即把字符型看作整型，只是字符型取值范围更小，因为字符采用 ASCII 编码，取值范围是-128～127。例如 int 型与 float 型相容，甚至是 float 型与 char 型也相容，可以进行算术运算。事实上，这时将自动进行类型转换。原则是，从“低级”的类型向“高级”的类型转换。示意图如图 2-3 所示。

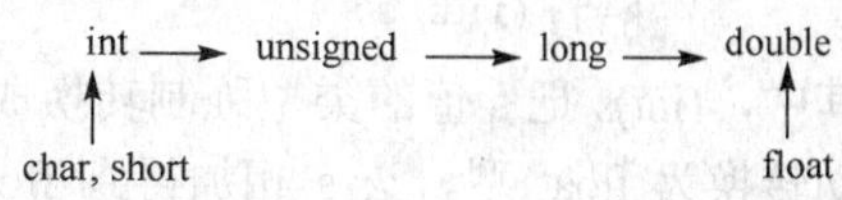

图 2-3

（3）一般来说，双目运算的结果与运算分量的类型相同，即整型运算的结果是整型，实型运算的结果是实型。这里要特别提醒的是：除法运算符/，当运算分量都是整型时，相除的结果类型仍是整型，因此，12/4 等于 3，13/4 等于 3，而 14/15 等于 0。注意，只要分子的值小于分母的值，整除的结果都是 0。假定有 int 型变量 k 与 j，只要 k<j，恒有 k/j 的值是 0。

请读者自行按下列表达式计算三角形面积 s，结果是什么？

```
s=(1/2)*a*b*sin(C)
```

其中，a、b 与 C 的值分别是 123.4、5678.9 与 42°。

看起来，这些数据很麻烦，但是如果上机运行，立即发现 s 的值是 0。不论 a、b 与 C 的值是什么，s 的值总是 0。为什么？这就是因为 1/2 的值是 0。要使得结果是正确的，必须把 1/2 修改为 1.0/2、1/2.0 或 1.0/2.0。当然也可以直接写成 0.5。

例 2.8　表达式(int)((double)9/2)-(9)%2 的值是_______。

A）0　　B）3　　C）4　　D）5

解　对于此题，图示如图 2-4 所示。

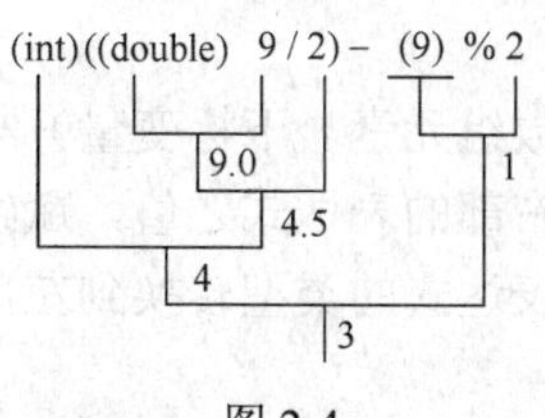

图 2-4

小括号对括住类型，是类型转换运算符，表示进行强制类型转换，(double)是把紧跟的数值 9 强制类型转换为 double 型，得到 9.0，这样(double)9/2 的值是 4.5，否则 9/2 的值将是 4。注意，这里仅对 9 强制类型转换，如果是(double)(9/2)才是对 9/2 类型转换。(int)(…)是对括号对内的表达式进行类型转换，因此 4.5 取整得到 4，(9)%2 的值是 1，整个表达式最终结果是 3。答案是 B。

例 2.9　已知有变量说明“int n;float x,y;”，则执行语句“y=n=x=3.89;”后，y 的值为_______。

解　由于赋值运算符是右结合的，此语句等价于 y=(n=(x=3.89))，首先计算 x=3.89，由于 x 的类型是 float，因此 x 的值是 3.89，第 2 步，计算 n=3.89，由于 n 的类型是 int 型，把 3.89 转换为 int 型，因此 n 的值是 3，y=3，y 的类型是 float 型，因此，最终 y 的值是 3.0。

2.1.4　算术表达式

算术表达式是值的类型为算术型的表达式，即值的类型是整型或实型的表达式。算术表达式中包含的运算符主要是算术运算符。

算术运算符的两个运算分量类型可以不一致，只需相容就可以，也就是说，一个算术运算符的两个运算分量，可以一个是实型，另一个是整型，甚至可以是字符型。虽然允许类型相容，但进行运算的两个运算分量必须有相同的存储表示，事实上，如前所述，对于相容的类型，C 语言编译系统将自动进行类型转换，使进行运算的两个运算分量有相同的存储表示。原则是，从“低级”类型向“高级”类型转换。示意图如图 2-3 所示。

当一个运算的两个运算分量类型不一致时，将由编译系统自动进行类型转换，程序员无须了解这点。但为了由自己来控制类型，程序编写人员可以显式地使用类型转换运算。类型转换运算的一般形式如下：

（类型）量　或　（类型）（表达式）

它把单个的量或用括号对括住的表达式的值，强制类型转换为所指明的类型，例如，假设有：

```
int k, j; float s;
k=j+(int)s;
```

其中，(int)s 把 s 值的类型强制转换成 int 型。否则计算 j+s 时，将由编译系统把 j 从 int 型自动转换为 float 型，与 s 相加得到 float 型结果值，但在进行赋值运算时，编译系统再把 float 型的值自动转换到赋值号左部变量 k 的类型 int 型。现在由于类型转换运算(int)，把 s 从 float 型显式强制转换为 int 型，相加结果值是 int 型，无需在赋值时再从 float 型转换为赋值号左部变量的 int 型，这无疑提高了效率。

注意，当要把表达式的类型使用类型转换运算进行显式转换时，表达式必须用括号对括住，否则仅对与类型转换运算符紧接的量进行类型转换。例如，(int)x+y 仅对 x 类型转换，而要对 x+y 类型转换，必须写成(int)(x+y)。

说明　从低级类型转换到高级类型时，C 语言编译系统在实际中通常是转换到 double 型，以避免过多的类型判断。

2.2　赋值表达式

2.2.1　赋值运算与赋值表达式

赋值运算是使变量获得值的一种方式。赋值运算以赋值运算符=标志，包含赋值运算符的表达式称为赋值表达式。在赋值表达式中，优先级最低的运算符是赋值运算符，如 k=j+s。赋值表达式的一般形式是：

变量=表达式

这里的变量是用一个标识符表示的简单变量，今后将看到还可以是数组元素（下标变量）与结构成员变量等形式的变量。赋值表达式的作用是：把赋值运算符右部的表达式之值，赋给赋值运算符左部的变量，必要时进行类型转换，把赋值运算符右部表达式的类型转换到左部变量的类型。因此计算赋值表达式的步骤如下：

步骤 1　计算右部表达式的值；

步骤 2　必要时，把所计算右部表达式的值的类型，转换到左部变量的类型；

步骤 3　把可能类型转换过的右部表达式的值赋给左部变量。

例如，下列程序段：

```
int k, j;  float s;  k=j+s;
```

中赋值表达式 k=j+s 的执行步骤如下：

步骤 1　计算右部表达式的值，这时先把变量 j 从 int 型转换到 float 型，得到 float 型值；

步骤 2　因为左部变量 k 是 int 型，把右部表达式的值从 float 型转换到 int 型；

步骤 3　把类型转换后的 int 型结果值赋给左部变量 k。

明确赋值表达式的计算步骤，就不难理解 k=k+1 之类的赋值运算了。

赋值表达式中的类型转换都是由编译系统自动实现的隐式类型转换。

显然如前所述，如果使用类型转换运算符把变量 s 的类型一开始就强制转换为 int 型，功效会更好：

```
int k, j; float s; k=j+(int)s;
```

注意，赋值运算符右部的表达式又可能是赋值表达式，例如，

k=j=5 与 s=t=w=u+v

这时两个赋值运算符相继出现在同一个赋值表达式中，须按赋值运算符的右结合性来确定计算的先后次序进行计算，上述两个赋值表达式分别等价于下列的表达式：

k=(j=5)　与　s=(t=(w=u+v))

赋值的结果，变量 j 的值是 5，表达式 j=5 的值是 5，因此 k 的值也是 5。如果 u 与 v 的值分别是 3 与 5，则 w 的值是 8，表达式 w=u+v 的值也是 8，因此，t 的值是 8，最终变量 s 得到值 8。

注意，赋值运算符左部必须是取左值的变量，不能是一般的表达式，如 j+1=3 这样的赋值表达式是错误的，因为 j+1 只代表一个值，不是左值，不是取存储地址，不能把值赋给它。

例 2.10　若有定义语句“int a=3, b=2, c=1;”，以下选项中错误的赋值表达式是_____。

A）a=(b=4)=3　　B）a=b=c+1　　C）a=(b=4)+c　　D）a=1+(b=c=4)

解　逐个分析答案。A 中的赋值表达式等价于 a=((b=4)=3)，右部表达式中的赋值表达式左部是 b=4，它不是一个左值，因此是错误的。这样，其他的选择应该都是正确的，不过，为加深理解，还是继续分析。B 中表达式等价于 a=(b=c+1)，无疑是正确的。C 中右部表达式内的赋值表达式作为一个运算分量，是正确的。最后，D 中赋值号右部等价于 1+(b=(c=4))，其中包含的赋值表达式显然都是正确的，且作为运算分量，也无问题，因此 D 也是正确的。答案是 A。

赋值表达式后接一个分号构成的语法成分，就是赋值语句。

2.2.2　复合赋值表达式

如前所见，复合赋值运算符有 3 类，即算术运算复合赋值、移位运算复合赋值与位运算复合赋值。罗列如下：

- 算术型：+=　-=　*=　/=　%=
- 移位型：<<= >>=
- 位运算型：^=　&=　|=

这里以算术型的复合赋值为例说明。

例 2.11　算术运算复合赋值的例子。

复合赋值表达式 k+=3，它等价于 k=k+3。注意，如果复合赋值表达式是 s-=k+1，它等价于 s=s-(k+1)。这里必须把右部表达式作为整体参与运算，因此必须加括号对，如果不是这样，将是 s=s-k+1，显然这将与原先的表达式不等价。对于 j*=k+1，情况类似，它等价于 j=j*(k+1)。为了得到正确的结果，一般情况下，都必须对右部表达式加括号对。假定 op=是复合赋值运算符，不难由此得出一般的展开规律

变量 op= 表达式

展开成：

变量 = 变量 op （表达式）

例 2.12　表达式 a-=a, a=9 的值是_________。

A）9　　B）-9　　C）18　　D）0

解　该表达式是逗号表达式，等价于 a=a-a,a=9，第 1 个表达式的结果使 a 的值是 0，第 2 个表达式使 a 的值是 9，以最后一个表达式的值作为整个逗号表达式的值，因此，答案是 A。说明：事实上，只要看到最后的表达式是 a=9，无需考虑前面的表达式的值，立即可以选定答案 A。

例 2.13　设有变量说明：

```
int a=1,b=2;
```

试求表达式 b+=a，a+=3，b%=10 的值。

解　b+=a 等价于 b=b+a，因此，b 的值现在是 b+a=2+1=3。a+=3 等价于 a=a+3，现在 a 的值是 1+3=4。b%=10 等价于 b=b%10，因此，最终 b 的值是 b%10=3%10=3，这也是整个逗号表达式的值。说明：结果值仅与变量 b 相关，因此无需考虑第 2 个表达式。

例 2.14　设有定义："int x=2;"，以下表达式中，值不为 6 的是________。

A）x*=x+1　　　B）x++,2*x　　　C）x*=(1+x)　　　D）2*x,x+=2

解　逐个分析各个答案。A 的要点是复合赋值表达式如何展开，如果展开为 x=x*x+1，结果是 5。但这样显然错了，应该等价于 x=x*(x+1)，因此，x 的值是 6。B 是逗号表达式，x 的值先加 1，再乘 2，值也是 6。C 显然与 A 等价，值也是 6。因此，只有 D 的值可能不是 6，事实上，这是逗号表达式，等价于"2*x,x=x+2"，第 1 个表达式 2*x 的值是 4，似乎再加 2，就等于 6，但 x 的值没有被改变，对第 2 个表达式没有影响，因此整个表达式的值是 x+2=4，不是 6。最终，答案是 D。

例 2.15　已有定义"int x,a=3,b=2;",则执行赋值语句"x=a>b++?a++：b++;"后,变量 x、a、b 的值分别为________。

A）3 4 3　　　B）3 3 4　　　C）3 3 3　　　D）4 3 4

解　本题的要点是条件运算符与自增运算符。条件是 a>b++，这是后自增，先使用，后自增 1，而 a=3 与 b=2，因此条件为真，取值 a++，这是后自增，因此变量 x 得到值 3，这时，a 自增以 1，b 在判别条件时自增 1，没有第 2 次自增，因此，b 仅增加 1，最终 x、a 与 b 的值分别是 3、4 与 3，即答案是 A。说明：本题的要点是对后自增运算符的理解。

2.3　数据类型与变量说明

2.3.1　类型的概念

如前所述，类型是量的一个属性，量的类型取决于它的应用背景，为了适应广泛的应用领域，C 语言提供有多种数据类型。数据类型有基本类型与构造类型两大类。

基本类型包括整型、实型与字符型，还可以是枚举型。

构造类型包括数组、结构（结构体）与共用体（联合）等类型，还有指针类型。

本节讨论基本类型的情况，构造类型在相关章节中讨论。

1. 值的存储表示

前面已经看到，不同类型的量在计算机存储器中占用的存储字节数不同，表示方式也不同。

1）char（字符）型

C 语言中，字符型是 char 型，char 型量在计算机存储器内占用 1 个存储字节，8 个二进位，且采用 ASCII 编码，如字符常量'a'的 ASCII 编码是十进制 97，即十六进制 61，存储表示如下：

ε_0	ε_1			…			ε_7
0	1	1	0	0	0	0	1

其中最左边第一位二进位ε_0是正负号位，0 是正数，1 是负数，$\varepsilon_1=1$，值是 $2^6=64$，$\varepsilon_2=1$，值是 $2^5=32$，$\varepsilon_7=1$，值是 $2^0=1$，因此整个值 $2^6+2^5+2^0=64+32+1=97$。

2）int（整）型

C 语言中，整型是 int 型，int 型量在计算机存储器中占用 2 个存储字节，16 个二进位，如整型常量 5 的存储表示如下：

ε_0	ε_1					…									ε_{15}
0	0	0	0	0	0	0	0	0	0	0	0	0	1	0	1

其中最左边第 1 位二进位ε_0是正负号位，0 是正数，1 是负数。小数点看作在最右边，$\varepsilon_{13}=1$，值是 2^2，$\varepsilon_{15}=1$，值是 $2^0=1$，因此，整个值是 $2^2+2^0=5$。

3）float（实）型

C 语言中，实型是 float 型，float 型量在计算机存储器中占用 4 个存储字节，32 个二进位。一般的存储示意图如下：

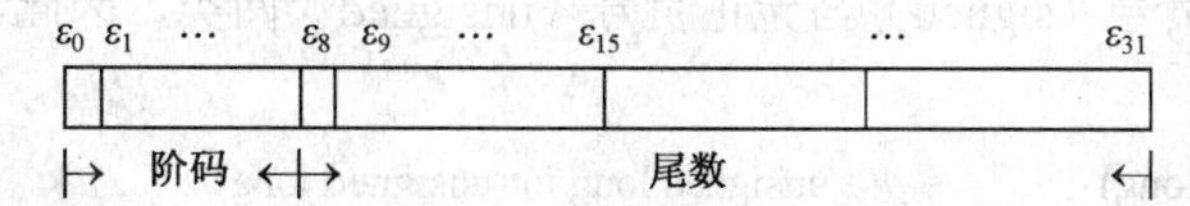

其中二进位ε_0与ε_8分别是阶码（幂次）部分与尾数部分的正负号位。阶码通常是 10 的幂次，在这里为简单直观起见，假定是 2 的幂次。$\varepsilon_1=1$，值是 2^6，$\varepsilon_2=1$，值是 2^5，而$\varepsilon_9=1$，值是 2^{-1}，$\varepsilon_{10}=1$，值是 2^{-2} ……。如果是如下的内容，显然存储的值不是 5.0

0	000 0000	0	000 0000	0000 0000	0000 0101
阶码		尾数			

因为存储值=2 的阶码次方×尾数=$2^0\times(2^{-21}+2^{-23})\approx 0.0$。要存储的值是 5.0，必须如下存储：

0	000 0011	0	101 0000	0000 0000	0000 0000
阶码		尾数			

这时，存储的值 $=2^3\times(2^{-1}+2^{-3})=2^3\times((2^2+2^0)\times 2^{-3})=5$。

其他的整型、实型与字符型有类似的存储表示。

由此可见，不同的类型占用不同的存储字节数，有不同的存储表示。这是由类型决定的，因此说，类型决定了量在计算机存储器中的存储表示。

2. 取值范围

1）char（字符）型

char 型量占用 1 个存储字节，8 个二进位，且以 ASCII 编码存储在存储器中。如前所述，C 语言中把 char 型与整型混用，由于仅 8 位二进位，从取值范围看，char 型量的取值范围是 $-2^7\sim 2^7-1$，即−128～127。如前所述，读者记住若干个特殊字符的 ASCII 编码值（十进制）是有帮助的：

'0'：48　　'A'：65　　'a'：97　　'□'（空格字符）：32

记住了数字字符 0 的 ASCII 编码，很容易得到其他数字字符的 ASCII 编码；记住了字母字符 a 的 ASCII 编码，很容易得到其他小写字母字符的 ASCII 编码。类似地，记住了大写字母字符 A 的 ASCII 编码，很容易得到其他大写字母字符的 ASCII 编码。记住小写字母的，也就记住了大写字母的。

请读者自己上机查看下列字符的 ASCII 编码值：'\n'（换行）、'\t'（列表）、'\b'（向后退格）。

C 语言中，字符型又分两类：有正负号（signed）字符型与无正负号（unsigned）字符型，即 signed char 与 unsigned char，通常的 char 型是 signed char 型。unsigned char 型量的取值范围是 $0\sim 2^8-1$。

char、signed 与 unsigned 都是关键字，是类型符关键字。

2）int（整）型

int 型量占用 2 个存储字节，16 位二进位，因此，取值范围是 -2^{15}～$2^{15}-1$，即 -32768～32767。显然一个 int 型，连 32768 这样的值都不能存取，为此，C 语言引进长整型，连同短整型，总共 3 类整型如下：

长整型：long int 或 long，占 4 个存储字节，取值范围：-2^{31}～$2^{31}-1$

整型：int，占 2 个存储字节，取值范围：-2^{15}～$2^{15}-1$

短整型：short int 或 short，占 2 个存储字节，取值范围：-2^{15}～$2^{15}-1$

因此，C 语言中，整型包括 int、long 与 short 型。与其他程序设计语言不同，C 语言把各类整型量又分为有正负号（signed）与无正负号（unsigned）两类，因此，C 语言中整型共有 6 类，即

signed long int (long)	unsigned long int(unsigned long)
signed int（signed）（int）	unsigned int（unsigned）
signed short int (short)	unsigned short int(unsigned short)

显然，类型是无正负号整型时，必须出现关键字 unsigned。

由于无正负号整型值中不包含正负号位，全为非负数，所以最大值增大。例如，unsigned int 型的最大值从 $2^{15}-1$ 扩大到了 $2^{16}-1$。其他两类的情况类似。

要说明的是：为什么 char 型量最小值不是 $-(2^7-1)=-127$，却能达到 -2^7，而 int 型的最小值不是 $-(2^{15}-1)=-32767$，却能达到 $-2^{15}=-32768$，这是因为采取了补码形式来存储负数。下面简单地以一个字节大小为例来说明补码的概念。

补码是针对负数引入的，使得能用加法运算来实现减法。先介绍原码，再介绍反码，最后介绍补码。

原码：一个十进制值的二进制表示。数值部分不变，正数的正负号位是 0，而负数的正负号位是 1。例如，5 与 -5 的原码分别是：

| 0 | 000 0101 |　与　| 1 | 000 0101 |

反码：一个负数的二进制表示中，除正负号位保持 1 不变外，其他各位，把 1 换成 0，把 0 换成 1。例如，-5 的反码是：

| 1 | 111 1010 |

补码：把负数的反码表示加 1，得到的结果是补码。例如，-5 的补码是：

| 1 | 111 1011 |

如果要求计算 12-5 的值，相当于计算 12+(-5)的值，-5 的补码表示如上所示，12 的补码形式与原码相同：

| 0 | 000 1100 |

两者的和是：| 0 | 000 0111 |，其中最左边 1 位（正负号位）上的进位移出而弃之不顾。因此和是 7。注意，这里进行的是二进制加法：逢二进一。

例 2.16　设用补码表示的两个单字节有正负号整数 a=01001110 和 b=01001111，则 a-b 的结果用补码表示为________。

A）11111111　　B）10011101　　C）00111111　　D）10111111

解　明显的是，a 与 b 都是正整数，且 a 比 b 小 1，因此，a-b 的值是 -1，可以如下地求

补码表示：先写出原码 10000001，再写出反码 11111110，最后加 1 得补码 11111111，因此答案是 A。

long 和 short 都是关键字，也都是类型符关键字。

整型现在有 3 种，因此整型常量也有 3 种，其中 short 型与 int 型相同。要对整型常量补充的是关于长整型（long）常量的表示法。long 型量的取值范围比 int 型或 short 型要大得多，为了在 C 程序中表示 long 型常量，可以在常量的右端紧接一个字母 l 或 L，例如，1L、100000l 与-1234L。

3）实型

C 语言中，实型是 float 型，最多精确到小数点后 6 位。为了提高精度，增加实数的有效数字位数，引入 double（双精度）型，因此 C 语言中实型有两类：

浮点型：float，占 4 个存储字节，取值范围：$-10^{38}\sim10^{38}$

双精度型：double，占 8 个存储字节，取值范围：$-10^{308}\sim10^{308}$

这里，long、short 与 double 都是类型关键字。float 型实数的有效数字位数是 6～7 位，而 double 型实数的有效数字位数可以达到 15～16 位，数据的小数部分能保存更多位数的有效数字。

整型与实型都是算术型，对于具有算术型的量，允许进行各种算术运算。

概括起来，3 种基本数据类型各自占用的存储字节数、取值范围等如表 2-3 所示。

表 2-3

大类	类型	长度(位)	取值范围	可允许运算
整型	[signed] long [int]	32	$-2^{31}\sim2^{31}-1$	算术运算，包括% 关系运算 逻辑运算
	unsigned long [int]	32	$0\sim2^{32}-1$	
	[signed] int	16	$-2^{15}\sim2^{15}-1$	
	unsigned [int]	16	$0\sim2^{16}-1$	
	[signed] short [int]	16	$-2^{15}\sim2^{15}-1$	
	unsigned short [int]	16	$0\sim2^{16}-1$	
实型	float	32	$-10^{38}\sim10^{38}$	同整型，除了%
	double	64	$-10^{308}\sim10^{308}$	
字符型	[signed] char	1	$-2^{7}\sim2^{7}-1$	同整型
	unsigned char	1	$0\sim2^{8}-1$	

说明：（1）字符型与整型可混用，但需注意取值范围。

（2）算术型值非零作为 true，零作为 false，因此算术型量可参与逻辑运算。

（3）整型，特别是无正负号整型量，可以进行移位运算与位运算，将在相关章节中讨论。

表 2-3 中的记号[ ]表示：方括号对[ ]之间的内容可能出现，也可能不出现。例如，[signed]long[int]表示可写出 long int，甚至仅仅写出 long。

3. 可允许的运算

从上面的讨论可见，不同的类型有不同的存储表示，因此在执行一个运算之前，必须先对两个运算分量进行类型转换，使得有相同的存储表示，从而进行相应的运算。一个确定类型的量只能进行对它而言是允许的运算，即对它而言，是合法的运算。一般来说，算术型的量允许进行四则算术运算等，只是要注意的是，整除求余运算的运算分量不能是实型的。显然，对于实型量来说，移位运算是无意义的，是不合法的运算。

综上所述，类型涉及如下 3 个方面：

- 类型决定量的存储表示。
- 类型决定量的取值范围。
- 类型决定量的可允许运算。

2.3.2 变量说明及其作用

如上所述，任何变量都有相应的类型。标识符往往作为变量名出现在C程序中，相应变量具有什么属性，即是什么类型的，必须在变量使用之前确定，因为这涉及在计算机内的存储表示、取值范围与可允许的运算。确定了类型，才可能按照此类型的相应存储表示来存储变量的值和进行相应的处理。因此，任何变量在处理之前都必须确定这个量是什么类型的。换句话说，C 程序中必须有语句表达变量与类型之间的联系，使得编译系统能生成相应的目标指令。如同其他程序设计语言，这个语句就是变量说明。

变量说明的作用是把标识符与类型属性相关联，也就是说，通过变量说明，使编译系统知道进行变量说明的标识符代表什么类型的数据对象，从而能在控制部分中处理这些标识符所代表数据对象的语句，基于此类型信息生成合适的目标代码。例如，下列变量说明：

```
int k, s;   float average;
```

类型符关键字 int 与 float 标志变量说明的开始，分别说明（定义）标识符 k 和 s 为 int 型变量，标识符 average 为 float 型变量。

变量说明的一般形式是：

　　类型　标识符, …, 标识符;

根据变量的应用背景，确定变量应有的类型。关于类型，可参看表 2-3，这些类型都由与类型相关的关键字表示。C语言中允许用户自定义类型名，那就是类型定义语句，将在本节的后面讨论。

根据需要，一个说明部分中可以有多个变量说明，如上所见，变量说明应该集中在控制部分之前。变量说明与控制语句不能交错出现在程序中。在这里都是基本类型的简单变量说明，今后在相关章节中将讨论构造类型的变量说明。

前面已看到过变量说明的例子，下面再给出一些。

例 2.17　变量说明示例。

```
int Case;  float printf;
```

此变量说明定义 Case 为 int 型变量，定义 printf 为 float 型变量。注意，这里的标识符 Case 是变量名，因为它以大写字母 C 打头，不是关键字。关键字是不能作为标识符的。printf 虽然通常用作输出函数名，但它并不是关键字，因此这里的 printf 是一个标识符，可以作为变量名，不是输出语句中的输出函数名。

任何量都有值。一个常量，它的值就是字面上所见的值，变量的值则可以通过若干种方式来获得，如由输入语句输入，或通过赋值运算来得到值等，其中一种是以赋初值方式得到值，例如，

```
float x=1.5; int j=1, k=3; char c='a';
```

float 型变量 x 获得初值 1.5，int 型变量 j 与 k 分别获得初值 1 与 3，而 char 型变量 c 获得初值 'a'（字符 a）。

例 2.18　整型变量说明及赋初值示例。

```
int n=2;  short int s=-1;  long int l=2L;  signed int k=32767;
unsigned int u=32768;    unsigned short s_2=32768;
unsigned long a=115L, b, c;
```

此例中第一行把标识符 n、s、l 与 k 分别定义为 int、short int、long int 与 signed int 类型的变量，都是有正负号的整型变量，关键字 signed 出现与不出现是一样的。其中变量 n 有初值 2，s 有初值-1，而 l 有初值 2L，这是长整型常量 2 的 C 语言表示。k 有初值 32767。注意，变量 n 与 l 看似都有初值 2，但实际上是不一样的，即 n 仅占用 2 个存储字节，而变量 l 要占

用 4 个存储字节。它们与下列语句等价：

```
signed int n=2;  short s=-1;  long l=2L;  int k=32767;
```

此例中第二行把标识符 u 与 s_2 分别定义为 unsigned int 与 unsigned short int 型变量，第 3 行把 a、b 与 c 都定义为 unsigned long int 型变量，且 a 的初值是 115L。这些都是无正负号的整型变量。为定义无正负号的整型变量，关键字 unsigned 是不能缺少的。

注意　如果不把 u 说明为 unsigned int 型，而是 int 型，置初值 32768 将造成错误，这是因为 int 型的最大值是 $2^{15}-1=32767$，如果赋初值 32768，由于补码表示法，实际值将是-32768。如果一个 int 型变量的值已是 32767，再加 1，情况一样。为使整型变量能有值 32768 或更大，一个办法是把它说明为 long int 型变量。

例 2.19　实型变量说明及赋初值的例子。

```
float f, pi=0.31416e1;  double d, d1=1.0, d2;
```

此变量说明把标识符 f 与 pi 定义为 float 型变量，0.31416e1 是指数表示法表示的实型常量，因此 pi 的初值是 3.1416。而把 d、d1 与 d2 定义为 double 型的变量，且变量 d1 有初值 1.0。

例 2.20　字符型变量说明及赋初值的例子。

```
char c, A='A';  signed char subn=110;  unsigned char uc, vc, nc=110;
```

此变量说明把标识符 c、A 与 subn 定义为 char 型变量，都是有正负号的且变量 A 有初值 'A'，变量 subn 有初值 110，从 110=97+13 知，110 是字符 n 的 ASCII 编码值（十进制），相当于给变量 subn 置初值'n'。标识符 uc、vc 与 nc 被定义为 unsigned char 型的变量，且变量 nc 有初值 110，也是'n'。

一个函数定义内，变量说明都集中在一起，构成说明部分，说明部分的一般形式如下：

变量说明 变量说明 … 变量说明

每个变量说明结束于分号，其中每个变量说明的一般形式可以概括如下：

类型　标识符[=初值], … , 标识符[=初值];

其中，中括号对表示所括住的内容是可以出现，也可以不出现的，即可能对变量置初值，也可能不置初值。类型见表 2-3，如 unsigned short int 等。不同类型的变量说明可以交错出现在说明部分中，例如，

```
char ch='h', c;  unsigned int j, k=1;  float length;  int temp;
```

再次强调：变量说明必须集中在一起，其间不能穿插有控制语句。C 程序不允许如下形式的程序片段：

```
int x, y, z;  x=1;
float weight, size;  weight=120;
```

即使 C 语言允许这样交错地出现变量说明与控制语句，写出这样形式的程序，也不是良好的书写习惯。应该把说明部分与控制部分分别集中在一起，且说明部分在前，控制部分在后。变量说明在控制部分之前，体现了“先定义后使用”法则。

2.3.3　类型定义

除了可以使用表 2-3 中所列出的类型，还可以使用用户自定义的类型，下面作简单介绍。

C 语言中的类型定义语句一般形式如下：

```
typedef 类型 新类型名;
```

其中，类型是已定义的类型（目前是基本类型，以后可以看到，也可以是构造类型），新类型名是标识符，它是程序中用户自己对原定义类型取的新名。例如，

```
typedef int integer;
```

定义 integer 是一个类型，即 int 型。如果有下列变量说明：

```
integer k, x;
```

将定义标识符 k 与 x 是 integer 型变量，当然，这实际上就是 int 型变量。又如，

```
typedef float RealType;
RealType weight, member;
```

把 RealType 定义为一个类型，即 float 型，因此 weight 与 member 都被定义为 RealType 型变量，也就是 float 型变量。

类型定义的引入，可以有如下作用：

• 为类型取新名，使得增加易读性。

• 当定义了构造类型后，使用类型定义语句，可以用一个标识符作为此构造类型的名来引用此构造类型，这样使程序更简洁易读。

• 当一个程序由几个人共同完成时，往往会有共同使用的数据类型，通过使用类型定义，就使得可以在各自的程序部分中使用不同的类型名。

2.3.4 类型转换

每当进行变量说明，把标识符定义为某种类型的变量时，这个标识符代表的变量有了特定的类型。当它参与在表达式中时，很可能作为运算分量，与另一个运算分量的类型不一致。例如，变量 r 的应用背景是圆半径，因此定义 r 为 float 型，但在求圆周长时，往往可能按照计算公式写出如下的表达式：

```
l=2*3.1416*r
```

并不去考虑 2 是 int 型，3.1416 和 r 是 float 型，两者类型不一致，而仅是相容，须进行类型转换。因此，编译系统自动进行隐式类型转换，其代价是插入相应的目标代码，增加运行的时间，即时空效率降低。

为了使运算的两个运算分量有相同的类型，也可以应用类型转换运算符( )，例如，

```
l=(float)2*3.1416*r
```

上面两种写法都需有类型转换，这种情况下，最简单的是把 2 写成 2.0，即写成：

```
l=2.0*3.1416*r
```

尽管仅少一次类型转换，但若这种情况发生在重复次数非常多的多重循环结构内时，运行效率的提高还是相当大的。

2.4 小　　结

2.4.1 本章 C 语法概括

1．常量表示法

（1）整型常量表示法。

十进制表示：[+|-] 数字{数字}　　(一列数字，前面可能有正负号)

八进制表示：[+|-]0 数字{数字}　　(数字 0 标志八进制)

十六进制表示：0(x|X)数字{数字}　　(0x 或 0X 标志十六进制)

长整型表示：整数，后紧跟字母 L 或 l

其中，记号|表示“或者”；括号[ ]对表示所括住的内容可能有，也可能没有；括号{ }对表示所括住的内容可以出现 0 次或任意多次；括号( )对表示处相同地位的内容的范围，下同。

（2）实型常量表示法。

小数点表示法：[+|−](整数.[整数] | [整数].整数)

（包含一个小数点，并至少包含一个数字）

指数表示法：[+|−]((整数[.整数]|整数.[整数]|[整数].整数)

(e|E)[+|−]整数)

（小数点前后可以无数字，e或E后必须是整数）

（3）字符型常量表示法。

常规表示法：'字符'

转义字符表示法：'\字符' | '\ddd' | '\xhh'

（4）字符串常量表示法："可能包含转义字符的一列字符"。

2. 常量定义

const 类型　标识符=常量表达式，…，标识符=常量表达式；

3. 逗号表达式

表达式，…，表达式

4. 赋值表达式

变量 = 表达式

复合赋值表达式：变量 复合赋值运算符 表达式

5. 变量说明

类型　标识符[=初值]，…，标识符[=初值];

6. 类型定义

typedef　类型 新类型名;

7. 类型转换运算

（类型）量　　或　　（类型）（表达式）

8. 类型

整型：[signed|unsigned][int|short[int]|long[int]]

说明　必须至少出现一个关键字。

实型：float|double

字符型：[signed|unsigned]char

2.4.2　C语言有别于其他语言处

1. 常量表示法

（1）为了适应编写系统软件的需求，对于整型常量，C 语言不仅有通常的十进制表示，还允许八进制与十六进制表示。

（2）为了表示不可见字符，引入了转义字符的概念，这样在书写程序时可以轻易地表达诸如列表字符与换行字符之类的字符，特别是对于输入输出语句来说，十分方便。

2. 运算符种类更为丰富，表达能力更强

（1）除了通常具有的运算符外，C 语言引入条件运算符、类型转换运算符、赋值运算符与逗号运算符等，并引入相应的赋值表达式与逗号表达式，使表达能力进一步提高。

（2）引入复合赋值运算符，使得表达形式更紧凑。只是注意，假定 x op= e，其中的 e 是一般的表达式，则相应的展开式应该是 x=x op (e)，如果展开成 x=x op e，很可能发生错误。

（3）取地址运算符、位运算符与移位运算符的引入，有助于编写操作系统与编译系统这样的系统软件，使程序表达能力大大增强。

（4）把括号对也看作运算符，并赋以优先级，从概念上来说，简化了表达式的概念，即表达式仅由运算分量与运算符组成，可以不需要突出地提及括号。

（5）C 语言引进自增自减运算符，这样使得表达简洁，也可能利用加一减一机器指令，提高程序的时空效率，但从实际看，与通常的理解不一致，使用不当，很容易造成错误。读者务必小心。

（6）C 语言把判别相等的运算符规定为= =，以便与赋值运算符=相区别，这是积极的一方面，然而带来的问题是，往往容易将判别相等运算符“= =”误写成“=”，造成错误。C 语言集成支持系统（Turbo C）对此将给出警告信息。读者必须注意警告的原因，不能把警告信息不当一回事。

（7）C 语言允许整型与字符型通用，这也为程序的书写带来了方便，只是需要注意取值范围。

3. C语言的低级程序设计语言特征

C 语言接近于机器语言：反映在允许使用位运算、移位运算，以及取地址运算上，还反映在自增自减运算符上：它们的引入使得表达更简洁，也能生成效率更高的目标指令，但由于语言集成支持系统实现中的处理与正常的理解不同，必须小心使用。

4. 数据类型更为丰富和灵活

基本类型中，不仅有一般的整型和实型，还引进短整型、长整型及双精度型。这样能提高计算的精度。不论是整型，还是字符型，都引入了无正负号类型，这对于扩大取值范围，特别是适应系统软件的需求，带来了方便。

本 章 概 括

本章讨论了 C 语言程序的基本运算功能，即表达式。表达式描述对数据的处理规则，由参与运算的量、运算符组成。量有常量与变量之分，请注意 C 语言中常量的表示方式。计算表达式的值时，重要的是确定运算分量的类型与计算次序，因此引入数据类型的概念及运算符的优先级与结合性。一般来说，计算表达式的值时记住下列口诀是有好处的：从左到右计算，可计算时则计算，不可计算时放一放，一旦可计算便计算。一种具体可行的方法是：先找出优先级最低的运算符，以它为中点，分解成左右两部分，继续找出优先级最低的运算符进行分解。如此继续，最终确定计算次序。希望读者注意赋值运算符（包括复合赋值运算符）与自增自减运算符的应用。

任何一个量涉及名、类型与值三个方面。读者必须深入理解类型的概念。类型涉及量的存储表示、取值范围与可允许的运算三个方面。为了把类型与标识符相关联，C 语言引入了变量说明。变量说明的作用是把标识符与数据类型属性相关联，使编译程序了解标识符所代表数据对象的类型属性，从而能对该变量进行处理，生成合适的目标代码。C 语言中数据类型包括基本类型与构造类型两大类。基本类型包括整型、实型与字符型。构造类型将在后面的相关章节中讨论。

习　题

一、选择与填空题

1. 以下选项中不能用作 C 程序合法常量的是__________。

A）1,234　　B）'\123'　　C）123　　D）"\x7G"

2. 以下选项中，能用作数据常量的是____________。

A）o115　　B）0118　　C）1.5e1.5　　D）115L

3．以下选项中能表示合法常量的是＿＿＿＿＿＿。

A）整数：1,200　　B）实数：1.5E2.0　　C）字符斜杠：'\'　　D）字符串："\007"

4．以下选项中可以用作 C 程序合法实数的是＿＿＿＿＿＿。

A）.1e0　　B）3.0e0.2　　C）E9　　D）9.12E

5．以下变量说明，编译时会出现编译错误的是＿＿＿＿＿＿。

A）char a='a' ;　　B）char a='\n';　　C）char a='aa';　　D）char a='x2d';

6．已知字母 A 的 ASCII 码是 65，字母 a 的 ASCII 码是 97，变量 c 中存储了一个大写字母的编码。若要求将 c 中大写字母编码转换成对应小写字母编码，则以下表达式中不能实现该功能的是＿＿＿＿。

A）c=tolower(c)　　B）c=c+32　　C）c=c−'A'+'a'　　D）c=(c+'A')%26−'a'

7．已知有变量说明“int a=3,b=4,c;”，则执行语句“c=1/2*(a+b);”后，c 的值为＿＿＿。

A）0　　B）3　　C）3.5　　D）4

8．若有变量说明“double x=17; int y;”，当执行“y=(int)(x/5)%2;”后 y 的值为＿＿＿＿＿。

A）0　　B）1　　C）1.5　　D）1.7

9．数学式 $\sqrt[3]{x}$ 所对应的 C 语言表达式为 pow(x,＿＿＿＿)。

10．已知有变量说明“int a=3,b=4;”，下列表达式中合法的是＿＿＿＿＿。

A）a+b=7　　B）a=|b|　　C）a=b=0　　D）(a++)++

11．已有变量说明“int x=5,y;float z=2;”，以下表达式中语法正确的是＿＿＿＿＿。

A）y=x%z　　B）x>0?y=x:y=−x　　C）y=x/2=z　　D）y=x=z/2

12．设有变量说明“int x=3;”，以下表达式中，值不为 12 的是＿＿＿＿。

A）x*=x+1　　B）x++,2*x　　C）x*=(1+x)　　D）2*x,x+=2

13．以下程序运行后的输出结果是＿＿＿＿＿。

```
#include <stdio.h>
main()
{  int a;
   a=(int)((double)(3/2)+0.5+(int)1.99*2);
   printf("%d\n",a);
}
```

14．以下程序运行后的输出结果是＿＿＿＿＿。

```
#include <stdio.h>
void main()
{  int a=1,b=2;
   a+=b;  b=a-b;  a-=b;
   printf("%d,%d\n",a,b);
}
```

15．设有补码表示的两个单字节有正负号整数 a=01001110 和 b=01001111。则 a−b 的结果用补码表示为＿＿＿＿。

A）11111111　　B）10011101　　C）00111111　　D）10111111

16．所谓“变号操作”是指将一个整数变成绝对值相同，但符号相反的另一个整数。假设使用补码表示的 8 位整数 x=10010101，则经过变号操作后结果为＿＿＿＿＿。

A）01101010　　B）00010101　　C）11101010　　D）01101011

二、编程实习题

1．试写出把一个 5 位十进制整数的 5 位数字按反序输出的 C 程序。要求：5 位数由输入语句输入。反序结果按字符方式输出，且字符之间有一个空格字符。例如，输入：12345，输出为：5 4 3 2 1。

2．试写出一个 C 程序，要求如下。

(1) 把 k、j、u、l、f、d 与 c 分别定义为整型、短整型、无正负号整型、长整型、浮点型、双精度型与字符型。

(2) 查看（输出）为这些变量所分配的存储字节数。

(3) 查看（输出）可见字符的 ASCII 编码值，包括数字字符 0、1 与 9，小写字母字符 a、b 与 z，大写字母字符 A、B 与 Z，以及空格字符、列表字符与回车字符。

(4) 查看（输出）为字符串常量“abcdef”所分配的存储字节数（使用运算符 sizeof），及它的实际长度（使用函数 strlen，如 strlen（“xyz”））。注意：C 程序开始处必须有文件包含命令：

```
#include <string.h>
```

注意：输入语句前有提示输入什么的输出语句，在输出结果中有提示输出的是什么的提示信息。

第3章　最简单程序的设计——顺序结构

3.1　概　　况

C 语言程序由函数定义组成，函数定义则由函数首部与函数体组成。函数首部指明函数的函数名、函数的参数及其类型，以及函数值的类型等。函数体则由说明部分与控制部分组成。在第 2 章中讨论了数据类型与变量说明等说明部分的内容，从本章开始，主要讨论控制部分。

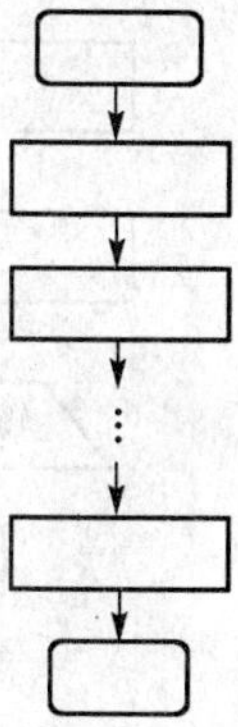

3.1.1　C 语言程序的执行顺序

控制部分实现所期望的功能。它由语句组成，如第 1 章所讲，语句有赋值语句与输入输出语句等基本语句，还有选择结构与迭代结构等控制结构的相应控制语句。尽管控制语句内可能内嵌有其他控制语句，但是控制语句及其内嵌语句形成的整体是一个语句。因此，可以这样说，控制部分是由一系列顺序书写的语句组成的顺序结构，其示意图如图 3-1 所示，其中的矩形表示处理框，它可以对应于一列语句。在最简单情况，一个处理框就是一个语句。

图 3-1

按照书写习惯，总是从上到下、从左到右地书写语句的。一般地，这也就是程序编写人员希望执行的顺序，这意指，C 程序的执行顺序是从上到下、从左到右逐个语句地执行。这就是 C 程序的正常执行顺序。

C 语言允许程序在运行时改变正常执行顺序，而把控制转向指定的程序位置，这时必须使用控制转移语句，如组成选择结构与迭代结构的控制语句，其他还有 continue、break 与 goto 等语句，这些将在相关章节中讨论。

3.1.2　C 语言顺序程序设计

如上所述，一般情况下，程序中的语句都是从上到下、从左到右逐个语句地顺序书写、顺序地依次执行，因此称为顺序程序设计。顺序程序设计是最简单、最直观，也是最常用的程序设计方法。下面给出顺序程序设计的例子。

例 3.1　试计算一元二次方程式 $ax^2+bx+c=0$ 的根。

一元二次方程式的根 x_1 与 x_2 的计算公式如下：

$$x_1=(-b+\sqrt{b^2-4ac})/(2a) \text{ 与 } x_2=(-b-\sqrt{b^2-4ac})/(2a)$$

可画出控制流程图如图 3-2 所示，其中有 2 个输入输出框（框 1 与框 6）、4 个处理框（框 2～框 5）。利用 C 语言编译系统提供的计算平方根的函数 sqrt，可以写出相应的语句序列如下：

```
scanf("%f,%f,%f", &a,&b,&c);          (1)
t=b*b-4*a*c;                          (2)
r=sqrt(t);                            (3)
x1=(-b+r)/(2*a);                      (4)
x2=(-b-r)/(2*a);                      (5)
printf("x1=%f,x2=%f\n", x1,x2);       (6)
```

执行（1）中的语句，输入 a、b 与 c 的值，其中的“%f,%f,%f”称为格式控制串，指明应该以什么格式输入值，这里的%f，称为格式转换符，指明是实数值格式。&a 是对 a 取存储地址，这是 scanf 输入函数的要求，要求输入时给出变量的存储地址。

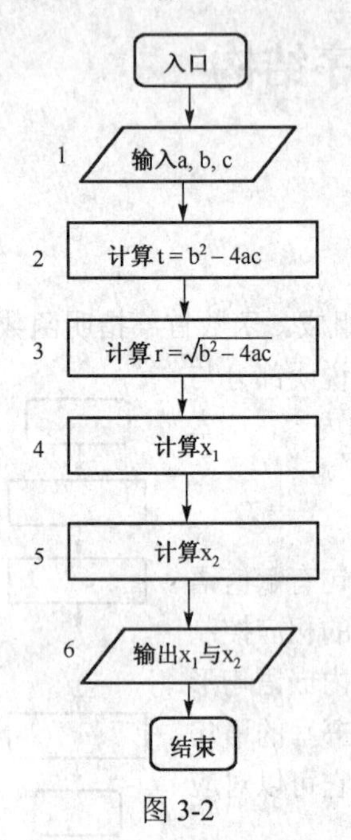

图 3-2

当运行时，界面显示的将是等待键入的状态，什么也没显示，可能会让人感到莫名其妙，不知要做什么，因此最好在（1）的 scanf 输入语句之前，增加一个如下的 printf 输出语句：

```
printf("\n 请键入 a、b 与 c 的值：");
```

这样，运行时在运行界面上将在换行后显示：

```
请键入 a、b 与 c 的值：
```

用户就可以从容地键入 3 个值，分别作为 a、b 与 c 的值。（6）中的是输出语句，其中的“x1=%f,x2=%f\n”是格式控制串，指明输出的格式，运行结果将把 x1 与 x2 的值按小数点后有 6 位数字的实数值格式输出，显示如下，例如：

```
x1=1.200000,x2=3.500000<回车>
```

这时换行到下一行。

图 3-2 这样的流程图是比较细致的，对于一个稍大的问题，这样的画法，就将使流程图占很大的篇幅，因此往往把几个框拼成一个框，例如，把框 2～框 5 合并成仅仅“计算根 x_1 与 x_2”一个框。这个框的内容就是原有 4 个框的内容，相应的 C 程序语句将仍然与上面所列出的是一样的。如果不引进中间变量 t 与 r，并且把框 2～框 5 合并成一个框，内容改写成：

计算

$$x_1 = (-b + \sqrt{b^2 - 4ac}) / (2a) \text{与} x_2 = (-b - \sqrt{b^2 - 4ac}) / (2a)$$

则相应的 C 程序语句可写出如下：

```
x1=(-b+sqrt(b*b-4*a*c))/(2*a);
x2=(-b-sqrt(b*b-4*a*c))/(2*a);
```

一个框的处理不仅可以是顺序处理，还可以包含逻辑判断。例如，要计算一个三角形的面积，计算前键入 3 条边的边长。可以有一个框：“输入三角形的三条边长”。但可能输入的 3 个值不能构成一个三角形，实际上应该有如图 3-3 所示的控制流程示意图。每次键入 3 个值，都要判断这 3 个值能否作为一个三角形的 3 个边长，即能否构成一个三角形。只有能构成一个三角形时，才能进一步去计算三角形的面积。

尽管图 3-3 表明这不是一个顺序结构，但如果把图 3-3 中的各框看成一个整体，就相当于一个处理框。可以这样说，一个程序总能看成是一个顺序结构的。事实上，往往在开始时画出的流程图都是顺序结构的，之后进一步细化，逐步对每一个处理框给出实现细节，而引进其他各类控制结构。

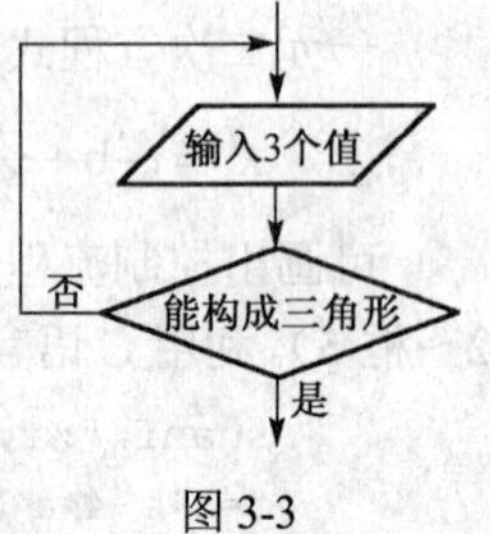

图 3-3

图 3-4 就是这样的例子。最初给出问题“求 10 个值中的最大值”时，我们可以假定一个处理框就可以解决问题，因此画出如图 3-4(a) 所示的流程图，这当然并没有解决问题，需要先输入 10 个值，求出最大值，最后输出最大值。这时为了求出 10 个值中的最大值，需要引进一个计数器，记录是否已输入 10 个值，它的初值是 1，以后每输入一个值，把计数器的值加 1，直到输入了 10 个值。显然需要用一个变量来存放最大值，开始时一个值也没有，因此可以让它是非常非常小的值，如计算机能表示的

最小值。因此可以把图 3-4(a)细化成图 (b)所示。具体求最大值的过程如下：输入一个值，把它与存放最大值的变量 max 比较，是否比 max 大。若是，则是新的最大值，让当前输入的这个值作为 max 的值；若不是，再输入一个值，进行比较，直到 10 个值全部输入，并完成比较，这时 max 的值是最大值，输出 max 的值。因此又可以把图 (b)细化成图(c)，对于图(c)，是很容易用 C 语言来实现的。

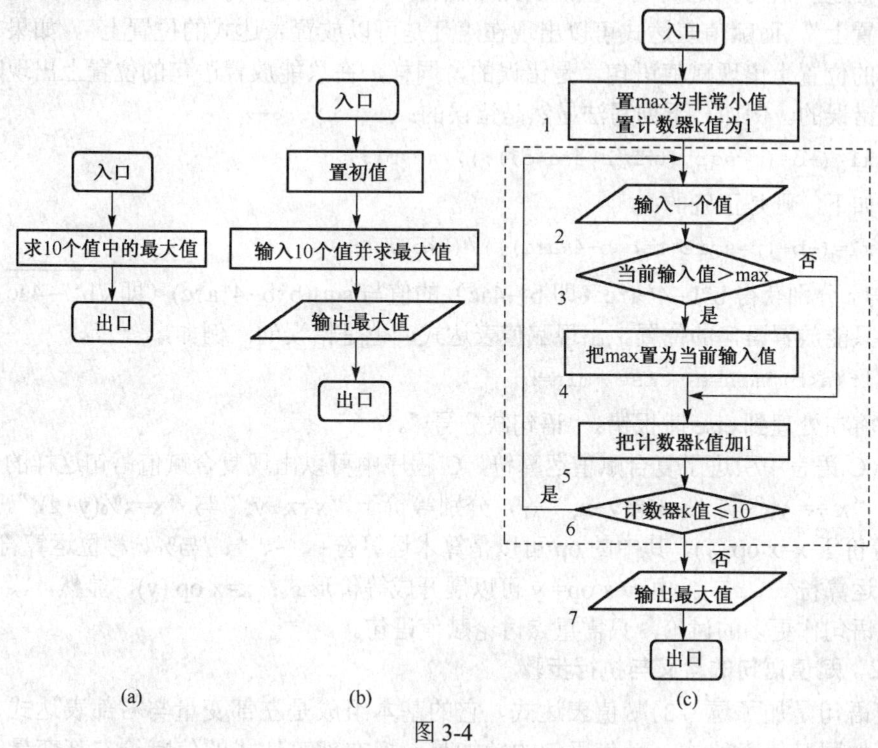

图 3-4

图 3-4(c)看起来不再是顺序结构。但如果把框 2～框 6 按其功能看成一个整体，如同用虚线所示，概括成一个处理框。也就是说，图(c)可以概括为图(b)，是一个顺序结构，只是现在图(b)中的第 2 框需用框 2～框 6 来实现。今后将看到，这 5 个框也就对应于一个语句，即循环结构的控制语句。循环结构将在第 5 章中讨论，本章着重讨论顺序程序设计中最基本的组成部分——赋值语句与输入输出语句。

3.2 赋 值 语 句

3.2.1 赋值语句的组成

赋值语句是 C 语言中最基本的语句，在前面计算一元二次方程根的一列语句中，（2）～（5）都是赋值语句，如前所见，赋值语句是赋值表达式后面加一个分号形成的语句。因此，C 语言中，赋值语句的一般形式如下：

赋值表达式;

赋值表达式作为一类表达式，其中所包含优先级最低的运算符是赋值运算符。

C 语言中，赋值表达式的一般形式如下：

变量=表达式

它的功能是把右部表达式的值赋给左部变量，其中的符号“=”，在 C 语言中，不能称为“等号”，必须称为“赋值号”，因为它是“赋值”的标志。

因此，进一步地，赋值语句的一般形式如下：

```
变量=表达式;
```

赋值语句与赋值表达式有什么区别？

一个明显的区别是：赋值语句是语句，赋值表达式是表达式，表达式仅是对数据对象如何处理的描述，语句则是执行单位，因此，在程序中，赋值语句可以出现在“凡是可以放置语句的位置上”，而赋值表达式可以出现在“凡是可以放置表达式的位置上”。如果在只能放置表达式的位置上出现赋值语句，是错误的，同样，在只能放置语句的位置上出现赋值表达式，也是错误的。例如，下列写法显然是错误的：

```
x1=(-b+(r=sqrt(t=b*b-4*a*c;);))/(2*b);
```

但若修改如下，则是正确的：

```
x1=(-b+(r=sqrt(t=b*b-4*a*c)))/(2*b);
```

这时，t 与 r 分别获得 b*b-4*a*c（即 b^2-4ac）的值与 sqrt(b*b-4*a*c)（即 $\sqrt{b^2-4ac}$）的值。同样，在只能放置语句的位置上出现赋值表达式，也是错误的。例如，

```
if(a<b) min=a  else  min=b;
```

在编译时将在处理到 else 时报错：“语句缺分号;”。

由于 C 语言中引进了复合赋值运算符，C 程序中可以出现复合赋值语句这样的一些简洁写法，如“x += y;”与“x %= y+z;”等，分别等价于“x=x+y;”与“x=x%(y+z);”。一般地，x op= y 等价于 x=x op (y)，其中的 op 可以是算术运算符+、-、*、/与%、移位运算符<<与>>，以及按位运算符^、&与|。由于 x op= y 可以展开成等价形式：x=x op (y)，显然，没有必要对复合赋值语句作更多的讨论，只需重点讨论赋值语句。

3.2.2 赋值语句的含义与执行步骤

赋值语句是加了逗号的赋值表达式，它的基本组成是左部变量与右部表达式，其含义即功能，如同赋值表达式。赋值语句的功能是：把右部表达式的值赋给左部变量。左部变量必须取左值，即取得它的存储地址，把右部表达式的值传送到由该存储地址确定的存储字中。

由于右部表达式的类型可能与左部变量的类型不相同，如右部是整型，而左部是实型，就得把右部表达式的值转换为实型，因此，类似于赋值表达式，赋值语句执行的步骤如下：

步骤 1　计算右部表达式的值。

步骤 2　必要时把右部表达式的值进行类型转换，转换为左部变量的类型。

步骤 3　把（类型转换过的）右部表达式的值赋给左部变量。

例 3.2　若有变量说明“int x=12,y=8,z;”，执行语句“z=0.9+x/y;”，则 z 的值为______。

A）1.9　　B）1　　C）2　　D）2.4

解　首先看到 x、y 与 z 都是 int 型，因此，z 的值必定是 int 型，答案只能是 B 与 C。此语句是赋值语句，其中的右部表达式中先计算除法，然后计算加法。除法的结果是 int 型，因此是 12/8 等于 1，因此，z 的值必定大于 1，答案似乎是 C。但事实上，计算加法，得到的值是 1.9，是 float 型，转换为左部变量的类型，是 1，因此最终答案是 B，并不是 C。

本例的要点是类型的转换，从高级类型转换到低级类型时，往往可能损失精度，因此编写应用程序时务必注意。本例也表明，不能想当然地解答问题。

例 3.3　执行程序段“int a,b;a=b=4;a+=b%3;”后，变量 a、b 的值分别是______。

解　赋值语句“a=b=4;”等价于“a=(b=4);”，因此 a 与 b 的值都是 4。复合赋值语句“a+=b%3;”

等价于“a=a+b%3;”，因此右部表达式的值是 4+4%3，即 4+1，等于 5。因此，a 与 b 的值分别是 5 与 4。

3.2.3　注意问题

1. 效率与精度

当赋值语句的左部变量与右部表达式类型不相同时，如左部是 int 型，而右部是 float 型时，C 语言编译系统将自动进行类型转换，即编译系统自动在目标程序中生成类型转换指令，进行类型转换，这称为类型强制。这里一个是效率问题，一个是精度问题。

设有变量说明：

```
int k; float x;
```

当执行赋值语句：

```
x=1;
```

时，将由编译系统自动把右部的 1，从 int 型的 1 转换到 float 型的 1.0，然后赋值给左部的变量 x。如果这个赋值语句是在循环结构内，且重复相当多次，则此转换也将执行多次。如果写成“x=1.0;”，就将不必进行类型转换，从而提高运行效率。

当一个“低级”类型转换到“高级”类型时，如从 int 型转换到 float 型时，精度不会受到影响，但若从高级类型转换到低级类型，精度就可能受到影响。例如，前面求 3 个数的平均值的例子，平均值是 90.33，但由于转换到 int 型，只能是 90。

因此，当需要类型转换时，特别是从高级类型向低级类型转换时要注意精度问题。

2. 变量种类

C 语言中，变量不仅仅可以是简单变量，还可以是构造类型变量，如数组变量与结构变量等。当是数组变量时，数组元素可以出现在赋值语句的右部表达式与左部中。与简单变量情况类似，表达式中的数组元素是引用值，而左部中的数组元素是存储地址。这时赋值语句左部地址计算的顺序将对运行结果产生影响。也就是说，数组元素出现在赋值号左部时，先计算右部表达式的值再计算左部变量的存储地址，与先计算左部变量的存储地址再计算右部表达式的值，结果可能大不一样。例如，假定有一个赋值语句“A[j]=(j=4);”，且假定 j 的值是 3，如果先计算右部表达式的值再计算左部变量的地址，则运行的结果是把值 4 赋给数组元素 A[4]，但若先计算左部变量的地址，运行结果将是把值 4 赋给数组元素 A[3]。究其原因，是因为 C 语言表达式中包含有能改变变量值的一些成分，如赋值表达式与自增自减运算，即使没有这些，也可能因为函数的副作用而使得变量值改变。

C 语言规定：赋值语句中右部表达式的值先计算，然后计算左部变量的地址。因此，赋值语句的执行步骤应该是如下 4 步，即

步骤 1　计算右部表达式的值。

步骤 2　必要时把右部表达式的值进行类型转换，转换为左部变量的类型。

步骤 3　计算左部变量的地址。

步骤 4　把右部表达式（可能类型转换过）的值赋给由左部变量地址指明的存储字中。

由于简单变量的地址不需要计算，对于它们，步骤 3 没有必要，因此这些执行步骤与前面是一致的。关于数组的情况将在第 5 章中讨论。

3. 赋值表达式作为赋值语句的右部表达式

赋值语句右部的表达式可以是任意的表达式，因此也可以是赋值表达式，例如，

```
x=y=z=a+b+c;
```

这样，在同一个表达式中顺次出现多个赋值运算符。在各类运算符中，赋值运算符的优先级最低（仅高于逗号运算符），且由于它的结合性是右结合，上述赋值语句等价于：

```
x=(y=(z=a+b+c));
```

假定 a、b 与 c 的值分别是 1、2 与 3，则首先 z 得到值 6，然后 y 得到值 6，最后 x 得到值 6。

注意 赋值运算符左部的量必须取左值，即地址值，不能是一般的表达式，因此，下列的赋值语句将是错误的：

```
x=++y=--z=a+b+c;
```

上机编译，将显示下列报错信息：

```
Error D:\Exp.c 6: Lvalue required in function XXX
```

该报错信息指明：在程序 Exp.c 的函数 XXX 中第 6 行处出现错误，性质是：需要左值。

3.3 数据的输入输出

一个程序执行的目的是达到某种效果，当程序运行后，为了要能验证程序的正确性，了解程序运行的效果，必须执行输出语句以显示运行效果。因此输出是必不可少的一个语言成分。一般来说，一个程序的运行，需要有初始数据，这可以通过赋值语句获得，但是，这样获得的值只能是确定的和固定的，因为这是由赋值语句右部表达式所规定了的。为了能适应各种特定情况，随机地获得初始数据，需要在程序运行时刻从键盘键入数据，这要通过输入语句来实现。就如同一个人，需要进出平衡，一个程序一般都包含有输入输出成分。

C 语言中的输入输出，可以是有格式的，也可以是无格式的。这里首先讨论有格式的输入输出。不特殊说明时，本书讨论的输入输出都是有格式的。

3.3.1 输入输出语句的功能

C 语言中，输入输出功能通过输入输出语句来实现，输入输出语句又主要是对输入输出函数的调用。例如，

```
printf("\n请输入x的值：");
scanf("%d",&x);
```

输入输出函数的功能，简单地说，是在程序与外设之间进行数据传输，具体地说，输入函数把从键盘键入的数据传输到程序变量（存储字）中，而输出函数把程序变量的值从存储字中传输到显示屏上。因此，输入输出语句是对输入输出函数调用，后跟一个分号“;”。

例如，设有输入语句：

```
scanf("%d,%f", &k, &x);
```

假定执行此输入语句时从键盘键入：

```
12,9.8
```

即用逗号隔开的一个整数值 12 与一个实数值 9.8，变量 k 与 x 将分别得到值 12 与 9.8。

又如下列输出语句：

```
printf("k=%d, x=%f\n", k, x);
```

执行此输出语句将在显示屏上显示如下所示的一行：

```
k=12, x=9.800000<回车>
```

这里 9.8 后跟有 5 个 0。这是因为 C 语言规定：输出 float 型值而不指明输出位数时，小数点后显示 6 位小数。数字后面的“<回车>”表示不可见的换行字符。

下面进一步讨论输入输出语句的细节。

3.3.2　输入输出的三要素

从上面的例子中可以看到，一个输入输出函数中指明输入输出的是什么，同时还指明按什么格式来输入输出。在这里，隐含地指明在什么外设上进行输入输出，如输入是通过键盘，而输出是显示在显示屏上。可见，一般来说，输入输出的三要素是：设备、输入/输出项、输入/输出格式。

输入输出函数 printf 与 scanf 中，设备隐含是指标准设备，输入的标准设备是键盘，输出的标准设备是显示屏，因此不在输入输出函数中指明设备。输入/输出项指明进行输入/输出的是什么，而输入输出的格式由格式控制串指明，确切地说，由格式控制串中包含的格式转换符指明。格式转换符由字符%标记，且一个格式转换符对应一个输入输出项。例如，假定 int 型变量 x 的值是 5，执行输出语句"printf("x=%d\n",x);"，其中格式控制串"x=%d\n"中不是格式转换符的字符串部分"x="提示输出的是什么值，无需进行格式转换，直接输出。"\n"输出时使得换到下一行的左端，而格式转换符%d 对应于输出项 x，规定按整型值格式输出变量 x 的值，因此输出的是：x=5<回车>。

要提醒的是：为什么说%标记类型转换符的开始？输入时键入的内容看起来是数值，实际上是一串字符。因为键盘上的每个键对应一个 ASCII 编码的字符，按一个键就输入一个字符。例如，上面输入的"12,9.8"，实际上是按了 6 次键，输入了 6 个字符：'1'、'2'、…与'8'，并不是用逗号隔开的 2 个数值 12 与 9.8，键入后，在存储到存储字之前，必须先进行字符（串）到二进位值的转换，以二进位形式存储在存储字内，如果是作为 int 型变量的值，按 int 型格式%d 转换，如果是作为 float 型变量的值，则必须按 float 型格式%f 转换。类似地，输出时在显示屏上显示的，看起来是数值，实际上显示的也是字符串，并不是真正的二进位值。因为在计算机存储字中，虽然数值是 12 与 9.8，却是以二进位形式存储的，需进行二进位值到字符串的转换，以字符串形式显示在显示屏上。这就是需要格式转换符的原因。

之所以能让键入的字符串以相应类型的值传输给变量，以二进位形式存储在相应的存储字中，和把存储字中的二进位值以字符串形式显示在显示屏上，是因为在编译系统实现的输入输出语句目标程序中自动进行了转换。例如对于上例，按照格式控制串中的格式转换符%d 所包含的字母字符是 d，把字符串"12"转换成相应的二进位形式存储的 int 型值 12，按照格式转换符%f 所包含的字母字符是 f，把字符串"9.8"转换成相应的二进位形式存储的 float 型值 9.8。

下面分别关于输入与输出进行讨论。

1. 输出

输出函数调用的一般书写形式如下：

```
printf(格式控制串，输出项，…，输出项)
```

其中，格式控制串是一个字符串，它包含的格式转换符，指明把输出项相应的存储字中的二进位值按什么格式转换后显示在显示屏上。简单地说，指明输出项按什么格式输出。

除了包含格式转换符外，还包含不是格式转换符的一些字符，以提供关于输出值的提示信息或分隔标志等。例如，前面例子中的"x="就是指明所输出的值是变量 x 的值。

输出语句中格式控制串的格式转换符以字符%标志，后面紧接的字母字符指明存储字中的内容按什么格式转换，如字母字符 d、f 与 c 分别对应于 int 型、float 型与 char 型。因此，对于

```
printf("%d,%f", k, x);
```

变量 k 按 d 格式输出，变量 x 按 f 格式输出，因此它们在存储字中的二进位值分别转换成相应于 int 型值与 float 型值的字符串后在显示屏上显示。

```
12,9.800000
```

可能读者已经注意到，如果输出更多的数据时，怎么知道哪个值是哪个变量的值呢？如果在格式描述中没有分隔用的空格或逗号等，更难以分清各个数值。例如，

```
printf("%d%f", k, x);
```

输出结果将是：129.800000。

例 3.4　程序段

```
int x=12;  double y=3.141593;
printf ("%d%8.6f",x,y) ;
```

的输出结果是_______。

A）123.141593　　B）12□3.141593　　C）12,3.141593　　D）123.1415

说明，因为空格字符不可见，难以数其个数，所以用□表示空格字符。

解　考察输出语句中的格式控制串，可见其中并无提示信息字符串，也无分隔字符，仅有格式转换符，因此，答案 B 与 C 显然是错误的。答案 D，格式转换符中指明小数点后有 6 位，输出时小数点后一定有 6 位，现在仅 4 位，因此，答案 D 也是错误的。最终答案是 A。

要说明的是，即使这时由于输出小数点后 6 位后，位数总长将超出所指明的位数 8 位，也将按实际数值输出，如按格式转换符%8.6f 输出值 123.141593，将输出 123.141593。

从上面的例子可见，这样的输出，根本无从区分各个数值, 显然这是令人难以接受的。因此，输出时往往希望有分隔字符，尤其是有些提示信息，指出输出的是哪些变量的值等。办法是在格式控制串中的格式转换符之前插入变量名等提示信息，格式转换符之后插入分隔符逗号等。例如，把原有的语句改写为：

```
printf("k=%d,x=%f", k, x);
```

这样输出的结果将一目了然：

```
k=12,x=9.800000
```

注意，这个提示信息不是与输出的内容有内在联系的，可以是任意的。尽管输出的是变量 x 的值，也可以显示为其他的信息，如“所求的是：”或“中间结果是：”等，甚至可以改写成如下语句：

```
printf("x=%d,k=%f", k, x);
```

将输出如下的结果：x=12,k=9.800000。这当然是不符合实际的，不应该如此，但也允许。这仅说明可以根据输出的内容，选择合适的提示信息。重要的是能够理解输出的内容是什么。

其次要说明的一点是，其中显示的 9.800000 中，小数点后有 6 位数字，这是 C 语言的约定。当按格式 d 输出时按实际的数值位数输出，但当按 f 格式输出，又不指明小数点后的位数时，将总是显示小数点后 6 位数字。为了仅显示需要的那样多位数，C 语言允许指明位数，不论是 char 型、int 型，还是 float 型，都可以。例如，把上面的输出语句改写成：

```
printf("k=%4d,x=%5.1f\n", k, x),
```

这时输出的将是：

```
k=□□12,x=□□9.8<回车>
```

格式转换符%4d 指明：输出的整数值有 4 位，由于值 12 仅 2 位数字，因此其前面空 2 个字符位置，即 12 之前有 2 个空格字符。格式转换符%5.1f 指明：小数点后是 1 位小数，整个实数值共 5 位，因此，除了“9.8”3 个字符，在前面还空 2 个字符位置。

格式控制串中的“\n”是一个转义字符，代表“换行”，只是在格式控制串中省略了括住字符的单撇号对。读者如果知道此 n 是 new line 的首字符 n，就容易记住了。'\n'的作用是使得输出之后把下一个输出位置移到下一行左端位置上。其他常用的转义字符有'\b'（backspace 向后空格）与'\t'（table 制表）等。关于转义字符一览表见第 2 章表 2-1。

如果需要在输出结果中指明是按什么格式输出的，可以输出格式转换符“%d”等，例如：

```
k(%d)=12, x(%f)=9.800000
```

如果把“%d”作为提示信息，直接写在格式控制串中，例如：

```
printf ("k(%d)=%d,x(%f)=%f\n", k, x);
```

显然将发生错误，因为字符串“%d”只要出现在格式控制串中就作为格式转换符，非但不可能显示出来，还需要增加输出项。为了能显示字符%，字符%需重复写 2 次，即写成“%%”，这样将输出字符%。例如，

```
printf ("k(%%4d)=%4d,x(%%5.1f)=%5.1f\n", k, x);
```

执行此输出语句，将输出：

```
k(%4d)=□□12,x(%5.1f)=□□9.8<回车>
```

现在，以此 printf 语句为例，说明输出语句的执行过程。

首先取格式控制串“k(%%4d)=%4d,x(%%5.1f)=%5.1f\n”，从左到右地分析。由于“%%”不是格式转换符标志，而是一般的字符%，“k(%%4d)=”不是格式转换符，直接输出，因此显示“k(%4d)=”，此后取到%4d，是格式转换符，这时找到并取出相应的输出项 k，把 k 的值按 4 d 格式，即 int 型格式，转换成字符串并输出。由于 k 的值是 12，2 位数，而指明长度为 4，前面需空 2 个字符位置，因此输出字符串“□□12”。此后取到逗号，非格式转换符，直接输出，此后的字符串“x(%%5.1f)=”情况类似，直接输出，当取到“%5.1f”时，又是格式转换符，找到并取出相应的输出项 x，把 x 的值按 5.1f 格式，即 float 型格式转换成字符串，由于 x 的值是 9.8，而指明小数点后仅 1 位，总长是 5，因此转换成字符串“□□9.8”，最后，取到字符串\n，是转义字符，非格式转换符，直接输出，即换行，因此，执行此输出语句的输出结果是：

```
k(%4d)=□□12,x(%5.1f)=□□9.8<回车>
```

下面以例子进一步说明输出语句的执行。

例 3.5　若程序中已给整型变量 a 和 b 赋值 10 和 20，请写出按以下格式输出 a、b 值的语句__________。

```
****a=10,b=20****
```

解　此输出语句形如：

```
printf(格式控制串, a, b);
```

问题是如何写出其中的格式控制串。首先找出输出的数值部分，它们需要有相应的格式转换符，其余部分就是提示信息或分隔用字符。显然，与值相关的是 10 与 20，是整型，需格式转换符%d。“****a=”、“b=”与“****”是提示信息字符串，而逗号是分隔用字符，因此此格式控制串应该是：

```
"****a=%d,b=%d****"
```

整个输出语句是：

```
printf("****a=%d,b=%d****", a, b);
```

显然，对于本题，要点是在输出中分清哪些部分需要对应到格式转换符，哪些部分是提示信息字符串或分隔用字符。

例 3.6　若变量 x、y 已定义为 int 类型且 x 的值为 99，y 的值为 9，请将输出语句

```
printf (_____ ,x/y) ;
```

补充完整，使其输出的计算结果形式为：x/y=11。

解　此题要求的是写出格式控制串，要点同样是对照输出结果，分清什么是提示信息字符串，需要有什么格式的转换符。显然，“x/y=”是提示信息字符串，值 11 需要有格式转换符，是整型，格式转换符是%d，因此，所求是：

```
"x/y=%d"
```

在书写 C 语言输出语句时，要注意输出项的数据类型与格式转换符相一致，即整型值以%d 格式转换符输出，实型值以%f 格式转换符输出。但也要注意输出项是整型常量时的进制表示。

一般来说，允许格式控制串包含的格式转换符指明长度，对于 d 格式，指明输出的 int 型值是几个字符长。因此 d 格式的格式转换符形如“%md”，其中，m 是指明长度的整数值。如果实际值超过所指明的长度，按实际值的长度输出，但如果实际值不足所指明的长度，则在左端补以空格，补足到所指明长度。对于 f 格式，可以指明输出的 float 型值总共是多少个字符长，还可以指明小数点之后有几位小数，因此，f 格式的格式转换符形如“%m.nf”，其中，n 是指明小数点后位数的整数值，如果不指明 n 的值，则约定 n=6。m 是指明总长（总位数）的整数值，其中包括正负号 1 位、小数点前位数、小数点 1 位与小数点后位数。当总长度超过实际长度时，同样在左端补以空格字符。例如，执行下列输出语句：

```
printf("k=%5d,x=%6.2f\n", k, x);
```

将显示：

```
k=□□□12, x=□□9.80<回车>
```

因为 k 的值是 12，仅 2 位，而指明的长度是 5，因此在 12 之前有 3 个空格字符位置，而 f 的值是 9.8，现在小数点后显示 2 位，小数点 1 位，而整数部分是 1 位，合计共 4 位，因此在 9.80 之前有 2 个空格字符位置。

一般来说，应该 m > n，但 m≤n 时并不给出报错信息，甚至不给出 m 也如此，依然按实际值输出。例如，执行下列输出语句：

```
printf("k=%d,x=%2.3f\n", k, x);
```

仍将输出：

```
k=12,x=9.800<回车>
```

当输出的实际字符数少于所指明长度时，在数值左方补以空格字符，称为右对齐。有时由于打印表格的需要，不是在数值的左方补以空格，而是需要在右方补以空格，称为左对齐，这时可以在格式转换符中标志字符%之后添加一个减号“-”，例如，下列输出语句：

```
printf("k=%-5dx=%.2f\n", k, x);
```

执行的结果如下所示：

```
k=12□□□x=9.80<回车>
```

尽管 x 之前没有分隔符“,”，但由于 12 后有 3 个空格，能够与下一个值区分开。要强调的是：对于右对齐，可以添加一个加号“+”，如“%+5d”但通常不写出加号，是系统缺省约定。

例 3.7　以下程序运行后的输出结果是________。

```
#include <stdio.h>
main()
{  int a=200,b=010;
   printf("%d%d\n",a,b);
}
```

解　考察输出语句中的格式控制串，显然仅格式转换符，有2个，且都是转换到整型的，但要注意的是变量a与b虽都是int型的，但b的初值是010，以数字0打头，是八进制的，即b的值是十进制的8，因此，输出结果是2008。

例3.8　以下语句中有语法错误的是________。

A）printf("%d",0xAB);　　B）printf("%f",3.45E2.5);

C）printf("%d",037);　　D）printf("%c",'\\');

解　逐个分析答案。答案A，格式转换符是%d，是整型的，输出项0xAB是正确的，因为它以0x打头，是C语言中整型数值的十六进制表示，类似地，答案C中037是八进制表示，也是正确的。B中是的格式转换符是%f，输出项应该是实型的，输出项看似是实型的但却不是正确的表示，因为指数部分不是整数。因此错误的是B。事实上，D是正确的，因为'\\'是反斜杠字符\的转义字符表示法，格式转换符%c是字符型的，相一致。最终答案是B。

注意　虽然格式转换符的格式与输出项的类型应该是一致的，但由于C语言允许整型与字符型混用，因此允许以%d输出字符值，也允许以%c输出整型值。

例3.9　以字符格式显示输出int型值。

设有程序片断

```
int k=67;
printf("\nk(char)=%c", k);
```

执行此输出语句的过程是：首先在换行之后输出提示信息字符串“k(char)=”，然后按格式转换符%c输出变量k的值。由于k的值是67，是字符C的ASCII编码，因此按字符格式输出时，最终输出如下的一行：

```
k(char)=C
```

例3.10　以整数格式显示输出char型值。

设有程序片断

```
char c2='2', cc='c', cgreat='>';
printf("\nc2=%d, cc=%d, cgreat=%d", c2, cc, cgreat);
```

执行此输出语句的过程是：在换行之后，按3个格式转换符%d，输出变量c2、cc与cgreat之前，先分别输出提示信息字符串“c2=”、“cc=”与”cgreat=”。变量c2、cc与cgreat的值分别是'2'、'c'与'>'，由于'0'的ASCII编码值是48，'2'的ASCII编码值是48+2=50，'a'的ASCII编码值是97，'c'的ASCII编码值是99，而'>'的ASCII编码值是62，因此，在换行之后，显示输出如下的一行：

```
c2=50, cc=99, cgreat=62
```

例3.11　以下不能输出字符A的语句是________（注：字符A的ASCII编码为65，字符a的ASCII编码为97）。

A）printf("%c\n",'a'-32);　　B）printf("%d\n",'A');

C）printf("%c\n",65);　　D）printf("%c\n",'B'-1);

解　逐个分析答案。答案A中格式转换符是%c，因此输出的将是字符形式，问题是能否输出字符 A。相应的输出项是'a'-32，显然它的值是 97-32=65，正是字符 A 的 ASCII 编码值，因此能输出字符 A。答案 C 与 D，显然是能输出字符 A 的。现在只有答案 B 可能不能输出字符 A。事实上，一看到答案 B 中的格式转换符是%d，以整数格式输出，立即就可以肯定不能输出字符 A。答案是 B。

关于格式转换符的一般书写形式，将在后面表 3-1 中加以概括。

2. 输入

输入函数调用的一般书写形式如下：

```
scanf ( 格式控制串, 输入项, …, 输入项)
```

其中，格式控制串类似于输出函数，是一个字符串，其中包含格式转换符，指明键入的字符串按什么格式转换后传输给相应的输入项，简单地说，指明输入项按什么格式输入。在关于输出的讨论中，已看到格式转换符用字符%标志，其后跟以一个字母字符。C 语言规定，字母字符 d、字母字符 f 与字母字符 c 分别对应于 int 型、float 型与 char 型。

输入项指明键入的值传输给的变量。与输出的最大区别在于，输出项取的是值，但输入项取的是存储地址。输入时应该取到存储地址，把键入的值传输到由这一存储地址指明的存储字中。由于取的是存储地址，输入项不能是一般的表达式，只能是变量，且对于简单变量，为了能得到为它分配的存储字的存储地址，需要用取地址运算符&。在作为输入项的变量名前必须要有取地址运算符&，如&k 与&x。如果忘了写取地址运算符&，就不可能把键入的值正确输入给相应的变量。

例 3.12　设有变量说明“char ch;int a;”，执行语句“scanf("%c%d",&ch,&a);”时如果从键盘输入的数据是“123”，则变量 a 得到的值是________。

解　键入的数据是“123”，看起来是整数值，事实上是字符串。从输入语句的格式控制串“%c%d”可见，格式转换符是%c 与%d，因此，键入的第 1 个字符是变量 ch 的值，即 ch 的值是'1'。紧接的第 2 个与第 3 个字符是为变量 a 键入的，按%d 格式转换成整数值 23，因此答案是 23。

如果有输入语句：

```
scanf("%d%f",&k,&x);
```

它将分别以格式转换符%d 与%f 输入 k 与 x 的值，即 int 型值与 float 型值。如果要让 k 得到值 12，让 x 得到值 9.8，不能如同例 3.12 那样，直接键入 129.8，这样将使 k 得到值 129，而 x 得到值 0.8，因为小数点标志整型数的结束。为了能区分开输入给 k 的值与输入给 x 的值，输入时 2 个值之间应该键入至少一个空格，如键入“12　9.8”，执行此输入语句的结果，变量 k 与 x 将分别得到值 12 与 9.8。注意，在执行上述输入语句时，如果 2 个值之间键入的不是空格字符，而是 1 个逗号字符，即键入“12,9.8”，第 2 个输入项中的变量 x 得到的值将不正确。

类似于输出的情况，C 语言的输入格式控制串包含的格式转换符中，也允许指明输入的字符位数，这是因为键入的是字符串，C 语言允许在格式转换符中指明长度，也就是键入的字符个数。例如，

```
scanf("%2d%3f", &k, &x);
```

指明键入的前 2 个字符是传输给变量 k 的，而键入的后 3 个字符是传输给变量 x 的，因此，即使键入的是 5 个字符：“129.8”，其中不包含 2 个数据值的分隔字符，变量 k 与 x 仍然能分别获得值 12 与 9.8。

又如，假定有变量说明：

```
char c;  int k;  float f;
```

要求执行输入语句后变量 c、k 与 f 的值分别为'a'、123 与 3.1416，可以写出如下的输入语句：

```
scanf("%c%3d%6f",&c,&k,&f);
```

其中%3d 指明长度是 3，键入 3 个（数字）字符（转换成 int 型值），%6f 指明长度是 6，键入 6 个（数字）字符（转换成 float 型值）。按 f 格式键入时，指明的长度中可能包含一个小数点位置，实际键入的小数点位置决定 float 型值的大小，如果不键入小数点，则认为小数点在所有数字的最右边。假定执行此输入语句时从键盘上键入：

```
a1233.1416
```

各变量中都将得到预期的值，即第 1 个字母字符 a 赋予变量 c，c 是 char 型，无需转换。紧接的 3 位数字字符“123”，转换成 int 型值 123 后传输给变量 k，余下的 6 个数字字符“3.1416”转换成 float 型值 3.1416 后传输给变量 f。如果不指明长度，仅仅给出格式控制串“%c%d%f”，执行此输入语句的结果，除了变量 c 的值是正确的，k 与 f 的值都将是不正确的，即分别是 1233 与 0.1416，因为小数点标志整数值的结束。这显然是错误的。这时应该在键入时给出区分开各个值的标记（空格字符、列表字符或换行字符），如键入：

```
a  123  3.1416   或  a123  3.1416
```

键入字符 a 后，不一定键入空格字符，因为其后出现的数字字符表示开始键入的是数值。

注意　float 型值的小数点可以由实际键入的小数点位置决定，如执行上述输入语句时键入的是“a12331.416”，则变量 f 的值将是 31.416。如果键入的是“a12331416”，其中不包含小数点，则变量 f 的值将是 31416.0。

例 3.13　设有以下程序：

```
#include <stdio.h>
main()
{  int x,y;
   scanf("%2d%1d",&x.&y);  printf("%d\n",x+y);
}
```

程序运行时输入：1234567，程序运行后的输出结果是________。

解　此程序的运行结果是 x+y 的值，首先求出 x 与 y 的值。由于输入 x 与 y 的值时的格式转换符分别是%2d 与%1d，键入的是字符串“1234567”，前 2 个字符转换成 int 型值后传输给变量 x，第 3 个字符转换成 int 型值后传输给变量 y,因此变量 x 与 y 的值分别是 12 与 3，最终的程序运行结果是 15。

注意　执行输入语句键入的字符串，先存储在缓冲存储器中，再按输入语句格式控制串中的格式转换符，从缓冲存储器中取出相应的字符（串）。此输入语句仅取前面 3 个键入的字符，还留有后面的 4 个字符：4567。如果后面还有其他的输入语句需要键入时，首先取缓冲存储器中的这几个字符。

除了包含格式转换符外，与输出语句一样，输入语句中的格式控制串也可以包含不是格式转换符的一些字符，以提供关于输入值的说明信息或分隔标志等。例如，如果要让 k 得到值 12，让 x 得到值 9.8，执行下列输入语句：“scanf("%d,%f",&k,&x);”。两个格式转换符之间的逗号就是用来分隔键入的两个数据值的。这时，键入时必须键入相同的字符。例如，在键入了第 1 个值 12 之后，键入逗号，然后再键入第 2 个值 9.8。由于格式控制串中是逗号，在键入数据值时，也必须键入逗号，如果不是这样，而是键入其他字符，例如，键入的是分号，则变量 x 获得的值将是错误的。

再看下例。

例 3.14　已知有程序段"int a; scanf("a=%d",&a);",要求从键盘上输入数据使 a 中的值为 3，则正确的输入应是 ________。

解　与输出语句一样，考察格式控制串，要分清什么是提示信息，什么是格式转换符，并明确要输入的是什么数据值。由于输入时提示信息是什么就得键入什么，显然对于此题，正确的输入应该是：a=3。

注意，输入时如果键入的不是 a=3，而是如 b=3，则将不能按要求的那样输入，结果将是变量 a 在输入之前的值。对于 C 语言，如果程序中没有对变量赋过值，则变量没有值。或者说是所分配存储字中的原有内容，因此是随机的不确定值，因为编译系统不对函数定义内的局部变量置初值。

类似于输出语句，输入语句也允许以整数格式输入 char 型量的值，或者以字符格式输入 int 型量的值。例如，下列程序片断：

```
int k; char c;
printf("\nInput a char for int k:");
scanf("%c", &k);
printf("k=%d", k);
printf("\nInput a integer for char c:");
scanf("%d", &c);
printf("c=%c\n", c);
```

请读者自行上机执行这些语句，考察输入输出结果。

输入函数与输出函数最大的区别在于：输入时要取到输入项的存储地址，因此输入项不能是一般的表达式，只能是变量，对于简单变量，其前必须有取地址运算符，或者说，输入项必须是取左值的。然而输出函数中输出的可以是任意的表达式，例如，

```
scanf("%d%f",&k,&x);
printf("k+3=%d, x-5=%f",k+3,x-5);
```

这时当执行输入语句，键入的是“12　9.8”时，k 的值是 12，而 x 的值是 9.8，执行输出语句的结果是显示下面一行：

```
k+3=15, x-5=4.800000
```

3.3.3　注意问题

1. 执行输入输出语句，必须保证输入输出项类型、格式与值三者的一致性

C 语言的基本数据类型可以是 int 型、float 型与 char 型，在输入输出函数格式控制串中的格式转换符应该与输入输出项的类型一致，使用相应的格式，即 int 型使用%d、float 型使用%f 与 char 型使用%c。如果对于 int 型输入输出项使用格式转换符%f，或者对于 float 型输入输出项使用格式转换符%d 输入输出，甚至对于 char 型输入输出项使用格式转换符%f 输入输出，都将不能实现正确的输入输出。特别是，当 int 型量用格式转换符%f 输出时，将报错：

```
printf: floating point formats not linked      (浮点格式未连接)
Abnormal program termination                   (异常程序终止)
```

如果格式转换符与输入输出项类型是一致的，但输入时键入的字符串对应的值的类型与类型转换符不一致，也将引起错误。

读者可以自行上机试验运行下列程序中的输入输出语句，查看效果如何。

```
main()
{  char c='A'; int k=123; float f=3.1416;
```

```
    printf("\nc=%f, k=%f, f=%d\n",c,k,f);
    printf("Input a char:");
    scanf("%f",&c);
    printf("Input an integer:");
    scanf("%f",&k);
    printf("Input a float:");
    scanf("%d",&f);
    printf("c=%f,k=%f,f=%d\n",c,k,f);
}
```

第一个输出语句执行的结果将显示输出：

```
c=0.000000,k=0.000000,f=4089
```

所有其他输入语句执行的结果都是错误的，这是因为格式转换符与输入输出项类型不一致。

对于 int 型，还有 short int 型与 long int 型，虽然都是 int 型，但占用的存储字节数不同。可以在格式转换符中格式字符 d 之前写一个字母字符 h，表示按 short int 型输入输出，写一个字母字符 l 表示按 long int 型输入输出。float 型情况类似，还有 double 型，可以在格式转换符的格式字符 f 之前写一个字母字符 l 表示按 double 型输入输出。例如

```
short s=1; long l=1234567890; double d=31415926535.0;
printf("s=%hd,l=%ld,d=%lf\n",s,l,d);
```

执行此输出语句，结果将显示：

```
s=1, l=1234567890, d=31415926535.000000
```

如果格式转换符中不写字母字符 l，显示结果将是错误的。例如，如果执行输出语句：

```
printf("s=%d, l=%d, d=%f\n", s, l, d);
```

显示的结果将是：

```
s=1, l=722, d=42917036032.143723
```

s 的值是对的，因为 short int 型与 int 都是占用 2 个存储字节。其他的显示结果与预期的大相径庭。这正是因为格式转换符与输入输出项类型不一致之故。

从上述讨论可看到，输入输出语句中，输入输出的格式转换符必须与输入输出项的类型一致，对于 long 型，格式转换符必须是%ld；对于 double 型，格式转换符必须是%lf。当输入时，如果不是这样，必定出错。当输出时，long 型量的值必须以格式转换符%ld 输出，但 double 型量，可以以格式转换符%f 输出。例如，例 3.4 中的 double 型变量 y 以%f 格式转换符输出，是正确的，而前面例子中值为 31415926535.0 的 double 型变量 d，以格式转换符%f 输出时却错了：

```
printf("s=%d, l=%d, d=%f\n", s, l, d);
```

但如果把它改为：

```
printf("s=%d, l=%ld, d=%f\n", s, l, d);
```

这时变量 l 与 d 的值都输出正确，其中仅改正了变量 l 的格式转换符，变量 d 的并没有改。这表明，double 型的量可以不按%lf 格式转换符输出。请读者尝试，自行寻找规律。不过，无论如何，按与量的类型一致的格式转换符输入输出，是规范的做法。

除了输入输出格式应该与类型一致外，还应该注意输入输出项的值与格式一致。由于输出时的值是从存储字中取得的，所以不易发生问题；而输入的情况，如果不注意，容易造成错误。例如，执行下列输入语句：

```
scanf("%c,%f",&c,&f);
```

由于字符是按 ASCII 编码的，且 char 型与 int 型通用，因此键入“65，9.8”，结果 c 中的值是'6'，即键入的第 1 个字符，这印证了输入时键入的是字符串，即使看上去是数值，实际上是数字字符串。如果想要以 ASCII 编码值输入字符，必须把格式转换符更改为“%d”，即

```
scanf("%d,%f",&c,&f);
```

一个 int 型值允许以 char 型输入，这时的值就是所键入字符相应的 ASCII 编码值，int 型值也允许以 char 型值输出，只是该 int 型值必须在 ASCII 编码范围内，例如，当 k 的值是 65 时，允许以 char 型值形式输出：

```
printf("k=%c\n",k);
```

输出结果是：k=A。注意，这里的字符 A 不会用两个单撇号括住，只有在 C 程序中要写出一个字符常量时，这个字符常量必须用两个单撇号括住，如赋值语句“c='A';”。输入输出时用两个单撇号括住 A，便成为 3 个字符了。

2. char 型值的输入输出

C 语言的一个特点是 char 与 int 可混用，即 char 型值可当作 int 型值参与算术运算，而在一个字节 ASCII 编码值范围内的 int 量可以按字符输出等。但需注意，这是因为字符用 ASCII 编码，对应于一个 int 值。这种情况在上一小节中已经讨论过。这里要讨论一个初学者经常遇到，却又很难查出的情况。

即使类型与格式转换符是一致的，所键入值的类型与格式转换符也一致，也可能发生错误。看下面的例子。

假定对 int 型变量 k 与 char 型变量 c 进行输入，希望 k 的值是 123，c 的值是字符 C。打印 k 与 c 的值以验证输入正确性，可以有下列语句：

```
printf("\nType an integer:");
scanf("%d",&k);
printf("Type a char:");
scanf("%c",&c);
printf("k=%d,c=%c",k,c);
```

其中包含 2 个输入语句。执行第 1 个输入语句，键入 int 型值 123，然后键入 enter 键字符结束输入，执行第 2 个输入语句，键入字符 C，再键入 enter 键字符结束输入。看起来，没有问题，应该是变量 k 获得值 123，而变量 c 获得值'C'。但运行的结果是：在键入 123 及 enter 键之后，并没有执行第 2 个输入语句再次要求输入，而是立即输出结果如下：

```
k=123, c=
```

没有显示变量 c 的值。但可以看到，第 3 个输出语句的格式控制串中没有包含换行字符'\n'，但光标已移到下一行的左端。这表明 c 的值是换行字符'\n'。

变量 c 的值为什么不能输入？事实上，这时变量 c 已有值：换行字符（'\n'）。追究其原因，就是因为在键入了 123 之后又键入了 enter 键字符。

事实上，系统设置有一个用户不可见的输入缓冲存储区，键入的字符串保存在这个输入缓冲存储区中，输入语句从这里取输入的字符。用一个指针指向输入缓冲存储区中当前可用的第 1 个字符的位置。开始时指针当然是指向输入缓冲区第 1 个字符的位置。每当处理到一个输入项，便从指针指向的输入缓冲存储区当前位置处开始，取出相应个数的字符，根据格式转换符，转换成所需类型的值后传输给相应的输入项，指针移到指向下一个当前可用的第 1 个字符的位置。如果输入缓冲存储区已空，但还有未处理的输入项，则继续从键盘键入，直到处理完所有的输入项。

对于本例，执行第 1 个输入语句，键入了数字字符串 123，后跟一个换行字符'\n'。因此，输入缓冲区中包含 4 个字符，即数字字符'1'、'2'、'3'与换行字符'\n'。由于换行字符标志一个 int 型值的结束，因此取出其前的 3 个数字字符进行转换，转换成 int 值，然后传输到变量 k 的存储字中。这时输入缓冲存储区中还留下一个字符，即换行字符'\n'。当处理到下一个输入语句中的输入项 c 时，输入缓冲存储区非空，有一个字符'\n'，因此无需键入，立即把这个字符'\n'传输到输入项 c，从而变量 c 的值是换行字符'\n'。读者可以通过动态调试验证变量 c 的值。

从上面的讨论可见，不要键入多余的不必要的字符（串），以防止键入的值与格式不一致。必须保证输入输出时类型、格式与值一致。特别地，在输入了数值之后再输入字符型变量的值时必须注意把输入缓冲存储区中留存的换行字符处理掉。

知道了出错的原因，应该如何解决呢？一个办法是在键入了 int 型值后立即键入字符 C，再键入换行字符，结束输入。这样，处理到输入 c 的值时，正好取到字符 C。但一般情况下，怎么会知道后面应该输入一个字符呢？可能继续输入数值，也可能输入字符串等等。

因此，更合适的办法是，把这多余的换行字符“吃”去。C 语言提供有字符输入函数，可以来“吃”去这个字符。

C 语言提供的字符输入输出函数 getchar 与 putchar，实现一个字符的输入输出。

getchar 函数，这是字符输入函数，无参数，其功能是从标准设备（键盘）上读入（键入）一个字符，函数回送所键入的字符。此函数的调用形式是：

```
getchar()
```

在它后面加一个分号“;”就成为语句。前面的一列输入输出语句现在改写如下：

```
printf("Type an integer:");
scanf("%d",&k);
getchar();              /* 仅为“吃”去一个字符，无需保存字符 */
printf("Type a char:");
scanf("%c", &c);
getchar();              /* 即使输入一个字符，也要键入 enter 键结束输入*/
printf("k=%d, c=%c\n",k,c);
```

这样，当键入 4 个字符“123\n”后，将显示：

```
Type a char:
```

然后键入希望输入的字符 C，最终显示结果：

```
k=123, c=C
```

一些应用系统在运行过程中，经常会询问“是否继续？(Y/N)”，这时要求用户键入字符 Y 或者 N，以决定是继续运行（Yes）还是结束运行（No）。这时输入功能可由调用字符输入函数 getchar 实现：

```
c=getchar();      /* 为了判别键入的字符是什么，需要保存 */
```

对 char 型变量 c 的值进行比较，值是字符 Y(Yes)，继续运行，否则是字符 N(No)，结束运行。在这里，对函数 getchar 的调用作为表达式出现在语句中。

相应地，有字符输出函数 putchar，它有一个参数，其功能是把参数的值（一个字符）输出到标准设备（显示屏）上，即在显示屏上显示这个字符。函数回送所输出的字符。此函数调用一般以下列形式出现：

```
putchar(c);
```

其中 c 是 char 型量或 int 型量，当是 int 型量时，它的值一般应是一个可见字符的 ASCII 编码，否则便无意义了。

例如，要验证键入的字符的确是期望输入的字符，可以执行下列语句：

```
printf("请键入一个字符：");
c=getchar();
putchar(c);
```

当然更合适的是改为：

```
printf("请键入一个字符：");
c=getchar();
printf("c=%c",c);
```

对照字符输入输出函数，printf 与 scanf 函数称为格式输入输出函数，因为可以按照用户期望的格式进行输入输出。而 getchar 与 putchar 称为无格式输入输出函数。

注意，程序中在使用函数 getchar 与 putchar 时，前面必须有下列文件包含预处理命令：

```
#include <stdio.h>
```

否则，这两个函数名将无定义。另外，使用 getchar 输入，也需键入 enter 键字符，如果在其后还需要输入字符或字符串，也必须“吃”掉这个 enter 键字符。

除了这两类输入输出函数，在第 10 章中还将讨论与文件相关的输入输出函数。

下面给出 C 语言格式输入输出语句中格式转换符的形式，如表 3-1 所示。

表 3-1

格式转换符	含义	说明
%[-][0][m][l]d	-表示左对齐，无-，隐含是右对齐；0 指明右对齐时左边空格补以 0；m 指明宽度，即总字符个数；l 指明是长整型格式。括号对[ ]内括住的内容表示可能有也可能无	m 是具体整数值，下面相同符号有相同的含义
%[-][0][m][l]o	o 指明以无正负号的八进制整数形式输入输出，输入时此处仅指明 m，下同	
%[-][0][m][l]x	x 指明以无正负号的十六进制整数形式输入输出	
%[-][0][m][l]u	u 指明以无正负号的十进制整数形式输入输出	
%[-][m]c	c 指明以单个字符形式输入输出	
%[-][m][.n]s	s 指明以字符串形式输入输出,n 指明输出的仅是字符串左边的 n 个字符，不是整个字符串	n 是具体整数值
%[-][m][.n][l]e	e 指明以浮点数指数形式输入输出，n 指明小数点后位数，n 缺省时，隐指 n=5	
%[-][m][.n][l]f	f 指明以浮点数小数形式输入输出,n 缺省时，隐指 n=6	
%[-][m][.n][l]g	按%e 或%f 输出，这取决于按哪个格式输出时，宽度稍短，不输出小数点后有效数字后面无意义的 0	

注：（1）格式转换符中右对齐时左边空格改为 0，仅适用于算术型，不适用于字符（串）型；
（2）long 型整数值不按%ld 输出，就可能错误；
（3）f 格式输出时，如果小数点后的有效数字位数大于指明的 n 值，则四舍五入；
（4）e 格式输出时，指数部分为字母 e 后跟有正负号（+或-）的整数。

3. 输出函数中输出项的计算顺序

通常，程序语句是按从上到下、从左到右的书写顺序执行的，表达式的计算顺序也一样。然而，对于多参数函数的参数，C 语言不按常规考虑，而是按照从右到左的顺序计算各个参数。输出函数作为函数，也不例外。例如，下列输出语句：

$$printf("\cdots",P_1,\ P_2,\cdots,P_n);$$

输出时按从左到右的顺序，依次输出 $P_1, P_2, \cdots, P_n$，但这些参数的计算，却是按从右到左的顺序，首先计算 P_n，然后计算 P_{n-1}，…，P_2，最后计算 P_1。通常这不成问题，但由于 C 语言特有的赋值表达式与自增自减运算，使得事情变复杂。考察下面的例子：

```
printf("\nj+k=%d,(++j)+(k++)=%d,k=%d",j+k,(++j)+(k++),k);
```

如果执行此语句前，j 与 k 的值分别是 2 与 3，按从左到右顺序计算各个参数，将输出如下：

```
j+k=5,(++j)+(k++)=6,k=4
```

但如果按从右到左的顺序计算参数，将输出如下：

```
j+k=7,(++j)+(k++)=6,k=3
```

两者完全不同。再次提醒读者，请务必记住：C 语言规定，多参数函数调用中，各个参数按照从右到左的顺序计算。输出函数同样，但输出时各个参数还是按从左到右的顺序输出。

请读者自行给出下列输出语句的执行结果：

```
int x=3, y=2, z=1;
printf("\nx=%d, y=%d, z=%d", x, y, z);
printf("\n(++x)+(y--)=%d,(--y)+(++z)=%d,(x++)+z=%d\n",
        (++x)+(y--),(--y)+(++z),(x++)+z);
```

4. 提示信息

当需要输入时，如果直接执行输入语句进行输入，运行界面上将等待输入，然而不显示任何信息，毫无反应，这样将使用户手足无措。输入语句前宜有提示信息，提示输入什么量的值等。希望读者养成这样的习惯，在输入前总是先执行输出语句，给出提示信息。类似地，对于输出运行结果的输出语句，也宜于有提示信息，提示输出的结果是什么量的值。这就是利用输出语句格式控制串中非格式转换符部分。尽管是举手之劳，不费什么工夫，但这样能够做到一目了然。

3.4 应用实例

3.4.1 幼儿算术题测验程序

顺序结构是程序的最基本控制结构，它由一列语句组成，这些语句都处于并列的地位。组成顺序结构的语句不仅仅是赋值语句与输入输出语句，还可以是作为选择结构或循环结构的控制语句。鉴于教学进度，现在还只能使用赋值语句与输入输出语句这两类语句。下面以幼儿算术题小测验程序为例讨论顺序程序结构。

例 3.15　试编写这样功能的程序，它给出 3 个算术题，由幼儿来回答，幼儿给出答案后让他自己与系统给出的答案比较，并键入相应得分值，最终输出测验成绩。

解　为了能上机运行并体验此系统，本例以 main 函数定义形式给出。由于题目相对简单，直接给出程序如下，但是请注意，本程序需要在语言集成支持系统，即汉化 Turbo C 上运行。

```
main()
{  int answer, right=0, score=0;
   clrscr();                          /* 清屏 */
   printf("\n1. 1+3+5=?\n 你的答案是：");
   scanf("%d",&answer);
   printf("1+3+5=%d\n", 1+3+5);
   printf("你的答案正确时键入 10，否则键入 0：");
   scanf("%d",&right );
   score=score+right;
   printf("\n\n2. 7+6-4=?\n 你的答案是：");
   scanf("%d",&answer);
   printf("7+6-4=%d\n",7+6-4);
```

```
    printf("你的答案正确时键入 20，否则键入 0: ");
    scanf("%d",&right);
    score=score+right;
    printf("\n\n3. 15-7+8=?\n 你的答案是: ");
    scanf("%d",&answer);
    printf("15-7+8=%d\n",15-7+8);
    printf("你的答案正确时键入 30，否则键入 0: ");
    scanf("%d",&right );
    score=score+right;
    printf("\n 你的成绩是%d 分。\n",score);
}
```

其中，函数 clrscr 的功能是清屏，使得开始运行时的显示界面上不显示任何内容。请注意，程序中转义字符\n 的用法。

这是一个顺序结构的程序，全由赋值语句与输入输出语句组成，简单直观。问题是假使有更多的测验题，如何用简洁的形式来实现？如何自动判定回答是否正确，并累计成绩？希望读者思考，在学习了后面的章节后能自行解决。

3.4.2　知识小测验程序

例 3.16　试编写这样功能的程序，它给出 3 个知识题，由幼儿来回答，幼儿给出答案后让他自己与系统给出的答案比较，并记录正确与否。最终输出测验成绩。

为了能上机运行并体验此系统，同样地，直接给出 main 函数定义形式的程序如下：

```
main()
{  char answer, YesorNot;   int score=0;
   clrscr();
   printf("\n1. 鲸鱼是世界上最大的鱼。是，键入 Y，否，键入 N: ");
   answer=getchar();    getchar();
   printf("鲸鱼不是鱼，此题答案是: N \n");
   printf("你的答案正确时键入 1，否则键入 0: ");
   YesorNot=getchar();    getchar();
   score=score+(YesorNot-'0');
   printf("\n\n2. 袋鼠是一种鼠。是，键入 Y，否，键入 N: ");
   answer=getchar();  getchar();
   printf("袋鼠不是鼠，此题答案是: N \n");
   printf("你的答案正确时键入 1，否则键入 0: ");
   YesorNot=getchar();    getchar();
   score=score+(YesorNot-'0');
   printf("\n\n3. 小海马是由爸爸生的。是，键入 Y，否，键入 N: ");
   answer=getchar();  getchar();
   printf("海马由雄海马生。此题答案是: Y \n");
   printf("你的答案正确时键入 1，否则键入 0: ");
   YesorNot=getchar();     getchar();
   score=score+(YesorNot-'0');
   printf("\n3 题中你答对了%d 题。\n", score);
}
```

请注意答对题数的计算方法。程序中用了如下的赋值语句：

```
score=score+(YesorNot-'0');
```

这是因为答对时键入的 1 与答错时键入的 0，由 getchar 函数键入到 YesorNot 中，这是一个字符值。为了得到整数值 1 或 0，最简单的办法是把此字符的 ASCII 编码值减去数字字符 0 的 ASCII 编码值，因此写成 YesorNot-'0'。

由于由 getchar 输入一个字符后还需要按 enter 键，此 enter 键字符将保留在输入缓冲存储区中，需要由函数调用 getchar( )“吃”去此字符。

3.5 小　结

3.5.1 本章 C 语法概括

1. 赋值语句

赋值表达式;　或　变量=表达式;

2. 输入输出语句

（1）格式输入输出语句:

输出函数调用：printf(格式控制串，输出项,…,输出项);

输入函数调用：scanf(格式控制串，输入项,…,输入项);

格式控制串：包含格式转换符及分隔符与提示信息等，格式转换符以%标志。

输出项：表达式。

输入项：&简单变量名。

（2）无格式输入输出语句:

字符输出：putchar(字符型量);　　回送值：所输出字符

字符输入：getchar( );　　回送值：所输入字符

字符串输出：puts(字符串量);

字符串输入：gets(字符串量);

3.5.2 C 语言有别于其他语言处

1. 复合赋值运算符

C 语言的复合赋值运算符提供了简洁的形式来表示赋值运算符右边第 1 个运算分量与左边变量相同时的赋值运算。

2. 赋值语句的执行顺序

C 语言规定在右部表达式计算之后再计算左部变量的地址，而不是按书写顺序先计算左部变量的地址。

3. 输出语句中参数的计算顺序

C 语言规定函数调用（包括输出函数调用）中参数按从右到左的顺序计算，这点与书写顺序相反，也与其他很多程序设计语言不一样，必须记住。因此，当输出一个逗号表达式的值时，此逗号表达式便必须用括号括住，作为一个整体输出。

本 章 概 括

本章讨论最简单的程序结构——顺序程序结构，这是由一列语句顺序组成的结构，当确定了程序的总体结构后，进行细化时，不仅仅使用本章讨论的赋值语句与输入输出语句，往往还要在顺序程序结构中使用各种控制语句，包括今后讨论的选择结构语句与迭代结构语句。然而，从宏观上看，程序依然是顺序结构的。

赋值语句与输入语句都是使变量获得值的手段，赋值语句按照赋值表达式的描述来计算值并赋给左部变量，而输入语句则以更随机的方式使变量获得值。

对于赋值语句，注意其执行步骤，以及复合赋值运算符的展开式。

输入输出一般涉及三方面，即设备、输入输出项与输入输出格式。输入输出语句，在格式控制串中指明输入/输出项按什么格式进行转换，每个格式转换符对应于一个输入/输出项，请注意输入输出格式、输入输出项与值三者的一致性。例如，long 型量输入输出必须按格式转换符%ld。对于 double 型变量输入时的格式转换符必须是%lf，否则会出错。对于 int 型量，如果按格式转换符%f 输入，甚至会引起程序夭折。

对于输出，请记住，虽然按照书写顺序输出，但输出语句中包含多个输出项时，这些输出项是按从右到左的顺序计算的。对于输入，请注意输入前最好执行输出语句，显示输入什么的提示信息。

习　　题

一、选择与填空题

1．设有以下程序：

```
#include <stdio.h>
main()
{  int a=1, b=0;
   printf("%d,", b=a+b);
   printf("%d\n", a=2*b);
}
```

程序运行后的输出结果是________。

A）0,0　　B）1,0　　C）3,2　　D）1,2

2．设有变量说明“int u=31,v=17,w;”，在其后执行语句“w=0.6+u/v;”，则 w 的值为_____。

A）2.4　　B）2　　C）1.6　　D）1

3．执行语句序列“int a,b;a=b=9;a*=b%4;”后，变量 a、b 的值分别是_______。

4．设有以下程序（数字字符 0 的 ASCII 编码值为 48）：

```
#include <stdio.h>
main()
{  char c1,c2;
   scanf("%d",&c1);
   c2=c1+9;
   printf("%c%c\n",c1,c2);
}
```

若程序运行时从键盘输入 48<回车>，则输出结果为________。

5．执行程序段“int x=0x6c;printf("x=%x\n",x);”后的输出结果为_________。

6．若变量 a 与 b 已定义为 int 型且 a 的值为 105，b 的值为 7，请将下列输出语句

```
printf(__________, a/b);
```

补充完整，使其输出的计算结果形式为：a/b=15。

7．设有变量说明“char c1,c2; int k;”，执行语句“scanf("%c%c%d",&c1,&c2,&k);”时，如果从键盘输入的数据是：12345，则变量 k 得到的值是__________。

8．设有以下程序：

```
#include <stdio.h>
main()
{  int m,n;
   scanf("%4d%2d",&m,&n); printf("%d\n",m-n);
}
```

程序运行时输入：1234567，程序运行的结果是________。

9．设有变量说明和语句“float s; scanf("s=%f",&s);”，欲从键盘上输入数据使 s 的值为 2.414，则正确的输入应是________。

10．设有下列程序：

```
main()
{  char a,b,c,d;
   scanf("%c%c", &a, &b);
   c=getchar(); d=getchar();
   printf("%c%c%c%c\n",a,b,c,d);
}
```

当执行程序时，按下列方式输入数据（从第 1 列开始，注意，回车也是一个字符）

12<回车>34<回车>

则输出的结果是________。

A）1234　　B）12　　C）12
3　　D）12
34

11．设有以下程序：

```
#include <stdio.h>
main()
{  int a1,a2; char c1,c2;
   scanf("%d%c%d%c",&a1,&c1,&a2,&c2);
   printf("%d,%c,%d,%c",a1,c1,a2,c2);
}
```

若想通过键盘输入，使得 a1 的值为 12，a2 的值为 34，c1 的值为字符 a，c2 的值为字符 b，程序输出结果是：12,a,34,b，则正确的输入格式是________（以下□代表空格）。

A）12a34b<回车>　　B）12□a□34□b<回车>

C）12,a,34,b<回车>　　D）12□a34□b<回车>

二、编程实习题

1．试写出求一元二次方程式两个根的 C 程序。要求：输入 3 个系数值，以下列格式输出所求的 2 个根，小数点后保留 2 位。例如，输入数据是：2.0,4.5,1.0，输出结果如下：

```
Roots of 2.00x*x+4.50x+1.00=0 are x1=-0.25 and x2=-2.00
```

说明：如果发现计算结果不正确，请动态调试，查出原因。

2．试写出计算三角形面积的 C 程序。要求：输入可作为三角形三边长的 3 个实数值，计算三角形的面积，并以下列格式输出面积值，其中小数点后保留 2 位。例如，输入数据是：3.0,4.0,5.0，输出结果如下：

```
Edges are a=3.00,b=4.00,c=5.00, area is 6.00
```

提示：面积计算公式是 $S=\sqrt{s(s-a)(s-b)(s-c)}$，其中 s=(a+b+c)/2。说明：如果发现计算结果不正确，请动态调试，查出原因。

第 4 章　分支程序设计——选择结构

4.1　概　况

4.1.1　必要性

顺序结构，反映了人们最基本的思维方式，也就是对一系列的事件，顺次逐个有序地处理。然而，现实中往往需要依据某个或某些条件的满足与否，去进行某种处理。例如，如果明天天气晴朗，则出外旅游，否则在家看书。反映在程序设计语言中，往往也有这样的情况。例如，假定需要计算三角形的面积，这时需要从键盘键入组成三角形的数据，如 3 个边长。显然，这些键入的数据，即使都是大于 0 的值，也未必能够构成三角形。只有当键入的 3 个值能够满足构成三角形的条件时才能计算三角形面积，否则应报错，以便进行相应的处理。以上过程如图 4-1 所示。

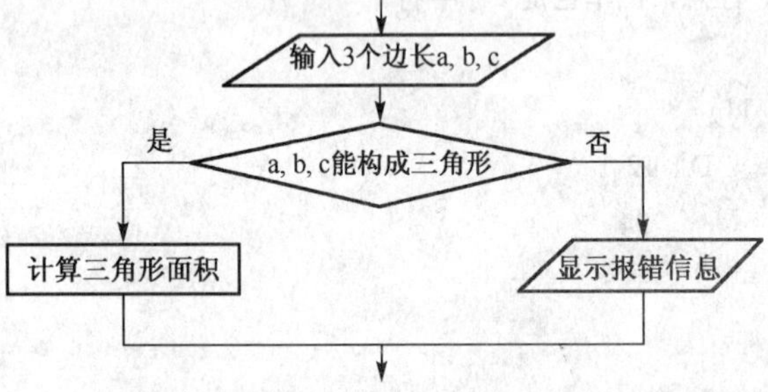

输入3个边长a, b, c
a, b, c能构成三角形
是
否
计算三角形面积
显示报错信息

图 4-1

以上例子根据构成三角形这一条件的满足与否，去进行不同的处理。另一个典型的例子是人机对弈。当人落下一子之后，计算机落子时会就各种不同的可能落子位置进行比较，选择最佳的落子位置，使得最有杀伤力。

是否满足条件这个判断工作将由计算机自动完成。如果没有这种自动判断功能，计算机便不可能得到如此广泛的应用。为了实现计算机自动判断，以便根据条件的满足与否进行相应的处理，如同其他各种程序设计语言一样，C 语言提供有相应的语句，这就是选择结构。

利用选择结构进行程序设计，称为分支程序设计。

4.1.2　选择结构的两种形式

上面的例子依据键入的 3 个边长值能否构成三角形，决定是计算三角形面积，还是显示报错信息。这种由条件的满足与否确定进行什么处理，反映了人们经常的一种思维方法，即如果怎样，则这样，否则就那样。对于三角形面积计算一例，可以写出：

如果键入的 3 个值构成三角形，则计算其面积，否则显示报错信息

在这里，“如果”、“则”与“否则”这些词构成一个陈述的框架。由于各种程序设计语言都是用英语表达的，因此，可以改写成：

　　if 键入的 3 个值构成三角形 then 计算其面积 else 显示报错信息

在各种不同的程序设计语言中，基本含义是一样的，即这种语句涉及 3 个基本成分：

　　条件、满足时的处理语句、不满足时的处理语句

只是具体的表示形式不同而已，从易理解角度出发，C 语言中的 if 语句，可写出如下的形式：

　　if (条件) 满足时的处理语句 else 不满足时的处理语句

这种语句称为 if 语句，或称为条件语句。其中“条件”与“满足时的处理语句”之间省略了“then”，也就是说“then”是隐含的。例如：

```
if(a>b) max=a; else max=b;
```

此 if 语句的含义是：如果 a>b，则 max=a，否则 max=b。显然，执行此 if 语句的效果是变量 max 得到 a 与 b 中的最大值。条件满足时执行的语句往往称为真部语句，而条件不满足时执行的语句称为假部语句。因此，可写出：

```
if(条件) 真部语句 else 假部语句
```

与其他程序设计语言类似，C 语言还允许另一类 if 语句，即无假部语句的 if 语句：

```
if(条件) 真部语句
```

可以把这类 if 语句称为如果语句。

例如，求 3 个变量 a、b 与 c 中的最大值，可以写出下列 2 个 if 语句：

```
if(a>b) max=a; else max=b;  if (c>max) max=c;
```

执行这 2 个语句的结果是：max 中得到 a、b 与 c 三者中的最大值。其中第 2 个语句，当 c 的值不大于 max 时，变量 max 中已是最大值，无需再赋新值，因此无假部语句。

if 语句是一种二者择一的控制结构，它根据条件的满足与否来进行不同的处理。为加深理解，可画出图 4-2 所示示意图。图 4-2(a)对应于既有真部语句又有假部语句的 if 语句，而图(b)对应于仅包含真部语句的 if 语句。

在现实生活中，很多时不仅存在一个条件，而是存在若干种情况，在每一种情况下需要进行不同的处理。这时不能简单地使用 if 语句。例如，学校的课程表中，5 天中每天都有不同的课程安排，每天仅上规定的课程。这种情况，可以画出图 4-3 所示示意图。

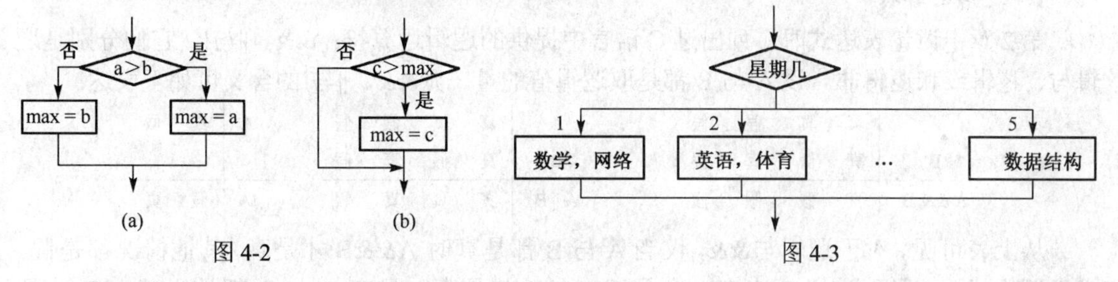

图 4-2　　　　图 4-3

在多种情况中仅有一种情况发生，因此仅进行相应的一种处理，称为多路选择。与此相应的是多路择一的控制结构，多路中选一路。这相当于一个开关。开关接通哪一路，便进行那一路的处理。两路择一与多路择一的结构都是选择结构。C 语言中，两路择一语句是 if 语句或条件语句，多路择一语句是 switch 语句或开关语句。

C 语言引进的 if 语句与 switch 语句都是选择结构。首先讨论 if 语句的情况。

4.2　if 语句

4.2.1　if 语句的概况

1. 书写形式

如前所述，C 语言中，if 语句的一般书写形式有如下两种：

if (表达式) 语句 else 语句

if (表达式) 语句

注意　关键字 else 前的语句是真部语句，之前省略了“then”，读者意识中应该自然地出现“then”。其中 else 后的是假部语句。不论是真部语句还是假部语句，作为 if 语句的内嵌语句都必须是单个语句。

2. 含义

if 语句的含义是明显的，即对于第 1 种形式，当条件满足时，执行真部语句，否则执行假部语句；对于第 2 种形式，当条件满足时执行真部语句，否则什么也不执行。

3. 执行步骤

根据 if 语句的含义，不难给出第 1 种 if 语句的执行步骤如下：

步骤 1　计算条件（表达式）的值；

步骤 2　进行判别，条件是真时执行真部语句，然后把控制转向 if 语句的后继语句；否则执行步骤 3；

步骤 3　（条件是假）执行假部语句，然后把控制转向 if 语句的后继语句。

对于第 2 种 if 语句，显然仅前面 2 个步骤。

if 语句中的内嵌语句，即真部语句与假部语句，可以是任意的语句，包括赋值语句与输入输出语句，甚至也可以是 if 语句。

现在的问题是：条件是什么？如何计算条件的值？

4.2.2　逻辑表达式

if 语句中的条件是一个逻辑表达式，它取的值是逻辑值，即逻辑真（true）与逻辑假（false）。一般的逻辑表达式由逻辑运算符与逻辑型运算分量组成，在逻辑表达式中优先级最低的运算符是逻辑运算符。但在最简单情况，可以不包含逻辑运算符，而仅是逻辑型值。下面就一般情况讨论逻辑表达式的组成。

1. 逻辑运算符

第 2 章中讨论表达式时，列出过 C 语言中提供的逻辑运算符：&&、||与!，它们分别是逻辑与、逻辑或和逻辑非。设 A 与 B 都是取逻辑值的量，则&&、||与!的含义可如下表达：

A	真	真	假	假
B	真	假	真	假
A && B	真	假	假	假

<table>
<tr><td>A</td><td>真</td><td>真</td><td>假</td><td>假</td></tr>
<tr><td>B</td><td>真</td><td>假</td><td>真</td><td>假</td></tr>
<tr><td>A || B</td><td>真</td><td>真</td><td>真</td><td>假</td></tr>
</table>

A	真	假
!A	假	真

从上表可见，对于逻辑与&&，仅当 A 与 B 都是真时 A&&B 才是真，其他情况都是假。对于逻辑或||，只要 A 与 B 中有一个是真，A||B 就是真，只有 A 与 B 都是假时 A||B 才是假。至于逻辑非！，A 是真时!A 是假，A 是假时!A 是真。今后将通过例子来说明这些逻辑运算。

2. 逻辑型运算分量

1）关系表达式

逻辑型的运算分量应该有逻辑型的值。但是如同第 2 章中看到的，C 语言的数据类型中并不包括逻辑型，那么 C 语言中的逻辑型运算分量是什么？如何产生逻辑型的值呢？这就要利用关系运算符，由关系运算产生逻辑型值。例如。

```
if (a<b) min=a; else min=b;
```

其中的 a<b 是条件，当 a<b 时，执行 min=a，而当 a≥b 时，执行 min=b。显然，这个 if 语句执行的结果是：变量 min 得到 a 与 b 中的最小值。这个条件 a<b 称为关系表达式，它是由关系运算符<把 a 和 b 连接而成的。这个例子表明，一个逻辑表达式可能不包含逻辑运算符，仅由一个产生逻辑型值的关系表达式组成。换句话说，关系表达式可看成是产生逻辑型值的最简单的逻辑表达式。

关系表达式是两个表达式之间用关系运算符连接而成的表达式，一般形式如下：

表达式　关系运算符　表达式

其中，表达式一般是算术表达式，关系运算符可以是：<（小于）、<=（小于等于）、>（大于）、>=（大于等于）、= =（等于）、!=（不等于）。

例如，x 大于等于 5，可以写成 x>=5；y 不等于 10，写成 y!=10。如果是判别 n 是否等于 2，则写成 n= =2。注意，判别是否等于，必须用 2 个相继的等号，如果只有一个等号，便成为赋值运算符了，如 n=2，是把 2 赋值给变量 n。

作为例子，考虑如何利用关系表达式，来给出判别键入的 3 个值是否构成三角形的条件。从中学数学中可知，3 个值能构成三角形的条件是：其中任何 2 边（长）之和大于第 3 边（长）。因此有：

a+b 大于 c 并且 b+c 大于 a 并且 c+a 大于 b

“大于”对应于关系运算符>，上述条件可以写成：

a+b>c 并且 b+c>a 并且 c+a>b

其中的 a+b>c、b+c>a 与 c+a>b 都是关系表达式。“并且”对应于逻辑运算符&&，因此，整个条件写成 C 语言逻辑表达式：

a+b>c && b+c>a && c+a>b

例如，当 a、b 与 c 的值分别是 1.5、2.8 与 3.7 时，这 3 个关系表达式都是真，整个逻辑表达式的值是真，可以构成三角形，而当 a、b 与 c 的值分别是 1.5、2.8 与 4.7 时，b+c>a 与 c+a>b 的值都为真，但 a+b>c 的值为假，整个逻辑表达式的值为假，因此将不能构成三角形。

可见，关系表达式产生逻辑型值，可以作为逻辑表达式中的运算分量。如果一个表达式的值是逻辑型的，但其中包含的运算符不是逻辑运算符，那么这必定是关系表达式。可以把关系表达式看成是产生逻辑型值的最简单逻辑表达式。

2）算术型值作为逻辑值

一个条件是关系表达式时，它可以产生逻辑型值，然而，C 语言允许一个条件中不包含任何运算符，而仅仅是一个算术量，或一般的算术表达式作为逻辑表达式。

算术型值可以看成是逻辑型的，是 C 语言与其他程序设计语言的一个重大区别。具体规定如下：0 是逻辑型假值（false），非 0 是逻辑型真值（true）。例如，执行下列语句：

```
if(5 && -3) printf("\n%d && %d是真",5,-3);
else  printf("\n%d && %d是假",5,-3);
```

将输出：5 && -3 是真。

当关系表达式产生逻辑值时，真值是 1，假值是 0。因此，在一般情况下，0 为逻辑型假值；非 0，特别是 1，为逻辑型真值。例如，假定 int 型变量 a 的值是 2，有下列输出语句：

```
printf("\na=%d,a<5=%d", a, a<5);
```

执行的结果是输出：a=2,a<5=1。但如果假定变量 a 的值是 8，此输出语句执行的结果是输出：a=8,a<5=0。这表明，一个关系表达式可以依据所涉及的量的值而得到不同的真假值，从而能进行不同的处理。

又如，C 程序中允许如下的 if 语句：

```
if(IsContinue) s=s+m; else printf("Finish.");
```

当 IsContinue 的值是 1（或其他非 0 值）时，条件为真，因此执行真部语句，计算赋值表达式 s=s+m 的值，求得新的和值 s。当 IsContinue 的值是 0 时，条件为假，显示输出“Finish.”，表明运行结束。IsContinue 这样的变量可以称为特征变量，用来标志一个程序段的运行是否将结束，即程序尚未结束时，让变量 IsContinue 的值保持是 1，一旦要结束运行了，便置 IsContinue 的值为 0。这是控制重复运算的一种常用方法。

例 4.1 if 语句的基本形式是：if(表达式)语句，以下关于“表达式”值的叙述中正确的是_______。

A）必须是逻辑值　　　　B）必须是整数值

C）必须是正数　　　　　D）可以是任意合法的数值

解 C 语言中没有提供逻辑型，因此，答案 A 显然是错误的，由于正负算术值都可以作为条件表达式，因此答案 B 与 C 也都是错误的，正确的答案是 D。

例 4.2 试写出判别一个整型量是否为奇数的 if 语句。

解 奇数是不能被 2 整除的整数，除不尽的就是奇数，因此判别整型变量 k 是否是奇数，可以利用整除求余运算%，写出如下的 if 语句：

```
if(k%2==1)
   printf("\nk=%d 是奇数", k);
else
   printf("\nk=%d 是偶数", k);
```

由于 k%2 的值只有 0 和 1（非 0），因此上述条件也可以改为：k%2，无需与 1 比较。如果条件是判别偶数，可以把条件改为：

```
k%2==0   或者   !(k%2==1)   或者   !(k%2)
```

其中，运算符!是逻辑非。要注意的是，判别是否等于（相等），必须用运算符==，不能用运算符=。

例 4.3 试计算下列逻辑表达式的值：

```
a>='A' && a<='Z' || a>='a' && a>='z'
```

解 a 的值满足 a>='A' && a<='Z'时，表明 a 的值是某个大写字母；a 的值满足 a>='a' && a<='z'时，表明 a 的值是某个小写字母，因此，该逻辑表达式的作用是：判别变量 a 的值是否是字母字符。当 a 的值是某个字母字符时，如是'd'或'D'时，则该表达式的值为真是 1，否则值为假是 0。该表达式可以用于下列 if 语句中：

```
if(a>='A' && a<='Z' || a>='a' && a>='z')
   printf("\na 的值是字母字符%c",a);
else
   printf("\na 的值不是字母字符，而是字符%c", a);
```

读者可以自行上机实验。

3. *逻辑表达式及其计算次序*

一般的逻辑表达式由逻辑运算符与逻辑型运算分量组成，逻辑表达式中往往还包含有算术运算符等，其中优先级最低的运算符是逻辑运算符。当表达式中包含多个运算符时，必须考虑逻辑运算的先后次序，即考虑逻辑运算符的优先级与结合性。

逻辑运算符的优先级与结合性列出如下：

	优先级	结合性
逻辑非!	14	右
逻辑与&&	5	左
逻辑或||	4	左

一般情况下，逻辑非!最先计算，逻辑与&&次之，逻辑或||最后计算。下面给出逻辑表达式及其计算次序的例子，如图 4-4 所示。

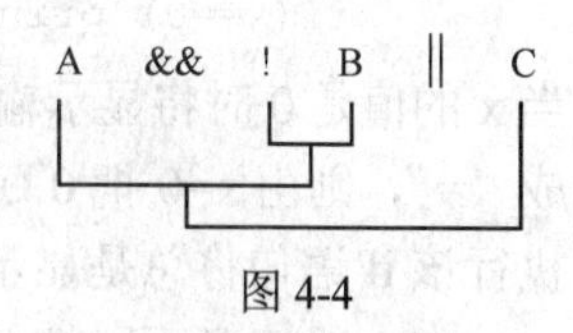

图 4-4

假定 A、B、C 的值均是真，则!B 的值是假，A && !B 的值是假，而由于 C 的值是真，最终结果值是真，即值是 1。如果 A 与 B 的值仍是真，C 的值是假，则最终结果值是假，即值是 0。

例 4.4　设有宏定义：

```
#define  IsDIV(k,n)  ((k%n==1)?1:0)
```

且变量 m 已正确定义并赋值，则宏调用：IsDIV(m,5) && IsDIV(m,7)为真时所要表达的是________。

A）判断 m 是否能被 5 或者 7 整除　　　B）判断 m 是否能被 5 和 7 整除

C）判断 m 被 5 或者 7 整除是否余 1　　D）判断 m 被 5 和 7 整除是否余 1

解　为了能得到正确的答案，进行宏替换，把 k 替换为 m，把 n 先后替换为 5 与 7，得到下列表达式：((m%5= =1)?1:0) && ((m%7= =1)?1:0)。考虑逻辑运算符&&的两个运算分量，即条件表达式的功能。(m%5= =1)?1:0，当 m 的值除 5 余 1 时，此条件表达式的值为 1，否则为 0，类似地，(m%7= =1)?1:0，当 m 的值除 7 余 1 时，此条件表达式的值为 1，否则为 0，概括起来，整个表达式是判别 m 的值被 5 和 7 除时，余数是否都是 1。因此，答案是 D。

4. *逻辑表达式中的短路计算*

假定有逻辑表达式 A && B，当 A 是真（非 0）时，还得判别 B 是否也是真。只有 B 也是真时 A && B 才是真。但如果 A 是假（0），则不论 B 的值是真还是假，A && B 的值总是假。因此，C 语言规定，当 A 的值是假（0）时，不再计算 A && B 中 B 的值。对于 A||B 的情况类似，当 A 的值是假（0）时需要判别 B 是否是真（非 0），只有 B 的值是真时，A||B 的值才是真。但如果 A 的值是真，则不论 B 的值是真还是假，A||B 的值总是真，可不再计算 B 的值。因此，C 语言规定，当 A 的值是真时，不再计算 A || B 中 B 的值。这就是短路计算。以下例子说明这一规定的影响。

例 4.5　逻辑表达式短路计算的例子。

设有程序段：

```
int a=2, b, c=5;
scanf("%d", &b);
b=c-- || scanf("%d",&c) && a++;
```

该程序段执行时，若从键盘输入的数据是 4□3（□代表空格），则变量 a、b 与 c 的值分别是什么？

解　题中 b 的值实际上与第 2 行的输入语句无关，是由第 3 行的赋值语句右部表达式的值确定的。这个右部表达式是逻辑表达式，最低优先级运算符是逻辑或||。由于变量 c 的值是 5，非 0，为真，因此，c-- || scanf("%d",&c) && a++中逻辑运算符||的左运算分量值为真，由于短路计算将不再计算逻辑运算符||的右运算分量，因此不输入变量 c 的值，且 a 的值不变，而在 b 得到值 1（真）之前，c 的值减 1，因此，最终结果是：a、b 与 c 的值分别是 2、1 与 4。

4.2.3　应用中的注意事项

1. *关系表达式的使用*

1）判别相等的关系运算符==

C 语言中，判别相等应使用关系运算符= =，它由 2 个等号组成，如关于判别是否是直角三角形的条件，可以写出如下的关系表达式：

```
a*a+b*b==c*c
```

如果只写 1 个等号，C 语言中这个等号是赋值号，编译时，a*a+b*b=c*c 的写法将报错：赋值号左边应该是左值。又如假定要判断变量 x 的值是否是 0，可以写出下列 if 语句：

```
if(x==0) printf("x=0\n"); else printf("x≠0\n");
```

当x的值是0时将显示输出x=0，当x的值不是0时，将显示输出x≠0，但如果把“==”错写成“=”，则由x=0把0赋给x，使x的值改变了，且该表达式的值是0，即条件恒为假，因此执行该if语句将总是显示输出“x≠0”，即使原先x的值是0。

在一般情况下，把关系表达式写成了赋值表达式，往往造成错误。麻烦的是，这种错误不容易查出，非常影响应用程序的编写效率。不过，当前的C语言编译系统在编译时将对这种情况发出警告信息，提醒用户是否写错。读者不要认为警告信息不是报错信息就没关系，事实上，警告信息可能隐含着严重的错误，应该引起重视。

2）关系表达式的错误写法

例4.6　设有int型变量k，它的值在区间[1，10]内，试用C语言表达。

解　因为变量k的值在区间[1，10]内，因此，k的值大于等于1，且小于等于10，即1≤k≤10，初学者往往写成如下的表达式：1<=k<=10。这是允许的，编译时不会报错。但是，这时如果写出下列输出语句：

```
if(1<=k<=10)
   printf("\nk在区间[1，10]内");
else
   printf("\nk不在区间[1，10]内");
```

即使变量k的值是20，也将输出如下的一行：

```
k在区间[1，10]内
```

这是因为运算符<=是左结合性的，1<=k<=10等价于(1<=k)<=10，显然，只要k的值大于等于1，就有1<=k的值是1（真），这样，(1<=k)<=10的值恒为1（真）。事实上，即使变量k的值小于1，由于1<=k的值是0（假），1<=k<=10的值还是1（真）。总之，不论变量k的值是什么，1<=k<=10的值恒为1，执行上述输出语句恒输出：

```
k在区间[1，10]内
```

为了正确地执行上述if语句，条件必须是：1<=k并且k<=10，即应该写出如下的条件：

```
1<=k && k<=10
```

类似地，求a、b与c三个值中的最大值时切不可写出如下的if语句：

```
if(a>b>c) max=a;
```

假定max的初值是0，a、b与c的值分别是12.3、7.4与4.1，执行此if语句后，应该max=12.3，但实际执行的结果将是max依然是0。这是因为a>b>c相当于(a>b)>c，a>b的结果是真，即值是1，因此相当于1>c，显然值是假，即0。事实上，不论a与b的值是什么，只要c的值大于1，a>b>c的值总是0，条件为假，max的值不变。

2. 复合语句的引进

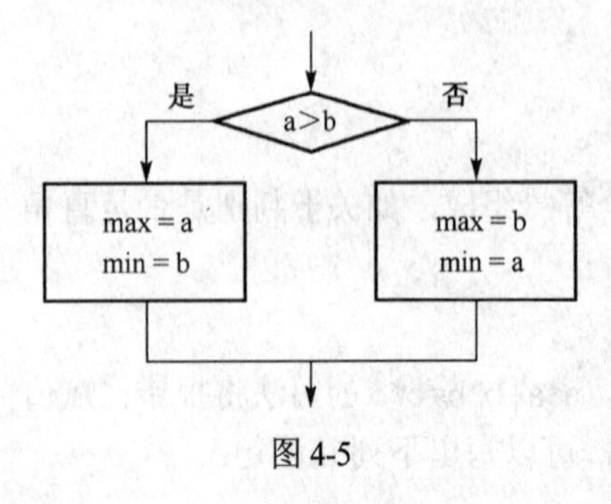

图4-5

if语句中的内嵌语句，即真部语句与假部语句，都只能是单个语句，然而条件为真或假时，都可能需要进行较多的处理，不可能仅仅是单个语句。请看下列简单的例子。

例4.7　试把两个变量a与b中的较大值置于max中，较小值置于min中。

解　对a与b的值进行比较，便可知较大值与较小值。其控制流程示意图如图4-5所示。显然可以用if语句实现，读者很可能写出如下语句。

```
if(a>b)
    max=a; min=b;
else
    max=b; min=a;
```

注意，这样的写法是错误的。尽管看起来好像真部语句包括第 2 行中的 2 个赋值语句，但编译系统只认为真部语句仅一个语句，第 2 个赋值语句 min=b;已是 if 语句的后继语句，这样，关键字 else 就成为没有 if 与它匹配的不合法符号。即使第 4 行中的第 1 个语句是 if 语句的假部语句，第 2 个赋值语句"min=a;"也成为整个 if 语句的后继语句，即不论条件是真还是假，都将执行这条语句，从而变量 min 中总是变量 a 的值。

从题目要求可见，关键是使第 2 行与第 4 行中的 2 个语句都作为单个语句处理。C 语言中的办法就是使用复合语句。

复合语句是用大括号对括住的一列语句，因此可将以上语句改写如下：

```
if(a>b)
{  max=a; min=b; }
else
{  max=b; min=a; }
```

初学的读者，为了避免出错，在写 if 语句时，可以先对照控制流程图，写出 if 语句的轮廓，例如：

```
if( a>b )
{           }    /* 真部语句 */
else
{           }    /* 假部语句 */
```

以后再在括号对中填入相应的一些语句，这样就容易避免出错。

3. *if 语句的内嵌语句是 if 语句*

if 语句中的内嵌语句，即真部语句与假部语句，可以是任意的语句，因此可能也是 if 语句。结构如下所示：

```
if(表达式 1)
    if(表达式 2)…
    else …
else
    if(表达式 3)…
    else …
```

其中，内嵌的 if 语句的真部语句与/或假部语句，又可能是 if 语句，这种结构称为嵌套的 if 语句。

例 4.8　设有以下程序：

```
#include <stdio.h>
main()
{  int  a=1, b=0;
   if(--a) b++;
   else  if(a==0) b+=2;
         else b+=3;
   printf("%d\n",b);
}
```

程序运行后的输出结果是_______。

A）0　　B）1　　C）2　　D）3

解　本题所求是变量 b 的值，显然由 if 语句求得。这个 if 语句的内嵌假部语句又是一个 if 语句。考察第 4 行最外层的 if 语句，其条件是--a，由于变量 a 的初值是 1，因此，变量 a 的值成为 0，条件为假，执行假部语句，即第 5 行中 else 后的语句。它也是一个 if 语句，这时由于变量 a 的值是 0，条件为真，因此执行赋值语句“b+=2;”，变量 b 的初值是 0，因此，变量 b 的值成为 2。控制转移到后继语句，执行输出语句，输出变量 b 的值，因此，最终的输出结果是 2，即答案是 C。

如果把变量 a 的初值改为 2，则第 4 行中的条件为真，变量 b 的值加 1，初值是 0，成为 1，这时控制转移到第 4 行中 if 语句的后继语句，从而输出结果是 1，答案是 B。

例 4.9　以下程序段中，与语句“k=a>b?(b>c?1:0):0;”功能相同的是________。

A）
```
if((a>b)&&(b>c)) k=1;
else  k=0;
```
B）
```
if((a>b)||(b>c)) k=1;
else  k=0;
```
C）
```
if(a<=b) k=0;
else if(b<=c) k=1;
```
D）
```
if(a>b) k=1;
else if(b>c) k=1;
else k=0;
```

解　为找出相同功能的答案，首先分析语句

```
k=a>b?(b>c?1:0):0;
```

的功能是什么。这是赋值语句，把条件表达式的值赋给变量 k；此条件表达式中如果条件 a>b 为假，变量 k 显然被赋以值 0，否则，得到(b>c?1:0)的值；b>c 时，(b>c?1:0)值为 1，否则为 0。因此概括为：a>b 且 b>c 时，变量 k 的值是 1，否则 k 的值是 0。显然答案是 A。为了郑重起见，逐个查看其他答案。答案 B 是 a>b 为真或 b>c 为真时，变量 k 的值是 1。答案 C 是 a<=b 为假且 b<=c 为真时，即 a>b 为真但 b>c 为假时，k 的值是 1，且 b>c 为真时，不对变量 k 赋值。至于答案 D，仅 a>b 就给变量 k 赋值 1。可见，答案 B、C 与 D 都不与给出的赋值语句等价。综上，答案是 A。

例 4.10　假定要对变量 a、b 与 c 按照它们的值从大到小地排序，以便按大小顺序输出。试写出相应的 C 程序。

解　本题不考虑值的输入输出问题，仅讨论排序。思路如下：设立 3 个变量，分别名为 max（最大）、mid（居中）与 min（最小）。首先从 3 个变量中找出最大值，把此值传送入 max 中，然后对其余 2 个变量进行比较，把大的值传送入 mid 中，另一个则为最小的，传送入 min 中。但这 3 个变量中每一个都可能是最大的，必须考虑各种情况。用口语陈述排序过程，将显得十分烦琐，且可能让人感到毫无条理。较好的办法是画出控制流程示意图如图 4-6 所示，这样将很清楚要做的工作是什么。

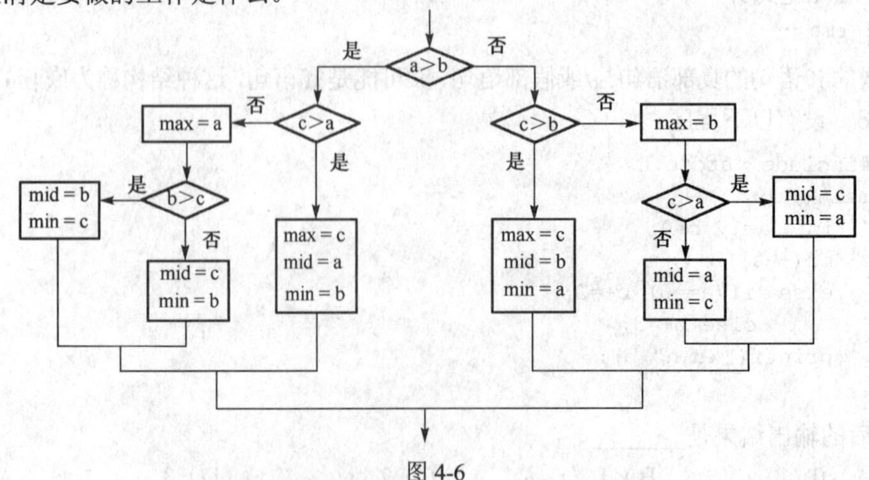

图 4-6

但是对于初学者来说，将这样的流程图转化为程序语句，还是比较困难的。但明显的是，这些是选择结构，确切地说是 if 语句，关键是确定 if 语句的真部语句与假部语句。一个有效且能保证正确的办法是加框，如图 4-7 所示。

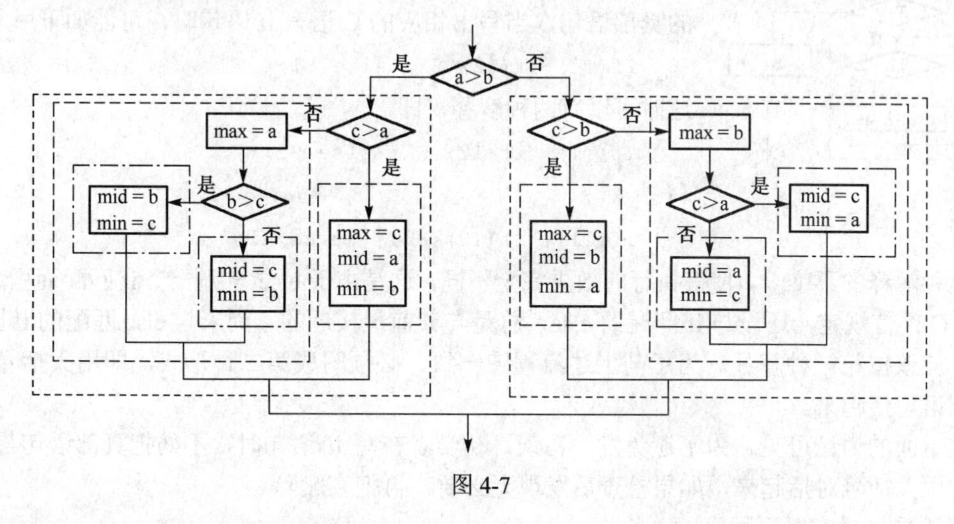

图 4-7

显然，容易得到如下的语句框架：

```
if(a>b)     /* 对应于虚线    -----  框 */
{  if(c>a) /* 对应于虚线    ----  框 */
   {  /* c>a>b */   max=c;  mid=a; min=b;  }
   else  /* a>b 且 c<=a */
   {  max=a;
      if(b>c)  /* 对应于虚线   —·—  框 */
      {  /* a>b>c */   …  }
      else  /* b<=c */
      {  /* a>=c>=b */ …  }
   }
} else /* a<=b */  /* 对应于虚线  -----  框 */
{  if(c>b)      /* 对应于虚线   ----  框 */
   {   /*c>b>=a */   max=c;  …  }
   else  /* a<=b 且 c<=b*/
   {  max=b;
      if(c>a)  /* 对应于虚线   —·—   框 */
      {  /* b>=c>a*/  …  }
      else  /* c<=a */
      {  /* b>=a>=c */ …  }
   }
}
```

其中省略号处，请读者自行添加入合适的语句。在这里采用了行首缩进格式，对于内嵌语句从第 1 行开始，行首字符右移（缩进）若干空格字符位置，内嵌语句结束时恢复，左移同样多个空格字符位置，匹配的括号对处于同一列位置上，这样易于检查括号是否配对。

按照这样的做法，即使真部语句或假部语句仅单个语句，也加括号对括住，这无关紧要。重要的是，不论 if 语句的内嵌 if 语句有多少层，总能有清晰的结构，细心的读者可能已经想到，上述程序可以对 3 个变量的值进行排序，但是哪一个最大，哪一个最小，却不知道。要知道谁最大谁最小，如何做到呢？而且，这样的算法结构不够有条理，程序较长，请读者自行思考如何改进。

现在有一种情况将使得关键字 if 与 else 的匹配发生问题。请看例子。

假定关于某个应用问题，画出如图 4-8 所示的控制流程示意图。

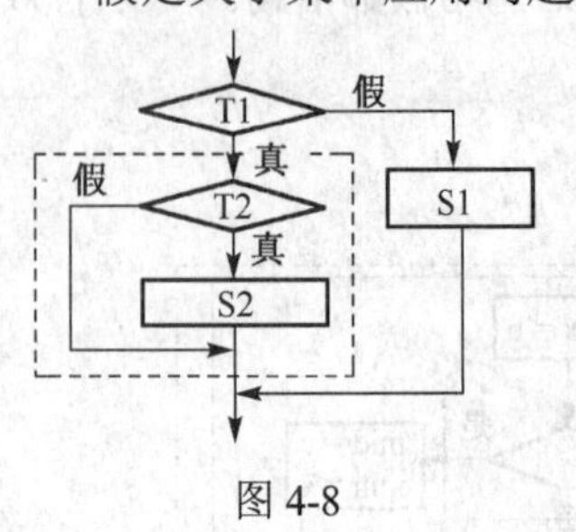

图 4-8

图 4-8 中条件是 T2 的选择结构，作为条件是 T1 的选择结构的真部语句，当写出相应的 C 语言 if 语句时，可能如下所示：

```
if(T1) if(T2) S2; else S1;
```

这时可以有两种解释，即

```
if(T1){ if(T2) S2; else S1; }
```

与

```
if(T1){ if(T2) S2; } else S1;
```

这种解释的不唯一，使得执行的效果完全不同，这是由于 else 与哪一个 if 匹配而引起的。为此，C 语言规定，还没与 if 匹配的 else，总是与其前最接近的、尚未与 else 匹配的 if 匹配。因此，应该按第一种解释。为了与上述流程图一致，必须写成第二种形式，即用大括号对把此真部语句括起来。

从上面的讨论可见，为了避免发生错误，初学者在写 if 语句时，不妨把真部语句与假部语句均用大括号对括起来，如果检查后发现无必要，再把它删除。

例 4.11　设有以下程序：

```
#include <stdio.h>
main()
{  int  x=1,y=0;
   if(!x) y++;
   else if(x==0)
   if(x) y+=2;
   else  y+=3;
   printf("%d\n",y);
}
```

程序运行后的输出结果是________。

A）3　　B）2　　C）1　　D）0

解　要方便理解上述程序的功能，显然以上的书写格式是不合适的，宜于写成下列的行首缩进格式（如果同时添加相应的括号对将更好）：

```
#include <stdio.h>
main()
{  int  x=1,y=0;
   if(!x) y++;
   else if(x==0)
          if(x) y+=2;
          else  y+=3;
   printf("%d\n",y);
}
```

由于变量 x 的值是 1,非 0，!x 的值是 0，第 4 行中的条件为假，执行 else 后的假部语句。这时 x 不等于 0，第 5 行中的条件又为假，将不执行第 6 行与第 7 行中的 if 语句，结束 if 语句的执行，因此没有对变量 y 赋值，y 的值依然是初值 0。最终的输出结果是 0，答案是 D。

注意，这里的要点是 else 与 if 的匹配规定。

4.2.4　if 语句的应用

if 语句的使用是普遍而大量的。如果没有 if 语句，便不可能有自动判断和人机对弈等软件的问世。甚至可以说，不可能有人工智能，包括专家系统与决策系统。只要注意到前面讨论的各个方面，众多领域的应用程序都可以实现。

例 4.12　试键入 3 个值，检查它们是否能作为边长构成三角形，能构成三角形时则计算此三角形的面积，并判别是直角三角形、等边三角形、等腰三角形，还是一般的三角形；不能构成三角形时显示报错信息。

解　首先要明确构成三角形的条件，判别是否能构成三角形。当不能构成三角形时显示输出报错信息，并结束程序的执行。当能构成三角形时计算面积，然后明确判别构成各类三角形的条件，从而进行判别，并给出是哪类三角形的信息。

假定 3 个边是 a、b 与 c，可写出条件：

```
a+b>c && b+c>a && c+a>b
```

三角形的面积计算公式是：$A=\sqrt{s(s-a)(s-b)(s-c)}$，其中 s 是 3 边之和的一半，即 s=(a+b+c)/2。因此可以写出下列语句：

```
s=(a+b+c)/2;  A=sqrt(s*(s-a)*(s-b)*(s-c));
```

关于各类三角形的构成条件是：

- 直角三角形：存在 2 边的平方和等于第 3 边的平方和，如，$a^2+b^2=c^2$。
- 等腰三角形：存在 2 边相等，如 a=b。
- 等边三角形：3 边相等，即 a=b=c。

为了便于写出 C 程序，先画出控制流程示意图，如图 4-9 所示。

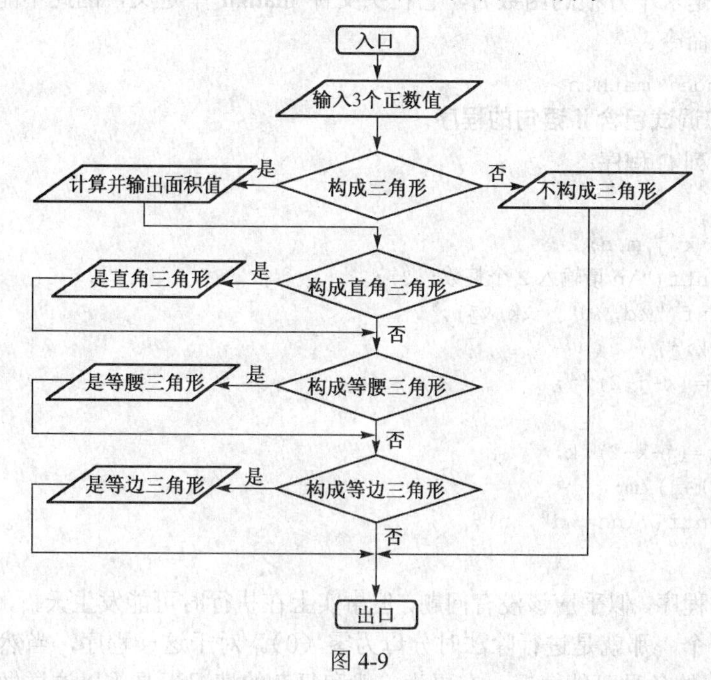

图 4-9

写出 C 程序如下：

```
#include <math.h>
main()
{  float a,b,c,s,A;
   printf("Input 3 values for a,b,c: ");
   scanf("%f,%f,%f", &a, &b, &c);
```

```
    if(!(a+b>c && b+c>a && c+a>b))
      printf("\n键入的3个值不构成三角形。\n");
    else
    {  s=(a+b+c)/2;  A=sqrt(s*(s-a)*(s-b)*(s-c));
       printf("\n三角形的面积=%4.1f\n", A);
       if (a*a+b*b==c*c || b*b+c*c==a*a|| c*c+a*a==b*b)
         printf("\n构成直角三角形。");
       if(a==b || b==c|| c==a)
         printf("\n构成等腰三角形。");
       if(a==b && b==c)
         printf("\n构成等边三角形。");
    }
}
```

说明　程序中判别是否构成三角形的条件中使用了逻辑非运算!，这是因为不构成三角形时的处理简单，仅一个输出语句。如果不如此处理，计算面积和判别三角形种类的语句将移到真部语句位置，显得头重脚轻。如果不用逻辑非运算，可以写出不构成三角形的条件如下：

```
a+b<=c || b+c<=a || c+a<=b
```

这与原有的条件：

```
!(a+b>c && b+c>a && c+a>b)
```

等价，因为!(a+b>c && b+c>a && c+a>b)等价于!(a+b>c)||!(b+c>a)||!(c+a>b)。

注意　sqrt 是求平方根的函数名，它在头文件 math.h 中定义，因此不能忘记在使用 sqrt 之前有文件包含命令：

```
#include <math.h>
```

4.2.5　动态调试包含 if 语句的程序

假定运行下列 C 程序：

```
main()
{  int k,j,m,n;
   printf("\n请输入2个整数: ");
   scanf("%d,%d", &k,&j);
   if(k>j)
     m=(k-j+2)/j;
   else
     m=(j-k-2)/k;
   n=(k+j)/m;
   printf("\nn=%d", n);
}
```

这样简单的程序，似乎应该没有问题，但事实上在执行时可能发生夭折，问题在哪里呢？原因可能只有一个，那就是进行除法时分母为零（0）。对于这一程序，当然可以在上机前事先分析分母为 0 的各种可能情况。在更为一般和复杂的情况下是难以这样做的。合适的方法是采用动态调试法，在进行除法之前，查看分母的值是否是 0。

在集成支持系统 Turbo C 2.0 下，动态调试的方法是置断点、置查看窗与步进等。

首先在第 5 行处置断点：把鼠标指针指向第 5 行，按控制键 Ctrl+F8，第 5 行成为红色，表明已置了断点。按控制键 Ctrl+F9，运行此程序，在键入了用逗号隔开的 2 个整数值之后，程序自动在第 5 行处暂停，这时按控制键 Ctrl+F7，弹出“Add Watch”窗口，在其中键入要查看值的标识符（如 k），按 enter 键后，便打开了 Watch 窗，其中显示变量 k 的值。如果标识符的名字较长，可以把鼠标指针指向程序中的这个标识符，当按 Ctrl+F7 时可以直接显示此标识符的名与值。变量 j、m 及 n 的值可类似地查看。

为了了解变量值的变化过程，可以以步进方式，即逐个语句地执行，这时只需按控制键 F8，将执行的语句行颜色标记下移，等待执行，可以查看变量值的变化情况。当发现进行除法之前分母 j、k 或 m 的值是 0，便查出了原因。

步进的另一个重要用途是跟踪控制执行路径，如查看输入两个值之后，是执行第 6 行还是第 8 行中的赋值语句，以确认执行的正确性等。

4.3 switch 语句

假定要查看一周中的课程表，看看某天有哪些课，使用 if 语句可能写出如下的程序段：

```
printf("请键入星期几（数字 1～5）：");
scanf("%d", &today);
if(today==1)
   printf("今天有数学，体育课\n");
else  if(today==2)
   printf("今天有英语，网络课\n");
  ⋮
else  if(today==5)
   printf("今天有数据结构课\n");
else
   printf("日期键入错。\n");
```

这里有 5 种情况，需要逐次比较判别是哪种情况，如果有更多种情况，就需要判别更多次。这种效率显然很低。一种思路是设置一个开关，使得一次就能切换到所需情况。其控制流程示意图如图 4-10 所示。

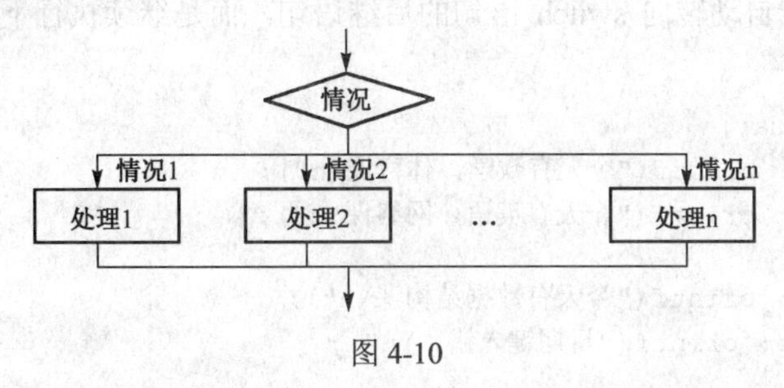

图 4-10

按这种思路引进的是开关语句，即 switch 语句。下面讨论 switch 语句。

4.3.1 书写形式

C 语言中，switch 语句的书写形式如下：

```
switch(表达式)
{  case 常量表达式₁: 语句序列 1
   case 常量表达式₂: 语句序列 2
    ⋮
   case 常量表达式ₙ₋₁: 语句序列 n-1
   default: 语句序列ₙ
}
```

switch 语句以关键字 switch 标志，其中表达式一般取整型值，其类型可以是整型，或者字符型，还可以是以后介绍的枚举型。关键字 case 标志各种情况，一种情况对应于一个常量表达式，常量表达式的值在编译时计算好。default 的意思是“缺省”，即“除了所有指明的情况外”的情况。表达式的当前值确定当前即将处理的情况。语句序列是相继的一列语句。例如，对于前面的查课程表，可写出下列 switch 语句：

```
switch(today)
{  case 1: printf("今天有数学，体育课\n");  break;
   case 2: printf("今天有英语，网络课\n");  break;
     ⋮
   case 5:  printf("今天有数据结构课\n");   break;
   default: printf("日期键入错。\n");
}
```

4.3.2　switch 语句的含义与执行步骤

switch 语句的含义如下：如果 switch 语句中表达式的值与某个 case 后的常量表达式的值相匹配（相等），则执行匹配部分的语句序列，否则执行缺省部分，即 default 后的语句序列。

由于语句中的表达式与常量表达式都是整数值，能够精确地比较是否匹配，即相等，从而执行相应的语句序列。

根据 switch 语句的含义，可确定执行步骤如下。

步骤 1　计算表达式的值；

步骤 2　确定与表达式相匹配的常量表达式，执行相应的语句序列；

步骤 3　当表达式的值不与任何常量表达式匹配时，执行 default 后的语句序列。

在这里，关键是步骤 2 中如何确定表达式的值与哪个常量表达式匹配。并不是逐个比较地去确定匹配，如果是那样，就与 if 语句没有任何区别了。如前所述，是用开关来实现，只要计算好表达式的值，便可以立刻把控制转向相应语句序列的起始位置。

注意　C 语言规定，当执行某个匹配的语句序列时，即使已经执行完一种情况下的整个语句序列，控制不会自动转向 switch 语句的后继语句，而是继续执行下去。例如，如果把上面的例子修改如下：

```
switch(today)
{  case 1: printf("今天有数学，体育课\n");
   case 2: printf("今天有英语，网络课\n");
     ⋮
   case 5: printf("今天有数据结构课\n");
   default: printf("日期键入错。\n");
};
```

假定要查星期 1 的课程，则在执行 case　1 之后的 printf 语句显示输出：

```
今天有数学，体育课
```

之后，将继续执行后面的 printf 语句，因此，继续显示输出下列全部信息：

```
今天有英语，网络课
⋮
今天有数据结构课
日期键入错。
```

显然这是不符合原意的。为了不去执行下一情况中的语句，必须使用语句 break，它的作用是：在执行完相匹配的语句序列后，能中止而把控制转向 switch 语句的后继语句。请读者务必记住这点。

例 4.13　试应用 switch 语句，实现模拟整型算术运算。

解　输入两个要进行运算的整数值与运算符，由计算机自动模拟整型算术运算的 C 程序如下。

```
printf("\n请输入x op y(中间无空格): ");
scanf("%d%c%d", &x, &op, &y);
switch(op)
{  case  '+': z=x+y; break;
   case  '-': z=x-y; break;
   case  '*': z=x*y; break;
   case  '/': if(y) z=x/y;
              else  { z=9999; printf("\ny=0, 除法错");}
              break;
   case  '%': if(y) z=x%y;
              else  { z=0; printf("\ny=0, 整除求余错");}
              break;
   default: printf("\nop错");
}
printf("\n%d%c%d=%d",x, op, y, z);
```

请读者自行对上述程序片断补充完整，进行上机验证。

例 4.14　假定要把百分制考试成绩折合成 5 级制。90～100 分是 A 级，80～89 分是 B 级，70～79 分是 C 级，60～69 分是 D 级，60 分以下是 E 级。如果使用 if 语句，则需逐次判别，现在要求使用 switch 语句使得能立即确定是哪一级。

解　设百分制成绩变量是 score，5 级制成绩变量是 grade。由于 switch 语句中的各种情况都是一个值，而不是一个取值范围，因此要点是设法让各个百分制成绩范围对应到一个整数值。从现在的成绩范围看，不难得出规律：成绩的十位数可作为常量表达式的值，因此可以写出如下的 switch 语句：

```
switch(score/10)
{  case 10: grade='A'; break;
   case 9:  grade='A'; break;
   case 8:  grade='B'; break;
   case 7:  grade='C'; break;
   case 6:  grade='D'; break;
   default: grade='E';
}
```

这里再次强调，break 语句不能少，如果没有这些 break 语句，最终总是执行 default 部分的赋值语句，因此 grade 的值总是'E'。至于 case 10 与 case 9 都是置 grade='A'，可以合并在一起，省略 case 10 之后的 break 语句，可以写成：

```
case 10: case 9: grade='A'; break;
```

这时可以看成，

```
case 10:
case 9: grade='A'; break;
```

由于 case 10 中无 break 语句，顺次执行下去。

4.3.3　switch 语句的应用

switch 语句的应用是很广泛的，这里给出几个典型的例子。

例 4.15　假定进行选举，需统计每位候选人的票数，试使用 switch 语句写出 C 程序。

解　假定有 N 个参选人，候选人是 5 人，以姓氏标记为：ZAO、QIAN、SUN、LI 与 WANG，并假定序号分别是 1、2、…、5，并设 5 个计数器变量 NofZao、NofQian、NofSun、NofLi 与 NofWang，分别存放这 5 人各自得到的票数。为减少判别是谁的次数，利用 switch 语句。

鉴于当前的教学进度，这里仅考虑从中选 1 人，且仅投 1 票的情况，选后询问某人是否被选（有票）。由于问题相对简单，直接写出 C 程序片断如下：

```
NofZao=NofQian=NofSun=NofLi=NofWang=0;
printf("\n 请键入 ZAO,QIAN,SUN,LI,WANG 中被选人的相应序号(1～5):");
scanf("%d", &name);   /* name 中存放键入的序号 */
switch(name)
{  case 1:  ++NofZao;    break;
   case 2:  ++NofQian;   break;
   case 3:  ++NofSun;    break;
   case 4:  ++NofLi;     break;
   case 5:  ++NofWang;   break;
   default: printf("\n 候选人序号%d 输入错误，是废票。\n", name);
}
printf("\n 请键入要查询的候选人序号（1～5）：");
scanf("%d",&name);
switch(name)
{  case 1: if(NofZao)
             printf("ZAO 被选\n");
           else
             printf("ZAO 没被选\n");
           break;
   case 2: if(NofQian)
             printf("QIAN 被选\n");
           else
             printf("QIAN 没被选\n");
           break;
   case 3: if(NofSun)
             printf("SUN 被选\n");
           else
             printf("SUN 没被选\n");
           break;
   case 4: if(NofLi)
             printf("LI 被选\n");
           else
             printf("LI 没被选\n");
           break;
   case 5:  if(NofWang)
             printf("WANG 被选\n");
           else
             printf("WANG 没被选\n");
           break;
   default: printf("\n 候选人序号输入错误。\n");
}
```

请读者自行补全这个程序，并上机运行查看效果。很显然，这是仅投一票。如果要全体人员进行投票，需要重复输入候选人序号。这种重复操作的相应 C 语言语句将在第 5 章讨论。

例 4.16　假定需要按照里程 m(mileage)、货物重量 w(weight)和运费单价 p(price)计算运费。运费单价与里程长度相关，路程越远，折扣 d(discount)越大。假定折扣计算由表 4-1 给出。试写出相应的 C 程序。要求：使用 switch 语句。

表 4-1

里程/m	折扣 d/%
m<50	0
50≤m<100	2
100≤m<150	3
150≤m<200	5
200≤m<300	8
300≤m<500	12
m≥500	16

解　设运费是 f(Freight)，其计算公式如下：

$f=w\times p\times m\times(1-d)$

由于折扣随里程而变，关键是确定折扣值。要求使用 switch 语句，要点是把不同折扣的里程范围转化为情况常量值。观察这些范围数据，50、100 与 150 等显然都是 50 的倍数，[0, 50)对应于[0, 0.99…)，[50, 100)对应于[1，1.99…)，…，[200, 300)对应于[4，5.99…)，[300，500)对应于[6, 9.99…)，这表明，只需把变量 m 的值转换成 int 型后除以 50，就可以把 m 的值转换到相应的情况常量值。因此可以写出实现运费计算的 C 程序如下：

```
main()
{  float w, m, p, f; int d;
   printf("\n请输入重量、里程、单价值(之间用逗号隔开)：");
   scanf("%f,%f,%f",&w,&m,&p);
   switch((int)m/50)
   {  case 0: d=0; break;
      case 1: d=2; break;
      case 2: d=3; break;
      case 3: d=5; break;
      case 4: case 5: d=8; break;
      case 6: case 7: case 8: case 9: d=12; break;
      default: d=16;
   }
   f=w*p*m*(1-d/100.0);
   printf("重量=%7.2f,单价=%7.2f,里程=%7.2f,运费=%9.2f\n", w, p, m, f );
}
```

说明　此程序中没有检查数据输入的正确性，这可由输出结果来检查。特别注意计算运费 f 的赋值语句中，折扣 d 除以 100.0，而不是 100。请读者自行思考这是为什么。建议上机运行，检查结果。

注意　switch 语句中的 default 部分可以不出现，也可以安排在 switch 语句内的其他位置处，见下例。

例 4.17　有以下程序片断：

```
int c=0,k;
printf("Type a value for k: ");
scanf("%d", &k);
switch(k)
{  default: c+=k;
   case 2: c++;  break;
   case 4: c+=2; break;
}
printf("%d\n", c);
}
```

程序运行时，如果键入的值是 1，输出结果是______；如果键入的值是 2，输出结果是______。

解　本题所求结果是变量 c 的值，它由 switch 语句计算。重点分析此 switch 语句。当键入的值是 1 时，变量 k 的值是 1，不与 switch 语句中的任何情况常量匹配，因此，执行缺省情况的赋值：c+=k，因此把变量 c 的值增加变量 k 的值，成为 1。但由于后面没有 break 语句，还需继续执行下去，计算 c++，把变量 c 的值加 1，值成为 2，经 break 语句跳出 switch 语句，输出值 2。如果键入的不是值 1，而是 2，k 的值与情况 2 匹配，执行 c++，这时 c 的值加 1，由于初值是 0，成为 1，因此输出的是 1。

此题的要点是 break 语句的使用。

4.3.4　枚举类型简介

如前所述，switch 语句中的表达式可以是整型、字符型或枚举型，这里简要说明枚举型。

为了程序的易读性，往往用符合应用背景的英文单词作为标识符名。但这些标识符作为变量名不能作为 switch 语句中的情况常量表达式，因为它们不是常量。考虑如何使用符合实际背景意义的名字来作为常量表达式的值，如根据不同的颜色进行不同的处理，这时需要使用颜色的英文名作为情况常量。对此，可能有下列的 switch 语句：

```
switch(color)
{  case  RED:     … break;
   case  YELLOW: …  break;
   case  BLUE:   …  break;
   case  WHITE:: …  break;
   case  BLACK:  …  break;
   default:      …
}
```

这里的 RED、YELLOW、…、BLACK 等是枚举值，或者说是具有 int 型值的枚举常量，color 则是可以取到这些值的变量。这可以借助于枚举型数据类型，如可以如下定义。

```
enum{ RED, YELLOW, BROW, BLUE, WHITE, BLACK, GREEN, ORANGE} color;
```

这称为枚举型变量说明。enum 是英文单词 enumeration（枚举）的前缀，标志枚举型变量说明的开始。以上变量说明定义 color 是枚举型变量，可以取的值就是 RED、YELLOW、BROW、BLUE、WHITE、BLACK、GREEN 与 ORANGE 这些枚举值。之所以称为枚举型，即这种类型的变量只能取所枚举的值。换句话说，一个变量，它只能取到可枚举的有限多个值时才能定义为枚举型变量。

一般地，枚举型变量说明有如下 3 种形式：

- enum{枚举值表} 枚举变量名,…, 枚举变量名;
- enum 枚举类型名{枚举值表}枚举变量名,…, 枚举变量名;
- enum 枚举类型名{枚举值表};

  enum 枚举类型名 枚举变量名,…, 枚举变量名;

第 1 种形式定义枚举型变量，规定它们所能取的枚举值。第 2 种形式既定义枚举型变量，还定义枚举型类型。第 3 种形式，第 1 行中定义枚举型类型，在后面（第 2 行中）使用这枚举型类型来进行枚举型变量说明。

其中，枚举值表是用逗号隔开的一些枚举值，枚举值是符号名,也就是标识符。请注意，在进行变量说明时，不仅要写出枚举类型名，还必须写出关键字 enum，否则将出错。

枚举型变量说明的例子如下：

- enum{Sunday,Saturday} Weekend;
- enum WorkdayType {Monday,Tuesday,Wednesday,Thursday,Friday}Workday,days;

• enum WorkdayType{Monday,Tuesday,Wednesday,Thursday,Friday};
  enum WorkdayType Workday,days;

采用哪种方式进行枚举型变量说明，可以根据具体情况而定。

枚举值虽然是标识符，但是代表整数值，因此也称枚举常量。它的值通常从整数 0 开始，如上面定义中的 Sunday 的值是 0，而 Saturday 的值是 1，Monday 与 Tuesday 的值分别是 0 与 1，Wednesday 的值则是 2 等。概括起来，每个枚举类型中的枚举值从 0 开始，其后的枚举值顺次加 1。可以引进下列枚举类型定义来定义逻辑型 logicalType：

```
enum logicalType { false, true };
```

logicalType 仅取 2 个值：false（0）与 true（1）。

C 语言允许程序员自己规定枚举值的相应整数值是什么。例如，引进下列枚举型变量说明：

```
enum WorkdayType
    {Monday=1,Tuesday,Wednesday,Thursday,Friday} Workday,days;
```

前面查课程表的 switch 语句可以修改如下：

```
switch(today)
{  case Monday:  printf("今天有数学，体育课\n");  break;
   case Tuesday: printf("今天有英语，网络课\n");  break;
     ⋮
   case Friday:  printf("今天有数据结构课\n");   break;
   default: printf("日期键入错。\n");
}
```

这样明显改进了程序的易读性。还可以如下定义枚举类型：

```
enum DayType
    {Sunday=7, Monday=1, Tuesday, Wednesday, Thursday, Friday, Saturday};
```

这样，Sunday 的值是 7, Monday 的值 1, Tuesday、Wednesday、Thursday、Friday 与 Saturday 的值依次加 1，分别是 2、3、…、6。枚举值也可以定义为负值，如 Turbo C 2.0 汉化版的头文件 conio.h 中定义 text_modes 为枚举型类型：

```
enum text_modes{ LASTMODE=-1,BW40=0,C40,BW80,C80,MONO=7 };
```

其中，枚举常量 LASTMODE 的值是-1，BW40 的值是 0,C40 的值是 1，BW80 的值是 2，C80 的值是 3，而 MONO 的值是 7。

4.3.5　switch 语句与 if 语句的比较

switch 语句是多路择一，而 if 语句是二者择一。switch 语句可以用 if 语句来实现，但需要多次判别，效率较低，switch 语句用开关实现，效率高得多。

if 语句的应用较灵活，判别条件可以多种多样，并且各种条件可以是不相关的，但 switch 语句应用的限制较大，各种情况必须是并列的，且要能对应到可以精确地比较是否相等的整型、字符型或枚举型。

4.4　综合应用实例

4.4.1　算术题自测程序

例 4.18　假定要通过菜单，实现算术运算题的自测，试写出相应的 C 程序。

解　首先明确自测程序的功能，是分别对 int 型与 float 型进行加减乘除四则运算，先自行计算，然后与计算机自动计算的结果进行比较，确定对错。自测程序的操作流程图如图 4-11 所示。

其中，显示菜单通常如图 4-12 所示。进行每种 op 运算时，键入 2 个运算分量，然后进行计算，并键入计算结果，与程序自动计算的结果比较，输出正确与否的信息。控制流程图如图 4-13 所示。

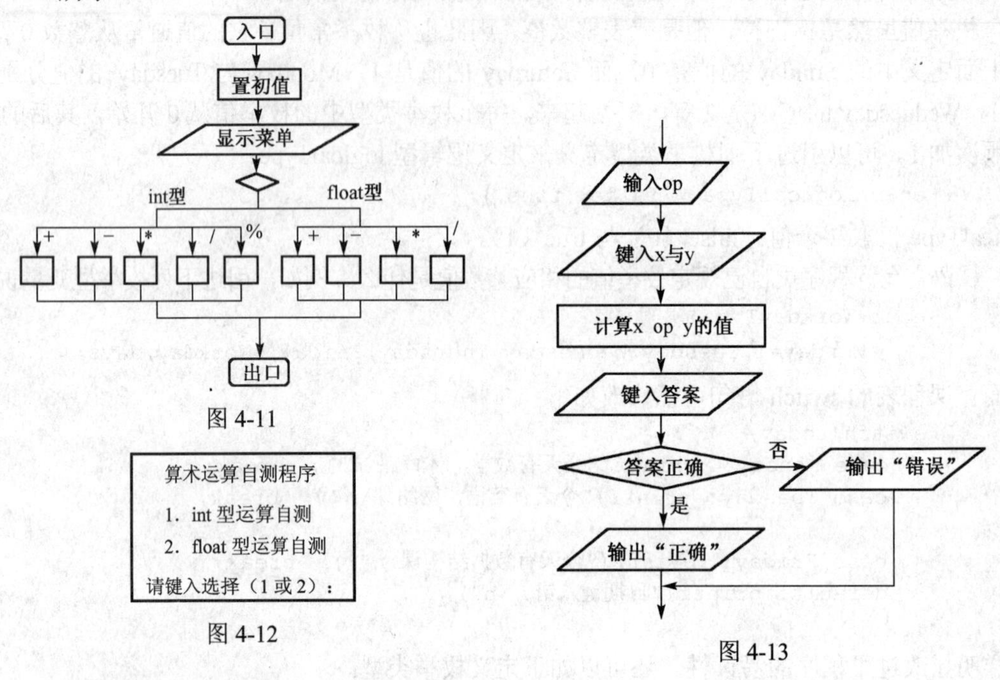

图 4-11

图 4-12

图 4-13

由于各类运算中，仅仅运算符 op 不同，因此，仅图 4-13 中的第 3 框随运算符 op 不同而不同，对照图 4-11～图 4-13，可以写出 C 程序如下：

```
#include <stdio.h>
main()
{  int n, i, j, k, m;   float  x, y, z, t;   char op;
   printf("\n    算术运算自测程序 \n")
   printf("\n    1. int 型运算自测");
   printf("\n    2. float 型运算自测\n");
   printf("\n 请键入选择（1 或 2）: ");
   scanf("%d", &n);    getchar();
   if(n==1)
   {  printf("\n 请选择运算种类(+ - * / %): ");
      scanf("%c", &op);    getchar();
      printf("\n 输入 2 个整型值（逗号隔开）: ");
      scanf("%d,%d", &i,&j);   getchar();
      switch(op)
      {  case '+':
           k=i+j; break;
         case '-':
           k=i-j; break;
         case '*':
           k=i*j; break;
         case '/':
           if(j==0){ printf("\n 分母是 0!"); k=9999; }
           else  k=i/j;
           break;
         case '%':
           if(j==0){ printf("\n 分母是 0!"); k=9999; }
```

```
            else  k=i%j;
              break;
            default: printf("\nOp Error"); k=9999;
          ]
          printf("\n 请输入你的答案：");
          scanf("%d", &m);  getchar();
          if(k==m)
            printf("\n 计算正确");
          else
            printf("\n 计算不正确");
        } else   /* float */
        [ printf("\n 请选择运算种类(+ - * /): ");
          scanf("%c", &op);      getchar();
          printf("\n 输入 2 个实型值（逗号隔开）：");
          scanf("%f,%f", &x,&y);     getchar();
          switch(op)
          {  case '+':
               z=x+y; break;
             case '-':
               z=x-y; break;
             case '*':
               z=x*y; break;
             case '/':
               if(y==0){ printf("\n 分母是 0!"); z=9999; }
               else  z=x/y;
               break;
               default: printf("\nOp Error"); z=9999;
          ]
          printf("\n 请输入你的答案：");
          scanf("%f", &t);    getchar();
          if(z==t)
            printf("\n 计算正确");
          else
            printf("\n 计算不正确");
        }
        printf("\n 按 enter 键以继续");
        getchar();
      }
```

这种显示功能菜单的方式是最简单而直观的，在这里因为仅两个选项，所以转向对各选项的处理是由 if 语句实现的。当功能选项较多时，通常采用 switch 语句实现。结构一般如下：

```
printf("\n    ×××系统\n")
printf("\n1. 功能₁");
printf("\n2. 功能₂");
   ⋮
printf("\nN. 功能N\n");   /* N 是一个常量值 */
printf("\n 请键入选择（1～N）：");
scanf("%d", &k);   getchar();
switch(k)
{  case 1: …
   case 2: …
   ⋮
   case N: …
   default: …
}
```

注意　每次输入之后都调用函数 getchar( )，这样能把每次输入结束时输入的 enter 键字符去掉，以保证后面的输入语句能正确输入字符。

为了能在程序运行结束时看到运算结果，在程序的结尾，添加了下列语句：

```
printf("\n 按 enter 键以继续");
getchar();
```

4.4.2　天数的计算

例 4.19　假定要计算某一天是当年的第几天，试写出相应的 C 程序。

解　要计算某一天是当年的第几天，要点是知道这天之前的几个月每个月的天数是多少，并累加之前各月的天数，加上这天在当月中的天数就得到结果。这可以使用 switch 语句来实现。然而每月天数与月份有关，而且判断 2 月的天数还必须判断当年是否为闰年。

明确了上述思路，考虑数据结构，即引进一些变量。让 year、month 与 day 是所查那天的年、月与日，变量 days 的值是所计算天数。引进变量 daysinFeb 存放 2 月份的天数。为易读直观起见，可以关于月份引进枚举类型如下：

```
enum MonthType
  {JAN=1,FEB,MAR,APR,MAY,JUN,JUL,AUG,SEP,OCT,NOV,DEC};
```

现在考虑实现问题。首先考虑判别闰年的条件。若年份 year 是 4 的倍数，但不是 100 的倍数，或者 year 是 400 的倍数，则年份 year 是闰年，否则不是闰年。判别条件可写成：

```
year%4==0 && year%100!=0 || year%400==0
```

为了确定给定日期之前各个月的累计天数，引进 switch 语句，其中的情况值，十二月在前，一月在最后，这样利用 C 语言 switch 语句的特性，十分容易累加天数。最终可写出 C 程序如下。

```
main()
{  int  year, month, day;  int daysinFeb, days;
   enum MonthType
     {JAN=1,FEB,MAR,APR,MAY,JUN,JUL,AUG,SEP,OCT,NOV,DEC};
   printf("\n 请输入要查天数的日期(年,月,日): ");
   scanf("%d,%d,%d",&year,&month,&day);
   daysinFeb=(year%4==0 && year%100!=0 || year%400==0)? 29:28;
   days=0;
   switch(month)
   {  case DEC: days=days+30;              /* 11 月的天数 30*/
      case NOV: days=days+31;              /* 10 月的天数 31*/
      case OCT: days=days+30;
      case SEP: days=days+31;
      case AUG: days=days+31;
      case JUL: days=days+30;
      case JUN: days=days+31;
      case MAY: days=days+30;
      case APR: days=days+31;
      case MAR: days=days+daysinFeb;      /* 2 月的天数 */
      case FEB: days=days+31;              /* 1 月的天数 31*/
      case JAN:            break;
      default: printf("输入月份是%d,错误。\n",month); days=0;
   }
   days=days+day;
   printf("%d 年%d 月%d 日是%d 年的第%天。\n",year,month,day,year,days);
}
```

说明　（1）可不引进枚举型，这里引进的目的是熟悉枚举类型，同时提高程序易读性。

（2）请注意求得 2 月份天数的赋值语句。

（3）语句“days=days+30;”可改写成“days+=30;”，其他情况类似。

注意　明显的是，不论是算术运算自测程序，还是天数的计算程序，都只能完成一个题目或一天的计算，不能重复进行。为了能重复，就必须采用循环结构，这将在下一章讨论。

4.5　小　结

4.5.1　本章 C 语法概括

（1）关系表达式：表达式 关系运算符 表达式

关系运算符可以是：<、<=、>、>=、!=与==。

（2）逻辑表达式：表达式 逻辑运算符 表达式

逻辑运算符可以是：&&、||与!

（3）if 语句：

　　　　if（表达式）语句 else 语句

　或　if（表达式）语句

（4）switch 语句：

　switch（表达式）

　{　case 常量表达式：语句序列

　　case 常量表达式：语句序列

　　⋮

　　case 常量表达式：语句序列

　　default: 语句序列

　}

　语句序列：　语句 … 语句

（5）复合语句：　{ 语句序列 }

（6）break 语句：　break;

（7）枚举型类型定义与变量说明：

- enum {枚举值表} 枚举变量名,…, 枚举变量名；
- enum 枚举类型名 {枚举值表}枚举变量名,…, 枚举变量名；
- enum 枚举类型名 {枚举值表}；

　enum 枚举类型名 枚举变量名,…, 枚举变量名；

枚举值是作为常量的标识符，枚举值表是其间用逗号隔开的若干枚举值，第 1 个枚举值的值是 0，其后的枚举值依次加 1。定义中，可以对枚举值如下强制指定整数值：枚举值=整型值。

4.5.2　C 语言有别于其他语言处

1. 关于逻辑型

（1）C 语言并没有逻辑型量，逻辑型值用 0 与非 0 来表示逻辑假与逻辑真，特别地，用 1 表示逻辑真。因此一个算术型量可以出现在逻辑表达式可以出现的位置上。关系表达式与包含逻辑运算符的逻辑表达式的值将是 1（真）或 0（假）。因此，除非应用特殊技巧，一般不要写出 a<b<c 这样的关系表达式。也可以把算术型值看成是逻辑型的，这是 C 语言与其他程序设计语言的一个重大区别。

（2）逻辑表达式的短路计算是 C 语言优化的一个重要方面。一般情况下，短路对程序执行的效果不会有什么影响，但由于 C 语言中有自增自减运算与赋值运算等，短路计算可能对程序执行的效果有重大影响，必须引起重视。

2. 关于 switch 语句

PASCAL 语言中，开关语句类，在执行完一种情况的语句序列之后将自动把控制转移到开关语句的后继语句处。但 C 语言的开关语句，必须由程序编写人员显式写出把控制转移到后继语句的 break 语句。初学者必须记住这点。

switch 语句中，default 部分可以出现在 switch 语句内其他位置上，也可以不出现。

本 章 概 括

本章讨论了 C 程序中的一种重要程序结构，即选择结构。选择结构有两种形式：if 语句与 switch 语句。前者是两者择一，后者是多路择一。请注意这两者的共同点与区别。由于选择结构的存在，众多领域中的应用程序得以实现自动判断功能，从而能实现人机对弈、作出最佳决策等人工智能任务，读者务必熟练掌握。

使用选择结构进行的程序设计称为分支程序设计，建议读者充分利用控制流程示意图，特别是在算法较为复杂、控制转移关系难以理清的情况下，使用控制流程示意图有很大的帮助，有利于整理解题思路和 C 程序的编写。

选择结构两类语句的书写规则应该说是简单的，重要的是注意一些重点概念，如 C 语言逻辑值的产生、逻辑表达式的计算、break 语句的使用与枚举值的定义等，特别是逻辑表达式的短路计算。希望读者在掌握各类语法成分书写形式的基础上，理解它们的含义，领会执行步骤，从而正确地应用。

本章以两个实例阐明了分支程序设计的基本思路和编写应用程序的基本框架。一般来说，对于一个小型程序系统，首先应明确功能，然后设计程序运行时的操作流程，明确思路，画出控制流程图，并设计界面，此后在设计数据结构后便可开始编程，实现程序系统。以上思路希望读者能领会并掌握。

习　　题

一、选择与填空题

1. 在 C 语言中，当表达式值为 0 时，表示逻辑“假”，当表达式值为________时表示逻辑“真”。

2. 设 x 为 int 型变量，请写出一个关系表达式________，用以判断 x 同时为 3 和 7 的倍数时，关系表达式值为真。

3. 一元二次方程 $ax^2+bx+c=0$ 有两个相异实根的条件是 $a\neq0$ 且 $b^2-4ac>0$，以下选项中能正确表示该条件的 C 语言表达式是________。

A）a!=0,b*b-4*a*c>0　　　　B）a!=0||b*b-4*a*c>0

C）a && b*b-4*a*c>0　　　　D）!a && b*b-4*a*c>0

4. 设有变量说明“int a=12,b=15,c;”，则对表达式 c=(a||(b-=a))求值后，变量 b 和 c 的值分别为________。

A）3,1　　B）15,12　　C）15,1　　D）3,12

5. 若有变量说明“int a=0,b=1,c=2;”，执行语句“if(a>0&&++b>0)c++;else c--;”后，变量 a、b、c 的值分别是________。

6. 设有以下程序：

```
#include <stdio.h>
main()
{  int  x;
   scanf("%d",&x);
   if(x>15) printf("%d",x-5);
   if(x>10) printf("%d",x);
   if(x>5)  printf("%d\n",x+5);
}
```

若程序运行时从键盘输入12<回车>，则输出结果为________。

7. 设有以下程序：

```
#include <stdio.h>
main()
{  int x;
   scanf("%d",&x);
   if(x<=3); else
   if(x!=10) printf("%d\n",x);
}
```

程序运行时，输入的值在哪个范围才会有输出结果________。

A）不等于10的整数　　B）大于3且不等于10的整数

C）大于3或等于10的整数　　D）小于3的整数

8. 设有定义“int a=1,b=2,c=3;”，以下语句中执行效果与其他三个不同的是______。

A）if(a>b) c=a,a=b,b=c;　　B）if(a>b) {c=a, a=b, b=c; }

C）if(a>b) c=a;a=b;b=c;　　D）if(a>b) {c=a; a=b; b=c; }

9. 设有以下程序：

```
#include <stdio.h>
main()
{  int  a=1, b=0;
   if(--a) b++;
   else if(a==0) b+=2;
   else b+=3;
   printf("%d\n",b);
}
```

程序运行后的输出结果是________。

A）0　　B）1　　C）2　　D）3

10. 设有以下程序：

```
#include <stdio.h>
main()
{  int a=1,b=2,c=3,d=0;
   if(a==1 && b++==2)
   if(b!=2 || c--!=3)
      printf("%d,%d,%d\n",a,b,c);
   else printf("%d,%d,%d\n",a,b,c);
   else printf("%d,%d,%d\n",a,b,c);
}
```

程序运行后的输出结果是________。

A）1,2,3　　B）1,3,2　　C）1,3,3　　D）3,2,1

11．以下选项中与“if(a==1) a=b;else a++;”语句功能不同的 switch 语句是______。

A）switch(a)
```
{  case 1: a=b; break;
   default:a++;
}
```

B）switch(a==1)
```
{  case 0: a=b;break;
   case 1: a++;
}
```

C）switch(a)
```
{  default: a++;break;
   case 1:a=b;
}
```

D）switch(a==1)
```
{  case 1: a=b;break;
   case 0: a++;
}
```

二、编程实习题

1．试改进第 3 章例 3.16 中的知识小测验程序。要求：由回答者输入答案后，程序自动与给定的答案比较，判别回答是否正确。

2．试写出进行复数计算的 C 程序。要求：输入 2 个复数的实部与虚部，使用 switch 语句识别是+、-、*与/中的哪种运算，以下列格式输出计算结果。例如，输入(1.2,2.3)与(3.4,4.5)，输出如下：

(1.2 + 2.3i) + (3.4 + 4.5i) = (4.6 + 6.8i)

注意：虚部可能是负值，如输入（1.2,-2.3）。这时可利用条件运算符，使得不会输出（1.2+-2,3i）这样形式的结果，即若虚部>0，按格式描述符“(%.1f+%.1fi)”输出，若虚部<0，按格式描述符“(%.1f%.1fi)”输出。

第5章　循环程序设计——C语言程序的迭代结构与数组类型

5.1　概　　况

5.1.1　重复运算的必要性

第4章例4.15给出了统计选票的C程序例子，但从功能上看是不完备的，因为只能由一个人投票，不能由全体参选人员投票，从程序角度看，就是不能输入不确定个数的多个序号。统计全部候选人选票，要求重复输入候选人的序号。例4.18与例4.19同样不能进行类似的操作。

任何一种程序设计语言，都必定提供重复操作的语句，这种语句称为迭代结构。使用迭代结构进行程序设计的过程称为循环程序设计。

5.1.2　迭代结构的三种形式

为了能重复进行相同的操作，必须要有条件，也就是说，在条件满足时重复，条件不满足便不再重复，因此有如下几种情况：

（1）当条件满足时重复执行某个处理，直到条件不满足。

（2）执行某个处理，条件满足时重复，直到条件不满足。

（3）按照某种规律重复执行某个处理。

第1种情况是先判别条件是否满足，第2种情况是执行处理后再判别条件是否满足，第3种情况则是给出控制重复次数的规律。相应于这三种情况，C 语言中迭代结构有三种形式，可用控制流程示意图（图5-1）表示如下：

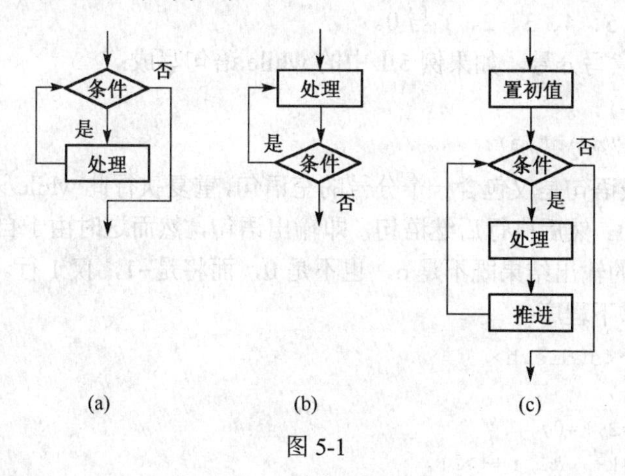

图5-1

这三种形式分别称为while循环、do-while循环与for循环，其中的条件是一个表达式。相应的语句分别称为while语句、do-while语句与for语句。循环内的处理部分是一个内嵌语句，称为循环体，它只能是单个语句，如果包含较多的处理，语句不止一个时，这些语句必须用大括号对括住，变成复合语句。

1. while语句

1）书写形式

C语言中while语句的一般形式如下：

```
while (表达式) 语句
```

注意，其中的语句是内嵌的单个语句，称为循环体。

2）含义

while 语句的含义是：当表达式的值是逻辑真时，重复执行循环体中内嵌的语句，直到表达式的值是逻辑假时结束。

3）执行步骤

根据 while 语句的含义，不难给出执行步骤如下：

步骤 1　计算条件（表达式）的值；

步骤 2　判别条件；

步骤 3　条件为真时，执行循环体语句，然后把控制转向步骤 1；否则执行步骤 4；

步骤 4　条件为假时，结束执行 while 语句。

例 5.1　设有以下程序：

```
#include  <stdio.h>
main()
{  int  a=7;
   while(a--)
   printf("%d\n",a);
}
```

程序运行后的输出结果是________。

解　输出结果是由执行 while 语句产生的，输出的是变量 a 的值，其初值是 7，每重复一次，输出一次 a 的值。但在输出时因为 a--是后自减，已减 1，因此第 1 次时输出 6。因为还没成为 0，继续输出，显然此后输出的是 5，如此继续，依次输出 4 与 3 等，直到变量 a 的值成为 1，输出值 0，再继续时因为 a 的值是 0 而结束循环，不再输出。因此最终的输出是 7 行，每行的值分别是 6、5、4、3、2、1 与 0。

注意　不要随意写分号，如果例 5.1 中的 while 语句写成：

```
while(a--);
  printf("%d\n",a);
```

则 while 语句的内嵌语句是仅包含一个分号的空语句，重复执行此 while 语句的循环体空语句，直到变量 a 的值是 0。然后执行后继语句，即输出语句，然而这时由于自减运算，变量 a 的值已是-1，因此最终的输出结果既不是 6，也不是 0，而将是-1，仅 1 行。

例 5.2　设有以下程序：

```
#include <stdio.h>
main()
{  int n=2,k=0;
   while(k++ && n++>2);
     printf("%d %d\n",k,n);
}
```

程序运行后的输出结果是______。

A）0　2　　　B）1　3　　　C）5　7　　　D）1　2

解　要求输出的是 k 与 n 的值，考察 while 语句的执行情况。这时的循环体是仅包含逗号的空语句，其中的条件表达式是：

```
k++ && n++>2
```

由于变量 k 的初值是 0，且 k++是后自增，因此取值 0，while 循环结束，这时变量 k 的值成为 1，但由于 C 语言的逻辑表达式短路计算，变量 n 的值不变，仍是 2。最终输出的是 1 2，答案是 D。显然，本题的要点是自增运算与逻辑表达式短路计算。

2. do-while 语句

1）书写形式

C 语言 do-while 语句的一般形式如下；

```
do 语句 while(表达式);
```

注意，其中的语句是内嵌的单个语句，称为循环体。

2）含义

do-while 语句的含义是：重复执行循环体中内嵌的语句，直到表达式的值是逻辑假时结束。

3）执行步骤

根据 do-while 语句的含义，不难给出执行步骤如下：

步骤 1　执行循环体语句；

步骤 2　计算条件（表达式）的值；

步骤 3　判别条件，为真时把控制转向步骤 1；否则执行步骤 4；

步骤 4　条件为假时，结束执行 do-while 语句。

例 5.3　以下程序运行后的输出结果是________。

```
#include <stdio.h>
main()
{  int a=1, b=7;
   do
   { b=b/2; a+=b;
   } while(b>1);
   printf("%d\n",a);
}
```

解　要求输出的是变量 a 的值，初值是 1，每次重复，a 增加 b 的值。考察 do-while 语句的执行情况。变量 b 的初值是 7，执行循环体复合语句：{ b=b/2; a+=b;}，变量 b 的值成为 3，a 的值成为 4。这时，b 的值大于 1，重复执行循环体复合语句，变量 b 的值成为 1，a 的值成为 5。由于 while 语句的条件 b>1 不再为真，结束 while 循环，因此输出结果是 5。

例 5.4　执行以下程序后的输出结果是________。

```
#include <stdio. h>
void main()
{  int x=3;
   do
   {  printf("%d\t",x=x-3);
   }  while(!x);
}
```

A）输出一个数：0　　　　B）输出一个数；3

C）输出 2 个数：0 和–3　　D）无限循环，反复输出数

解　这是一个 do-while 语句，因此立即输出表达式 x=x–3 的值，显然是 0。这时不能立即得出答案是 A，因为虽然变量 x 的值是 0。但!x 的值是 1，将继续重复执行此循环体中的输出语句。x=x–3，使 x 的值成为–3，输出–3。由于–3 非 0，!(–3)的值是 0，条件为假结束循环。因此共输出 2 个数：0 与–3，答案是 C。

说明　其中的'\t'是列表字符的转义字符，另外，此 do-while 语句的循环体仅一个输出语句，因此，可以省去关键字 do 与 while 之间的大括号对，仅写出：

```
do
    printf("%d\t",x=x-3);
while(!x);
```

只是这样看起来不如加大括号对好。

3. for 语句

1）书写形式

C 语言 for 语句的一般形式如下。

for(表达式; 表达式; 表达式) 语句

注意，其中的语句是内嵌的单个语句，称为循环体。

2）含义

for 语句中，往往引进用来控制循环重复次数的变量，称为循环控制变量。第 1 个表达式通常用来置循环控制变量的初值，第 2 个表达式是控制循环继续与否的条件，而第 3 个表达式用来推进循环控制变量的值。因此 for 语句的含义可以概括如下：计算第 1 个表达式后，当第 2 个表达式的值为真时，重复执行循环体语句，并按第 3 个表达式推进，再重复判别第 2 个表达式的值和重复执行循环体语句，并按第 3 个表达式推进。如此继续，直到第 2 个表达式的值为假，结束循环。

3）执行步骤

根据 for 语句的含义，不难给出执行步骤如下：

步骤 1　计算第 1 个表达式的值（置初值）；

步骤 2　计算第 2 个表达式的值；

步骤 3　判别第 2 个表达式的值（判别），如果是假，结束循环，执行循环语句的后继语句。如果是真，执行步骤 4；

步骤 4　执行循环体语句（处理）；

步骤 5　计算第 3 个表达式的值（推进），然后控制转向步骤 2。

为了理解 for 语句的含义，写出

```
for(表达式 1; 表达式 2; 表达式 3) 循环体语句
```

的等价形式如下。

```
        表达式 1;                          /* 置初值 */
LOOP:   if( !表达式 2)  goto FINISH;       /* 判别条件 */
        循环体语句;                        /* 处理 */
        表达式 3;                          /* 推进 */
        goto LOOP;                         /* 控制转向循环开始 */
FINISH: 后继语句
```

其中的 LOOP 是一个标号，之后跟以冒号标志。如第 1 章中所述，标号与标识符有一样的书写规则。当一个标识符后跟以冒号时，便表明这个标识符是一个标号，而不是一般的标识符。标号标记程序中语句的位置。goto 是关键字，意为“转向”，语句“goto LOOP;”的功能是：把控制无条件转向标号 LOOP 指明的程序位置处。goto 语句的一般形式如下：

```
goto  标号;
```

例如，对于如下的 for 循环：

```
for( k=1; k<=N; ++k)
   s=s+k;
```

可以这样解读：对于循环控制变量 k，从 1 开始，每次加 1，直到 N 地执行循环体“s=s+k;”。它的等价形式如下：

```
        k=1;
LOOP: if(!(k<=N)) goto FINISH;
        s=s+k;
        ++k;
        goto LOOP;
FINISH:
```

这里要说明的是，C 语言提供无条件控制转向语句，即 goto 语句，可以把控制方便地转向程序中某个标号指明的程序位置处。虽然不允许从循环外用 goto 语句把控制从循环外转向到循环内，却可以从循环内把控制转向到循环外，但由于 goto 语句的使用不符合结构化程序设计的思想，所以一般不鼓励使用 goto 语句。

例 5.5　以下程序运行后的输出结果是________。

```
#include <stdio.h>
main()
{  char a;
   for( a=0; a<15; a+=5 )
   {  putchar(a+'A');  }
   printf("\n");
}
```

解　此程序中把 a 定义为 char 型变量，但 for 循环语句中对它置值 0 等，这是允许的，当看到输出的是 a+'A'，便可知输出的将是大写字母。由于推进的表达式是 a+=5，且条件是 a<15，因此，变量 a 的取值是 0、5 与 10，输出的将是 0+'A'、5+'A'与 10+'A'，即'A'、'F'与'K'。答案是输出 AFK<回车>。

注意　使用输出函数 putchar，前面的文件包含命令不能少，否则将出错。

通常的循环控制变量初值小于终限，但有时也会让初值大于终限。下面以例说明。

例 5.6　以下程序运行后的输出结果是________。

```
#include <stdio.h>
main()
{  int  i,j;
   for( i=6; i>3; i-- ) j=i;
   printf("%d%d\n",i,j);
}
```

解　要求的输出结果是 for 语句执行后变量 i 与 j 的最终值。考察 for 语句中的 3 个表达式，可见变量 i 的值依次是 6、5、4 与 3。i 的值是 3 时条件 i>3 已为假，结束循环，不再对变量 j 赋值，因此，变量 j 的值依次是 6、5 与 4，最终变量 i 与 j 的值分别是 3 与 4，因此答案是输出 34<回车>。

for 循环具有非常灵活的表达方式，其中的 3 个表达式可以是多种多样的，而且可以缺省其中的某个甚至全部。以下例说明。

例 5.7　循环体是空语句的示例。试说明下列语句的功能。

```
for(n=0; getchar( )!='\n'; n++) ;
```

解　循环体是空语句的情况前面已经出现过，本题 for 语句的循环体也是一个空语句，但并非是无用的语句，事实上，该循环语句的功能是累计输入的字符个数。初值 n=0，每输入一个字符便与换行字符比较，如果不是换行字符，便把 n 的值加 1，直到输入的是换行字符时结束。如果输入是字符串 ABCDE，变量 n 的值是 5。

下面是缺省某个表达式，甚至没有任何表达式的例子。

```
(1) n=0; ch=' ';
    for( ; ch!='\n'; n++) ch=getchar();      /* 无初值表达式 */
(2) n=0;
    for(ch=' '; ; n++)                       /* 无条件表达式 */
       if((ch=getchar( ))=='\n') break;
(3) for(n=0; getchar( )!='\n'; ) n++;        /* 无增量表达式 */
(4) n=0;
    for( ; ch=getchar(); )                   /* 无初值表达式与增量表达式 */
       if(ch!='\n') n++;
       else break;
(5) n=0;
    for( ; ; )                               /* 无任何表达式 */
       if((ch=getchar())!='\n') n++;
       else break;
```

其中的 break 语句，用于把控制转出 for 语句，它也可以用于把控制转出另两类循环语句。

这 5 个例子中有 4 个，功能与例 5.7 中给出的 for 语句是一样的，但有一个的功能有所不同，请读者自行找出这一个。如果写成下列：

```
n=0; for(ch=getchar(); ; n++)
        if(ch=='\n') break;
```

与例 5.7 中 for 语句的功能又是否一样呢？请读者自行思考。

例 5.8　设有以下程序段：

```
int  i, n;
for(i=0;i<8;i++)
{  n=rand()%5;
   switch(n)
   {  case 1:
      case 3: printf("%d\n",n); break;
      case 2:
      case 4: printf("%d\n",n); continue;
      case 0: exit(0);
   }
   printf("%d\n",n);
}
```

关于程序段执行情况的叙述，正确的是________。

A）for 循环语句固定执行 8 次

B）当产生的随机数 n 为 4 时结束循环操作

C）当产生的随机数 n 为 1 和 2 时不做任何操作

D）当产生的随机数 n 为 0 时结束程序运行

解　本题的 4 个答案看似都无联系，是独立的，因此逐个分析 4 个答案。首先应该说明其中的两个函数：rand 与 exit。rand 是产生随机数的函数，也就是它回送的值是随机地产生的，因此事先无法预测它回送的将是什么值。这种函数可以用来随机地产生彩票中奖的号码等。但不论产生的值是什么，rand( )%5 只能有 5 个值，即一个整数值除以 5 产生的余数 0、1、…、4。第 2 个函数是 exit，它有一个参数，但是可以不去管它，只要知道其功能是结束运行应用程序，退出到系统。下面逐个分析答案。

答案 A，是说 for 循环语句的执行次数固定是 8 次。循环控制变量的值从 0 开始，每次加 1，直到 7，似乎是 8 次，但由于循环体中包含对 exit 函数的调用，就得看是否能执行到此。很明显，当 n 的值是 0 时，将调用函数 exit，便不再固定执行 8 次。因此，答案 A 是不正确的。答案 B，在 n 的值是 4 时，在输出 n 的值之后，将执行语句：

```
continue;
```

continue 是关键字，含义是“继续”。从 C 语言的角度，此语句的功能是：不再执行它所在循环语句内它之后的所有语句，而把控制转向循环语句的开始处。例如，对于本例，当 n 的值是 4 时，不再执行其后的 case 0 情况中的调用 exit 函数的语句，以及 switch 语句后的输出 n 值的语句，把控制转向循环语句开始，使得循环控制变量 i 推进到下一个值。因此，答案 B 也是错误的。答案 C，显然也是错误的，因为虽然程序中与 case 1 与 case 2 匹配时没有指明执行什么语句，但没有 break 语句，将继续执行下去，因此不是不做任何操作。概括起来，答案是 D。

注意　continue 语句也可以用在其他两类循环语句中，使得跳过其后的语句，把控制转向循环开始处。换句话说，除 goto 语句外,在循环结构中执行 continue 语句可提前结束本次循环，直接进入下一次循环。在 for 语句中，还使循环控制变量推进到下一个值，再重复执行循环（计算第 2 个表达式，或者说判别循环重复条件）。

应用上述 3 类循环语句书写迭代结构的程序时，一般要解决下列两个问题：

（1）条件（即表达式）的设置。

（2）重复次数的控制。

一般来说，在简单的情况下，重复次数如下控制：设立循环控制变量，通常起计数器作用，初值是 0 或 1，以后每重复一次，计数器值加 1，直到计数器的值达到预定的次数。因此，书写迭代结构的程序时，一般数据涉及下列三个方面：初值、终限与增量。概括起来，一般情况下，每个循环的控制结构由 4 个部分组成，即置初值、判别条件、处理与推进。从 for 语句的结构可以看得特别清楚，控制流程图如图 5-2 所示。事实上，其他两类循环结构也如此。

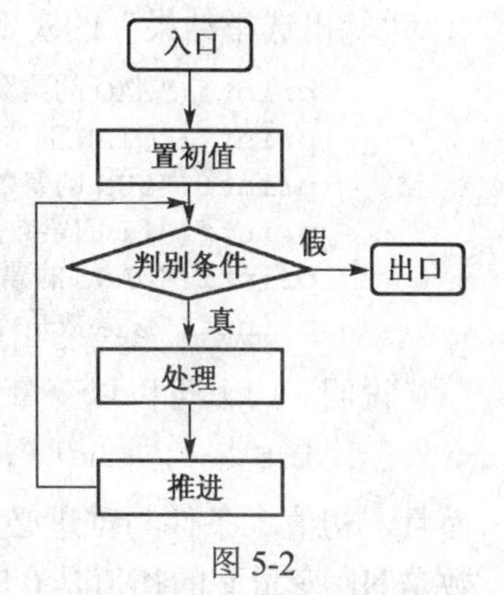

图 5-2

这里以统计选票为例写出相应的迭代结构程序。

考虑如何解决重复投票，即重复输入候选人序号的问题。

例 5.9　假定有 N 个选举人，候选人是 5 人，如 Zao、Qian、Sun、Li 与 Wang，从中选 1 人。为了记录已有多少人选过，引进一个计数器，名为 k，初值是 0。为了简洁地表达处理思路，用控制流程示意图表示，如图 5-3 所示。由于先判别条件满足与否，所以用 while 循环语句实现，可以写出下列 C 语言伪代码程序：

```
#define N 40
main()
{  int k, n;      /* k 是投票数计数器，n 是废票计数器 */
   int name;      /* 被选人序号 */
```

```
    int NofZao,NofQian,NofSun,NofLi,NofWang;
    NofZao=NofQian=NofSun=NofLi=NofWang=0;
    k=0;  n=0;      /* 置初值 */
    while(k<N)      /* 判别条件 */
    {  1 人投票;     /* 预处理 */
       ++k;         /* 推进 */
    }
    输出选举结果;
}
```

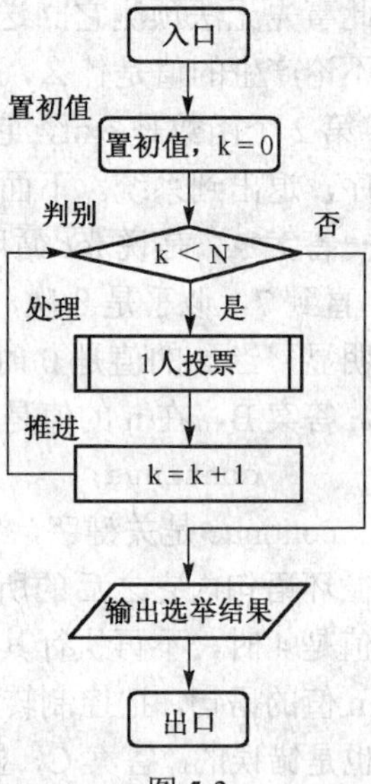

图 5-3

图 5-3 所示控制流程图中，“1 人投票”框以预处理框形式画出，即可以在别处实现此功能。对于 C 语言来说，就是可以通过另一个函数定义来实现。

之所以称上述程序是伪代码程序，这是因为循环体中包含了汉字陈述表达的语句：“1 人投票”及“输出选举结果”。

循环体中“1 人投票”的程序可实现如下（可参考第 4 章例 4.15）：

```
printf("\n 请键入 ZAO,QIAN,SUN,LI,WANG 中被选人的相应序号(1～5): ");
scanf("%d", &name);
switch(name)
{  case 1:  ++NofZao;   break;
   case 2:  ++NofQian;  break;
   case 3:  ++NofSun;   break;
   case 4:  ++NofLi;    break;
   case 5:  ++NofWang;  break;
   default: printf("\n 候选人序号%d 输入错误，是废票。\n", name);
            ++n;
}
```

“输出选举结果”的实现如下：

```
printf("ZAO 的票数是%d\n",  NofZao);
printf("QIAN 的票数是%d\n", NofQian);
printf("SUN 的票数是%d\n",  NofSun);
printf("LI 的票数是%d\n",   NofLi);
printf("WANG 的票数是%d\n", NofWang);
printf("废票数是%d\n", n);
```

说明 （1）可以以变量说明方式置初值，例如：

```
int k=0, name, n=0;
```

而且，初值、条件与推进必须相互配合，以保证循环重复次数的正确性。例如，假定循环次数是 N，变量 k 的初值是 0 时，推进在处理之后进行，这时的判别条件必须是：k<N。如果认为应该是 k<=N，循环重复次数将比预期的多 1 次。如果判别条件保持是：k<=N，且初值是 0，则推进应该在处理之前。下面概括几种等价的组合情况，请读者体会。

```
k=0;              k=0;              k=1;
while(k<N)        while(k<=N)       while(k<=N)
{  1 人投票;      {  ++k;           {  1 人投票;
   ++k;              1 人投票;         ++k;
}                 }                 }
```

（2）N 应该是常量值，为易于修改其值，使用宏定义设置。例如：

```
#define N 8
```

当调试时，可以设置为较小的值，如 8 或 10 等；应用时，可以定义为实际值，如 100。

（3）循环体如果涉及多个处理，由多个语句组成，则必须加大括号对组成复合语句。

（4）为验证选举的有效性，可以增加检查票数正确性的程序语句。

现在考虑把上述 while 循环改写为 do-while 循环。改写如下：

```
main()
{  …
   k=0;  n=0;               /* 置初值 */
   do
   {  1 人投票;              /* 处理 */
      ++k;                  /* 推进 */
   } while(k<=N);           /* 判别条件 */
   输出选举结果;
}
```

如果要改写成 for 循环，也是十分方便的，且形式更为简洁。

```
main()
{  …
   n=0;
   for(k=1; k<=N; ++k)      /* 置初值，判别条件，推进 */
     1 人投票;               /* 处理 */
   输出选举结果;
}
```

请读者自行写出完整的程序并上机运行验证。另外，请读者考虑，如果规定每人不是选 1 人，而是选 2 人，则应该如何修改程序？

如果候选人不只 5 人，而是有较多的候选人，如 20 人，将如何处理？又如果不允许有废票，也就是说，在键入候选人序号后立即检查选票的有效性（包括序号的有效性与所选人数的有效性），又将如何处理？

从上例可见，迭代控制结构一般涉及 4 个方面，即置初值、处理、推进与判别条件。基本轮廓如图 5-2 所示，只需作适当修改，就可以应用到其他应用程序中。

如同选择结构的内嵌语句又可以是选择结构语句一样，迭代结构的内嵌语句也可以是迭代结构语句，看下面的例子。

例5.10 写出打印九九乘法口诀表的C程序。

解 九九乘法口诀表如表 5-1 所示。显然上面有一个标题行，指明从 1 到 9，另外左侧有一个标题列，也指明从 1 到 9。表 5-1 中第 1 行是关于 1 的口诀，第 2 行是关于 2 的口诀，…，第 9 行是关于 9 的口诀。为了能应用 for 循环，让变量 j 对应行号，因此可以有如下的 for 循环结构：

```
输出标题行;
for(j=1; j<=9; ++j)
{  输出变量 j 的值;
```

表 5-1

	1	2	3	4	5	6	7	8	9
1	1	2	3	4	5	6	7	8	9
2	2	4	6	8	10	12	14	16	18
3	3	6	9	12	15	18	21	24	27
4	4	8	12	16	20	24	28	32	36
5	5	10	15	20	25	30	35	40	45
6	6	12	18	24	30	36	42	48	54
7	7	14	21	28	35	42	49	56	63
8	8	16	24	32	40	48	56	64	72
9	9	18	27	36	45	54	63	72	81

```
    输出第 j 行的口诀;
    换行;
}
```

此 for 语句，对于循环控制变量 j 的每一个值，执行输出第 j 行的口诀，显然是把变量 j 的值依次去乘 1、2、…、9，这样可以利用 for 循环如下：

```
for(k=1;k<=9;++k)
    输出 j*k 的值;
```

因此，打印九九口诀表的伪代码程序可写出如下：

```
输出标题行;
for(j=1;j<=9;++j)
{   输出变量 j 的值;
    /* 输出第 j 行的口诀   */
    for(k=1;k<=9;++k)
        输出 j*k 的值;
    换行;
}
```

为了能有一个整齐美观的九九乘法口诀表，可以让表中每个数值占 4 位，因此可以写出 C 程序如下：

```
printf("\n      1   2   3   4   5   6   7   8   9\n");
for(j=1; j<=9;++j)
{   printf("%3d",j);
    /* 输出第 j 行的口诀 */
    for(k=1;k<=9;++k)
        printf("%4d",j*k);
    printf("\n");
}
```

如果发现标题行与表中的值没有对齐，可以适当调整标题行的空格数。

请读者自行补充完整成可执行的 C 程序。很明显，该程序不打印表的线条。如果要打印线条，需要有字符串的概念，这留待第 7 章中解决。for 语句内嵌 for 语句，这样的结构称为二重循环，如果内层的 for 语句又内嵌有 for 语句，就将构成三重循环。这种多重循环的结构，对于其他两类（while 语句与 do-while 语句）有类似的情况。而且 for 语句可以内嵌 while 或 do-while 语句，while 语句也可以内嵌 for 语句或 do-while 语句等。

例如

```
for(i=0;i<4;i++,i++)
    for(k=1;k<3;k++); printf("*");
```

此例中，循环控制变量是 k 的 for 语句的循环体是一个空语句，如果不注意这点，关于执行结果就将得到错误的结论。从这个题目可以得到警示：不要为书写格式所迷惑；另一方面，有好的书写格式的确更容易理解题目，正确答题。

例 5.11 设有以下程序：

```
#include <stdio.h>
main()
{  int m,n;
```

```
    scanf("%d%d", &m, &n);
    while(m!=n)
    {  while(m>n) m=m-n;
       while(m<n) n=n-m;
    }
    printd("%d\n",m);
}
```

程序运行后，当输入 14　63<回车>时，输出结果是＿＿＿＿＿。

解　本题要求的是变量 m 的值。输入 14　63<回车>后，m 的值是 14，n 的值是 63。为了考察程序执行过程中变量值的变化情况，用 t0 与 t1 等表示时间，可以列表如下：

	t0	t1	t2	t3	t4	t5
m	14					7
n	63	49	35	21	7	

因此，输出结果是 7。考察两个输入值：14 与 63，不难推测：7 是这两者的最大公约数。换言之，上述 while 语句用来求两个整数值的最大公约数。为验证，可以再用其他例子检验，例如，让 m 的值是 221，n 的值是 312，类似地列表如下：

	t0	t1	t2	t3	t4	t5	t6	t7
m	312	91			52	13		
n	221		130	39			26	13

n 的值是 13，显然 13 是 312 与 221 的最大公约数。再如，让 m 的值是 91，n 的值是 55，可列表如下：

	t0	t1	t2	t3	t4	t5	t6
m	91	36		17		1	
n	55		19		2		1

n 的值是 1，表明 91 与 55 互质，的确如此。上述推测得到证实：本题 while 语句的功能是求最大公约数。

5.1.3　比较

while 语句、do-while 语句与 for 语句都是迭代结构语句，它们有如下的共同点：

（1）有相似的控制结构，即都涉及置初值、判别条件、处理与推进等四个方面。

（2）都可以通过 break 语句结束循环而把控制转向到循环外，都不能使用 goto 语句把控制从循环外转向到循环内。

（3）都可以使用 continue 语句，结束当前一次循环，而进入下一次循环。

三者的区别在于：

（1）do-while 语句先执行内嵌的循环体语句后再判别条件，至少执行一次循环体语句，而 while 语句与 for 语句都是在判别条件后再执行循环体语句，因此，这两者的循环体语句可能一次都不执行。

（2）while 语句与 do-while 语句，对内嵌的循环体语句执行次数的控制，必须由程序员仔细安排，而一般情况下 for 语句则要简明容易得多。

5.1.4　包含循环结构的程序的阅读

具有循环结构的程序一般较为复杂，要理解其功能不太容易，较为有效的方法是列表，如例 5.11 中所示。这种列表法事实上是一种静态模拟追踪法，即程序阅读者把自己设想为一台计算机，逐个语句地模拟执行，给出相应的执行效果，在表上记录各个变量值的变化情况，这样可概括程序的功能，检查程序执行的正确与否。

例 5.12　有以下程序

```
#include <stdio.h>
main()
{  int a=1,b=2;
   while(a<6){ b+=a; a+=2; b%=10;}
   printf("%d,%d\n",a,b);
}
```

程序运行后的输出结果是________。

A）5,11　　B) 7,1　　C) 7,11　　D）6,1

解　此题要求的是变量 a 与 b 的值，它们在 while 语句中被赋值，列表考察其值的变化情况如下。

	t0	t1	t2	t3	t4	t5	t6	t7	t8	t9
b	2	3		3	6		6	11		1
a	1		3			5			7	

最终，变量 a 与 b 的值分别是 7 与 1，因此输出结果是：7,1，答案是 B。

显然，这样阅读包含循环结构的 C 程序，只要不粗心，总能正确理解程序的功能，得到正确的答案。静态模拟追踪法是重要而有效的阅读程序的方法。

关于程序的阅读法，将在第 12 章中重点讨论。

5.2　若干数学问题的计算机求解

C 语言提供的迭代结构中的 3 类循环语句，看似简单，但要想应用自如，却需要经验与技巧。本节通过一些实例的剖析，展示应用的算法和技巧。

5.2.1　三角函数值表的打印输出

例 5.13　假定要打印三角函数值表，包括 sin、cos、tan 与 cot，从 0° 开始，每次增加 5°～90°，以如图 5-4 所示格式输出。试写出相应 C 程序。

```
 x       sin        cos        tan        cot
 0     0.0000     1.0000     0.0000  9999.0000
 5     0.0872     0.9962     0.0875    11.4300
10     0.1736     0.9848     0.1763     5.6713
15     0.2588     0.9659     0.2679     3.7320
20     0.3420     0.9397     0.3640     2.7475
25     0.4226     0.9063     0.4663     2.1445
30     0.5000     0.8660     0.5774     1.7320
35     0.5736     0.8192     0.7002     1.4281
40     0.6428     0.7660     0.8391     1.1917
45     0.7071     0.7071     1.0000      1.000
50     0.7660     0.6428     1.1918     0.8391
55     0.8192     0.5736     1.4282     0.7002
60     0.8660     0.5000     1.7321     0.5773
65     0.9063     0.4226     2.1445     0.4663
70     0.9397     0.3420     2.7475     0.3640
75     0.9659     0.2588     3.7321     0.2679
80     0.9848     0.1736     5.6714     0.1763
85     0.9962     0.0872    11.4305     0.0875
90      1.000    -0.0000  9999.0000    -0.0000
```

图 5-4

解　此题求解思路是先输出标题行：

```
x        sin         cos          tan          cot
```

然后逐行输出角度值、正弦值、余弦值、正切值与余切值，其中，角度值是整数值，占 6 位，函数值占 10 位，其中小数点后是 4 位。这些都可以使用 printf 语句来实现。为输出从 0° 到 90°，每隔 5° 计算各三角函数值，可以使用 for 循环语句如下：

```
for(x=0; x<=90; x=x+5) …
```

这里要注意两方面，①数据必须对齐，值必须在相应的标题下；②正切在 90° 时值无穷大，而余切在 0° 时值无穷大，因此必须识别这两种情况。

先确定函数值的输出格式。角度值占 6 位，函数值小数点后是 4 位，总共占 10 位，2 个函数值之间空 2 位，全部右边对齐。因此输出一行函数值的语句如下：

```
printf("%6d  %10.4f  %10.4f  %10.4f  %10.4f\n",
         x,  sin(x), cos(x), tan(x), 1/tan(x));
```

确定值的位置之后再确定标题行中标题的位置。因为角度值的上方有一个符号 x，与角度值的十位数对齐，以格式%5d 输出，字母 x 后有 1 个空格字符。“sin”应该在正弦值上方的中间，其前空格数需要 4 位，其后空格数有 3 位，类似地，“cos”与其他两列的前面都有 4 个空格，后面都有 3 个空格，在两个值之间空 2 个字符，这样，“sin”与“cos”之间有 9 个空格字符等。因此，标题行的输出语句如下：

```
printf("%5c         sin          cos          tan          cot\n",' ');
```

或

```
printf("%5c%9csin%9ccos%9ctan%9ccot\n",'x',' ',' ',' ',' ');
```

为了识别特殊的角度值，可以使用条件运算符，例如：

```
x!=90 ? tan(x):9999
```

最终考虑到三角函数自变量的单位是弧度，需要将角度转换成弧度，最终可写出 C 程序如下：

```
main()
{  int x;  float y, d;
   d=3.1416/180;
   printf(("\n\n\n%5c%9csin%9ccos%9ctan%9ccot\n",'x',' ',' ',' ',' ');
   for(x=0;x<=90;x=x+5)
   {  y=x*d;
      printf("%6d  %10.4f  %10.4f  %10.4f  %10.4f\n",
               x,sin(y),cos(y),x!=90?tan(y):9999,x!=0?1/tan(y):9999);
   }
}
```

说明　C 语言不提供余切函数，余切函数值从正切函数值的倒数求得。

图 5-4 是执行上述程序得到的输出结果的截图，可能细心的读者已发现：当 x=90°时的正弦值小数点后仅 3 位小数。这是 Turbo C 系统的问题，如果单独输出值 1.0，会有同样的情况。至于负零，反正是 0，多个负号没关系。

图 5-4 中的输出格式并不是最理想的，一般来说表格的形式更好。应该如何实现请读者自行思考。

5.2.2　级数求和

例 5.14　试写出求 s=1+2+3+…+100 的 C 程序。

解　如果仅几项求和，很容易写出求和的赋值语句：

```
s=1+2+3+4+5;
```

但要加到 100 甚至更大的数，显然在赋值语句中，不可能把所有被加数全部写出来，也不能用省略号，因此必须要考虑合适的表示方式。

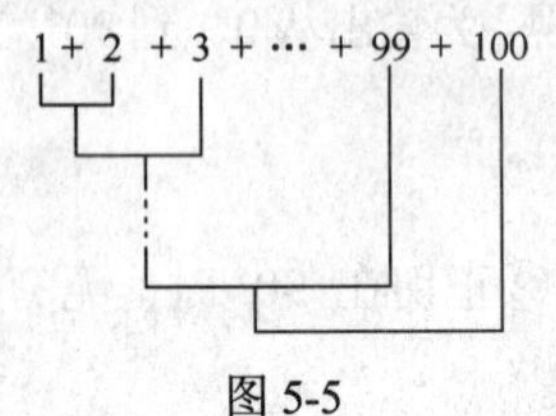

图 5-5

对于求和 s=1+2+3+···+100，通常的做法如图 5-5 所示。

由图 5-5 可见，首先把 1 与 2 相加得到一个部分和 s，然后把 3 加入到此部分和 s 中，再把 4 加入到此部分和 s 中，直到把末项 100 加入到此部分和 s 中。这可概括为：部分和 s 的初值置为 0，然后把当前项 1、2、3、···依次加入到此部分和中，直到当前项是 100 时为止，部分和 s 就是最终的和。这时一般设置一个计数器 N，记录已加入的项数。把每次加入的数称为当前项。可归纳成下列算法步骤：

步骤 1　置初值，部分和 s 初值等于 0，当前项 t 等于第 1 项 1，计数器 N 初值为 0；

步骤 2　把当前项 t 加入到部分和 s 中；

步骤 3　取下一个当前项 t，把计数器 N 值加 1；

步骤 4　如果计数器 N 值还未达到项数 100，重复步骤 2～4；否则结束求和。

相应的控制流程示意图如图 5-6 所示。

这是 do-while 循环，可写出程序如下。

```
main()
{  int s, t, N;
   s=0; t=1; N=0;
   do
   {  s=s+t;
      t=t+1; N=N+1;
   } while (N<100);
   printf("\ns=1+2+···+100=%d", s);
}
```

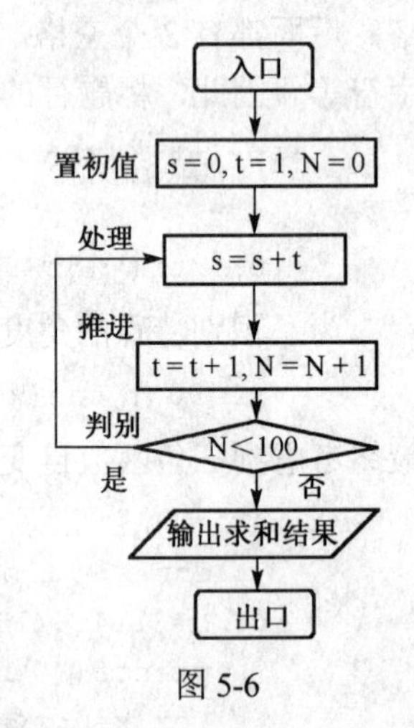

图 5-6

其中的变量 N 是循环控制变量，因为它对循环次数起着控制的作用。

细心的读者可能会发现这里的当前项与计数器有着内在的联系，无须两者都存在。仅用当前项 t 也可以控制循环次数，可以考虑删除计数器 N。

说明　（1）图 5-6 所示的控制流程示意图刻画了一种框架或者模式，事实上，这个控制流程示意图稍作修改便可用于很多其他求和计算，特别是用于计算等差级数，如计算：

s=1+3+5+···+99，　　初值：t=1；推进：t=t+2，判别条件：N<50

s=2+4+6+···+100，　　初值：t=2，推进：t=t+2，判别条件：N<50

s=1+5+9+13+···+401，初值：t=1，推进：t=t+4，判别条件：N<101

s=51+53+55+···+451，初值：t=51，推进：t=t+2，判别条件：N<201

但上机计算时得到的和，有的可能是不正确的，请读者自行思考是什么原因引起错误，又应该如何改正。此外还要注意，判别条件中项数（比较次数）的确定。

（2）请注意循环次数的控制。如果把图 5-6 对应的 C 程序中循环结束与否的判别条件

```
N<100
```

修改为

```
N<=100
```

结果将不正确，因为这时将多加 1 项，即加到 101 才结束。

概括起来，循环次数的控制取决于循环控制变量的初值、增量、判别条件，以及处理这四者的组合。例如，对于图 5-6 相应的程序，可以有下列组合：

初值：N=0;　处理；增量：N=N+1;　判别条件：N<100

初值：N=1;　处理；增量：N=N+1;　判别条件：N<=100

初值：N=0;　增量：N=N+1; 处理；　判别条件：N<=100

检查方法就是：最后加入部分和中的当前项是否正好是所求和的末项。如果不是，便表明有错误，应该调整初值或判别条件。

（3）本例中，N 与 t 的值有内在联系，可删除其中一个。事实上，用当前项与求和的末项比较，来决定是否继续求和将更为简便，也不至于项数计算错误。

例如，原有 while 循环语句可以改写如下：

```
main()
{  int s=0, t=1;
   do
   {  s=s+t;
      t=t+1;
   } while(t<=100);
   printf("s=1+2+…+100=%d\n", s);
}
```

当循环结束时，最后加入部分和中的当前项一定是期望的末项。

如果改写为 for 循环结构，将更为简便：

```
main()
{  int s, t;
   for(s=0, t=1; t<=100; t=t+1)
     s=s+t;
   printf("s=1+2+…+100=%d\n", s);
}
```

其中，“s=0,t=1”是一个逗号表达式。

使用 for 循环，对于求和 s=1+5+9+13+…+401，可以很方便地写出：

```
for(s=0,t=1; t<=401; t=t+4)
    s=s+t;
```

此 for 语句可以这样来解读：s 的初值是 0，对于 t，从 1 开始，每次加 4 地执行循环体的赋值语句：

```
s=s+t;
```

直到 t>401。这样，无需由程序编写人员去计算项数，也不必考虑循环次数的控制。

下面给出更为一般的级数求和的例子。

例 5.15　试写出求下列级数和的 C 程序。

$y=x-x^3/3!+x^5/5!-x^7/7!+\cdots$

解　本题与前面的例子一样，必须利用迭代结构，应该说有相似的求和思路，即逐次把当前项加入到部分和中，且有相似的程序结构，即置初值、判别条件、处理与推进。明显的是，初值是部分和 y=x，判别条件是当前项的绝对值非常小，或者说在误差范围之内。现在的要点是：如何计算当前项和如何推进。首先明确，这里的当前项事实上是级数的通项。写出通项，比较相邻两项，找出规律，问题就能解决。

让 k 表示第几项的项数，对照前 3 项，第 k=1 项是 x，可以写成形式 $x=(-1)^{k-1}x^{2k-1}/(2k-1)!$，第 k=2 项是 $-x^3/3!$，可以写成形式 $-x^3/3!=(-1)^{k-1}x^{2k-1}/(2k-1)!$，第 k=3 项是 $x^5/5!$，可以写成形式 $x^5/5!=(-1)^{k-1}x^{2k-1}/(2k-1)!$，…。因此可以写出通项如下：

$t_k=(-1)^{k-1}x^{2k-1}/(2k-1)!$

比较 $t_n=(-1)^{n-1}x^{2n-1}/(2n-1)!$ 与 $t_{n+1}=(-1)^n x^{2n+1}/(2n+1)!$，有 $t_{n+1}/t_n=-x^2/((2n)(2n+1))$，这样，可以得出当前项的计算公式：

$t_{k+1}=(-x^2/((2k+1)(2k)))\times t_k$

判别条件是：$|t_{k+1}|<\varepsilon$，ε 是甚小的数，即允许的误差。

相继地计算 t_1、t_2、t_3 等，需要引进多少个变量 t? 如图 5-7 所示，每一步都是从箭头左边的 t 计算得到右边的 t，因此不必存储所有的 t 值，仅需引进 oldt(老 t)与 newt（新 t）两个变量分别存放箭头左边的 t_k 与右边的 t_{k+1}，即相继的 2 项 t_k 和 t_{k+1} 的值，k=1,2,…。

循环控制变量 k 表示项数，和数存放在变量 y 中。至此，可以写出求和程序如下：

```
printf("请输入 x 的值: ");
scanf("%f", &x);
y=oldt=x;
for(k=1; fabs(oldt)>epsilon; ++k)
{  newt=-x*x/(2*k)/(2*k+1))*oldt;
   y=y+newt;
   oldt=newt;
}
```

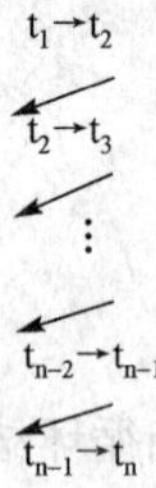

$t_1 \to t_2$

$t_2 \to t_3$

⋮

$t_{n-2} \to t_{n-1}$

$t_{n-1} \to t_n$

图 5-7

请读者自行补充完整成可执行程序。事实上，此例的级数是计算三角正弦 sin 函数的值，例如，如果输入 x=1.5708（90°）时输出结果 y=1.0，输入 x=0.5236(30°)时输出结果 y=0.5。

按本例中的思路，可以编写众多的级数求和的 C 程序，例如：

$y=a+aq+aq^2+aq^3+\cdots$　　　　(等比级数)

$y=1-x^2/2!+x^4/4!-x^6/6!+\cdots$　　(计算三角余弦 cos 函数)

对于下列级数：

$y=1/2+3/2^2+5/2^3+\cdots+(2n-1)/2^n+\cdots$

$y=1/(1\times2)+1/(2\times3)+1/(3\times4)+\cdots+1/(n(n+1))+\cdots$

该如何编写 C 程序？请读者自行思考。

5.2.3　生成斐波那契数列

例 5.16　试写出生成斐波那契数列的 C 程序。

解　数学中一个著名的数列称为斐波那契数列，具体来说，它是下列数列：

1，1，2，3，5，8，13，21，34，…

用 f 表示此数列名，则 f_1=1、f_2=1、f_3=2、f_4=3、f_5=5、…易见有以下规律：

$f_1=1$，$f_2=1$，$f_k=f_{k-1}+f_{k-2}$　　（k=3，4，5，…）

现在要求写出 C 程序来计算 f_n，n=3，4，…。

为此，首先进行分析，以便确定算法。

如果仅仅要求 f_n，是否需要保存前面所求的一切值？如同上例，大可不必。从上面的计算公式，一般地可以概括为：

第 1 个值+第 2 个值⇒新值

之后，让原先的第 2 个值作为新的第 1 个值，把新值作为新的第 2 个值，再重复求新值。如此继续，最终求得所需的 f_n。各项计算如下：

$$f_1+f_2 \Rightarrow f_3$$
$$f_2+f_3 \Rightarrow f_4$$
$$f_3+f_4 \Rightarrow f_5$$
$$\vdots$$
$$f_{n-3}+f_{n-2} \Rightarrow f_{n-1}$$
$$f_{n-2}+f_{n-1} \Rightarrow f_n$$

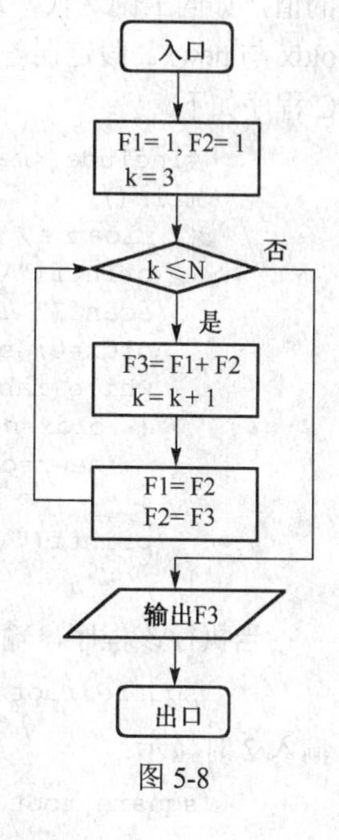

图 5-8

因此只需引进 3 个变量：F1 存放第 1 个值，F2 存放第 2 个值，F3 存放新值，即

F1+F2 ⇒ F3

然后，F2 ⇒ F1，F3 ⇒ F2。

类似于前面循环结构的引进，可以画出控制流程示意图（图 5-8）。至此，C 程序（片断）如下：

```
F1=1;  F2=1;
k=3;
while(k<=n)
{  F3=F1+F2;
   k=k+1;
   F1=F2;
   F2=F3;
}
printf("\nf%d=%d\n", n, F3);
```

注意　这仅是程序片断，不能运行，请读者自行补充完成可执行程序，并上机实验查看结果。显然，上述程序仅输出，也即产生斐波那契数列的第 n 个数。如果要求产生斐波那契数列的前 n 个数，并把这前 n 个数都输出，此程序该如何修改？如果要求把这 n 个数全部保存，又该如何修改？

说明　这种从 f_1 和 f_2 求得 f_3，再从 f_2 和 f_3 求得 f_4 等，如此重复的过程称为递推过程。本题编程过程中，要注意对 F1 与 F2 的赋值次序，如果写成：

```
F3=F1+F2; F2=F3; F1=F2;
```

将不能正确反映递推过程，得不到期望的结果。

5.2.4　求平方根

例 5.17　试编写计算实数 a 的平方根的 C 程序。

解　求实数 a 的平方根，通常采用迭代公式：

$$x_{n+1}=x_n-(x_n \times x_n-a)/(2x_n) \qquad (n>=0) \qquad x_0=a/2$$

按照上述公式，将从 x_0 出发，依次计算 x_1、x_2、…、x_n 与 x_{n+1} 如下：

$$x_0 \rightarrow x_1$$
$$x_1 \rightarrow x_2$$
$$\vdots$$
$$x_{n-1} \rightarrow x_n$$
$$x_n \rightarrow x_{n+1}$$

当 $|x_{n+1}-x_n|<\varepsilon$ 时结束迭代。ε是非常小的数，或者说是允许的误差，这表示当迭代结束时，x_{n+1} 是 a 的平方根的近似值，两个近似值 x_{n+1} 与 x_n 的差在误差范围之内。

现在考虑如何使用迭代结构来实现。

是否让每个 x 对应一个变量来存储它的值？显然这是难以做到的，因为不知道 n 是多大，个数是不确定的。事实上，可以把箭头左边的 x 值看作是老的值，而箭头右边的 x 值看作是新的值，如同上例迭代，最终老值与新值之差的绝对值小于非常小的ε。因此只需引进 2 个变量 oldx 与 newx。假定误差范围是 0.5×10^{-4}（精确到小数点后 4 位），使用 while 循环语句可以写出 C 程序如下。

```
#include <math.h>
main()
{  float a, oldx, newx, epsilon=0.5e-4;
   printf("\nInput value for a: ");
   scanf("%f", &a);
   oldx=0; newx=a/2;
   while(fabs(newx-oldx)>epsilon)
   {  oldx=newx;
      newx=oldx-(oldx*oldx-a)/(2*oldx);
   }
   printf("\nsquare root of %4.2f is %6.4f\n", a, newx);
}
```

当执行该程序，输入 9 时显示：

```
square root of 9.00 is 3.0000
```

输入 2 时显示：

```
square root of 2.00 is 1.4142
```

程序中初值是 a/2，这与精度无关，仅影响到迭代次数。精度取决于 epsilon 的值，它的值是 0.5e-4，这是 C 程序中带指数实型常量的表示法，e 代表 10，0.5e-4 就是 0.5×10^{-4}，精确到小数点后 4 位，当是 0.5×10^{-5} 时精确到小数点后 5 位，当然最多仅 float 型所能达到的精度，小数点后 6 位。

这种从老值得到新值，再以新值作为老值去求新值的重复过程称为迭代过程。此过程是否是递推过程呢？看起来似乎是相同的，但实际上是不同的，不同之处就在于：迭代过程仅产生一个结果，而递推过程产生的都是需要保存的有效结果。例如，斐波那契数列示例中，计算过程中每一步求的都是斐波那契数列的一个组成部分。而求平方根的过程中所产生的中间结果最终都是无需存在的，仅最终满足精度的近似值才是所求。

说明　（1）其中的 fabs 是求实型数的绝对值函数，它在头文件 math.h 中定义，因此，该程序中必须有文件包含命令：

```
#include <math.h>
```

没有以上文件包含命令，将得不到预期结果。

（2）置初值时，要使得在第 1 次时条件 fabs(newx−oldx)>epsilon 是真，即|oldx−newx|>ε，newx=a/2，不能让 oldx 是 1，那样，在 a=2 时，newx=oldx，立即得到结果 newx=1，显然这是不正确的。让 oldx=0 是合适的。

求平方根的例子与前面例子的不同之处在于：之前的其他例子中，循环体语句的重复执行次数是已知的，而此例中循环体语句的重复执行次数是未知的，迭代结束取决于有没有达到精度。

读者应该熟练地掌握这 3 类循环结构语句，并且相互转换，如把例 5.17 中的 while 语句改写成 for 语句。

5.2.5 求素数之和

例 5.18 试求 1～1000 之内的素数之和。

解 本题的思路应该说很清楚：从 1 开始，每次加 1 直到 1000，判别每个数是否为素数。如果不是素数，则掠过不计，继续判别下一个整数是否为素数，如果是素数，则把它加到素数之和中，因此使用 for 结构，显然有如下结构：

```
s=0;                    /* 素数之和初值为 0 */
for(n=1; n<=1000; n++)
{   如果 n 不是素数
    则继续判别下一个;
    否则把 n 加入 s 中;
}
```

首先要明确素数是什么，然后再考虑如何求素数之和。素数是不能被 1 和除它本身之外的任何整数整除的整数。因此要判别一个整数是否素数，只需让比它小的整数逐个去除它，没有一个能整除它，这个整数便是素数。1 不算素数，2 是素数，且除 2 外的偶数一定不是素数，可以排除，因此判别整数 n 是否为素数的程序可以写出如下：

```
for(m=3; m<n; m+=2)
{  if(n%m==0)
   {  不再循环，控制转向循环外;}
}
if(m<n)
  printf("\n%d 不是素数\n", n);
else
  printf("\n%d 是素数\n", n);
```

n%m 的值是 0，表示 m 整除 n，因此 n 不是素数，不把它加入和 s 中。由于没必要输出是否为素数的信息，因此把判别素数与素数求和两者结合起来，并稍作修改：

```
s=2;   /* 2 是第 1 个素数，判别素数从 3 开始 */
for(n=3; n<=1000; n+=2)
{
  for(m=3; m<n; m+=2)
  {  if(n%m==0)
     { 不再循环，控制转向循环外;}
  }
  if(m<n)
    continue;  /* 不是素数，继续判别下一个整数 */
  else
    s=s+n;     /* n 是素数，加入到和 s 中 */
}
```

关于这个程序，请注意几点：

（1）这个程序效率较低，因为作了多余的判别。具体来说，若一个整数不是素数，它必定可以写成 2 个整数的乘积，即 $n=j\times k$，假定 $j<\sqrt{n}$，必定 $k>\sqrt{n}$，因此当 j 已经整除 n，就没有必要再用 k 去除 n。因此可以写出：

```
for(m=3; m<sqrt(n); m+=2)
```

由于 sqrt(n)只需计算一次，让 $r=\lfloor sqrt(n)\rfloor$，这里$\lfloor N\rfloor$表示对 N 取整，进一步改写成：

```
r=sqrt(n);
for(m=3; m<r; m+=2)
```

（2）不再循环时，可以使用 break 语句将控制转向循环外。

（3）不求和时，使用 continue 语句立即把控制转向 k 循环的开始处。在这个例子中，执行 continue 语句，将计算 m+=2，然后判别条件 m<=r。事实上，更合适的是改变判别条件为“是素数”（m>=n)，这样，无需 else 部分的 continue 语句，因为循环结束处自动把控制转向循环开始处。

概括起来，可以修改成如下的 C 程序：

```
s=2;
for(n=3; n<=1000; n+=2)
{  r=sqrt(n);
   for(m=3; m<=r; m+=2)
      if(n%m==0)
         break;
   if(m>r)
      s=s+n;
}
```

请读者自行添加说明部分与输出语句等，写出完整的可执行程序。也请读者自行考虑，如何同时把这个范围内的所有素数以每行 10 个输出，试写出完整的程序。

5.3　适用于循环的数据结构——数组类型

5.2 节中解决了两类典型的问题，即级数求和与计算一系列的函数值，这两类问题的共同点是：当前项都能以某种规律取到。下面以例子说明其他情况的处理。

5.3.1　数组的概念

假定要计算某工厂一车间一星期中的零件生产量 s，一周有 7 天，每天的生产量通常写成 p1、p2、…、p7，在 C 语言中可以引进相应的 7 个变量，这样有：

```
s=p1+p2+p3+p4+p5+p6+p7;
```

但如果要统计一个月的，甚至一年或更长时间的生产量，能否用图 5-9 所示控制流程图来求和？答案是否定的，因为 pk 是一个标识符，其中的 k 不能取值 1 与 2 等。

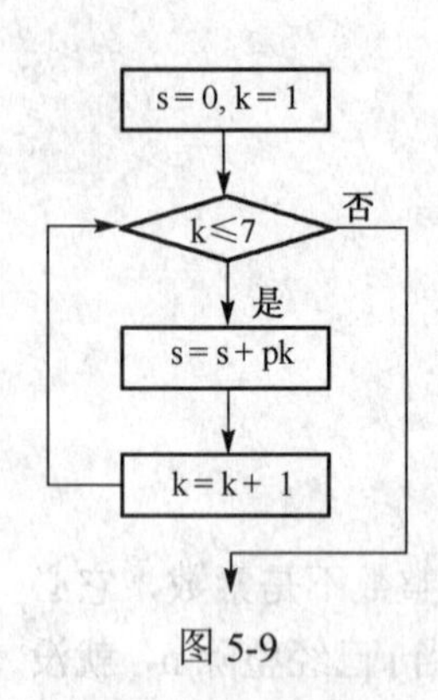

图 5-9

现在考虑，把一组量看作一个整体，各个量作为它的元素，通过元素的序号来存取元素，例如，这个整体取名 p，它的元素序号是 1、2、…，注意，第 1 个元素不能写成 p1，第 2 个元素也不能写成 p2 等。解决办法就是写成 p[1]与 p[2]的形式。这种新类型的变量 p 称为数组，p[1]、p[2]、…、p[k]称为数组元素。给出数组名与序号，就可以存取数组相应的元素。

说明　在 PASCAL 语言中数组元素称为下标变量。

5.3.2　数组类型与数组变量说明

数组类型是具有相同类型属性的一组元素组成的集合，通过序号存取数组元素。对于上述零件生产量统计的 C 程序中，可如下定义数组型变量 p:

```
int p[7];
```

这样，定义了 p 是一个数组类型变量，它的元素共 7 个，各个元素的类型都是 int 型。p 可以称为 int 型数组。要注意的是，C 语言中，数组元素的序号从 0 开始，而不是从 1 开始。即 p 的元素是 p[0]、p[1]、p[2]、…、p[6]。

求一周的零件生产量 s 可以如下计算：

```
s=p[0]+p[1]+p[2]+p[3]+p[4]+p[5]+p[6];
```

C 语言中，数组类型的一般定义形式是如下的变量说明：

　　数组类型　数组名[元素个数]，…，数组名[元素个数]；

其中，数组类型是 int 等类型符关键字，或其他的类型名等，数组名是标识符，元素个数是常量，即任何数组类型变量一经定义，它的元素个数就固定不变。

数组元素引用的一般形式如下：

　　数组名[下标表达式]

其中下标表达式必须是整型的，以便确定此数组元素是哪一个。

例如，可有如下的数组定义：

```
int A[5],B[12],C[31];
float product[7],Matrix[10];
char string[10];
```

定义 A、B 与 C 分别为有 5 个、12 个与 31 个元素的 int 型数组，定义 product 与 Matrix 分别为有 7 个和 10 个元素的 float 型数组，而定义 string 为有 10 个元素的 char 型数组。这里再次强调数组元素的序号从 0 开始，而不是从 1 开始，如 A 的元素是 A[0]、A[1]、…、A[4]。如果在程序中写 A[5]将引起越界错误，或者，A[k]中变量 k 的值超过 4，也都将引起越界错误。

注意　相对于数组型变量，之前所定义的变量称为简单变量。简单变量与数组变量可以在同一个变量说明中定义。例如：

```
int k,p[7],s;
```

定义 p 为有 7 个元素的 int 型数组变量（简称数组），每个元素都是 int 型。定义 k 与 s 为 int 型简单变量。不要以为 k 与 p 一样，也被定义为有 7 个元素的 int 型数组变量。

与简单变量可以在变量说明中定义时置初值一样，数组变量也可以在相应数组变量说明中置初值。例如：

```
int p[7]={212, 323, 194, 245, 300, 319, 318};
```

元素个数是多少个，初值就需要多少个，如果未给出这样多个初值，则自动在后面补以 0，让没给出初值的元素初值为 0。例如，

```
int p[7]={212, 323, 194, 245};
```

则 p[0]、p[1]、p[2]与 p[3]的值分别是 212、323、194 与 245，而 p[4]、p[5]与 p[6]的值都是 0。如果初值个数太多，超过元素个数将出错。但 C 语言允许在置初值时不指明元素个数，由编译系统自动根据给出的初值来确定元素个数。假定给出下列数组变量说明：

```
int p[ ]={12,23,34,45,56};
```

则编译系统自动确定元素个数是 5，这个数组变量说明相当于：

```
int p[5]={12,23,34,45,56};
```

注意　不给出初值时，必须指明元素个数，否则出错。

对于在函数定义内变量说明中定义的变量，如果没有置初值，编译系统将不会自动置初值，这时变量的值无定义，是不确定的。如果不对它们显式置初值便引用这些变量，将引起错误。为了把数组变量的所有元素置初值为 0，可以仅置一个初值 0。例如：

```
int p[7]={0};
```

一个数组的全部元素存储在一个连续的存储区域中，每个数组元素的存储地址可以从

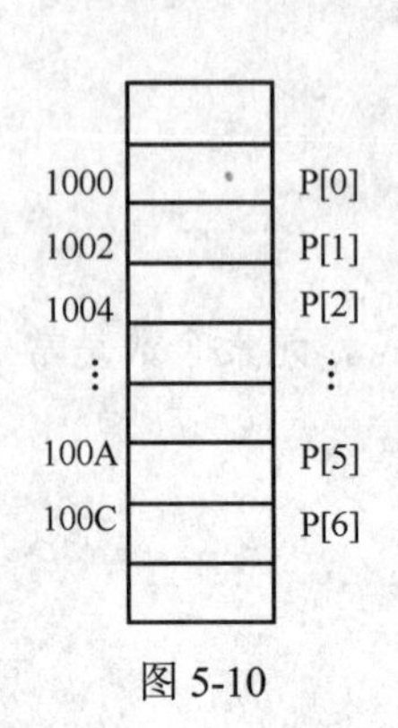

图 5-10

对于数组第 1 个（序号 0）元素的相对位移量得到，如图 5-10 所示。例如，用<p[0]>表示数组元素 p[0]的存储地址，<p[1]>是 1002，<p[2]>是 1004。一般地，数组元素 p[k]关于 p[0]的相对位移量是 2k,p[k]的存储地址是：

```
<P[k]>=<P[0]>+2k
```

例如，<P[5]>=<P[0]>+2×5=1000+10=100A(十六进制)。

关于数组，不能对整体的数组进行运算，只能对基本类型的数组元素进行运算。

引进数组的优点在于：任意给出一个序号，就可以随机地存取数组的任意元素。例如，假定有 p[k]，让 k 的值依次取值 1、2、…、6，p[k]依次是 p[1]、p[2]、…、p[6]。一般地，序号可以通过一个表达式来计算，如 p[k+m−1]，由 k+m−1 的值决定存取的是 p 的哪一个元素，只要计算出来的序号值是整数，且在可允许的范围内。了解了这一点，就可以用循环结构来实现生产量的统计。对照图 5-9，把 pk 改成数组元素 p[k]，k 从 0 开始，每次加 1，直到 6，可以存取数组的所有元素。现在控制流程示意图如图 5-11 所示，相应地可以写出 while 循环语句如下：

```
s=0; k=0;
while(k<=6)
{  s=s+p[k];
   k=k+1;
}
```

s = 0, k = 0
k ≤ 6
否
是
s = s + p[k]
k = k + 1

图 5-11

还可以类似地写出另两类循环语句如下。

do-while 语句

```
  s=0; k=0;
  do
  {  s=s+p[k];
     k=k+1;
  }while(k<=6);
```

for 语句

```
  for(s=0,k=0;k<=6;k=k+1)
      s=s+p[k];
```

这 3 种形式的循环语句，都实现了统计一周零件生产量的功能，显然 while 语句与 do-while 语句都必须由程序编写人员来控制循环次数，而 for 循环语句比较简洁，更容易控制循环次数。但这三者的共同特点是：只需对程序中的条件作适当修改，便可以统计 1 个月的零件产量。例如，修改条件为 k<=30。为了适应求和项数变化和对各个不同数据进行求和，可以写出如下读入数据并进行求和的 C 程序：

```
#define  N  10
main()
{  int k, s;   int V[N];
   printf("请键入%d 个整数值:", N);
   for(k=0; k<N; k++)
       scanf("%d", &V[k]);
   for(s=0,k=0; k<N; k++)
       s+=V[k];
   printf("总和 s=%d\n", s);
}
```

只需改变宏定义中的 10 为其他值，就可以对所需要的项数求和。注意，其中 for 语句的判别条件是 k<N，不是 k<=N，这是因为数组元素序号从 0 开始，最后一个元素的序号是 N-1。

利用数组类型，在任意多个值中寻找最大最小值的问题也变得十分简单，下面给出例子。

例 5.19　试求 15 个整型变量中的最大值。

解　求 15 个变量中的最大值，一种合适的方法是：引进变量 max 用来存放最大值，首先让 max 是第 1 个变量的值，以后每次把一个变量的值与 max 比较，比 max 的值大，便把 max 的值改变为此变量的值，直到比较完所有变量。如果没有引进循环结构，也没有数组的概念，要求 15 个值中的最大值，将是十分不方便的。如果有更多的数值，甚至将变得不可能。但是，当把循环结构与数组类型结合起来，处理会变得十分简便。

假定有数组变量说明，并置初值如下：

```
int A[15]={ 11,39,74,19,48,10,30,78,2,12,7,24,81,31,21};
```

对于求最大值，可以画出控制流程示意图如图 5-12 所示，采用 3 种循环结构中的任何一种，如采用 for 循环语句，可以写出相应的程序如下：

```
max=A[0];
for(k=1; k<15; k++)
{  if(A[k]>max)
     max=A[k];
}
```

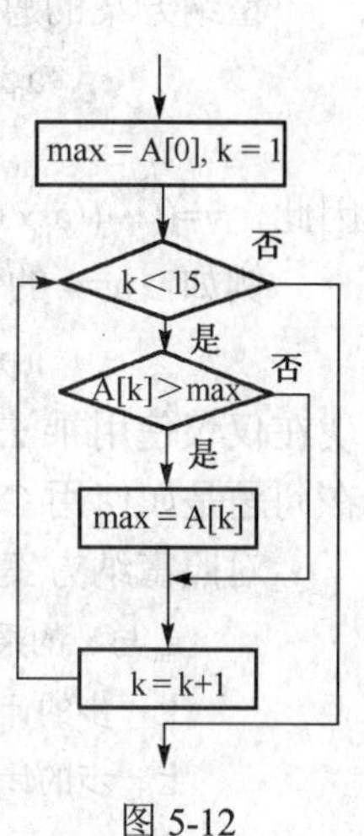

图 5-12

最终，变量 max 的值是 15 个值中的最大值。

显然，这个程序适用于在任意多个值中求最大值，只需把其中的 15 修改为相应的个数就可以。更合适的是利用宏定义命令。例如：

```
#define  N  15
```

同时把 for 语句第 1 行“for(k=1; k<15; k++)”改写为：

```
for(k=1; k<N; k++)
```

请读者考虑如何记住最大值的序号是什么，以便在输出最大值的同时输出这是哪一个数组元素的信息。

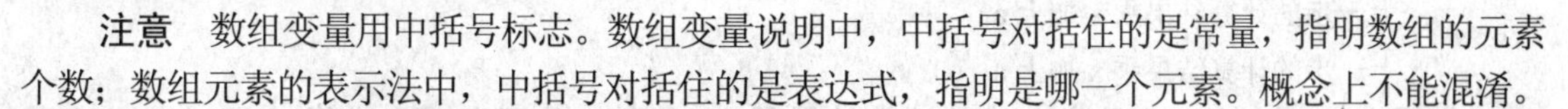

注意　数组变量用中括号标志。数组变量说明中，中括号对括住的是常量，指明数组的元素个数；数组元素的表示法中，中括号对括住的是表达式，指明是哪一个元素。概念上不能混淆。

5.3.3　数组类型的应用

本节给出一些典型的实例，对于它们，不使用数组类型便不可能解决。请读者注意解决这些问题时的思路及技巧。

例 5.20　试写出在 n 个数值中找出最大值与最小值的 C 程序。

解　在例 5.19 中已应用循环结构与数组来找一组数值中的最大值。现在既求最大值，又求最小值。可以设置变量 max 存放最大值，设置变量 min 存放最小值。开始时，让第 1 个元素的值既作为 max 的初值，又作为 min 的初值。要注意的是，不要用 2 个循环结构去分别求最大值与最小值。事实上，在同一个循环中就可以进行比较，求出最大值与最小值。假定 n=10，这 10 个值存放在数组 A 中。可以写出 C 程序如下：

```
#define  n  10
main()
{  int k; float max, min;
   float A[n]={1.2,5.1,2.9,-5.8,14.9,-0.5,15.1,10.2,11.6,8.5};
   max=A[0];  min=A[0];
   for(k=1; k<n; k++)
```

```
    {  if(A[k]>max)  max=A[k];
       if(A[k]<min)  min=A[k];
    }
    printf("max=%6.1f, min=%6.1f\n", max, min);
}
```

其中，再次展示了数组如何置初值。

如果要求输出最大值的元素序号与最小值的元素序号，应该如何处理，请读者自行思考。

例 5.21　试写出计算下列一元高次多项式值的程序：

$$y = a_n x^n + a_{n-1} x^{n-1} + \cdots + a_1 x + a_0$$

解　C 语言中提供的计算幂次的系统库函数是 pow，如计算 x^5，可以写成 pow(x,5)。如果使用此函数，速度奇慢，若一个应用问题中多处要计算高次多项式的值，将大大影响效率。如何从算法上改进是关键。这里提供一种十分有效的算法，通常称为霍纳方案。

霍纳方案的思路是用乘法代替幂次，即把原式改写如下：

$$\begin{aligned} & a_n x^n + a_{n-1} x^{n-1} + a_{n-2} x^{n-2} + \ldots + a_2 x^2 + a_1 x + a_0 \\ & = ((\cdots((a_n x + a_{n-1})x + a_{n-2})x + \cdots + a_2)x + a_1)x + a_0 \end{aligned}$$

因此，$y=((\cdots((a_n x+a_{n-1})x+a_{n-2})x+\cdots+a_2)x+a_1)x+a_0$。

例如，n=4 的情况：

$$a_4x^4+a_3x^3+a_2x^2+a_1x+a_0=(((a_4x+a_3)x+a_2)x+a_1)x+a_0$$

现在仅仅使用乘法与加法，不再有幂次计算，计算速度明显提高，效率的改进十分明显。现在问题是如何用 C 语言来实现。

对照霍纳方案，可以陈述计算过程如下：

a_n 与 x 的乘积加上 a_{n-1}

上一步的计算结果乘 x 加上 a_{n-2}

上一步的计算结果乘 x 加上 a_{n-3}

⋮

上一步的计算结果乘 x 加上 a_1

上一步的计算结果乘 x 加上 a_0

如果在第 1 步之前，让上一步的计算结果是 0，则第 1 步可分 2 步进行：

上一步的计算结果乘 x 加上 a_n

上一步的计算结果乘 x 加上 a_{n-1}

因此，所有步的计算都有下列形式：

上一步的计算结果乘 x 加上 a_k

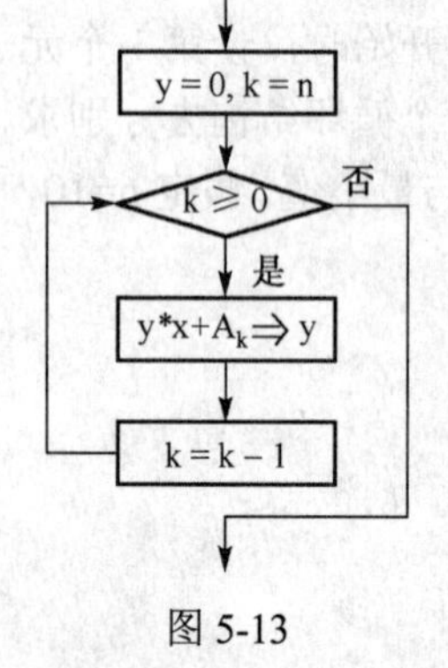

图 5-13

其中 k 的值依次取值 n、n−1、⋯、1 与 0。假使引进变量 y 存放上一步的计算结果，然后计算得到新的值后又作为新的上一步计算结果，因此有：

$$y*x+a_k \Rightarrow y$$

采用霍纳方案计算高次多项式的控制流程示意图如图 5-13 所示。

现在问题是如何引用多项式系数？不言而喻，使用数组来存放系数。让多项式系数 a_0、a_1、⋯、a_{n-1} 与 a_n 存放在数组变量 A 中，即 A[k] 中存放系数 a_k（k=0, 1, 2, ⋯ , n），可以写出语句：

```
y=y*x+A[k];
```

最终可写出程序如下：

```
for(y=0,k=n; k>=0; k--)
    y=y*x+A[k];
```

注意　这里循环的推进部分是：k--，k 是从 n 开始，依次减 1，最后到 0。

显然，霍纳方案是计算高次多项式的最佳方案，效率既高又便于计算机实现。

5.3.4　二维数组

当统计一年的零件产量时，通常先统计月产量，之后在月产量统计的基础上进行年产量的统计。往往用表格表示数据，如表 5-2 所示。

表 5-2

日 / 产量 / 月	1	2	…	30	31	合计
1	$p_{1,1}$	$p_{1,2}$		$p_{1,30}$	$p_{1,31}$	S_1
2	$p_{2,1}$	$p_{2,2}$		$p_{2,30}$	$p_{2,31}$	S_2
⋮	⋮	⋮	…	⋮	⋮	⋮
11	$p_{11,1}$	$p_{11,2}$		$p_{11,30}$	$p_{11,31}$	S_{11}
12	$p_{12,1}$	$p_{12,2}$		$p_{12,30}$	$p_{12,31}$	S_{12}

统计年产量的控制流程示意图如图 5-14(a)所示。

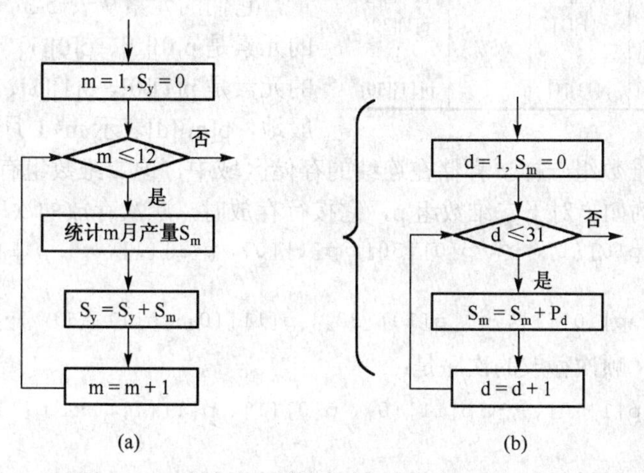

图 5-14

其中统计 m 月产量 S_m 这一处理框可细化为图(b)，显然图 5-14(a)与 (b)中都是循环结构，可以先写出初步的 C 语言伪代码程序如下：

```
m=1; Sy=0;
while(m<=12)              /* 统计年产量开始 */
{  d=1; Sm=0;             /* 统计 m 月产量开始 */
   while(d<=31)
   {  Sm=Sm+pd;
      d=d+1;
   }                      /* 统计 m 月产量结束 */
   Sy=Sy+Sm;
   m=m+1;
}                         /* 统计年产量结束 */
```

其中需要处理的是 S_m 与 p_d，因为 C 程序中是不允许这样写的，对于它们应该使用数组类型。对于 S_m，可以引进数组 S：

```
int S[12];
```

对于 p_d，它不仅与日相关，而且与月相关，按通常的表示法应该写成 p_{md}，表示 m 月 d 日的产量。显然，变量 p 不能定义为 p[12]，也不能定义为 p[31]，可以定义为

```
int p[12][31];
```

12 指明月数，31 指明天数。这种形式定义的数组 p 称为二维数组，而 S 称为一维数组。从定义形式看，一维数组仅指明一个元素个数，而二维数组指明两个元素个数。

二维数组变量说明的一般形式如下：

数组类型 数组名[元素个数][元素个数],…,数组名[元素个数][元素个数];

当引用二维数组变量的元素时，需要有 2 个序号，或者说有 2 个下标，来确定数组元素在数组中的位置。二维数组元素引用的一般形式如下：

数组名[下标表达式][下标表达式]

其中的下标表达式同样必须是整型的。

表 5-3

		1 日	2 日	…	31 日
1 月	p[0]	p[0][0]	p[0][1]		p[0][30]
2 月	p[1]	p[1][0]	p[1][1]	…	p[1][30]
⋮	⋮	⋮	⋮		⋮
12 月	p[11]	p[11][0]	p[11][1]		p[11][30]

C 语言中，不论是第 1 维，还是第 2 维，序号总是从 0 开始。p[0]、p[1]、…、p[11]也是数组，分别表示 1 月、2 月、…、12 月的产量，它们的元素从表 5-3 中可见，例如，p[0]的元素是 p[0][0]、p[0][1]、…、p[0][30]，p[1]的元素是 p[1][0]、p[1][1]、…、p[1][30]等。一般地，p[m][d]表示 m+1 月 d+1 日的产量。

二维数组与一维数组一样，存储在连续的存储区域中，但二维数组有一个按行存放还是按列存放的问题。例如，对于二维数组 p，它按行存放时，顺次存放的次序是：

```
p[0][0]、p[0][1]、…、p[0][30]、p[1][0]、p[1][1]、…、p[1][30]
⋮
p[10][0]、p[10][1]、…、p[10][30]、p[11][0]、p[11][1]、…、p[11][30]
```

如果按列存放，顺次存放的次序是：

```
p[0][0]、p[1][0]、…、p[11][0]、p[0][1]、p[1][1]、…、p[11][1]
⋮
p[0][29]、p[1][29]、…、p[11][29]、p[0][30]、p[1][30]、…、p[11][30]
```

假定有数组变量说明：

```
int B[3][4]={{11,12,13,14},{21,22,23,24},{31,32,33,34}};
```

数组 B 共有 3×4=12 个元素，当按行存放时，顺次存放的次序是：

```
B[0][0]、B[0][1]、B[0][2]、B[0][3]、B[1][0]、B[1][1]、
B[1][2]、B[1][3]、B[2][0]、B[2][1]、B[2][2]、B[2][3]
```

当按列存放时，顺次存放的次序是：

```
B[0][0]、B[1][0]、B[2][0]、B[0][1]、B[1][1]、B[2][1]、
B[0][2]、B[1][2]、B[2][2]、B[0][3]、B[1][3]、B[2][3]
```

假使要求 B 的第 10 个元素，按行存放时是 B[2][1]，但按列存放时是 B[0][3]。可见，即使是同一个算法、同一个程序，由于数组按不同的顺序存放，执行的效果将是完全不同的。读者必须注意语言的规定。C 语言中，二维数组甚至更高维的数组，都是按行存放的。

由于 C 语言中数组元素的序号从 0 开始，有时处理是方便的，但也往往带来不便，特别如上例序号 0 对应于 1 月，p[0][0]是 1 月 1 日的产量，p[2][10]是 3 月 11 日的产量，等等。容

易造成错误。建议读者让 0 号空出来，这样 m 的序号 1 对应于 1 月，序号 2 对应于 2 月，d 的序号 1 对应于 1 日，序号 2 对应于 2 日，与通常的习惯一致，不容易错。这时只需把数组变量说明作相应修改，即元素个数加 1：

```
int S[13];  int p[13][32];
```

这时表 5-3 修改成表 5-4。其中的 p[0[0] 等都有删除线，这表示不关心其内容，可以让它们的值都是 0。

表 5-4

		0	1	2	…	31
0	p[0]	~~p[0][0]~~	~~p[0][1]~~	~~p[0][2]~~		~~p[0][31]~~
1 月	p[1]	~~p[1][0]~~	p[1][1]	p[1][2]		p[1][31]
2 月	p[2]	~~p[2][0]~~	p[2][1]	p[2][2]	…	p[2][31]
⋮	⋮	⋮	⋮	⋮		⋮
12 月	p[12]	~~p[12][0]~~	p[12][1]	p[12][2]		p[12][31]

利用二维数组，最终可以写出 C 程序如下：

```
m=1;  Sy=0;
while(m<=12)              /*统计年产量开始*/
{  d=1; S[m]=0;           /*统计 m 月产量开始*/
   while(d<=31)
   {  S[m]=S[m]+p[m][d];
      d=d+1;
   }                      /*统计 m 月产量结束*/
   Sy=Sy+S[m];
   m=m+1;
}
```

其中，对于 p[m][d]，当 m=1 与 d=2 时是数组元素 p[1][2]，当 m=8 与 d=5 时是数组元素 p[8][5]。随机地给定 m 与 d 的值，就可以随机地存取相应的数组元素。

如同一维数组，二维数组也不能直接参与运算，只有具有基本类型的数组元素才能。对于二维数组变量，即使 p[1]等也不能参与运算，因为它仍是数组，不是基本类型的数组元素。可以把二维数组看作是（一维）数组的数组，例如，p 是由 p[0]、p[1]、…、p[12]组成的数组，而 p[0]与 p[1]等都是（一维）数组，即 p[0]由 p[0][0]、p[0][1]等组成。只有 p[0][0]、p[0][1]等才能参与运算。

为了获得数组元素的值，一般采用两种方式，一是输入，二是置初值。下面给出例子。

- 通过输入获得值，可有如下程序：

```
for(m=1; m<=12; m++)
{  printf("请输入%d 月的 31 个产量值：", m);
   for(d=1; d<=31; d++)
      scanf("%5d", &p[m][d]);
}
```

- 通过置初值获得值，可有如下说明语句：

```
int p[13][32]=
  {{0}, /* p[0][0]、p[0][1]、…、p[0][31]都是 0*/
    {0,153,155,…,157,154},       /*p[1]:1 月产量,p[1][0]=0*/
    {0,144,145,…,161,0,0,0},     /*p[2]:2 月产量,p[2][29]等补以 0*/
      ⋮
    {0,172,168,…,173,0 },        /*p[11]:11 月产量,p[11][31]补以 0*/
    {0,145,156,…,161,159}        /*p[12]:12 月产量,p[12][0]=0 */
};
```

其中，p[0]、p[1]与 p[2]等的初值都分别用大括号对括住。当置初值时，初值的个数应该与指明的元素个数相同，如果少于元素个数，将自动以 0 补足到指明的元素个数。一维数组时是这样，二维数组时也是这样。任何情况下，初值的个数不能超过所指明的元素个数。

说明　置初值中的省略号仅因篇幅起见而使用，C 程序中是不允许出现的。

注意，当对二维数组置初值时，C 语言允许不指明第 1 维的元素个数，而是由编译系统自动根据所给初值，自动确定第一维的元素个数。例如，假定给出下列数组变量说明，

```
int M[ ][5]=
{  {11,12,13,14,15},
   {21,22,23,24,25},
   {31,32,33,34,35}
};
```

则编译系统自动确定第 1 维的元素个数是 3，即此数组变量说明相当于：

```
int M[3][5]={ … };
```

但即使置初值，也不允许第 2 维的元素个数不指明。如下例是错误的：

```
int M[ ][ ]={ … };
```

说明　在本例的程序编写过程中，首先画出控制流程图（图 5-14(a)），其中的“统计 m 月产量”仅是一个处理框，然后把此处理框进行细化，画出相应的控制流程示意图（图 5-14(b)）。这一点十分重要，反映了一种思维方法和解决问题的系统方法：这就是自顶向下、逐步细化。先考虑整个问题的解题思路，给出粗略的流程图轮廓，然后对于不容易实现而需细化的部分进行细化，给出进一步细化的流程图轮廓，如此继续，直到整个问题都容易解决，这时就可以方便地编程。显然，控制流程示意图是一个有效的工具。

5.3.5　引进数组带来的问题：赋值语句的执行步骤

假定有变量说明

```
int j=1, A[7]={0,1,2,3,4,5,6};
```

试执行下列赋值语句

```
A[j]=A[j+1]+(j=3);
```

这里自然产生如下问题：左部变量的存储地址在右部表达式计算之前还是之后计算？如果先计算左部变量的存储地址，j=1，是 A[1]，再计算右部表达式的值，由于 j=1，右部表达式 A[j+1]+(j=3)的值是 5，A[1]得到值 5。但如果左部变量的地址在右部表达式计算之后计算，则右部表达式的值仍是 5，但这时 j 的值是 3，左部变量是 A[3]，执行此赋值语句的结果是：A[3]得到值 5。

可见左部变量地址的计算次序对赋值语句执行的效果有重大的影响。

由上机运行验证，被改变值的是 A[3]，不是 A[1]。因此可以断定：C 语言规定，赋值语句中左部变量的地址，在计算出右部表达式的值之后再计算。因此，赋值语句的执行步骤为：

步骤 1　计算右部表达式的值；

步骤 2　必要时把右部表达式的值进行类型转换，转换为左部变量的类型；

步骤 3　计算左部变量的地址；

步骤 4　把（类型转换过的）右部表达式的值赋给左部变量。

注意　如果在赋值语句中包含自增自减运算，自增自减运算必需先行计算，取出进行自增自减运算变量的当前值参与运算。例如，如果有变量说明：

```
int j=1, A[7]={0,1,2,3,4,5,6};
```

试执行下列赋值语句：

```
A[j]=A[j+1]+(++j);
```

则首先变量 j 自增 1，j 的值成为 2，此赋值语句就相当于 A[2]=A[3]+2，因此，数组 A 的元素 A[2]的值改变为 5，其他元素不变。这时，不是先取到右部表达式中的数组元素 A[j+1]（A[2]）再进行右部表达式的计算，包括后面的自增；而是首先进行自增运算，把变量 j 的值统一为 2，再求右部表达式的值。

5.4　数组类型的进一步应用：排序

这里考虑数组的一种重要应用，即排序问题。

例 5.22　假定要对 n 个数值按从小到大进行排序，使得第 1 个元素值最小，最后一个元素值最大。

解　这里要解决一些问题：

- 如何引用其中的每个数值？
- 如何记录哪个元素是最小，哪个是次小等？
- 个数 n 是不确定的，可能是 10，也可能是 20 等，如何适应这种变化？
- 如何重复进行比较？

…

显然问题多多难以解决，但共识是使用数组。的确，数组的引进使问题变得简单。现在假定 n=10，并把 10 个数值存放在数组 A 中。可以定义下列数组变量 A，并置初值如下：

```
int A[10]={12,49,32,18,6,62,74,39,48,70};
```

通过序号可以引用任一个数组元素，让排序后第 1 个元素 A[0]值最小，A[1]值次小，…，A[9]值最大。对于上述各种问题，一切都可迎刃而解。

为排序，首先要明确思路，然后确定算法，之后再进一步画出控制流程示意图，进而写出程序。

一种最简单直观的方法是：

- 在第 1～n 个元素中找出最小值，设序号为 j_1，把此元素与第 1 个元素交换；
- 在第 2～n 个元素中找出最小值，设序号为 j_2，把此元素与第 2 个元素交换；

⋮

- 在第 n−1～n 个元素中找出最小值，设序号为 j_{n-1}，把此元素与第 n−1 个元素交换；
- 最后仅一个值（第 n 个元素）必定是最大的。

这样全部元素都从小到大地排好序，依次存放在数组的相继元素中。对于上面的每一步，可以概括为：

在第 k～n 个元素中找出最小值，设序号为 j_k，把此元素与第 k 个元素交换；

其中 k=1, 2, … , n−1，因此，引进计数器变量 k 作为控制求最小值次数的循环控制变量。从例 5.19 中已经知道在一组值中求最大值的程序是循环结构，求最小值的情况类似，因此引进另一个计数器变量 j 作为循环控制变量，控制求最小值时的比较次数。

按此思路实现排序时，需要考虑两个问题：

（1）所求最小值的元素 A[j_k]与第 k(k=1,2,…,n−1)个元素交换，如何交换？

（2）如何知道（记住）此最小值元素的序号 j_k？

把两个变量值交换，往往引进一个中间变量，通过它实现交换。例如，要交换 a 与 b，引进变量 temp，只需写出：

```
temp=a;  a=b;  b=temp;
```

执行之后，a与b的值便交换了。

至于要记住最小值的序号，只需引进中间变量t，t的值总是找最小值时最小值元素的序号。在进行以k为循环控制变量的外循环时，把k的值保存在t中，进入以j为循环控制变量的内循环时，当发现A[j]<A[t]时，执行t=j。当j循环结束时只要t≠k，表明A[k]不是最小值，交换A[t]与A[k]。这样，A[k]是第k个小。

综上所述，可以画出控制流程示意图如图5-15所示。

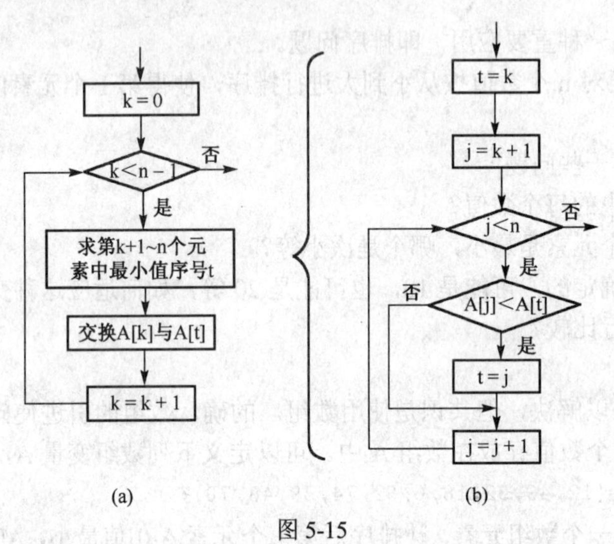

图 5-15

对照图5-15，使用for循环语句，写出C程序如下：

```
for(k=0; k<n-1; k++)
{  /*求第 k+1～n 个数组元素中的最小值*/
   t=k; min=A[k];
   for(j=k+1; j<n; j++)
   {  if(A[j]<min)
      {  min=A[j]; t=j; }
   }
   /* 变量 t 的值是最小值的序号 */
   if(t!=k)    /* 最小值不是 A[k]时交换 A[t]与 A[k] */
   {  temp=A[t]; A[t]=A[k]; A[k]=temp; }
}
```

完整的程序包括补充变量说明、输入数据与结果输出等，请读者自行完成。

本排序程序的思路是每次k（k=0,1,2,…,n-1）循环时，找出最小值，把它交换到第k个元素，从而排好序。这种排序方法称为简单选择排序法。下面介绍另一种典型的排序方法——冒泡排序法。

例 5.23　试以冒泡排序法对n个数进行从小到大排序。

解　假定n个值存放在数组中。冒泡排序法的思路如下：

从第1个数组元素开始，每次比较相邻两个数组元素，如果前面的值小，则不交换；如果后面的值小，则交换，把值小的数组元素前移（与前一个元素交换）。重复这一过程，直到没有元素进行交换，这时全部元素都已从小到大排好序，依次存放在数组的相继元素中。例如，对于由下列变量说明定义的数组变量B

```
int B[10]={12,49,32,18,6,62,74,39,48,70};
```

采用冒泡排序法排序的过程如下：

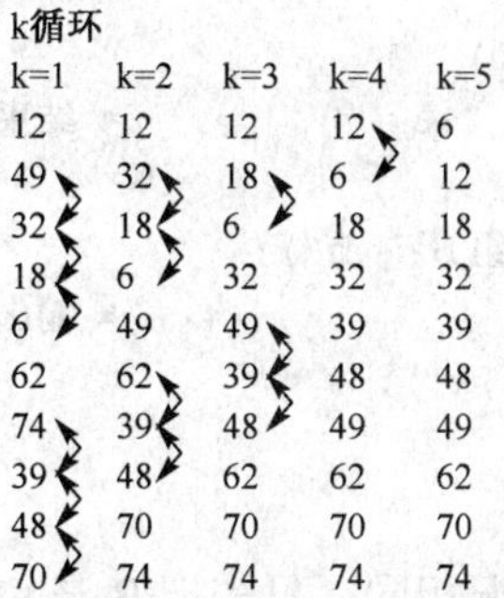

k循环

k=1	k=2	k=3	k=4	k=5
12	12	12	12	6
49	32	18	6	12
32	18	6	18	18
18	6	32	32	32
6	49	49	39	39
62	62	39	48	48
74	39	48	49	49
39	48	62	62	62
48	70	70	70	70
70	74	74	74	74

在这个过程中，如果某一次已没有任何交换，表明已经排好序，排序结束。因此一般来说，过程重复的次数小于 n，最多重复 n−1 次。本例表明，仅重复 4 次已排好序，远少于 n−1=9 次。

由于每次重复都让值小的元素向前移，从上面的示意图可见，轻（值小）的元素向上浮（交换），因此称为冒泡排序法。冒泡排序法是交换排序法的一种。交换排序法还可以是快速排序法。

现在考虑如何实现冒泡排序法。

关于 k 循环，可以写出如下的 C 语句：

```
for(k=1; k<n; k++)
{  气泡上浮;
}
```

其中，气泡上浮可用如下语句实现：

```
for(j=0; j<n-1; j++)
{  if(B[j]>B[j+1])
   {  t=B[j];  B[j]=B[j+1];  B[j+1]=t;
   }
}
```

这样的程序固定要执行 k 循环 n−1 次。问题是：

- 如何判别在一次执行循环体时一次交换也没进行？
- 如何在循环还没有到达指定的次数时结束循环？

关于第一个问题，可以引进一个特征变量，如名为 IsContinue，让它的值是 1（真）时，表示要继续，它的值是 0（假）时，表示不再继续。初值是 0，一旦在同一次循环中进行了交换，便把它置为 1 。

关于第二个问题，可以使用 break 语句。下面给出冒泡排序的完整程序。

```
#define n 10
main()
{  int k,j,IsContinue;
   int t,B[n];
   printf("输入%d 个整数值: ", n);      /* 提示输入要排序的数据 */
   for(k=0; k<n; k++)                   /* 输入 */
      scanf("%d", &B[k]);               /*两数间有空格，最后回车*/
   for(k=1; k<n; k++)
   {   IsContinue=0;                    /* 特征变量＝0："不再重复"*/
       for(j=0; j<n-1; j++)
       {  if(B[j]>B[j+1])
          {  t=B[j];  B[j]=B[j+1];  B[j+1]=t;
```

```
                IsContinue=1;              /* 特征变量＝1：“再重复”*/
            }
        }
        if(IsContinue==0)
            break;                         /* 结束循环 */
    }
    printf("\n 排序好的数组 B：\n");
    for(k=0; k<n; k++)                     /* 输出排序结果  */
        printf("%5d", B[k]);
    printf("\n");
}
```

说明　如果输入的是实数，情况相同，只需把 B 与 t 的变量说明作相应的修改。

通常循环体的重复执行次数由初值、增量及条件的组合来控制，也有如例 5.18 那样由循环体中的条件（整除求余为 0）决定是否继续循环。在例 5.23 中采用了另一种控制循环结束的方法：引进特征变量。概括起来，C 语言中控制循环重复执行次数的方法，除了前面各例中看到的，还可以有多种方法，这里列举若干。

- 设定特定值（如 999），例如，输入值后进行处理，直到输入 999 时结束循环。

```
for(k=1; k<=n; k++)
{  printf("输入整数值(输入 999 时结束): ");
   scanf("%d", &m);
   if(m==999) break;
   …
}
```

- 特定值也可以指一个范围的值，下例中当 s ≤0 时结束循环：

```
main()
{  int s;
   scanf("%d",&s);
   while(s>0)
   {  switch(s)
      {  case 1:printf("%d",s+5);
         case 2:printf("%d",s+4);break;
         case 3:printf("%d",s+3);
         default:printf("%d",s+1);break;
      }
      scanf("%d",&s);
   }
}
```

请读者自行思考当输入 1、2、3、其他大于 0 的值（如 4）时输出的结果是什么。

- 由用户选择结束与否，如求若干值的平方根，询问用户是否继续，选择“否”（N 或 n），循环结束。

```
for(k=1; k<=n; k++)
{  printf("继续求整数值的平方根？（键入 Y 或 N）");
   scanf("%c", &c);
   if(c=='N' || c=='n') break;
   …
}
```

5.5　小　结

5.5.1　本章 C 语法概括

1. 迭代结构

（1）while 语句：　while (表达式) 语句

（2）do-while 语句：do 语句 while(表达式);

（3）for 语句：　for(表达式; 表达式; 表达式) 语句

2. 其他语句

（1）continue 语句：continue;

（2）goto 语句：　goto 标号;

（3）空语句：　;

3. 数组类型

（1）数组变量说明

一维：数组类型 数组名[元素个数],…,数组名[元素个数];

二维：数组类型 数组名[元素个数][元素个数],…,数组名[元素个数][元素个数];

（2）数组变量置初值

　一维：数组类型 数组名[元素个数]={ 初值 };

或　　　数组类型 数组名[ ]={ 初值 };

　二维：数组类型 数组名[元素个数][元素个数]=

　　　　{{ 初值 },…,{ 初值 }};

或　　　数组类型 数组名[ ][元素个数]=

　　　　{{ 初值 },…,{ 初值 }};

（3）数组元素引用

一维：数组名[下标表达式]

二维：数组名[下标表达式][下标表达式]

下标表达式：取整数值的表达式

5.5.2　C 语言有别于其他语言处

（1）PASCAL 语言的 do-while 语句，其结束条件是条件满足，不满足时继续执行循环语句。而 C 语言仅当条件不满足时结束循环。

（2）C 语言循环结构的特点是灵活性，特别表现在 for 语句上。其一般形式是：

for(表达式；表达式；表达式)语句

一般来说，这 3 个表达式起的作用分别是：初值、重复条件与推进。但应用中可以有任意的形式，可以缺省其中的 1 个或 2 个表达式，甚至缺省全部表达式。

（3）C 语言规定数组元素的序号从 0 开始，而不是从 1 开始。这样做的好处是容易计算数组元素的存储地址，然而由于序号与实际元素不一致，即 0 号元素对应第 1 个元素等，容易出错，特别是容易造成越界。例如

```
int A[10];
```

容易写出数组元素 A[10]，正确的最大序号只能是 9。

（4）一般情况下，数组都不能参与运算，然而有的语言允许对数组进行整体赋值，如数

组 A=数组 B。对于 C 语言，要对数组赋值，必须逐个地对数组元素赋值。在数组定义时可以整体置初值，只需初值个数不超过数组元素个数。

（5）赋值语句左部变量的存储地址在右部表达式计算以后再计算，如果数组元素作为赋值语句的左部，产生的效果很可能与原先的考虑不同，在使用时必须小心。

本 章 概 括

本章讨论循环程序设计，循环是一种十分重要的控制结构，它的引进使得能够按照某个条件重复执行一个程序段，完成大量数据的累加、满足所需精度的近似计算等。没有循环结构，就难以编写实用的应用程序。对循环程序设计的掌握，是对 C 语言程序设计掌握程度的衡量角度之一。

循环结构有 3 类语句，不论哪一类，归纳起来，每个循环的控制结构由 4 个部分组成，即置初值、判别条件、处理与推进。主要解决两个问题：条件的设置与重复次数的控制。读者必须掌握循环结构的含意和执行步骤，特别是 for 循环的等价展开式。

要理解一个给定的循环结构执行后的效果，一种较好的办法是应用静态模拟追踪法，列表记录执行过程中变量值的变化，从而分析、概括出运行结果，或者直接得到运行结果。

循环结构能发挥作用，往往是与适合于循环结构的数据结构相联系的，这个数据结构就是数组。数组的引进，使得一些原先不可能实现的处理工作成为可能。例如，计算高次多项式值的霍纳方案、求较多数据中的最大最小值与排序等。请记住，C 语言数组的元素序号是从 0 开始，而不是从 1 开始。

本章给出了两个排序算法，即简单选择排序法和冒泡排序法。求解思路与解决步骤是非常典型的，有很大的参考价值，希望读者理解这些程序的算法思路，特别是整个解决过程。

习　　题

一、选择与填空题

1. 设有以下程序：

```
#include <stdio.h>
main()
{  char c1,c2;
   scanf("%c",&c1);
   while(c1<65 ‖ c1>90) scanf("%c",&c1);
   c2=c1+32;
   printf("%c, %c\n",c1,c2);
}
```

程序运行输入 65<回车>后，能否输出结果、结束运行（请回答能或不能，并说明理由）。

2. 设有以下程序段：

```
#include <stdio.h>
main( )
{  ⋮
  while(getchar( )!="\n");
   ⋮
}
```

以下叙述中正确的是__________。

A）此 while 语句将无限循环

B）getchar( )不可以出现在 while 语句的条件表达式中

C）当执行此 while 语句时，只有按回车键程序才能继续执行

D）当执行此 while 语句时，按任意键程序就能继续执行

3. 若 i 和 k 都是 int 型变量，有以下 for 语句

```
for(i=0,k=-1;k=1;k++)  printf("*****\n");
```

下面关于语句执行情况的叙述中正确的是________。

A）循环体执行两次　　B）循环体执行一次

C）循环体一次也不执行　　D）构成无限循环

4. 设有以下程序：

```
#include <stdio.h>
main()
{  int a=1,b=2;
   for(;a<8;a++){ b+=a; a+=2;}
   printf("%d,%d\n",a,b);
}
```

程序运行后的输出结果是________。

A）9,18　　B）8,11　　C）7,11　　D）10,14

5. 设有以下程序

```
#include <stdio.h>
main()
{  char b,c;  int i;
   b='a'; c='A';
   for(i=0;i<6;i++)
   {  if(i%2) putchar(i+b);
      else   putchar(i+c);
   }
   printf("\n");
}
```

程序运行后的输出结果是________。

A）ABCDEF　　B）AbCdEf　　C）aBcDeF　　D）abcdef

6. 若要定义一个具有 5 个元素的整型数组，以下错误的变量说明是________。

A）int a[5]={0};　　B）int b[ ]={0,0,0,0,0};

C）int c[2+3];　　D）int i=5,d[i];

7. 以下定义数组的语句中错误的是________。

A）int num[]={1,2,3,4,5,6};　　B）int num[ ][3]={{1,2},3,4,5,6};

C）int num[2][4]={{1,2},{3,4},{5,6}};　　D）int num[ ][4]={1,2,3,4,5,6};

8. 设有下列程序：

```
#include <stdio.h>
main()
{  int i,n[ ]={0,0,0,0,0};
   for(i=1;i<=2;i++)
   {  n[i]=n[i-1]*3+1; printf("%d",n[i]);}
}
```

程序运行后的输出结果是________。

9. 设有以下程序：

```
#include <stdio.h>
main()
{  int a[ ]={2,3,5,4},i;
   for(i=0;i<4;i++)
       switch(i%2)
       {  case 0: switch(a[i]%2)
                  {  case 0:a[i]++;break;
                     case 1:a[i]--;
                  }
                  break;
          case 1:a[i]=0;
       }
   for(i=0;i<4;i++) printf("%d",a[i]);
   printf("\n");
}
```

程序运行后的输出结果是________。

A）3344　　B）2050　　C）3040　　D）0304

10. 以下程序运行后的输出结果是________。

```
#include <stdio.h>
main()
{  int n[2], i, j;
   for(i=0;i<2;i++) n[i]=0;
   for(i=0;i<2;i++)
      for(j=0;j<2;j++) n[j]=n[i]+1;
   printf("%d\n", n[1]);
}
```

11. 设有以下程序：

```
#include <stdio.h>
main()
{  int b[3][3]={0,1,2,0,1,2,0,1,2},i, j, t=1;
   for(i=0;i<3;i++)
       for(j=i;j<=i;j++)
           t+=b[i][b[j][i]];
   printf("%d\n",t);
}
```

程序运行后输出的结果是________。

A）1　　B）3　　C）4　　D）9

12. 设有以下程序：

```
#include <stdio.h>
main()
{  int a[3][3]={{1,2,3},{4,5,6},{7,8,9}};
   int b[2]={0},i;
   for(i=0;i<3;i++) b[i]=a[i][2]+a[2][i];
   for(i=0;i<3;i++) printf("%d",b[i]);
```

```
    printf("\n");
}
```

程序运行后输出的结果是________。

13．以下程序运行时输出屏幕的结果为________。

```
#include <stdio.h>
enum{A,B,C,D}x;
void main()
{  char s[]="your";
   for(x=B;x<=D;x++)
      putchar(s[x]);
}
```

14．以下程序运行时输出屏幕的结果为 ______。

```
#include <stdio.h>
enum{A,B,C=4}i;
void main()
{  int k=0;
   for(i=B;i<C;i++)
       k++;
   printf("%d",k);
}
```

二、编程实习题

1．试写出输入任意多个整数值，对它们求最大最小值的程序。要求：输入的数据保存在一个数组中，以输入特殊值-999 结束输入。最终输出按下列格式，如输入数据是：18 23 -59 100 32 12 -32，输出结果是：

```
Max of 18,23,-59,100,32,12,-32 is 100
```

2．试改进第 4 章例 4.15，假定若干人从 5 名候选人中选 3 名，统计 5 名候选人各自的被选票数，显示输出总票数、废票数及各候选人的选票数（按从多到少顺序输出）。投票规则：每人投票最多选 3 人，不足 3 人有效，但超过 3 人无效。

第6章　同类问题的求解——函数定义与函数调用

6.1　问题的提出及解决

在现实生活中，经常要求解一些问题，它们具有相同的数学模型，只是涉及的参数不同而已。例如，求解线性方程组，为此可能对每一种情况都要写出相当长的程序，但是对每一个线性方程组，求解时都有相似的求解步骤，甚至是相同的程序，不同的只是具体的阶数与系数。本章讨论C语言中如何解决这些问题。

6.1.1　实例

首先看一些实例。假定要求a、b与c三者各自的平方根。

```
main()
{  float a,b,c;  float ra,rb,rc;
     ⋮
   ra=a 的平方根;
     ⋮
   rb=b 的平方根;
     ⋮
   rc=c 的平方根;
     ⋮
}
```

把第5章中求a平方根的程序引用过来，可以写出程序如下：

```
main()
{  float a,b,c;  float ra,rb,rc;
   float oldx,newx,epsilon=0.5e-5;
     ⋮
   oldx=0; newx=a/2;
   while(fabs(newx-oldx)>epsilon)
   {  oldx=newx;
      newx=oldx-(oldx*oldx-a)/(2*oldx);
   }
   ra=newx;
     ⋮
   oldx=0; newx=b/2;
   while(fabs(newx-oldx)>epsilon)
   {  oldx=newx;
      newx=oldx-(oldx*oldx-b)/(2*oldx);
   }
   rb=newx;
     ⋮
   oldx=0; newx=c/2;
   while(fabs(newx-oldx)>epsilon)
   {  oldx=newx;
      newx=oldx-(oldx*oldx-c)/(2*oldx);
   }
   rc=newx;
     ⋮
}
```

比较三者，明显可见 3 处求平方根的程序是相同的，仅在出现变量名 a、b 与 c 的程序位置处不同。应该考虑利用同一段程序来求 3 个平方根。

假定现在分别要求下列几个和：

```
s1=1+2+3+…+100
s2=1+3+5+…+99
s3=2+4+6+…+100
s4=1+5+9+13+…+401
s5=51+53+55+…+451
```

在第 5 章中已经知道对于 s1=1+2+3+…+100，可写出如下的程序：

```
s1=0; t=1;
while(t<=100)
{  s1=s1+t;
   t=t+1;
}
```

类似地，对于 s2=1+3+5+…+99 与 s3=2+4+6+…+100，可以分别写出程序如下：

```
s2=0;  t=1;
while(t<=99)
{  s2=s2+t;
   t=t+2;
}
```

与

```
s3=0; t=2;
while(t<=100)
{  s3=s3+t;
   t=t+2;
}
```

关于 s4 与 s5 同样可以写出类似的程序。

比较三者，明显可见 3 处求和的程序是类似的，除了变量名是 s1 与 s2 等不同外，仅初值、增量与终限不同。同样应该考虑利用同一段程序来求级数和。

6.1.2　解决的思路

对于求平方根问题，在上述程序段中用一个参数 N 来代替要求平方根的量。在求平方根之前，用要求平方根的量替换这个参数 N，执行上述程序段，这样求出的就是所求量的平方根。解决思路如图 6-1 所示。

```
main ( )
{  float a, b, c;
   float ra, rb, rc;
   ⋮
   ra = a的平方根
   ⋮
   ra = b的平方根
   ⋮
   ra = c的平方根
   ⋮
}
```

a替代N
b替代N
c替代N
回送√a
回送√b
回送√c

```
oldx = 0;  newx = N/2;
while(fabs(newx-oldx)>epsilon)
{   oldx = newx;
    newx = oldx-(oldx*oldx-N)/(2*oldx);
}
```

图 6-1

图 6-1 所示方框中，计算的是$\sqrt{N}$，此 N 的值是变的，第 1 次是 a 代替 N，把 a 的值传输给 N，实际上计算后回送的值是 a 的平方根。第 2 次与第 3 次分别用 b 与 c 去代替 N，计算后回送的值分别是 b 与 c 的平方根。这样，一个程序段可以用来求多个值的平方根。

这里要解决以下几个问题：

- 如何用 a、b、c 等去替换 N?
- 如何去执行求平方根的程序段?
- 如何把所求平方根的值传送到所需程序位置?

对于求级数和的例子，如上所述，几个级数求和的区别在于初值、增量与终限不同，引进相应的变量，把原有程序段稍作修改如下：

```
s=0;  t=init;
while(t<=limit)
{  s=s+t;
   t=t+increase;
}
```

现在，只需把 init、increase 与 limit 分别置为初值 0、增量 1 与终限 100，此程序段求的和将是 s1；如果把 init、increase 与 limit 分别置为初值 2、增量 2 与终限 100，此程序段求的和将是 s3 的值。类似地，如果把 init、increase 与 limit 分别置为初值 51、增量 2 与终限 451，此程序段求的和将是 s5 的值。

这里同样有以下几个问题：

- 如何用特定的初值、增量与终限等去替换 init、increase 与 limit?
- 如何去执行求级数和的程序段?
- 如何把所求级数和传送到所需程序位置?

如同大多数程序设计语言，C 语言通过函数来解决以上问题。这就是函数定义与函数调用。

6.2 函数定义与函数调用

关于函数，可以说读者早已了解。事实上，main 函数（主函数）是函数定义的例子，输入输出的 printf 语句与 scanf 语句则是函数调用的例子。C 程序就是由函数定义组成的，其中必须包括一个且仅有一个 main（主）函数定义。下面首先讨论函数定义与函数调用的一般情况。

6.2.1 函数定义的书写形式

例 6.1 试写出求平方根的函数定义。

解 对照前面的讨论，对于上述求平方根的程序段可以设计如下的函数定义：

```
float SqrRoot(float N)
{  float oldx, newx, epsilon=0.5e-5;
   oldx=0; newx=N/2;
   while(fabs(newx-oldx)>epsilon)
   {  oldx=newx;
      newx=oldx-(oldx*oldx-N)/(2*oldx);
   }
   return newx;
}
```

其中的第 1 行称为函数首部，它由函数值类型 float、函数名 SqrRoot 和括在小括号对中的参数 N 及其类型 float 组成。函数体由说明部分（第 2 行）和控制部分（第 3～8 行）组成。关键字 return 开始的语句称为 return 语句，即返回语句，它把其后指明的表达式的值回送到函数调用处。

当在函数名后跟以括在小括号对中的参数时，便是以所列参数调用所指明的函数，即函数调用。

现在，原有求平方根的程序可改写如下：

```
main()
{  float a,b,c;  float ra,rb,rc;
     ⋮
   ra=SqrRoot(a);
     ⋮
   rb=SqrRoot(b);
     ⋮
   rc=SqrRoot(c);
     ⋮
}
```

当进行函数调用 SqrRoot(a)时，把 a 的值传输给函数定义中的参数 N，使 N 的值是 a，并把控制转入到 SqrRoot 函数定义中函数体入口处，执行函数体中的语句。当执行到 return 语句时返回到函数调用处，同时回送 newx，它的值正是 a 的平方根，因此 ra 得到 a 的平方根值。SqrRoot(b)与 SqrRoot(c)情况类似。这样，程序可以大大缩减，函数可以看成是一种缩写。

注意　由于函数 SqrRoot 中使用了函数 fabs，程序最前面必须有关于头文件 math.h 的文件包含命令。

这样解决了前面所提的 3 个问题，并大大简化了程序，其可读性也改进了，特别是避免了重复书写时可能造成的程序书写错误。

一般地，函数定义有如下形式：

函数首部：函数值类型 函数名（参数,…,参数）

函数体：　{说明部分 控制部分}

例 6.2　试为求级数和写出函数定义。

解　对照前面的讨论，对于求级数和的程序段可以写出相应的函数定义，只是要注意，和值可能较大，超出 int 型，甚至 long 型的取值范围。宜于使用 float 型变量存放和值，只需在输出时不输出小数部分，因此可以写出函数定义如下。

```
float  SumofSeries(int init, int increase, int limit)
{  int t; float s;
   s=0; t=init;
   while(t<=limit)
   {  s=s+t;
      t=t+increase;
   }
   return s;
}
```

求 s1、s2、…、s5 的相应函数调用可写出如下。

```
s1=SumofSeries(1,1,100);
s2=SumofSeries(1,2, 99);
s3=SumofSeries(2,2,100);
s4=SumofSeries(1,4,401);
s5=SumofSeries(51,2,451);
```

说明　有参数的函数称为有参函数，参数可以取可允许的各种类型。相应的，无参数的函数称为无参函数。如果在函数定义首部中，指明函数值类型是 int 型或 float 型等基本类型，则这时定义的函数是有值函数，函数体内必须包含 return 语句，执行此语句结束函数体的执行并返回调用处，同时回送函数值。如果在函数调用结束而返回时，不需要回送函数值，则可以定义为无值函数，这时函数首部中，必须有 void 作为函数值类型，void 是类型符关键字，表示“无值类型”。但是注意，不指明任何函数值类型，实际上也是有值函数，因为 C 语言规定，这是缺省类型，即 int 型的有值函数。

对于无值函数，函数内也可以包含 return 语句，这时的 return 语句，作用仅仅是把控制返回到函数调用处。如果 return 语句在函数体内某处，则执行 return 语句使得跳过其后面的所有控制语句，返回到函数调用处。如果 return 语句是函数体中的最后一个语句，则可省略不写，系统在执行到函数体最后一个语句时自动把控制返回到函数调用处。不言而喻，如果要在函数体内非最后一个语句处返回时，必须借助于 return 语句。

例 6.3　无值函数定义与无参函数定义的例子。

假定要多处显示输出“How do you do!”，则可以引进如下的函数定义：

```
void Display()
{  printf("\nHow do you do!");
}
```

这是无值无参的函数定义，其中的 void 是类型符关键字，表示“无值类型”。如果在函数定义的首部不写出类型，则将表示是缺省类型 int 型，因此当是无值类型时切不可忘了写关键字 void。

当在程序中执行函数调用语句：

```
Display();
```

便显示输出“How do you do!”。这样简化了程序的书写工作，也减少了出错的可能性。

要注意的是，一般情况下，有值函数调用出现在表达式位置上，而无值函数调用出现在语句位置上。

函数定义中，不仅可以没有函数值类型，没有参数，还可以没有说明部分或控制部分，甚至这两者都没有。

例 6.4　函数体中没有说明部分与控制部分的例子。

假定要求若干组数值中的最大值，如求 a、b 与 c 中的最大值及 d、e 与 f 中的最大值等，为此可引进如下的函数定义：

```
max3( int L,int M,int N)
{
  return (L>M)? (L>N? L:N} : (M>N? M:N);
}
```

此函数定义是有值函数，这是因为缺省类型 int。此函数定义的函数体中没有说明部分，此函数体内处理的数据全是参数。利用条件运算符得到这 3 个参数中的最大值。除了参数外，有些函数中参与处理的量可能是来自函数定义外定义的变量，这样的变量称为函数的外部量，也称为程序的全局量。本章后续章节将给出例子说明。

函数体中只有说明部分而没有控制部分时，表明说明部分没有任何用处。因此没有控制部分，一般也就没有说明部分，这时的函数定义如下：

```
void  empty()
{
}
```

注意，虽然此函数定义没什么意义，但 C 语言是允许的。C 语言允许在函数体中，说明部分与控制部分两者都没有。

6.2.2　函数调用的书写形式及执行步骤

在前面的讨论中，经常出现函数调用，读者对此并不陌生。这里强调函数调用的一般形式，重点在于了解两个重要概念：实际参数与形式参数。

函数调用的一般形式如下：

函数名（实际参数,…，实际参数）

或

函数名( )

例如，函数调用 SqrRoot(a)与函数调用 max3(d,e,f)。这里的 a、d、e 与 f 都是通过变量说明而实际存在的，因此称为实际参数。然而在函数定义中的参数仅是代表一个位置，即函数体中出现的参数将代之以实际参数。因此往往把函数定义的函数首部中指明的参数称为形式参数，意指仅仅是形式上的，并非实际存在的，可以随意更改形式参数的名字，只要在函数体中作相应的修改，保持名称一致。例如，可把求 3 个量中最大值的函数定义修改为：

```
max3( int X, int Y, int Z)
{
    return (X>Y)?(X>Z? X:Z} : (Y>Z? Y:Z);
}
```

丝毫不改变此函数的功能。

执行函数调用，通常包括如下步骤：

步骤 1　把实际参数值传递给相应的形式参数；

步骤 2　把控制转移到函数体入口处，执行函数体控制部分；

步骤 3　函数体控制部分执行结束时回送函数值，把控制返回到函数调用处。

前面图 6-1 反映了函数调用的执行过程，如执行语句：

```
ra=SqrRoot(a);  /* 求 a 的平方根 */
```

将执行下列 3 个步骤：

步骤 1　用实际参数 a 的值传输给 SqrRoot 函数的形式参数 N；

步骤 2　把控制转移到函数 SqrRoot 的函数定义中的函数体入口处，执行函数体控制部分；

步骤 3　函数体控制部分执行结束时回送函数值，即 a 的平方根，把控制返回到 main 函数中的函数调用处。

回送的函数值作为赋值语句右部表达式的值，因此，变量 ra 获得 a 的平方根。

对于下列函数调用：

```
max=max3(d,e,f);
```

类似地执行下列 3 个步骤：

步骤 1　把实际参数 d、e 与 f 的值分别传输给相应的形式参数 X、Y 与 Z；

步骤 2　把控制转移到函数 max3 的函数定义中的函数体入口处，执行函数体控制部分；

步骤 3　函数体控制部分执行结束时回送函数值，即 d、e 与 f 中的最大值，把控制返回到函数调用处。

回送的函数值作为赋值语句右部表达式的值，因此，变量 max 获得 d、e 与 f 中的最大值。

在函数调用时，必须注意实际参数与形式参数在个数、顺序与类型三方面必须保持一致。

如果个数不一致、顺序不一致或类型不一致，都将报错。例如，编译时，对于函数调用 max3(d,e)，将发出报错信息：

```
调用 max3 时参数太少
```

又如，把 k 说明为 int 型数组变量，编译函数调用 max3(d,e,k)时，将发出报错信息：

```
调用 max3 时参数 z 的类型不匹配
```

注意　函数调用的执行过程第 1 步，把实际参数的值传输给形式参数，即使形式参数在函数体控制部分中被改变，也与实际参数无关。换句话说，实际参数不会被改变。通常称这种形式参数为值参数，对应于值参数的实际参数的值不会被改变。

例 6.5　设有以下函数

```
void prt(char ch, int n)
{  int i;
   for(i=1;i<=n; i++)
        printf(i%6!=0?"%c":"%c\n", ch);
}
```

执行调用语句“prt('*',24);”后，函数共输出了________行 * 号。

解　此题给出了关于 prt 的函数定义，对其分析，可见其功能是按 int 型参数 n 的值循环 n 次，输出 char 型参数 ch 的值。由于函数调用是 prt('*',24)，形式参数与实际参数建立对应关系，因此，n 的值是 24，ch 的值是'*'。由于 n=24，所以函数体中 for 循环语句重复执行 24 次，但输出语句是：

```
printf(i%6!=0?"%c": "%c\n", ch);
```

此输出语句中的格式控制串，在 i%6!=0 时是“%c”，仅输出一个字符，不换行，而在 i%6= =0 时是“%c\n”，要换行。因此函数共输出几行，就看满足 i%6= =0 的 i 值的个数。在 1～24 范围内，i%6= =0，即被 6 整除的 i 是 6、12、18 与 24，即 4 个，因此输出 4 行，答案是 4。

请注意，在函数调用时，要遵循“先定义后使用”法则，也就是说，函数定义在前，函数调用在后。但在相当多的 C 程序中，函数定义出现在函数调用之后，这时的解决办法是引进所谓的函数原型。

函数原型，简单地说，就是函数首部，后跟一个分号。例如，上述函数 prt 的原型是：

```
void prt(char ch, int n);
```

或者

```
void prt(char, int);
```

由于形式参数仅指明参数出现处应该是怎样的类型，参数名无关紧要，因此在函数原型中可以不指明形式参数的名。引进了原型的概念，即使 prt 的函数定义在后，对函数 ptr 的调用在前，但在处理函数调用之前已经处理过函数原型，虽然不了解函数体内的具体内容，编译系统已经可以确定函数的参数与函数值的信息，从而关于函数调用生成相应的目标代码。

例 6.6　设有以下程序：

```
#include <stdio.h>
double f(double x);
main( )
{  double  a=0;  int  i;
   for(i=0; i<30; i+=10)  a+=f((double)i);
```

```
    printf("%5.0f\n",a);
}
double f(double  x)
{  return  x*x+1;  }
```

程序运行后的输出结果是＿＿＿＿＿＿。

A）503　　　　B）401　　　　C）500　　　　D）1404

解　此程序中，尽管函数 f 的定义在 main 函数的后面，main 函数内对 f 的调用在前，然而，在 main 函数之前有关于函数 f 的函数原型，因此，关于对 f 的函数调用，编译系统能生成正确的目标代码。对程序运行后的输出结果进行考察，不难发现，所求是 for 语句的执行结果。循环控制变量 i 取值 0、10 与 20，f(x)回送的值是 x×x+1，因此，运行结果是：

```
a=f(0.0)+f(10.0)+f(20.0)=1.0+101.0+401.0=503.0
```

由于输出语句中的格式控制串中，格式转换符是%5.0f，即不输出小数部分，因此输出的是 503，最终，答案是 A。

说明　函数原型可以在函数调用所在函数定义的前面，也可以在函数调用所在函数定义内，只需函数原型在函数调用的前面出现就可以。

例 6.7　设有以下程序：

```
#include <stdio.h>
int fun(int x, int y)
{  if(x!=y) return  ((x+y)/2);
   else     return  (x);
}
main()
{  int a=4,b=5,c=6;
   printf("%d\n",fun(2*a,fun(b,c)) );
}
```

程序运行后的输出结果是＿＿＿＿＿。

A）3　　　B）6　　　C）8　　　D）12

解　从所给程序可知，输出结果是 fun(2*a,fun(b,c))的值，看似复杂，实际上，fun(b,c)只是一个参数，只需先求出 fun(b,c)的值。这时，实际参数 b 与 c 分别与形式参数 x 与 y 对应，因此 x 与 y 的值分别是 5 与 6，不相等，回送值(x+y)/2，即 5。2*a 的值是 8，现在求 fun(8,5)的值，显然回送的值是 6，因此答案是 B。

这里要强调函数实际参数的计算顺序。如果一个函数有多个参数，那么函数调用时，各个实际参数的计算顺序不是按书写顺序从左到右，而是从右到左。一般情况下，从左到右和从右到左计算，两者是一样的，但是由于 C 语言中引进了自增自减运算，两者将产生重大的区别，计算结果完全不同。下面以例子说明。

例 6.8　设有下列程序段，试给出输出结果。

```
int i=1,j=3,k=5;
printf("%d,%d,%d", (i++)+(--j), --j+k, (--i)+(++k));
```

解　按照通常的理解，输出结果应该是：3，6，7，这是从左到右地计算实际参数的结果。然而，C 语言规定，如果一个函数中有多个参数，多个参数的计算顺序必须是从右到左，因此，输出是：1，8，6。计算过程中变量值的变化情况见表 6-1。

表 6-1

方式	变量与表达式	t0	t1	t2	t3	t4	最终结果
从左到右	i	1		2	1		1
	j	3	2	1			1
	k	5			6		6
	(i++)+(--j)		3				3
	--j+k			6			6
	(--i)+(++k))				7		7
从右到左	i	1	0			1	1
	j	3		2	1		1
	k	5	6				6
	(i++)+(--j)				1		1
	--j+k			8			8
	(--i)+(++k))		6				6

注意　C 语言规定，如果一个函数有多个参数，函数调用时，以从右到左的顺序计算各个实际参数。

6.3　如何设计函数定义

6.3.1　设计要点

在前面的讨论中给出了几个函数定义。这些函数定义是如何设计的？它们涉及哪些因素？设计的要点是什么？本节将一一来解答这些问题。

从函数定义的书写形式可见，设计函数定义时涉及如下几个要素：

- 函数参数。
- 函数体控制部分。
- 函数的回送值。

一个函数定义中函数体的控制部分取决于待解问题，只要待解问题的算法是确定的，控制部分基本上也就可以相应确定。关于函数的回送值问题，一般由函数的功能决定，是函数所要求的结果。例如，求平方根则回送所求的平方根值。这里重点讨论函数参数的确定。

函数是对一类特定问题求解的程序段，如 SqrRoot 函数定义是专门求实数的平方根的，而 max3 是专门求 3 个量中的最大值的。因此不同的问题有不同个数的参数，参数的类型也不相同。那么参数的个数应该是多少，又该如何确定？

前面已看到，求平方根的 SqrRoot 函数定义中函数体内的控制部分如下：

```
oldx=0; newx=N/2;
while (fabs(newx-oldx)>epsilon)
{  oldx=newx;
   newx=oldx-(oldx*oldx-N)/(2*oldx);
}
```

其中包含变量 oldx、newx、N 与 epsilon，其中哪些应该作为参数，而哪些不应该作为参数？从求 N 的平方根来看，N 当然应该是参数。变量 oldx 与 newx 是计算过程中存放所产生的中间结果的，是程序实现中引进的，与问题本身无联系，因此不应该作为参数。最后还有 epsilon，它表示精度，它的值影响到最终的平方根近似值的精度。例如，epsilon 是 0.5×10^{-5} 或者是 0.5×10^{-1}，将有不同的运行结果，因此为了根据问题的需要确定相应的精度，epsilon 应该也作为参数。概括起来，参数是两个：N 与 epsilon，其他的则作为函数内部的局部量。由于最终的 newx 值是所求结果，需回送，因此，函数定义设计如下：

```
float SqrRoot(float N，float epsilon)
{  float oldx, newx;
   oldx=0; newx=N/2;
   while(fabs(newx-oldx)>epsilon)
   {  oldx=newx;
      newx=oldx-(oldx*oldx-N)/(2*oldx);
   }
   return newx;
}
```

相应的求平方根的赋值语句可以重写如下：

```
ra=SqrRoot(a, 0.5e-1);
rb=SqrRoot(b, 0.5e-3);
rc=SqrRoot(c, 0.5e-4);
```

读者可以用一些具体数值去验证其正确性。

设计函数定义时涉及的要素是函数参数、函数体控制部分与函数的回送值。当具体设计函数定义时，可以按下列步骤进行：

步骤 1　考虑函数体中的控制部分；

步骤 2　考虑函数的回送值；

步骤 3　考虑函数的参数；

步骤 4　添加函数首部与函数体中的说明部分，写出完整的函数定义。

为了让读者加深对函数定义设计要点的认识，掌握函数定义的设计，下面以实例进一步说明。

试看下面计算正多边形面积的例子。

例 6.9　试设计计算正多边形面积的函数定义。

解　为设计函数定义，首先明确该函数的功能，确定算法，进一步确定函数体的控制部分。假定给定一个正 N 边形，则其面积的计算公式可如下推导得到。如图 6-2 所示，作正多边形的外接圆。从圆心到各顶点作连线，则共有 N 个三角形，只需求出其中一个三角形的面积，便可得到整个正多边形的面积。设边长是 a，圆心角是 2π/N，因此一个三角形的面积是：$s=0.5\times底\times高=0.5\times a\times((a/2)\times\cot(\pi/N))=0.25\times a^2/\tan(\pi/N)$。

现在可以写出控制部分如下：

```
s1=0.25*a*a/tan(3.1416/N);
S=N*s1;
```

显然，当调用结束时将回送面积 S 的值。

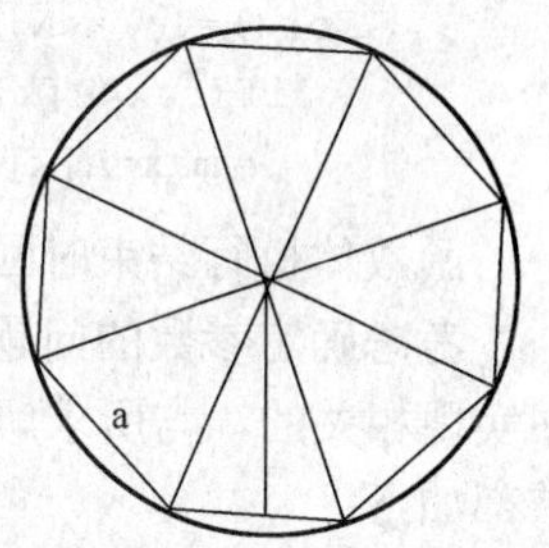

图 6-2

考虑确定参数的问题。这里引进的变量有 a、N、s1 与 S，其中的 s1 是中间计算结果，S 是所求结果，这两者是程序实现中引进的，与问题本身无联系，显然影响到运行结果的是正多边形的边长 a 与边数 N，因此，参数只能是 a 与 N。函数首部如下：

```
float AreaofPologon( float a, int N)
```

，

添加说明部分后，可以写出如下的函数定义：

```
float AreaofPologon(float a, int N)
{  float s1,S;
   s1=0.25*a*a/tan(3.1416/N);
```

```
        S=N*s1;
        return S;
    }
```

为了检查该函数定义的正确性，可以写出如下的main函数：

```
main()
{   float S3,S4,S6;
    S3=AreaofPologon(4,3);
    S4=AreaofPologon(4,4);
    S6=AreaofPologon(4,6);
    printf("\nS3=%7.4f,S4=%7.4f,S6=%7.4f\n",S3,S4,S6);
}
```

其中包含了对函数AreaofPologon的调用，执行结果将输出：

```
S3= 6.9282,S4=15.9999,S6=41.5691
```

经验算是正确的。这样就完成了计算正多边形面积的函数定义的设计。

注意 在整个程序的开始，千万不要忘记有下列文件包含命令：

```
#include <math.h>
```

因为其中包含了初等三角函数值的计算，否则将不能得到正确的值。

6.3.2 有值函数的定义与调用

关于有值函数的定义与调用，在前面的例子中已经看到，本节将进一步说明有值函数的定义与调用。

例6.10 试设计求数组元素最大值的函数定义。

解 要定义的函数功能是明确的，求数组元素中的最大值。思路如同第5章中讨论的，设置一个变量max，开始时存放第1个元素的值，即仅一个元素时的最大值。从第2个元素开始，所有元素逐个与max比较，并让max置较大值，最终max中是最大值。假定N是某个常量，A是N个元素的数组，说明为：

```
float A[N];
```

注意 C语言中数组元素的序号从0开始，函数体控制部分如下：

```
max=A[0];
for(k=1; k<N; k++)
    if(max<A[k])
        max=A[k];
```

函数体执行结束时回送变量max的值。

考虑确定参数的问题。控制部分中引进的变量有max、A、k与N。显然max与k是与程序实现相关的，与所求解问题无关，与求解问题相关的是A与N，因此参数是A与N。函数首部如下：

```
float MaxofArray(float A[ ], int N)
```

其中参数A是数组，但并没有指明元素的个数，事实上，一维数组作为函数参数可以不指明数组元素个数，只需指明是数组即可。元素个数由作为实际参数的数组的元素个数确定。

函数体补充以说明部分，最终可以写出函数定义如下：

```
float MaxofArray(float A[ ], int N)
{  int k; float max;
   max=A[0];
```

```
    for(k=1; k<N; k++)
       if(max<A[k])
         max=A[[k];
    return max;
  }
```

为检查正确性，可以写出下列 main 函数定义：

```
main()
{  float B[10]={39.4,48.1,78.6,74.3,11.0,7.5,10.7,12.1,7.11,30.9};
   float maxB;
   maxB=MaxofArray(B,10);
   printf("\nmaxB=%7.1f\n", maxB);
}
```

注意　如果形式参数是二维数组，则必须指明第 2 维的元素个数。例如：

```
int maxv(int A[ ][10],int n,int m)
{  int k,j; int max=-32768;
   for(j=0; j<n; j++)
     for(k=0; k<m; k++)
       if(A[j][k]>max)
          max=A[j][k];
   return max;
}
main()
{  int B[10][10],max; int j,k;
   for(j=0; j<5; j++)
     for(k=0; k<6; k++)
       B[j][k]=j*10+k;
   max=maxv(B,5,6);
   printf("\nmax=%d",max);
}
```

函数 maxv 的形式参数 A 是二维数组，它相应的实际参数是数组 B，B 的第 2 维元素个数是 10，因此，A 的第 2 维也必须指明是 10。如果不指明第 2 维元素个数，函数首部写成：

```
int maxv(int A[ ][ ],int n,int m)
```

将不能计算数组元素 A[j][k]的存储地址，编译系统处理到第 5 行的 if 语句

```
if(A[j][k]>max)
```

将给出下列 2 个报错信息：

数组的大小未知

代码无效

对于下一行的语句“max=A[j][k];”有类似的报错信息。还要说明的是：虽然参数 m 在函数体内控制第二维的元素个数，但数组 A 的第 2 维元素个数仍然必须是 10，因为，相应的实际参数是 B，它的第 2 维元素个数是 10。

从前面的各个例子看到，设计函数定义的要点之一是参数的确定。对于仅仅是程序运行过程中引进来存放中间计算结果的变量不需要、也不应该作为参数。 至于存放运行结果的变量是否作为参数，则需根据具体情况确定。

前面各个例子的共同点是：结果仅求一个值。下面给出的例子将改变作为实际参数的数组的值。

6.3.3　无值函数的定义与调用

例 6.11　试设计把数组元素按反序存储的函数定义。

解　首先明确该函数定义的功能，整理解决问题的思路，明确算法，从而确定函数定义中函数体的控制部分。

为了便于理解，假定有 10 个元素的数组变量说明并置初值如下：

```
int  A[10]={0, 1, 2, 3, 4, 5, 6, 7, 8, 9};
```

要让此数组的元素按反序存储，也就是说，数组元素的值将分别是：

```
A[0]: 9、A[1]: 8、…、A[8]: 1、A[9]: 0
```

一种自然的考虑是，把第 1 个元素与最后 1 个元素交换，把第 2 个元素与倒数第 2 个元素交换，…。对此，可画出示意图如图 6-3 所示。

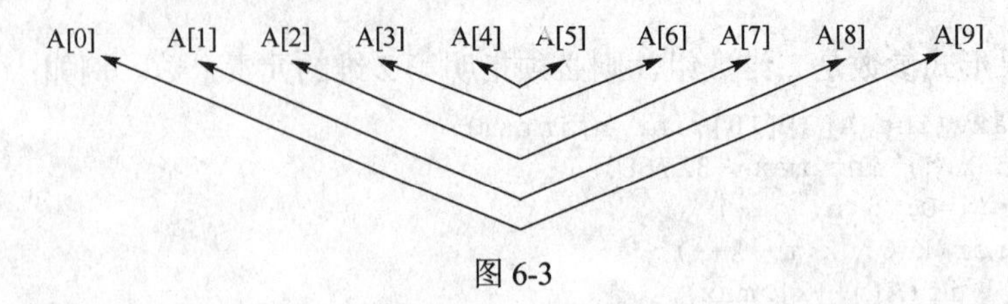

图 6-3

现在的问题是如何应用循环结构来实现所有元素的交换。可以从数组元素序号角度出发，列出交换的一对元素的序号是：0 与 9、1 与 8、…。为了便于应用循环结构，引进变量 k，记录交换的是几号和几号元素。由于 0+9=9、1+8=9、…，因此，k 号元素与 9-k 号元素交换。一般地，k 号元素与(N-1) -k 号元素交换。为交换，引进中间变量 t，这样可以写出下列循环语句：

```
for(k=0; k<m; k++)
{  t=A[k];
   A[k]=A[(N-1)-k];
   A[(N-1)-k]=t;
}
```

其中的 m 是什么？在这个例子中，m=元素个数 10，将引起错误，检查后将发现该循环执行后，数组 A 中的值无任何变化。必须把 m 的值置为交换的对数 5。一般地，假定数组元素个数是 N，m 的值将是 N/2，如 N=10，m=5。请读者自行思考验证。也可以自行上机用动态调试法观察数组元素值的变化过程。

在这里，变量 k、t 和 m 与求解问题无关，参数显然是数组 A 与元素个数 N。由于无需返回任何值，函数首部如下：

```
void  reverse(int A[ ], int N)
```

补充以说明部分后写出函数定义如下：

```
void  reverse(int A[ ], int N)
{  int k, m;  int t;
   m=N/2;
   for(k=0; k<m; k++)
   {  t=A[k];
      A[k]=A[(N-1)-k];
      A[(N-1)-k]=t;
   }
}
```

为检查正确性，可以写出 main 函数定义如下：

```
#define N 10
main()
{ int j;
  int B[10]={0,1,2,3,4,5,6,7,8,9};
  reverse(B, 10);
  printf("\nB=\n");
  for(j=0; j<N; j++)
      printf("%5d", B[j]);
  printf("\n");
}
```

说明　对于本例，一个要点是交换一对数组元素时元素序号的确定。一般来说，假使数组元素是 N 个，交换的元素序号分别是 k 与(N-1)-k。

注意　函数调用时，形式参数是数组时，相应的实际参数只写出数组名，无需写出元素个数，如果写出元素个数，如 reverse(B[10], 10)，将造成错误，一方面，B[10]是一个数组元素，与形式参数要求是数组不一致，另一方面，B[10]作为数组元素也将越界，因为数组 B 的元素个数是 10，元素序号从 0 到 9。初学者往往容易有这样的错误，千万要小心。对于形式参数是二维数组的情况也一样，相应的实际参数只需写出数组名。

例 6.11 中函数 reverse 的功能是把一个数组中的元素反序存放，反序后的结果仍存放在原先的数组中。如果把反序后的数据存放到另一个数组，情况就不一样了。这时的函数原型可以如下：

```
void reversefromAtoB( int A[ ], int B[ ], int N);
```

其功能是把数组 A 中的元素反序存放到数组 B 中。函数调用的例子可以如下：

```
int A[10]={…},B[10]={…};
reversefromAtoB(A,B,10);
```

请读者自行完成该函数定义的设计与实现。

例 6.12　设有以下程序：

```
#include <stdio.h>
#define N 4
void fun(int  a[][N], int  b[])
{ int  i;
  for(i=0; i<N; i++)  b[i]=a[i][i]-a[i][N-1-i];
}
main( )
{ int x[N][N]={{1,2,3,4},{5,6,7,8},{9,10,11,12},{13,14,15,16}},
      y[N], i;
  fun(x,y);
  for(i=0;i<N; i++) printf("%d,",y[i]);
     printf("\n");
}
```

程序运行后的输出结果是________。

A）-12,-3,0,0,　　　　B）-3,-1,1,3,

C）0,1,2,3,　　　　　D）-3,-3,-3,-3,

解　考察程序，显然所求是 y 的值，y 未置初值，是由调用函数 fun 使 y 获得值。由于形式参数与实际参数的对应关系，y 对应于 b，且 x 对应于 a。考察函数 fun 的函数体中数组 b 的元素值的计算。对于循环控制变量 i，i 取值 0、1、2 与 3，有

i=0; b[0]=a[0][0]-a[0][4-1-0]，即 y[0]=x[0][0]-x[0][3]

i=1; b[1]=a[1][1]-a[1][4-1-1]，即 y[1]=x[1][1]-x[1][2]

i=2; b[2]=a[2][2]-a[2][4-1-2]，即 y[2]=x[2][2]-x[2][1]

i=3; b[3]=a[3][3]-a[3][4-1-3]，即 y[3]=x[3][3]-x[3][0]

因此，y[0]=1-4= -3，y[1]=6-7= -1，y[2]=11-10=1，y[3]=16-13=3，答案是 B。

6.3.4　有值函数与无值函数的比较

有值函数是执行函数体后返回函数调用处时，需回送函数值的函数；无值函数是在执行函数体之后返回时不回送函数值的函数，因此两者的区别表现在以下几点：

（1）有值函数的函数体中必定至少有一个回送函数值的 return 语句；无值函数的函数体内可以不包含 return 语句，也可能包含 return 语句，但不回送函数值，仅仅把控制返回到函数调用处。

（2）有值函数的函数首部开始处的类型是所返回函数值的类型，如果不指明函数值类型，则缺省的类型是 int 型；无值函数的类型是 void，即无值类型。对于无值函数，函数首部中不可缺省函数值类型，即必须写出 void。

（3）有值函数的函数体内必定有控制部分，至少包含一个 return 语句，无值函数的函数体中可能无控制部分。尽管没有任何意义，但 C 语言允许函数体内不包含任何语句。但一般情况下，无值函数不等于说控制部分不进行运算或不产生结果。例如，例 6.11 中的无值函数运算的结果是排好序的数组元素。正因为函数值只能回送一个值，所以当需要产生较多的运算结果时就设计成无值函数。

有值函数与无值函数的共同点是：都可以是有参的或无参的；都可以有说明部分或无说明部分。尽管无值函数不回送函数值，但与有值函数一样，无值函数的函数体内还是可能获得一些处理结果供调用程序使用。

6.3.5　函数参数类型的进一步扩充

前面的例子中看到函数的参数可以是数组，事实上，函数是一种表达能力非常强的表示形式，参数还可以是函数。请看例子。

例 6.13　假定要求计算 s=s1+s2+s3+s4 的值，其中 s1、s2、s3、s4 分别用下列公式计算：

$$s1=1+\frac{1}{2}+\frac{1}{3}+\frac{1}{4}+\cdots+\frac{1}{m}$$

$$s2=1+\frac{1}{2^2}+\frac{1}{3^2}+\frac{1}{4^2}+\cdots+\frac{1}{m^2}$$

$$s3=1+\frac{1}{2^3}+\frac{1}{3^3}+\frac{1}{4^3}+\cdots+\frac{1}{m^3}$$

$$s4=1+\frac{1}{2^4}+\frac{1}{3^4}+\frac{1}{4^4}+\cdots+\frac{1}{m^4}$$

试设计相应的函数定义。

解　现在设计函数 sum 来实现求和，例如，可以设计下列函数定义：

```
float sum(int n)
{  int k; float s;
   for( s=0.0,k=1; k<=n; k++)
```

```
        s=s+1.0/k;
    return s;
}
```

函数调用 sum(m)将得到 s1。类似地，为计算 s2、s3 与 s4，都设计函数定义。现在设想，仅设计求和函数 sum，就能适应更灵活的求和要求。例如，函数体控制部分是如下的形式；

```
for( s=0.0, k=1; k<=n; k++)
    s=s+f(k);
```

只需改变其中的 f(k)，就可以按需要计算相应的和值。例如，如果 f(k)是 f1(k)，计算 1.0/k 时，得到 s1，如果 f(k)是 f2(k)，计算 1.0/(k*k)时，得到 s2 等。这表明，应该把函数作为参数调用函数。C 语言引进如下的表示法；(*f)( )，表示 f 是函数参数，当把 f 与一个实际存在的函数联系起来时，就可以调用那个函数。这时函数定义如下；

```
float sum(int n, float (*f)(int))
{  int k; float s;
    for( s=0.0,k=1; k<=n; k++)
        s=s+(*f)(k);
    return s;
}
```

其中参数 float(*f)(int)除了指明函数 f 的值是 float 型外，还指明函数 f 的参数类型是 int 型。也可以不指明函数 f 的参数类型，仅写出：float(*f)( )，这时参数的缺省类型是 int 型。函数体中对 f 的调用写成(*f)(k)，或者简单地写成 f(k)。对函数 sum 的调用写成：sum(m,f1)、sum(m,f2)、sum(m,f3)与 sum(m,f4) 等，其中，f1、f2、f3 与 f4 分别定义如下：

```
float f1(int n)
{  return 1.0/n; }
float f2(int n)
{  return 1.0/(n*n); }
float f3(int n)
{  return 1.0/(n*n*n); }
float f4(int n)
{  return 1.0/(n*n*n*n); }
```

现在，main 函数可以写出如下：

```
main()
{  int m; float s;
    printf("\n 请输入所求项数: ");
    scanf("%d",&m);
    s=sum(m,f1)+sum(m,f2)+sum(m,f3)+sum(m,f4);
    printf("\ns=%f",s);
}
```

除了作为参数，(*f)( )形式也可以出现在说明部分中，例如，

```
#include  <stdio.h>
double avg(double  a, double  b);
main( )
{  double  x, y, (*p)( );
    scanf("%lf%lf",&x,&y);
```

```
    p=avg;
    printf("%f\n",(*p)(x,y));
  }
  double avg(double a, double b)
  {  return((a+b)/2); }
```

其中第 4 行把 p 说明为“函数类型”，在第 6 行处被赋值以函数名 avg，因此在第 7 行中的输出语句中以实际参数 x 与 y 调用函数 avg。

注意　第 2 行是函数 avg 的原型，这一行一定不能少，因为 avg 的函数定义在调用之后。由于给出了此函数原型，其中包含了函数的参数信息，函数调用(*p)(x,y)才能正确地运行。

6.4 应用实例——栈

6.4.1 栈的概念

可以说，函数是任何 C 程序中不可或缺的语言成分，没有它，便难以编写应用程序。下面讨论一个有意思的应用实例。

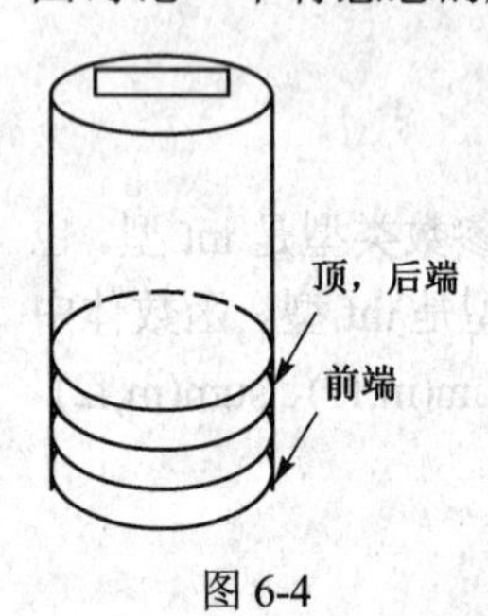

图 6-4

家长往往希望孩子养成节约的好习惯，让孩子往储蓄罐中投入硬币。现在假定这种储蓄罐的直径只比一个硬币大一些，如图 6-4 所示，入罐与出罐总是在储蓄罐顶一头，因此往里面投入硬币时总是放在储蓄罐顶上，要从里面拿出硬币，也总是从储蓄罐顶上取出。

把这种特性抽象成一种数据类型，就是栈。

栈是这样一种数据类型，它由一系列的数据元素组成，这些元素的个数是不确定的，但所有元素都具有相同的类型属性，这一系列元素中最先下推入的那端，即第 1 个元素处，称为前端，最后下推入的那端，即最后一个元素处，称为后端，如图 6-4 所示，这里的后端称为顶。关于栈的操作有这样几类：

（1）初始化 Init：建立一个空栈，这时无任何数据元素。

（2）判栈满 IsFull：判别栈中是否已不能再下推入元素。

（3）判栈空 IsEmpty，判别栈中是否无任何元素。

（4）下推栈 Push：进栈，把一个数据元素放入栈顶中。

（5）上退栈 Pop：出栈，退去栈顶元素。

（6）取栈顶 GetTop：获取栈顶元素，并不退栈。

栈的特征是后进先出。从图 6-4 可以明显看到，最后下推入栈的元素在栈顶，必定最先上退。最先下推入栈的元素必定在栈的最低层，因此最后上退，因此也可以说栈的特征是先进后出。

例 6.14　一个栈的初始状态为空，首先将元素 5，4，3，2，1 依次入栈，然后退栈一次，再将元素 A，B，C，D 依次入栈，之后将所有元素全部退栈，则所有元素退栈（包括中间退栈的元素）的顺序为__________。

解　解此题的要点是应用栈的基本性质：后进先出或先进后出。栈的变化情况如下：

首先，5 个元素入栈，栈中内容是：1 2 3 4 5，栈顶是 1。

然后，退栈一次，栈中内容是；2 3 4 5，栈顶是 2。

再次 4 个元素依次入栈，栈中内容成为：D C B A 2 3 4 5，栈顶是 D。

当前栈中所有元素退栈，顺序依次是：D C B A 2 3 4 5。

由于题目要求包括中间退栈的元素，即第 2 步时退栈，退的是元素 1，因此，所有元素退栈的顺序是 1、D、C、B、A、2、3、4 与 5，最先退栈的是 1，最后退栈的是 5。

6.4.2　栈操作的实现

栈这样一种数据类型，并不是 C 语言中提供的数据类型，实际上是自定义的数据类型，往往称栈为抽象数据类型。为了在应用程序中应用栈类型，必须由程序编写人员自行实现栈的类型定义与操作。下面考虑栈的实现问题。

栈是一种线性表。栈的元素在栈中是顺序存放的，可以给以顺序编号。因此栈的一种实现方法是应用数组类型。例如，可以定义栈类型 StackType 如下：

```
typedef int StackType[50];
```

基于栈类型 StackType，可以定义栈 stack 如下：

```
StackType  stack;
```

stack 是元素为 int 型的、最大元素个数为 50 的栈。实际上 stack 是元素为 int 型的、最大元素个数为 50 的数组。为了实现栈，必须体现栈的特性，即后进先出。为此，设置一个栈顶计数器，它的值总是指向后端，即栈顶，数组中序号为 0 的元素总是前端，也即栈底。假定一个栈 stack，栈顶计数器是 top，且最大深度（元素个数）是 MaxDepth，关于栈的各个操作可以实现如下：

```
void Init()
{  top=0;
}
int IsFull()
{  return top==MaxDepth;
}
int IsEmpty()
{  return top==0;
}
int Push(int a)
{  if(IsFull()) return 0;
   stack[++top]=a;  /* 栈中序号为 0 的元素不使用 */
   return 1;
}
int Pop()
{  if(IsEmpty()) return 0;
   --top;
   return 1;
}
int GetTop()
{  if(IsEmpty()) return 0;
   return stack[top];
}
```

说明　（1）这里的 top 不是这些函数定义中的局部量，是在这些函数定义外面定义的全局量，stack 也是。关于全局量的概念将在后续章节讨论。

（2）这里定义的栈，元素是 int 型的。实际上，可以是任意的其他类型，如 float 型或 char 型等，这时关于栈操作的函数定义需作相应修改。

（3）注意，执行某些栈操作时应该判别条件是否满足，满足时才能进行操作。这时函数的回送值标记是否进行了相应操作。调用程序处应该进行判别，以保证正确。但 GetTop 的处理有所不同，请注意这样处理的不足。

（4）如果允许定义多个栈，则上述各个实现栈操作的函数，应该由参数指明是哪个栈。请读者自行思考如何指明是哪个栈。

6.4.3 栈的应用

在定义了栈的类型，并设计了实现栈操作的函数定义后，便可以在应用程序中使用栈。这里以后缀表达式的生成为例说明。

例 6.15 简单后缀表达式的生成。

解 后缀表达式又称逆波兰表示，是表达式中运算符出现在运算分量后面的表示方式。通常的表达式是中缀表示，运算符在两个运算分量中间，如 a+b*c，它的后缀表达式是 abc*+。后缀表达式的特点是不包含括号，如(A+B)*(C−D)将表示成 AB+CD−*。在编译程序实现中，后缀表达式可以作为对表达式进行翻译的一种实现方法。这里简要讨论如何实现生成后缀表达式。为简单起见，表达式中字母代表运算分量，运算符仅+、−、*、/,另有左右小括号。以表达式 A+B*C−D/(E+F)为例说明从通常的中缀表达式转换成后缀表达式的基本思路。

把中缀表达式转换成后缀表达式时，逐个输入表达式的符号，这时设置一个栈，用来存放还不能输出的符号。当前输入符号输出与下推入栈的规则是：

- 输入是运算分量（字母），立即把它输出。
- 输入是左括号，立即下推入栈。
- 输入是右括号，当栈顶是运算符时，把此运算符输出，并从栈中上退，直到栈顶是左括号，把此左括号上退，不输出。此右括号既不下推入栈，也不输出，而是略去不管。
- 输入是运算符，如果栈空无运算符或者栈顶是左括号，立即下推入栈。如果栈顶是运算符，根据运算符优先级确定是下推入栈还是输出栈中运算符。如果当前输入的运算符优先级高于栈顶运算符的优先级，则把当前输入运算符下推入栈，否则把栈顶运算符输出并退栈，再重复比较。

当输入结束时，把栈中的输入内容依次输出并退栈。由于输入时运算分量立即输出，而运算符下推入栈，因此，运算符在运算分量之后输出，且由于栈的后进先出特性，最终得到的便是所求的后缀表达式。

表达式 A+B*C−D/(E+F)处理到运算符−时，输入、栈与输出的情况如图 6-5 所示。

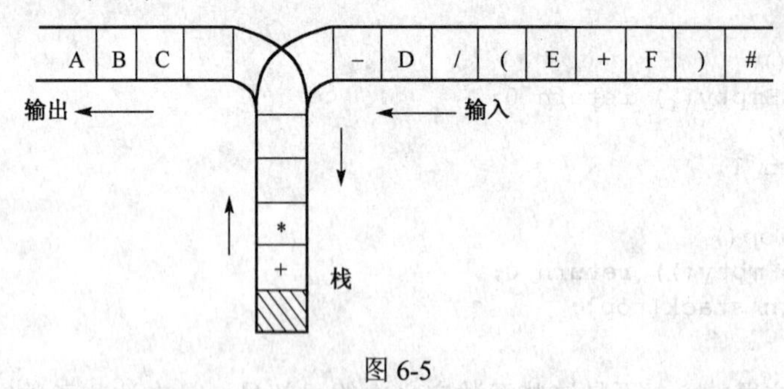

图 6-5

根据上述算法基本思路，可以画出相应的控制流程图如图 6-6 所示。

考虑数据结构，引进栈 stack：

```
char stack[50]; int top;
```

可以给出程序的结构大致如下。

```
文件包含命令（包括 stdio.h、string.h 与 ctype.h）
数据定义（包括栈 stack 和栈顶计数器）
栈操作实现函数（包括 Init、IsFull、IsEmpty、Push、Pop 与 GetTop）
后缀表达式生成函数 convert
```

```
main()
{ do
   {  printf("请输入表达式: ");
      scanf("%s", input); getchar( );
      convert(input, result);               /* 生成后缀表达式 */
      printf("\n 输入是: %s, 结果是: %s",input, result);
      printf("\n 继续否? 键入 y 或 n: ");
      scanf("%c", %c); getchar( );
   } while( c=='Y'|| c=='y');
}
```

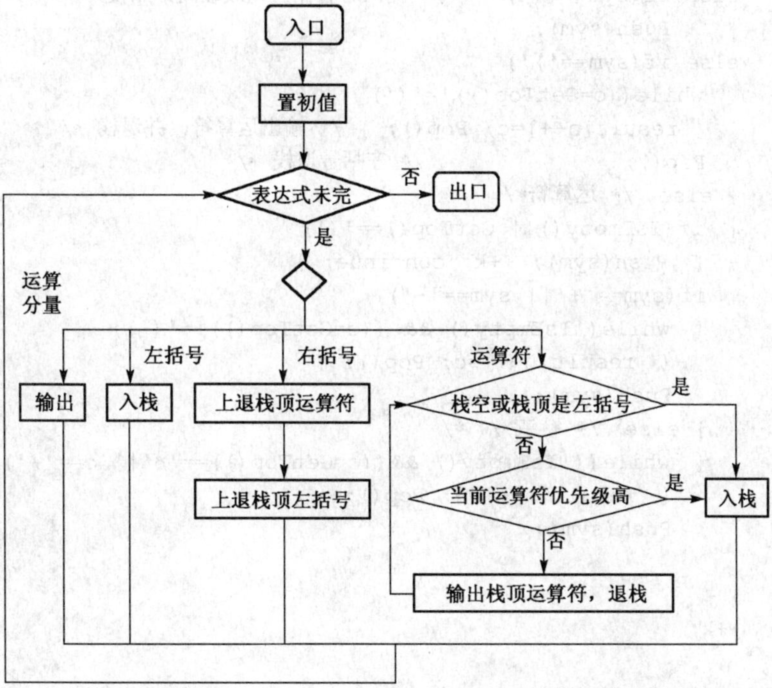

图 6-6

关于实现，请读者注意以下几个方面：

（1）关于栈的操作，如入栈 Push、退栈 Pop 与取栈顶元素等，一般都应该有栈满栈空的检查，在调用这些函数处也应该判别是否成功调用，以保证正确性。由于表达式一般不是太长，这里省略这些判别检查。必须注意的是，当引用栈的内容时，必须通过栈操作，即对栈操作的函数调用，不能直接对栈内容进行存取。例如，不能直接存取栈顶指针 top，也不能用 stack[top]对栈内容存取，必须通过 GetTop。由于涉及的是组成表达式的符号（字符），所以栈元素的类型是 char。

（2）对于比较当前输入的运算符与栈顶运算符的优先级，可以通过判别是什么运算符来确定。因为仅 2 类，即加减类与乘除类，且都是左结合的，所以当前是加减运算符时，一定不比栈中运算符优先级高，输出栈中的运算符并退栈，直到栈空或栈顶是左括号（作为栈顶符号，把左括号看作优先级最低），把加减运算符入栈；当前是乘除运算符时，如果栈中是乘除运算符，则输出栈中的乘除运算符并退栈，直到栈顶不再是乘除运算符，把乘除运算符入栈。

（3）括号的处理。当输入符号是左括号时，把它下推入栈（作为当前输入符号，把左括号看作优先级最高）。当输入符号是右括号时，在栈中必定有元素，即左括号之后、右括号之前的运算符，以及左括号，这时把栈顶的运算符逐一输出，并从栈中上退，直到左括号，把它从栈中上退。

对照图 6-6 所示的控制流程图，生成后缀表达式的函数 convert 可设计如下：

```
void convert(char input[ ], char result[ ])
{  置初值；
   while((sym=input[k])!='\0')
   {  if(isalpha(sym))      /* 判别是否运算分量（字母） */
         result[n++]=sym;  /* 是，输出 */
      else if(sym=='(')      /* 输入时看作优先级最高，入栈 */
           Push(sym);
      else if(sym==')')
      {  while((c=GetTop())!='(')
         { result[n++]=c; Pop(); } /* 输出运算符，并退栈 */
         Pop();                  /* 左括号退栈 */
      } else   /* 运算符*/
      {  if(IsEmpty()|| GetTop()=='(')
         {  Push(sym); ++k; continue; }
         if(sym=='+'|| sym=='-')
         {  while(!IsEmpty() && ((c=GetTop())!='('))
              {  result[n++]=c; Pop(); }
            Push(sym);
         } else  /* * 或 /  */
         {  while((!IsEmpty() &&((c=GetTop())=='*'|| c=='/'))
              {  result[n++]=c; Pop(); }
            Push(sym);
         }
      }
      ++k;
   }
   while(!IsEmpty())
   {   result[n++]=GetTop(); Pop(); }
   result[n]='\0';
}
```

其中，引进参数 input 与 result，分别存放输入的表达式与结果后缀表达式。当输入是表达式 A+B*C−D/(E+F)时，相应的后缀表达式是：ABC*+DEF+/−。注意：最终的 result 必须有字符串结束字符。

这个函数定义中没有给出变量说明，没有置初值，也没有给出栈操作的函数定义，请读者自行写出完整的可运行程序，实现后缀表达式的生成。

例 6.16　试编写一个功能菜单程序，实现栈的各类操作，其功能包括：进行各类栈操作，以及查看栈内容，直到选择退出，结束程序运行。

解　此程序包括下列功能：栈初始化、下推、上退、判栈满、判栈空、取栈顶、查看栈内容。对于用户来说，仅了解这些可以进行的功能，不关心栈的具体实现，即不能直接去存取栈的内容与栈顶计数器，如果进行对栈的操作，只能是通过菜单操作。为了能相继地进行操作，所以设计成循环结构，这时引进特征变量 tag，如果 tag 的值是 1，继续循环；如果值是 0，则结束。C 型伪代码程序如下：

```
tag=1;
while(tag)
{  显示功能菜单;
   键入选择 k;
   switch(k)
   {  case 1:
        栈初始化;  break;
      case 2:
        判栈满;    break;
      case 3:
        判栈空;    break;
      case 4:
        键入下推的值，并下推入栈;  break;
      case 5:
        上退栈;    break;
      case 6:
        取栈顶元素，存入暂存变量并查看;  break;
      case 7:
        显示栈内容; break;
      case 8:
        退出;       break;
   }
}
```

其中，显示功能菜单也可以引进一个函数定义如下：

```
int DisplayMenu()
{  int k;
   printf("\n\n  栈功能菜单");
   printf("\n1.  初始化");
   printf("\n2.  判栈满");
   printf("\n3.  判栈空");
   printf("\n4.  下推栈");
   printf("\n5.  上退栈");
   printf("\n6.  取栈顶");
   printf("\n7.  显示栈内容");
   printf("\n8.  退出");
   while(1)
   {  printf("请键入选择(1～8): ");
      scanf("%d",&k);
      if(1<=k && k<=8) break;  /* 输入正确序号时退出 */
   }
   return k;
}
```

假定栈元素的类型是 char 型，这里仅给出部分程序：

```
tag=1;
while(tag)
{  k=DisplayMenu();
   switch(k)
```

```
{  case 1: /* 初始化 */
      Init();  break;
   case 2: /* 判栈满 */
      if(IsFull())
         printf("\n 栈已满!");
      else
         printf("\n 栈未满");
      break;
   case 3: /* 判栈空 */
     …
   case 4: /* 下推栈 */
      if(Push(v)==0)
      {printf("\n 栈已满，不能再下推入栈! "); break,}
      printf("请键入下推的值: ");
      scanf("%c", &v);  getchar( );
      break;
   case 5: /* 上退栈 */
     …
   case 6: /* 取栈顶 */
     if(GetTop( )==0)
     {  printf("\n 是空栈，不能取栈顶元素!");
        break;
     }
     printf("\n 栈顶是%c", temp=GetTop());
     break;
   case 7: /* 显示栈内容 */
     if(IsEmpty())
     {  printf("\n 栈空");  break;  }
     DisplayStack();
     break;
   case 8: /* 退出 */
     tag=0;
 }
}
printf("\n 结束。")
```

请注意以下处理方法：

（1）其中的显示栈内容，也扩充为栈操作，由相应的函数定义实现，这样避免了直接存取栈顶计数器 top，且没有通过调用栈操作函数实现，效率高一些。

```
void DisplayStack()
{  printf("\n 栈的内容是: \n");
   for(j=1; j<=top; j++)
       printf("%2c", stack[j]);
}
```

这样，关于栈的操作，全部由调用栈相关函数来完成，不直接涉及栈的内部细节，包括栈元素计数器 top。

（2）栈元素类型可以是 char 型，也可以是其他各种类型，对于特定应用程序，需要对实现栈操作的函数定义作相应修改。

（3）对于 char 型，在输入时注意对结束输入的回车键字符进行处理。

（4）请注意退出循环、结束程序运行的处理。

栈这种数据类型，可以看作是系统函数的扩充，它的实现可以采用多种方式，例如除了利用数组类型来实现外，还可以利用第 8 章中讨论的指针类型来实现。因此，用户不必自己去实现关于栈的操作，也不必去关心栈操作如何实现。正如输入输出函数 printf 与 scanf 一样，只需要有这些函数的原型，以便引用。从这个角度出发，关于栈类型的定义与实现栈操作的函数定义应该存放在一个头文件中，如 stack.h。程序编写人员引用时，在程序的开始处给出相应的文件包含命令，例如，

```
#include "stack.h"
```

6.5　函数的递归定义

6.5.1　问题的提出

先考虑汉诺塔问题，这是一种按一定规则移动盘片的游戏。假定有三个杆子，分别记为 A、B 与 C。现在有 3 个不同直径、中间有圆孔的盘片，从大到小地插到 A 杆上，如图 6-7(a)所示。

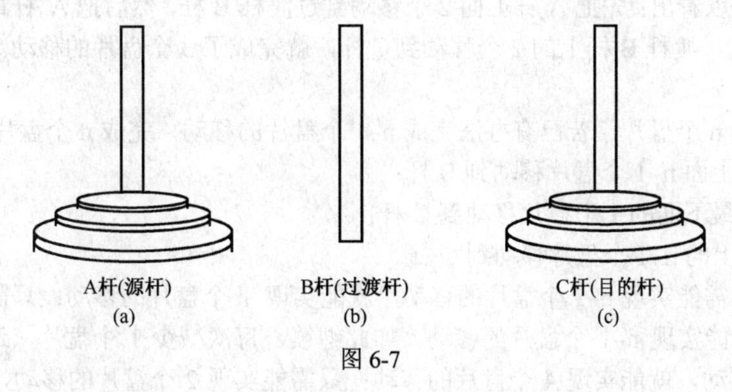

图 6-7

问题是：如何按下列要求把 3 个盘片从源杆 A 杆移动到目的杆 C 杆：

- 每次仅移动一个盘片；
- 任何时候都保持大的在下，小的在上；
- B 杆可作为中间过渡杆。

如果A 杆上仅 1 个盘片，直接把盘片从 A 杆移动到 C 杆，已经实现按要求移动：

如果A 杆上仅 2 个盘片，这是很容易用 3 步实现按要求移动的：

- 从A 杆移动到 B 杆；
- 从A 杆移动到 C 杆；
- 从B 杆移动到 C 杆。

直观起见，把 A 杆 2 个盘片移动到 C 杆的过程表示如下：

A→B
A→C
B→C

对于 3 个盘片，可以得到整个移动过程共 7 步，列出如下：

A→C
A→B　} 把 A 杆 2 个盘片移动到 B 杆
C→B
A→C　　把 1 个盘片从 A 杆移动到 C 杆

```
B→A ┐
B→C ├ 把B杆2个盘片移动到C杆
A→C ┘
```

但如果有4个、5个、…，甚至更多的盘片，该如何移动呢？显然随着盘片数的增加，成功移动的难度越来越大。事实上，关于这个汉诺塔问题，有一个传说。据说在中世纪的欧洲寺院中，这种游戏设置有64个盘片。盛传，当A杆上的64个盘片按要求移动到C杆时，就将是世界的末日。为什么这样说呢？从前面 n=2 与 n=3 的情况可以看到，移动步数分别是 $3=2^2-1$ 与 $7=2^3-1$，一般地，当盘片数是n时，移动的步数是 2^n-1。当n=64时，总的移动步数将是 $2^{64}-1$，计算一下，这将花费多长时间！

现在回头来看如何解决这个问题。

首先要明确思路。得到思路的最好办法是从简单的实例中找规律。假使仅1个盘片，直接把盘片从A盘移动到C盘；仅2个盘片时，移动的3步中，第1步是把1个盘片从A杆移动到B杆，第2步是把盘片从A杆移动到C杆，最后1步是把盘片从B杆移动到C杆。从3个盘片的移动可以看出：先把A杆上面2个移动到过渡杆B杆，然后把A 杆最下面1个移动到C杆，最后把过渡杆B杆上的2个移动到C杆，就完成了3个盘片的移动。因此，可概括思路如下：

假定要移动n个盘片，若已有办法完成n-1个盘片的移动，完成n个盘片的移动如下：

- 把A杆上面n-1个盘片移动到B杆；
- 把A杆最下面的1个盘片移动到C杆；
- 把B杆上的n-1个盘片移动到C杆。

这表明，只需能实现n-1个盘片的移动，就能实现 n个盘片的移动；只需能实现n-2个盘片的移动，就能实现n-1个盘片的移动。如此继续，每次减少1个盘片，最终，只需能实现3个盘片的移动，就能实现4个盘片的移动；只需能实现2个盘片的移动，就能实现3个盘片的移动，而2个盘片十分容易用移动1个盘片来实现。因此，任意n个盘片的移动是可行的，只需按上述思路移动便可以实现。

现在用函数来实现n个盘片的移动，假定函数名是HanoiTower（汉诺塔）。可见，n个盘片的移动与n-1个盘片的移动，都调用函数HanoiTower，仅仅是参数不同而已，一个的参数是n，而另一个的参数是n-1。下一小节讨论如何用C语言实现该问题。

6.5.2　递归的概念

关于上述汉诺塔问题，把A杆称为源杆、C杆称为目的杆，而把B杆称为过渡杆，n个盘片移动的实现思路可以陈述如下：

- 把源杆上面n-1个盘片移动到过渡杆；
- 把源杆剩下的1个盘片移动到目的杆；
- 把过渡杆上的n-1个盘片移动到目的杆；

对于实现此功能的函数HanoiTower，参数是什么？盘片个数n当然是参数，从前面关于n=3的情况看，源杆、过渡杆与目的杆并非是固定的，求解过程中它们的地位会因求解的问题不同而变化，所以这三者也作为参数，分别记为A、B与C，由于仅当1个盘片时，可以直接从源杆移动到目的杆，因此，可以写出如下的函数定义：

```
void  HanoiTower( int n, char A, char B, char C)
{  if(n==1)
     move(A, C);
```

```
    else
    { HanoiTower( n-1, A, C, B);
      move( A, C);
      HanoiTower( n-1, B, A, C);
    }
}
```

其中，函数 move 如下定义：

```
void move( char A, char B)
{ printf("\n%c -> %c",A, B);
}
```

由于形式参数 A 与 B 的类型是 char，所以函数调用时相应的实际参数必须是字符型，如 move('B', 'C')，函数调用的结果是输出：

```
B->C
```

n 个盘片的汉诺塔问题的求解，由下列函数调用实现：

```
HanoiTower(n,'A','B','C');
```

在关于 HanoiTower 的函数定义中，调用了 HanoiTower 本身，这种函数称为递归函数，相应的函数定义称为递归函数定义。

递归函数的特点是：当其他函数调用此函数而执行相应的函数体时，在结束函数体的执行而返回之前又去调用此函数，只是往往以更简单的参数去调用此函数。以 HanoiTower 为例，其他函数以参数 n 调用它，在执行 HanoiTower 的函数体时，结束之前又以更简单的参数 n-1 去调用 HanoiTower。从书写形式上看，在所定义的函数 HanoiTower 的函数体控制部分内，存在对所定义函数 HanoiTower 的调用。

递归函数定义的设计思路可概括为两点：

- 对本身复杂情况的函数调用，用对本身较简单情况的函数调用来实现；
- 在最简单情况，直接给出实现。

下面通过例子进一步说明递归函数定义。

例 6.17　设计关于阶乘的递归函数定义。

解　数学中关于 n 的阶乘 n!定义如下：

```
n!=1×2×3×…×(n-2)×(n-1)×n
```

把前面的 n-1 项括在一起

```
n!=(1×2×3×…×(n-2)×(n-1))×n
```

因此，可改写成 n!=(n-1)!×n。这表明，当 n>1 时，n!是 n-1 的阶乘乘以 n。而 n≤1 时，n!=1。设计算 n!的函数名是 fac，参数是 n，则按照递归函数定义的设计思路，可以写出如下的函数定义：

```
long fac(int n)
{
  if(n<=1)
    return 1;
  return n*fac(n-1);
}
```

注意　函数值的类型是 long，这是因为 int 型的取值范围较小，而阶乘 n!的值，在 n 稍大时便急剧增大，所以不可能用 int 型存储，甚至需要用 float 型。

假定函数调用是 fac(4)，调用过程如图 6-8 所示。

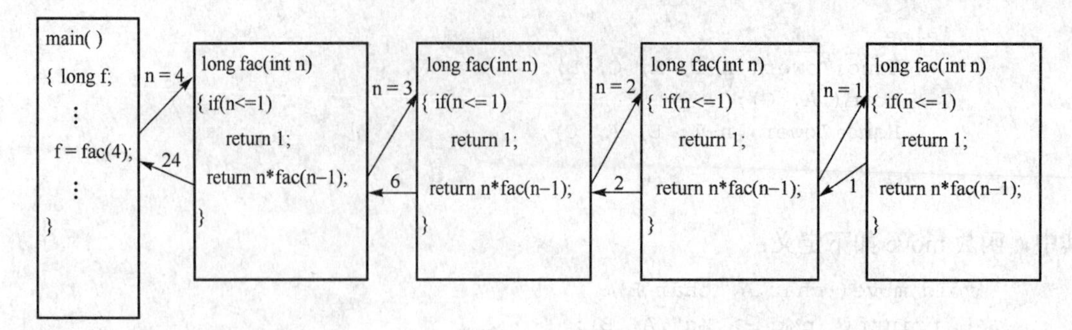

图 6-8

图 6-8 直观形象地表达了阶乘 4!的计算过程，反映了阶乘的定义。由于每次计算 fac(n−1)都需要调用函数 fac（连同函数调用 fac(4)，总共是 4 次），函数调用是需要额外开销的，所以效率欠佳。事实上，阶乘 n!的计算可以用一个循环语句实现：

```
for(t=1,k=1; k<=n; k++)
   t=t*k;
```

或者写出函数定义如下：

```
long fac_2(int n)
{  int k;  long t;
   for(t=1, k=1; k<=n; k++)
       t=t*k;
   return t;
}
```

如果为前面 5.2.3 节中讨论的斐波那契数列写出函数定义，对递归与非递归定义的两种情况进行比较，效率的差别将更大。

例 6.18　设计计算斐波那契数列的函数定义。

解　斐波那契数列是

1，1，2，3，5，8，13，21，34，⋯

用 f 表示级数名，则 f_1=1、f_2=1、f_3=2、f_4=3、f_5=5、⋯。一般可定义如下：

$f_1=1$，$f_2=1$，　$f_n=f_{n-1}+f_{n-2}$　(n=3、4、5、⋯)

按此定义，对照递归函数定义的设计思路：复杂情况由简单情况来解决，最简单情况直接解决，可以设计如下的递归函数定义：

```
int f(int n)
{  if(n==1) return 1;
   if(n==2) return 1;
   return f(n-1)+f(n-2);    /* n>=3 */
}
```

以计算 f_5 为例，函数调用过程如图 6-9 所示。

对于函数调用 f(5)，需要调用 f(4)与 f(3)各 1 次。对于函数调用 f(4)，需要调用 f(3)与 f(2)各 1 次，而函数调用 f(3)又需调用 f(2)与 f(1)各 1 次，因此，函数调用 f(5)总计需要函数调用 f(4)1 次、函数调用 f(3)2 次、函数调用 f(2)3 次与函数调用 f(1)2 次。连同函数调用 f(5)，总共需要函数调用 9 次。如果函数调用 f(n)中，n 的值较大时，函数调用的次数将大大增加，与 5.2.2 节中的递推算法相比较，显然递归算法的效率要低得多。一般情况下，执行函数调用 f(n)时，

f(n)、f(n−1)、…、f(1)与 f(0)的调用次数各是多少？观察 n=3、4、5、6 等时的次数，将发现有趣的规律，请读者自行找出此规律。

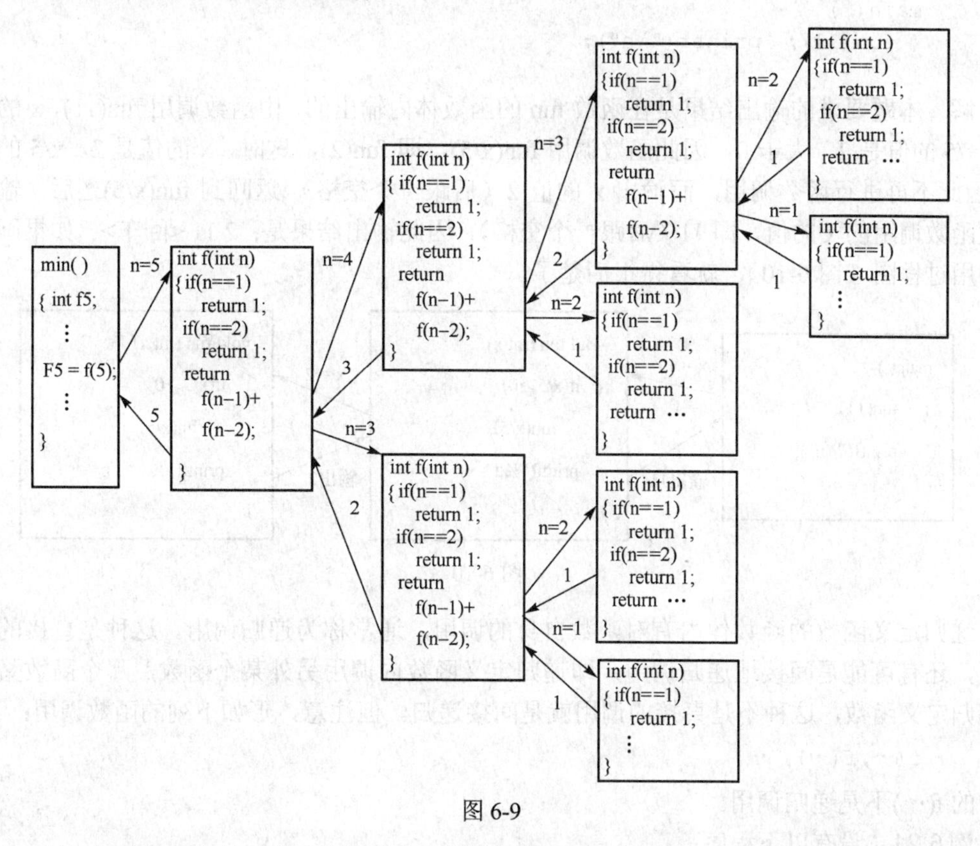

图 6-9

但明显的事实是有的问题如果不用递归算法来解决，就难以明确思路解决它，如汉诺塔问题就是这样。因此可以这样来考虑：如果某个问题，当不用递归算法便难以解决时,则用递归算法；如果不用递归算法，而用迭代、递推或其他算法就能解决时，就用其他算法。

例 6.19　设有如下函数定义：

```
int  fun(int k)
{  if (k<1)  return 0;
   else  if (k==1) return 1;
   else  return fun(k-1)+1;
}
```

若执行调用语句“n=fun(3);”，则函数 fun 总共被调用的次数是________。

A）2　　　　　　B）3　　　　　　C）4　　　　　　D）5

解　对此问题，直接按所给函数定义，函数调用 fun(3)将函数调用 fun(2)1 次，函数调用 fun(2) 将函数调用 fun(1)1 次，此后 fun(1)将不再函数调用，因此，连同 fun(3)，fun 总共被调用 3 次。如果希望上机验证调用次数，可以引进全局量 n，作为计数器，初值是 0，在函数体中把 n 的值加 1。这样，每调用 1 次，它的值加 1，n 最终的值便是调用的次数。

例 6.20　以下程序运行后的输出结果是________。

```
#include  <stdio.h>
void  fun(int  x)
{  if(x/5>0)  fun(x/5);
```

```
    printf("%d ",x) ;
  }
  main( )
  { fun(11); printf("\n");
  }
```

解　本题要求的输出结果是在函数 fun 的函数体内输出的，由函数调用 fun(11)，x 的值是 11，x/5 的值是 2，大于 0，因此函数调用 fun(x/5)，即 fun(2)，这时，x 的值是 2，x/5 的值是 0，因此不再进行函数调用，而输出 x 的值 2（后跟一个空格）,返回到 fun(x/5)之后，输出前一次函数调用的 x 的值，即 11（后跟一个空格），因此输出结果是；2 11 <回车>。如果画出函数调用过程图（图 6-10），就看得很清楚了。

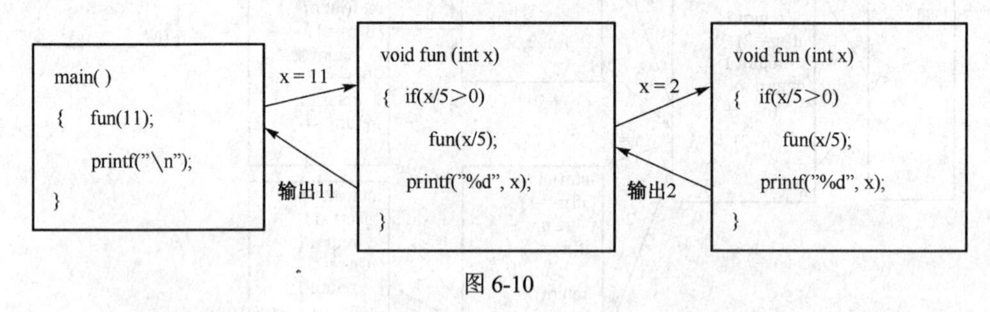

图 6-10

递归定义函数的函数体内有对函数自身的调用，通常称为递归调用。这种是直接的递归调用，还有可能是间接地递归调用，即递归定义函数内调用另外某个函数，那个函数又调用此递归定义函数，这种不是直接的调用就是间接递归。但注意，形如下列的函数调用：

```
f(…,f(…), …)
```

其中的 f(…)不是递归调用。

例 6.21　设有以下程序：

```
#include <stdio.h>
int  f(int x);
main ()
{  int n=1,m;
   m=f(f(f(n))); printf("%d\n",m);
}
int f(int x)
{ return x*2;}
```

程序运行后的输出结果是________。

A）1　　　B）2　　　C）4　　　D）8

解　本题的输出结果是 m 的值，即 f(f(f(n)))的值。此题看似复杂，实际上，只需从内向外逐次计算 f 的值，就能得到所求。n=1,f(n)的值是 1*2=2。f(f(f(n)))，即 f(f(2)),f(2)的值是 2*2=4。因此，f(f(f(n)))即 f(4)，值是 4*2=8。最终，输出结果是 8，答案是 D。

由于在调用 f 时，并没有在结束 f 的运行之前又调用 f 自身，因此本题不是函数的递归调用，只是参数是函数调用。

6.6　存储类与函数调用的副作用

6.6.1　全局量与局部量概念

当设计函数定义时，函数体控制部分中处理的量，通常是在函数体的说明部分中定义的。

例如，例 6.17 关于阶乘的 fac_2 函数定义中控制部分的变量 k 与 t，是在函数体的说明部分中定义的：

```
int k;  long t;
```

这表明，变量 k 与 t 在此函数定义的函数体内分别代表 int 型与 long 型的变量，并不关心在此函数定义外面，k 与 t 是什么，或者说，在此函数定义外面，k 与 t 可以代表其他类型的变量。例如，可以在同一个程序中引进如下的两个函数定义：

```
int max3(int a, int b, int c)
{  int t;
   t=a>b? a : b;
   t=t>c? t : c;
   return t;
}
float max4(float a, float b, float c, float d)
{  float t;
   t=a>b? a : b;
   t=t>c? t : c;
   t=t>d? t : d;
   return t;
}
```

虽然关于 max3 与 max4 的函数定义中都用标识符 t 作为中间变量的名字，但这两个 t 分别代表不同的数据对象，一个是 int 型的变量，而另一个是 float 型的变量，它们仅分别在被定义的函数定义的函数体内有意义，在函数体外是不具有所定义的类型属性的。这就是所谓作用域的概念，相应的重要概念是局部量。

标识符的作用域是一个标识符与某种类型属性相关联的有效范围，也就是说，在这个作用域内，该标识符所代表的变量具有相关联的类型属性。一般来说，标识符的作用域是定义它的函数定义的函数体。这个标识符所代表的变量称为在此作用域内的局部量。然而一般为简便起见，就说是函数的局部量。

由于作用域的概念，同样拼写的标识符在不同的作用域内可以代表不同的数据对象，即局部量。相对于局部量，引进了全局量的概念。

全局量是在函数定义的外部定义的量。例如，下列程序：

```
int M=1;
main()
{  int k=3;
   printf("\nk+M=%d\n",k+M);
}
```

其中的标识符 M 是在 main 函数外定义的，因此不是 main 函数的局部量，而是整个程序的全局量。在整个程序内出现的 M，都代表同一个数据对象，即 int 型变量。在定义时，M 被置初值 1，因此输出结果是：

```
k+M=4
```

如果在 main 函数内对 M 赋值 5，则输出结果是：

```
k+M=8
```

这时假定在函数体内没有对标识符 M 重新定义。如果在 main 函数内重新定义 M。例如：

```
float M;
```

则函数定义内进行求和 k+M 的 M 是新定义的 M，具有 float 型，是 main 函数的局部量。在 main 函数定义外，M 是全局量。对上述几种情况可以概括如下：

函数定义前面定义的全局量，自动继承到函数体内，作为函数体内的非局部量。如果函数定义的函数体内，与全局量相同拼写的标识符被重新定义，则函数定义前面定义的全局量不再自动继承，相应标识符所代表的量是函数的局部量，它具有新定义的类型属性。

且看全局量与局部量的下列例子。

例 6.22　试给出下列程序的输出结果。

```
int m=3;
int fun(int a, int b)
{  int m=4, x=5;
   return (a+m)*(x-b)-m;
}
main( )
{  int x=1, y=1;
   printf("fun(%d,%d)/%d=%d\n", x, y, m, fun(x, y)/m);
}
```

解　首先分析此程序中的全局量与局部量的情况。该程序第 1 行中定义 m 为 int 型变量，且置初值 3。此 m 在函数定义的外面定义，是全局量。函数 fun 的函数定义中 a 与 b 是形式参数，函数体内定义的 x 是它的局部量，此外又定义变量 m，此 m 是函数 fun 的函数体内的局部量，它的初值是 4。main 函数中定义它的局部量 x 与 y，这里的 x 与 fun 函数定义中的 x 是两个不同的数据对象。

现在考察输出结果。不难看到，仅在 main 函数中有输出语句，它是：

```
printf("fun(%d,%d)/%d=%d\n", x, y, m, fun(x, y)/m);
```

其中的 x 与 y 是 main 函数的局部量，值都是 1。由于 m 并没有在 main 函数定义中重新被定义，因此是全局量，值是 3。现在考察函数调用 fun(x, y)，在把实在参数 x 与 y 的值分别传送给函数 fun 的参数 a 与 b 后，控制转向 fun 函数定义中的控制部分。计算表达式(a+m)×(x−b)−m 的值。如前所见，a 与 b 是参数，m 与 x 是其局部量，因此可得它的值是：

```
(1+4)×(5-1)-4=5×4-4=16
```

回送到 main 函数，f(x,y)/m 的值是 16/3=5。最终输出的结果是：

```
fun(1,1)/3=5<回车>
```

由于控制转移的原因，往往使书写顺序与执行顺序不一致，从而带来阅读程序的困难，容易搞错变量的值。为了减少错误发生的可能性，建议列表如表 6-2 所示。

表 6-2

全程量	m	3
main 函数	x	1
	y	1
	f(x,y)	f(1,1)=16
	m（全程量）	3
	f(x,y)/m	16/3=5
fun 函数	a	1
	b	1
	m（局部量）	4
	x	5
	(a+m)*(x-b)-m	16（回送值）

显然采用这样的表列形式，容易检查所涉及量的取值情况，将减少错误发生的可能性。

说明　C 语言允许在复合语句内控制语句的前面引进变量说明，所说明变量的作用域就是此复合语句。

6.6.2　C 语言的存储类

C 语言中全程量与局部量的概念，反映了变量在计算机存储器中的存储方式。通常，C 语言的集成开发系统存储数据如图 6-11 所示。

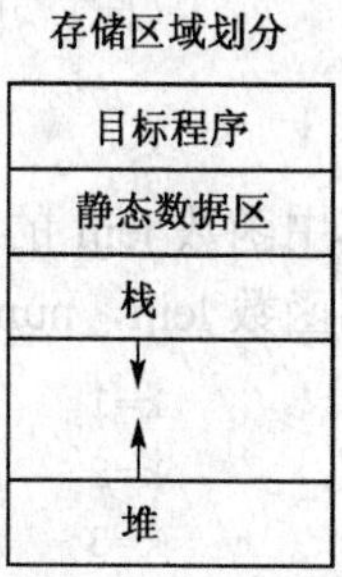

该示意图中，静态数据区存储的是全程量及 C 语言 static（静态）变量，这些量都是按静态分配策略分配存储区域的。关于 static 存储类变量将在后面讨论。栈区存储的是函数调用时的局部变量，每当函数调用时，在栈区中为被调用函数分配存储区域，包括局部量等的存储区域，每当调用结束时，在栈区中撤销为被调用函数分配的存储区域。关于栈的概念，已在第 5 章中讨论过，它的特征是后进先出。至于堆区，则是为调用 C 语言的存储分配函数而创建的变量分配的存储区域。通过函数 malloc 来创建，通过函数 free 来撤销。关于存储分配函数将在第 8 章讨论。分配存储到栈区或堆区，都是动态的存储分配。

存储区域划分

目标程序
静态数据区
栈 ↓
↑
堆

图 6-11

为了表达变量在存储区域中的存储情况，C 语言引进 4 类存储类，即 auto（自动）、static（静态）、register（寄存器）与 extern（外部）。

引进存储类之后，简单变量说明的一般形式如下：

存储类　类型　标识符,⋯, 标识符

下面分别阐述各存储类。

（1）auto 存储类：即通常的函数局部量，它们随函数被调用而存在，随函数调用结束而消亡。为它们分配的存储区域位于栈区。C 语言集成支持系统不对局部量置初值，所以局部量的值是无定义的，或者说是不确定的。换句话说，为局部量分配的存储区域中原先是什么内容，局部量就有什么值。因此，在引用某局部量时，之前必须已对此局部量赋值，否则将出错。当写程序时，auto 存储类变量，可以定义如下：

```
auto float weight, length;
auto int number=5, tag=0, N=20;
```

如果不写出类型符，则缺省的类型是 int 型。例如，

```
auto number=5, tag=0, N=20;
```

与前面第 2 个变量说明等价。

如果在函数定义内，变量说明中没有指明是什么存储类，则缺省是 auto。auto 存储类变量仅出现在函数定义内，是随函数调用而动态地进行存储分配的。

（2）static 存储类：其变量的存储区域分配在存储器中的静态数据区，在编译时刻就可以为 static 存储类变量分配存储区域，因此 C 语言编译系统编译时为这类变量置初值，int 型量初值为 0，char 型量初值为字符\0 等。这是 static 存储类与 auto 存储类变量的一个重要区别。函数定义内，把局部量定义为 static 存储类变量的目的，是使得能在函数调用结束后，仍能保持此 static 存储类变量的值到下一次调用此函数时，因为为 static 存储类局部量分配的存储区域在静态数据区，在程序结束前一直保持这种分配，不会因为结束函数调用而撤销。下面给出 static 存储类局部量的例子。

例 6.23　static 存储类示例：

```
int leiji()
{  static int number=0;
   return ++number;
}
main()
{  int k, j;
   for(j=1; j<=5; j++)
   {  k=leiji( );
```

```
        printf("\nk=%d", k);
    }
}
```

其中函数 leiji 的局部量 number 是 static 存储类变量，即静态局部量，初值是 0。由于每次调用函数 leiji，number 的值都保存着，从 0 增加到 1，再增加到 2 等，运行结果是输出：

```
k=1
k=2
k=3
k=4
k=5
```

如果在函数 leiji 中，把局部量 number 更改为 auto 存储类变量：

```
int number=0;
```

则显示输出的 5 行将全是 k=1，因为每次调用函数 leiji，number 每次都将置初值 0。

作为例子，给出利用 static 存储类局部变量计算阶乘的函数定义及其函数调用。

例 6.24　利用 static 存储类计算阶乘的例子。

由于阶乘 n!定义为 n!=n×(n−1)!，因此函数 fac 计算(n−1)!之后让它保留在一个 static 存储类局部变量中，下次以 n 为参数调用时便得到 n!的值，可以设计函数定义并写出程序如下。

```
long fac(int n)
{  static long t=1;
   t=n*t;
   return t;
}
main()
{  int k;  long f;
   for(k=1; k<=10; k++)
   {  f=fac(k);
      printf("\n%d!=%ld", k, f);
   }
}
```

调用函数 fac，当以 k=1 为参数调用时，得到 t=1×1=1!。当以 k= 2 为参数调用时，得到 t=2×1=2!。当以 k= 3 为参数调用时，将由 n=3 乘 t=2!得到 t=3×2!=3!，再以 k= 4 为参数调用时，将由 n=4 乘 t=3!得到 4!，…，最后以 k=10 为参数调用时，将由 n=k 乘 t=9!得到 10!。因此执行结果将输出 1 到 10 的阶乘值：

```
1!=1
2!=2
3!=6
 ⋮
8!=40320
9!=362880
10!=3628800
```

注意，这样定义的计算阶乘的函数 fac，仅当依次计算 1!、2!、3!、…时才正确，因为保存的值是(n−1)!再以参数 n 调用，将得到 n!。但如果第 1 次就函数调用 fac(4)，并不能得到 4!的值，仅仅 4*1!=4。请读者自行检验。

在函数定义的外部，也可以把全局量定义为 static 存储类量，但那有其他的含义，将在相关部分中讨论。

（3）register 存储类：其变量一般定义如下：

```
register int k;
```

这样，将不为局部量 k 分配静态数据区和动态数据区的存储，而是为此变量 k 安排一个寄存器来存放相应的值，这是因为寄存器的运算速度大大快于存储器。对于优化功能强的编译系统，如 C 语言，一般把循环控制变量自动实现为寄存器变量，以提高运行效率，这可利用 Turbo C 的调试功能来验证。例如，对于例 6.24 中 main 函数的循环控制变量 k，在调试时，将不能通过查看窗查看它的值，因为它不再是分配存储的变量。当程序编写人员打算让某个局部量存储在寄存器中时，可以使用 register 存储类来实现。

（4）extern 存储类：C 语言是模块化结构的程序设计语言，一个 C 程序可能由若干个模块组成，这些模块分别安排在几个文件上。如果一个模块（函数定义）中需要引用不在此模块中定义的量，就需要利用外部变量，可通过 extern 存储类变量说明来实现。

这有两种情况，一是同一文件中，函数定义内引用在它后面定义的全程量，二是函数定义内引用其他文件中定义的全程量。对于如上引用的函数定义而言，这样的全局量都称为外部变量。

例 6.25　引用同一文件中的外部变量的例子。

设有函数 sort，其功能是对数组元素排序，为检查排序的正确性，写出相应的 main 函数如下：

```
void sort( int a[ ], int n)
{  int i, j, t;
   for(i=0; i<n; i++)
     for(j=i+1; j<n; j++)
         if(a[j]<a[i])
         {  t=a[i]; a[i]=a[j]; a[j]=t; }
}
main()
{  extern int aa[10];
   int i;
   printf("\nOriginal aa is: \n");  /*输出原始数组*/
   for(i=0; i<10; i++)
        printf("%5d", aa[i]);
   printf("\n");
   sort(aa, 10);
   printf("\nSorted aa is: \n");     /*输出排序后数组*/
   for(i=0; i<10; i++)
        printf("%5d", aa[i]);
   printf("\n");
}
int aa[10]={62,24,19,48,15,6,57,78,39,10};
```

在 main 函数中调用函数 sort 进行排序，实际参数是数组 aa，它在 main 函数之后定义，因此当编译系统对此程序从上到下编译的过程中，处理到函数调用 sort(aa,10)时，并不了解 aa 是什么。用C语言书写程序时必须遵循“先定义后使用”法则，必须有语句预先告知 aa 是什么。这就是第 1 行中的 extern（外部）说明：

```
extern int aa[10];
```

程序运行后的输出结果是：

```
Original aa is:
   62   24   19   48   15    6   57   78   39   10
Sorted aa is:
    6   10   15   19   24   39   48   57   62   78
```

注意 函数 sort 中的排序算法效率欠佳，请读者自行查找原因，进行改进。

一个 C 程序可以存放在一个或几个文件中，为了在一个文件中的程序引用另一个文件中的量，也需要引进外部变量的概念，也就是 extern 存储类。

例 6.26 引用不同文件中的外部变量的例子。

假定在文件 exp1.c 中 main 函数要求对较多的数据进行处理，如按从小到大的顺序排序，排序函数 sort 和 main 函数在同一个文件中。由于数据较多且会被修改，为不改动文件 exp1.c 中的程序，因此把数据存放在另一个文件 exp2.c 中的数组 A 中。例如，A 由下列变量说明定义并赋初值：

```
int A[10]={62,24,19,48,15,6,57,78,39,10};
```

因此文件 exp1.c 中的函数 sort 需要引用文件 exp2.c 中的数组 A 来进行排序，可以在文件 exp1.c 中写出如下的 extern（外部）说明：

```
extern int A[10];
```

这样，此数组 A 就好像是在文件 exp1.c 中定义的，这样的好处是：不论如何改动数据，都将不涉及程序部分。

在文件 exp2.c 中给出数组 A 的定义及其初值。在文件 exp1.c 中通过外部说明引用文件 exp1.c 中的数组 A。示意图如图 6-12 所示。

```
/*  文件 exp1.c */
void sort( int a[ ], int n)
{   int i, j, t;
    for(i=0; i<n; i++)
       for(j=i+1; j<n; j++)
          if(a[j]<a[i])
          { t=a[i];a[i]=a[j]; [j]=t; }
}
main( )
{   extern int A[10];
    int i;
    sort(A, 10);
    for(i=0; i<10; i++)
       printf("%5d",aa[i]);
    printf("\n");
}
```

```
/*  文件 exp2.c */
int A[10]=
  {   62,24,19,48,15,
      6,57,78,39,10
  };
```

图 6-12

说明 当一个 C 程序存放在几个文件中时，为了能在集成支持系统中运行，必须组织成一个工程（project），为此建立一个扩展名是.prj 的文件，在其中指明所包含的 C 程序文件（以.c 为扩展名）与头文件（以.h 为扩展名）。例如，对于此例子可以建立文件 06e26.prj ，其内容是：

```
exp1.c
exp2.c
```

这文件可以在集成支持系统 Turbo C 中编辑，键入上述内容后，存入文件 06e26.prj 中。

由于在 exp2.c 中也可以有程序对数组 A 进行处理，改变它的值，这样可能引起混乱，甚至错误。一般情况下，当一个应用程序由多人合作完成时，为了保护非共享部分的数据，C 语言采取如下的措施，即把需保护的全程量定义为 static 存储类变量。例如，为保证文件 exp2.c 中的数组 A 的值不被改变，把数组 A 定义为 static（静态）数组变量：

```
static int A[10];
```

这样在文件 exp1.c 中即使有下列 extern（外部）说明：

```
extern int A[10];
```

也不能对 exp1.c 中的数组 A 存取，提示报错信息为：

模块 exp1.c 中，A 是无定义的符号。

由此可见，使用 static 存储类产生的静态全局量，有两种不同用法：一种用法是使得能引用定义在后（同一文件）或定义在外（另一文件）的全局量；另一种用法是保护本文件中定义的全局量不被其他文件中的程序引用。

6.6.3　函数副作用

为了理解函数副作用问题，先看下面的例子。

例 6.27　以同样的参数调用函数得到不同结果的例子。

设有全局量 count 与函数 f 定义如下：

```
int count=0;
int f(int x)
{ return x+count++; }
```

现在有两个函数 f1 与 f2 分别定义如下：

```
int f1(x)
{  return f(x)+f(x)+f(x); }
int f2(x)
{ return 3*f(x); }
```

现在的问题是：f1(2)与 f2(2)的值是否相同？

初看起来，似乎函数 f1 与 f2 功能相同, f1(2)与 f2(2)的值应该相同。但是都以 count 的初值 0 去函数调用，上机运行结果是：f1(2)与 f2(2）的值分别是 9 与 6。仔细分析发现：每次调用函数 f 时，改变了全局量 count 的值,把它的值加了 1。f2 中仅调用 1 次函数 f，而 f1 中 3 次调用函数 f，导致每次调用函数 f，f(x)的值都不一样。因此 f1(2)和 f2(2)有不同的结果。

一个函数被调用后改变了此函数的非局部量，这种情况称为函数的副作用。由于函数副作用的存在，往往造成运行结果不确定而引起错误。

由于函数副作用的存在，往往可能使得计算顺序不一样，计算结果也不一样。请看下例。

例 6.28　函数副作用的例子。

设有函数定义：

```
int m;
int f(int k)
{  m=m*k;
   return 2*m;
}
int g(int k)
{  m=m*(k+3);
   return 2*m;
```

```
}
main()
{  int n1,n2;
   m=1;    n1=f(1)+g(1);
   m=1;    n2=g(1)+f(1);
   if(n1==n2)
      printf("\nn1=%d and n2=%d are the same.",n1,n2);
   else
     printf("\nn1=%d and n2=%d are different." ,n1,n2);
}
```

上机运行结果是：

```
n1=10 and n2=16 are different.
```

由于 f(x)与 g(x)的调用顺序不同，所以运行结果也不同，这种情况使得很容易引起错误。考察原因，是因为在函数 f 与 g 的函数体中改变了全局量 m。首先调用函数 f 时，全局量 m 的值是 1，调用结束后，m 的值还是 1，这是计算 n2 调用函数 g 时 m 的值。如果首先调用函数 g，调用结束时，m 的值是 4，再调用函数 f，结果就不一样了。

概括地说，由于 f 与 g 这两个函数有副作用，改变计算次序可能产生不同的运行结果。可见，必须注意函数副作用问题。

由调用函数来改变函数非局部量的情况还可能因为调用函数时，形式参数与实际参数对应所致，通过形式参数改变实际参数，如前面例 6.25 中看到的数组参数的情况。在第 8 章中将看到另一种方式，即在函数调用后，改变函数非局部量的另一种情况。

6.7　函数与程序编写

6.7.1　程序编写的基本策略——自顶向下、逐步细化

在前面的讨论中，函数作为一种缩写而引进，也就是说，在程序的多处求解同一类问题，引进函数，只需改变参数，调用函数就可以达到在不同的程序位置上完成相应的各个处理。现在换一种角度来讨论函数。

假定要求解某类问题，一般来说，开始时并不清楚如何求解这类问题。在对问题进行分析之后，往往根据问题的要求，把问题顺序分解成若干个更小的部分（可称为子问题），之后分别对它们求解。如果这些子问题都能解决，整个问题也就解决了，否则，对其中难以求解的子问题进一步分解，分解成更小的子问题。如此继续，最终解决该类问题。这样一种程序编写思路称为自顶向下、逐步细化。

其过程是：程序设计时，首先给出一个模块，假定这个模块已实现了待解问题。然后根据问题的自然求解步骤，把这一模块分解成顺序的、相互独立的若干子模块。根据这些子模块的自然求解情况，再次进行分解，直到分解成的所有子模块都能用程序实现。

这种分解成若干相对独立、功能单一的模块的程序称为模块化程序，这样的程序便于编码和调试，也便于重复使用这些模块。当采用自顶向下、逐步细化的设计方法时，可以把若干个独立模块组装成所要求的程序。

在这里，把函数定义作为模块是十分合适的，因为一个设计良好的函数定义有下列特征：

- 实现特定的功能；
- 相对独立而完整；
- 与外界有确定的接口联系。

在把函数语句看作是一种缩写的同时，也可以这样看函数语句：函数调用是抽象，而函数定义是细化。例如，函数调用 sort(A,10)是一种缩写，也是一种抽象，即把数组 A 的 10 个元素进行排序，并没有给出如何实现排序的细节。sort 的函数定义，则给出了对所给的数组实现排序的细节。也就是说，进行了细化。

显然，自顶向下、逐步细化的程序编写策略是十分贴近人的思维方式的，掌握这种思路，可以为编写一些较大的程序打下良好的基础。

自顶向下、逐步细化的程序编写策略是结构化程序设计方法的一个要点。结构化程序设计方法的特征大致如下：

- 采用自顶向下、逐步细化的程序编写策略，步步为营，保证正确；
- 采用 3 种控制结构：顺序结构、选择结构与迭代结构；
- 有限制地使用 goto 语句；
- 从流程图观点，整个程序可以抽象成一个处理框。

下面以实例说明如何应用自顶向下、逐步细化策略编写程序。

6.7.2　应用自顶向下、逐步细化策略编写程序

自顶向下、逐步细化策略作为结构化程序设计方法的要点，已取得很大的成效，显示出它的生命力。下面介绍程序编写实例。

例 6.29　试设计采用梯形法计算面积的函数定义。

解　首先要明确待设计的函数定义的功能是什么，之后整理处理思路、明确算法，进而确定函数定义中的参数与函数体的控制部分。

假定有函数 f(x)，它的图形表示如图 6-13(a)所示。现在要求计算图 6-13(a)中函数曲线在区间[a,b]上所围成阴影部分的面积。所谓梯形法，也就是把待求图形面积划分成一些等高的小梯形，如图 6-13(b)所示。累加这些梯形面积，就得到待求图形面积的近似值。具体做法如下。

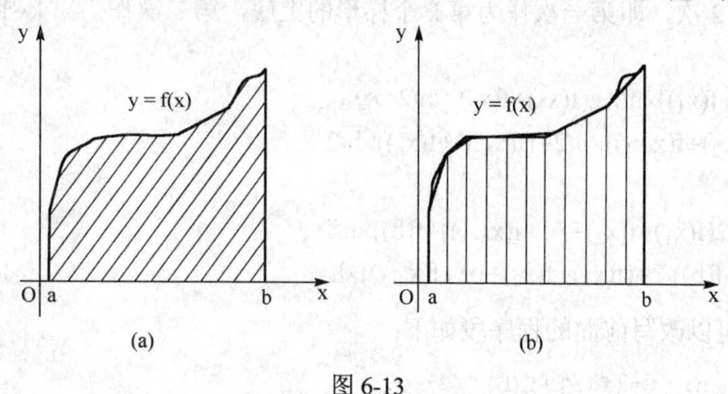

图 6-13

第 1 步，假定整个问题已经解决，相应模块的功能是：

　　计算曲线 y=f(x)在区间[a,b]上所围成封闭图形的面积 S

第 2 步，根据问题的自然求解步骤，进行分解成若干小模块。

把 x 轴上区间[a,b]划分成 n 等份，各分点的坐标分别是 x_1=a+(b−a)/n、x_2=a+2×((b−a)/n)、…、x_{n-1}=a+(n−1)×((b−a)/n)。从各分点向上画垂线，与曲线 y=f(x)相交，把相邻两个交点相连，则此连线、相邻的两条垂线及 x 轴部分构成一个梯形，这样共有 n 个梯形，把这 n 个梯形的面积相加，和就是待求面积 S 的近似值。现在自然求解步骤十分明确，就是：

（1）置初值 S=0；

（2）从左到右，依次计算各梯形的面积；

（3）对各梯形面积求和。

设从左到右，各梯形面积分别是 s_1、s_2、…、s_{n-1}、s_n。显然可以利用第 5 章所熟悉的 for 语句，写出如下过程：

```
S=0;
for(k=1; k<=n; k++)
  S=S+第 k 个梯形面积 s_k;
```

第 3 步，细化梯形面积的计算。

现在计算梯形的面积。梯形面积=(上底+下底)×高/2。由作图法，所有梯形的高显然都是 h=(b-a)/n，只是梯形的上底与下底不同。设是第 k 个梯形，在 x 轴上的两个分点分别是 $x_{k-1}=a+(k-1)\times h$ 与 $x_k=a+k\times h$，上底与下底是两个垂线，它们的长度就是函数 f 的值，分别是 $f(x_{k-1})$ 与 $f(x_k)$，因此，第 k 个梯形的面积 s_k 是：

$$s_k=(f(x_{k-1})+f(x_k))\times h/2$$

前面的求和语句可进一步细化如下：

```
S=S+(f(a+(k-1)*h)+f(a+k*h))*h/2;
```

在这里，最可能发生错误的是函数值的计算，需要检查 $(f(x_{k-1})+f(x_k))\times h/2$ 的计算是否正确。可以用特定值代入检查，如把 k=1、2 与 n 代入。k=1 时是 $x_0=a$ 与 $x_1=a+h$，k=2 时是 $x_1=a+h$ 与 $x_2=a+2h$，k=n 时是 $x_{n-1}=a+(n-1)h$ 与 $x_n=a+nh=b$，显然这些都是正确的。由此上述语句可细化成如下的程序段：

```
h=(b-a)/n;  S=0;
for(k=1; k<=n; k++)
  S=S+(f(a+(k-1)*h)+f(a+k*h))*h/2;
```

有的读者可能已经发现，这样做可行，但效率低，因为除了 f(a)与 f(b)外，其他的函数值 f(x)全部都要计算 2 次，即第一次作为第 k 个梯形的上底，第二次作为第 k+1 个梯形的下底，写成式子就是：

$$S=(f(x_0)+f(x_1))\times h/2+(f(x_1)+f(x_2))\times h/2+\cdots +(f(x_{n-2})+f(x_{n-1}))\times h/2+(f(x_{n-1})+f(x_n))\times h/2$$

或者

$$S = (f(a)+2(f(x_1)+f(x_2)+\cdots+f(x_{n-1}))+f(b))\times h/2 = ((f(a)+f(b))/2+(f(x_1)+f(x_2)+\cdots+f(x_{n-1}))\times h$$

综上所述，可以改写前面的程序段如下：

```
h=(b-a)/n;  S=(f(a)+f(b))/2;
for(k=1; k<n; k++)
  S=S+f(a+k*h);
S=S*h;
```

这就作为函数定义中函数体的控制部分。现在的工作是确定函数的参数，设计函数定义。

此程序段中包含变量 h、a、b、n、S 与 k，其中哪些应该作为参数，而哪些不应该作为参数？h 是中间变量，暂存每等份的长度值，S 是存放部分和及最终结果的变量，k 则是实现中引进的循环控制变量。显然，h、S 与 k 三者与求解问题领域无关，因此不必要、也不应该作为参数。a 与 b 是所求区域的边界，当然应该是参数。变量 n 是把区间等分成小区间的等份数，它的大小将影响到结果的精度，一般来说分的份数多些，精度高些，分的份数少些，精度就会低些，因此 n 也应该作为参数。总之，与求解问题领域无关的变量不应该作为参数，而与求解问题领域紧密相关的就应该作为参数。这样，以 a、b 与 n 为参数，连同函数值是 float 型，可以设计函数原型如下：

```
float Integral(float a, float b, int n);
```

此函数取名 Integral，含义是"积分"，这是因为所求的和实际上是积分 $\int_a^b f(x)dx$ 的近似值。

现在的问题是：f 是什么？不言而喻，f 是数学上的函数。在这里，它代表某一个函数，如正弦函数 sin，或余弦函数 cos，也可以是用户定义的其他函数。因此 f 应该是一个参数。问题是 C 语言中如何表达参数是函数名的情况。

一个标识符是函数名，那么在此标识符后面必定紧随一对圆括号，因此，作为参数，在参数表列部分中，将如下表示：

```
float Integral( float a, float b, int n, double(*f)())
```

如同 6.3.5 节中讨论的，double(*f)( )表示参数 f 是函数名，double 是函数 f 值的类型。要注意的是，这个 f 是形式参数，到底是什么函数，由实际参数（函数）指明。例如，可以有这样的函数调用：

```
Integral(0.0, 1.0, 100, sin)
```

与

```
Integral(0.0, 1.0, 200, cos)
```

前者中的函数是三角正弦函数 sin，后者中的函数是三角余弦函数 cos。注意，形式参数 f 的函数值类型是 double，这是因为系统提供的三角函数及很多其他函数值的类型是 double 型，为了与实际参数类型匹配，形式参数 f 的函数值类型也必须是 double 型。

最后，添加说明部分，写出完整的函数定义如下：

```
float Integral(float a, float b, int n, double(*f)( ))
{  float h, S;  int k;
   h=(b-a)/n;   S=(f(a)+f(b))/2;
   for(k=1; k<n; k++)
      S=S+f(a+k*h);
   S=S*h;
   return S;
}
```

为验证正确性，可以另外再定义函数 f 如下：

```
double f(double x)
{  return x; }
```

写出如下的 main 函数：

```
main()
{  float s1,s2,s3;
   s1=Integral(0.0, 1.5708, 100, sin);
   s2=Integral(0.0, 1.5708, 200, cos);
   s3=Integral(0.0, 10.0, 100, f);
   printf("\ns1=%.2f,s2=%.2f, s3=%.2f\n",s1,s2,S3);
}
```

对运行后的输出结果进行核验。

函数 Integral 的设计与实现，充分体现了自顶向下、逐步细化策略的思想，对应用程序的编写有很好的借鉴作用。

6.8 小　　结

6.8.1 本章 C 语法概括

1. 函数定义与函数调用

（1）函数定义：函数首部　函数体

函数首部：函数值类型 函数名（参数,…,参数）

或　　　函数值类型 函数名(　)

函数体：　{ 说明部分 控制部分}

（2）函数调用：　函数名（实际参数,…, 实际参数）

或　　　函数名( )

2. return 语句

return 表达式;

或　　　return;

3. 存储类

（1）4 类：auto（自动）、static（静态）、register（寄存器）、extern（外部）

（2）变量说明：　存储类 类型 变量，…，变量;

6.8.2 C 语言有别于其他语言处

1. 函数调用时实际参数的计算顺序

如果一个函数有多个参数，通常的程序设计语言规定实际参数按从左到右的顺序计算，然而，C 语言规定，函数调用时实际参数按从右到左的顺序计算。由于 C 语言自增自减运算与赋值表达式的存在，这样的计算结果将与其他语言的差距甚大。

2. 函数参数的调用方式

通常函数参数的调用方式分为按值调用与按地址调用，C 语言规定仅按值调用方式，即都是值参数，因此，实际参数的值不被改变。不过事实上，数组参数还是有可能改变实际参数的值，不能改变的是数组存储地址。

3. 局部量的初值

C 语言规定，仅对全局量与静态变量，系统自动置初值。对于函数的局部量，系统不置初值，即值是不确定的，因此在引用局部量之前，必须先使它有值，或赋值，或输入等。

4. 存储类

C 语言引进存储类概念，为程序编写人员提供对存储分配的控制方法，有利于更好地改进程序的效率。

5. 多文件模块结构

C 语言是模块化程序设计语言，允许把一个程序分别存放在多个文件上，这样有利于组织应用程序的编写开发。当程序中存在错误时，也只需对包含错误的程序文件进行修改，避免不在意的误操作破坏无错的程序文件。

本 章 概 括

本章就求解同类问题而引进函数的概念。函数是程序设计语言里最为重要、不可或缺的概念。一个C程序就是由函数定义组成。函数可以分为有参数函数与无参数函数，也可以分为有值函数与无值函数，请注意它们之间的区别。对函数的理解，可以从以下几个不同的角度考虑：

（1）函数是缩写形式，多处执行相同的程序段，仅仅参数不同。

（2）函数是模块，因此C语言是模块化程序设计语言。

（3）函数调用是抽象，函数定义是细化，因此函数是应用自顶向下、逐步细化策略编写应用程序的重要手段。

设计函数定义时的要点是：确定函数参数、设计函数体控制部分与确定函数回送值。这时必要的是明确所编写程序的功能需求，采用自顶向下、逐步细化策略，根据待求解问题的自然顺序分解成若干个子功能，之后对这些子功能抽象逐步进行细化，最终完成函数定义的设计和应用程序的编写。这是程序编写的一种基本策略。

递归函数定义，是函数定义的一种特殊情况。递归函数定义中将调用它自身，也就是说，对递归函数调用时，在结束此次函数调用之前，又将去调用此函数。递归函数定义的思路是：复杂情况用简单情况来代替，最简单情况直接实现。递归，反映出人们的一种思维方式，采用此思路可以十分简单地解决一些复杂问题。但是，递归方式与非递归方式相比较，效率低得多，因此能不用递归就可解决的问题尽量不用递归。

C语言引进存储类，为用户提供了自觉控制存储分配的手段。注意 static 存储类的量，如果是在函数内的 static 局部量，即使定义它的函数结束调用后，它的值依然保存；如果是在函数外的 static 全局量，则可以被保护，不会被其他文件上的程序改变其值。

最后，强调函数是对模块化程序设计的支持，也是对自顶向下、逐步细化的程序设计策略的支持。

习　题

一、选择与填空题

1. 以下关于C语言函数的叙述中，正确的是 ________。

   A）在一个函数体中可以定义另一个函数,也可以调用其他函数

   B）在一个函数体中可以调用另一个函数,但不能定义其他函数

   C）在一个函数体中不可调用另一个函数,也不能定义其他函数

   D）在一个函数体中可以定义另一个函数,但不能调用其他函数

2. 以下关于 return 语句的叙述中正确的是________。

   A）一个自定义函数中必须有一条 return 语句

   B）一个自定义函数中可以根据不同的情况设置多条 return 语句

   C）定义成 void 类型的函数中可以有带返回值的 return 语句

   D）没有 return 语句的自定义函数在执行结束语句时不能返回到调用处

3. 设有以下程序：

```
#include <stdio.h>
void fun(int p)
{  int d=2;
   p=d++; printf("%d",p);
}
main()
{  int a=1;
   fun(a);  printf("%d\n",a);
}
```

程序运行后的输出结果是________。

A）32　　B）12　　C）21　　D）22

4. 设有以下程序：

```
#include <stdio.h>
int f(int x,int y)
{  return ((y-x)*x); }
main()
{  int a=3,b=4,c=5,d;
   d=f(f(a,b),f(a,c));
   printf("%d\n",d);
}
```

程序运行后的输出结果是________。

A）10　　B）9　　C）8　　D）7

5. 以下程序运行时输出屏幕的结果中第1行是________，第2行是________。

```
#include <stdio.h>
#define M 3
#define N 4
void fun(int a[M][N])
{  int i,j,p;
   for(i=0;i<M;i++)
   {  p=0;
      for(j=1;j<N;j++)
         if(a[i][p]>a[i][j]) p=j;
      printf("%d\n",a[i][p]);
   }
}
void main( )
{  int a[M][N]={{-1,5,7,4},{5,2,4,3},{8,2,3,0}};
   fun(a);
}
```

6. 将以下程序中的函数声明语句补充完整。

```
#include <stdio.h>
int ____________;
main()
{  int x,y,(*p)();
   scanf("%d%d", &x,&y);
   p=max;
   printf("%d\n",(*p)(x,y));
}
int max(int a,int b)
{ return (a>b?a:b); }
```

7. 以下程序运行时输出屏幕的结果是________。

```
#include <stdio.h>
int f(int x)
{  if(x==0||x==1) return 3;
   return x*x-f(x-2);
}
```

```
void main()
{  printf("%d\n",f(3));}
```

8. 设有以下程序

```
#include <stdio.h>
int f(int t[ ],int n);
main()
{  int a[4]={1,2,3,4},s;
   s=f(a,4); printf("%d\n",s);
}
int f(int t[ ],int n)
{  if(n>0) return t[n-1]+f(t,n-1);
   else return 0;
}
```

程序运行后的输出结果是________。

A）4　　　B）10　　　C）14　　　D）6

9. 以下程序运行时输出屏幕的结果是________。

```
#include <stdio.h>
void fun(int a)
{  printf("%d",a%10);
   if((a=a/10)!=0) fun(a);
}
void main()
{  int a=-13;
   if(a<0)
   {  printf("-");
      a=-a;
   }
   fun(a);
}
```

10. 以下程序运行时输出屏幕的结果是________。

```
#include <stdio.h>
void fun(int m,int n)
{  if(m>=n)
      printf("%d",m);
   else
      fun(m+1,n);
   printf("%d",m);
}
void main()
{  fun(1,2); }
```

11. 以下选项中叙述错误的是________。

A）C 程序函数中定义赋有初值的静态变量，每调用一次函数，赋一次初值

B）在 C 程序的同一函数中，各复合语句内可以定义变量，其作用域仅限于本复合语句内

C）C 程序函数中定义的自动变量，系统不自动赋确定的初值

D）C 程序函数的形参不可以说明为 static 型变量

12. 设有以下程序：

```
#include <stdio.h>
int a=5;
void fun(int b)
{  int a=10;
   a+=b; printf("%d",a);
}
main()
{  int c=20;
   fun(c); a+=c;  printf("%d\n",a);
}
```

程序运行后的输出结果是________。

13. 以下程序运行时输出屏幕的结果第一行是________，第 2 行是________，第 3 行是________。

```
#include <stdio.h>
int g(int x,int y)
{  return x+y;  }
int f(int x,int y)
{  static int t=2;
   if(y>2)
   { t=x*x;  y=t; }
   else y=x+1;
   return x+y;
}
void main()
{  int a=3;
   printf("%d\n",g(a,2));
   printf("%d\n",f(a,3));
   printf("%d\n",f(a,2));
}
```

14. 设有以下程序：

```
#include <stdio.h>
int fun()
{  static int x=1;
   x+=1; return x;
}
main()
{  int i,s=1;
   for(i=1;i<=5;i++)  s+=fun();
   printf("%d\n",s);
}
```

程序运行后的输出结果是________。

A）11　　B）21　　C）6　　D）120

15. 设有以下程序：

```
#include <stdio.h>
int f(int n);
main()
```

```
{  int a=3,s;
   s=f(a); s=s+f(a); printf("%d\n",s);
}
int f(int n)
{  static int a=1;
   n+=a++;
   return n;
}
```

程序运行后的输出结果是______ 。

A）7　　B）8　　C）9　　D）10

16. 以下选项中关于程序模块化的叙述错误的是______。

A）把程序分成若干相对独立的模块，可便于编码和调试

B）把程序分成若干相对独立、功能单一的模块，可便于重复使用这些模块

C）可采用自底向上、逐步细化的设计方法把若干独立模块组装成所要求的程序

D）可采用自顶向下、逐步细化的设计方法把若干独立模块组装成所要求的程序

二、编程实习题

1. 杨辉三角，又称贾宪三角，如图 6-14 所示。它是二项式系数在三角形中的一种几何排列，即 $(a+b)^n(n=2,3,\cdots)$ 展开后各幂次的系数。下面列出与生成杨辉三角相关的几个特性：

（1）n 次二项式的系数对应杨辉三角的第 n + 1 行。

（2）杨辉三角以正整数构成，数字左右对称，每行由 1 开始逐渐变大，然后变小，回到 1。

（3）第 n 行的数字个数为 n 个。

（4）除每行最左侧与最右侧的数字以外，每个数字等于它的左上方与右上方两个数字之和（即第 n 行第 k 个数字等于第 n−1 行的第 k−1 个数字与第 k 个数字的和）。

```
            1
          1   1
        1   2   1
      1   3   3   1
    1   4   6   4   1
  1   5  10  10   5   1
1   6  15  20  15   6   1
```

图 6-14

试设计函数定义，其功能是生成杨辉三角,函数原型是“void　yanghui(int n);”，设计 main 函数，调用此函数以验证正确性。

2. 试设计把一个数组中的元素反序存放在另一个数组中的函数定义，函数原型是：

```
void reversefromAtoB(int A[ ], int B[ ], int n);
```

设计 main 函数并验证其正确性。

第7章　表格处理功能的实现——字符串与结构类型

7.1　问题的提出及解决

7.1.1　数据处理的需要

计算机应用中除了科学计算之外，很大比例的工作是数据处理。目前，为处理数据，已开发有功能强大的数据库系统，能存储海量的数据，以极快的速度进行检索和各种操作。对于C语言，是否有数据处理的功能？答案是肯定的。当数据量不是非常大时，C语言也有一定的数据处理能力。

计算机本身是对数据进行处理的工具。这里，数据处理的含义是指表格处理，能如同日常的表格处理那样处理数据，而且能够按日常的表格那样输出。例如，对学生档案信息的管理，通常有类似如下的表格（表7-1）。

表7-1

序号	学号	姓名	性别	出生年月	入学年月	系别	专业	班级
1	201102001	赵昂	男	1990年4月	2011年9月	信息技术	软件工程	20110201
2	201102002	钱程远	男	1990年2月	2011年9月	信息技术	软件工程	20110201
3	201102003	孙丽	女	1988年10月	2011年9月	信息技术	软件工程	20110201
4	201102004	李莉	男	1991年9月	2011年9月	信息技术	软件工程	20110201
…								

当建立此表后，可以根据学生的序号、学号或姓名等查询学生的出生年月、系别与专业等，可以统计班级中男生与女生的比例，以及各年龄段的学生人数等。

由表7.1可见，用C语言实现表格处理涉及两个方面：一是如何在输出时输出表格；二是如何组织数据，以便于处理。

7.1.2　解决思路

1. 表格输出的思路

一张照片，上面的线条看似十分光滑与连续，但事实上，这些线条全部是由小点组成的。看早期大一些的黑白照片，这种情况更是明显。线条是否连续，要看分辨率。分辨率越高，在一个单位长度中的点越多，看起来连续性越好。在计算机显示图形时，道理是一样的，即一条线由一系列的小点组成。例如，当在一行上输出一列破折号“——”时，便输出了一条直线，换句话说，直线是连续输出在一行上的一串字符。对于C语言，表格可以按字符（字符串）形式输出，也可以利用C语言中的图形函数来实现。因为本书是C语言程序设计的初学课程，所以不考虑使用图形函数来输出表格，而仅考虑利用字符串实现表格输出的情况。

2. 数据的组织

表格中标题下面的每一行都是一个记录，一个记录由若干个字段组成。如何组织记录这样的数据结构？

一个记录自然由若干个成分组成，如果这些成分的数据类型全部相同，确切地说，有相同的数据类型，那么这样的数据结构可以组织成数组。但明显的是，一个记录中的各个成分的类型一般来说是不可能全部相同的，正如学生档案管理中，每个学生的信息包括序号、学号、姓名与出生年月等，类型显然是不全一样的。为此，有必要引进新类型，以适应这一类领域的计算机应用问题。这就是结构类型。

下面分别讨论表格的设计与实现及结构类型的引进。

7.2　表格的设计与实现

7.2.1　字符串与字符数组

字符串，顾名思义是一串字符，即连续的若干字符。C 语言中用一维字符数组来定义字符串类型，如可以有如下的变量说明：

```
char  S[10];
```

把标识符 S 定义为一维数组变量，它由 10 个元素组成，每个元素都是 char 型，通常说 S 是长度为 10 的字符串型变量。字符串型变量的一般定义形式与一维数组定义形式相同，而且也可以与简单字符型变量在同一个变量说明中定义。例如：

```
char string9[9],s1,END[3],s2[2];
```

字符串型变量在定义的同时也可以置初值，例如：

```
char string9[9]={'S','T','R','I','N','G'},s1,END[3]={'E','N','D'},s2[2]="F";
```

或者写成：

```
char string9[9]="STRING",s1,END[3]="END",s2[2]="F";
```

其中 string 的长度是 9，现在置的初值是“STRING”，共 6 个字符，其中，string9[0]是字符 S，string9[1]是字符 T，string9[2]是字符 R，…，string9[5]是字符 G，其余 3 个字符 string9[6]、string9[7]与 string9[8]都将置为字符\0，即 ASCII 编码值是 0 的字符，此字符\0 是字符串结束字符，标志一个字符串的结束。对于字符串型变量 END，它的初值是“END”，因为长度仅是 3，变量 END 的值并没有字符串结束字符，由于输出任何字符串型量的值时，总是要输出直到字符串结束字符才结束，因此为变量 END 分配的存储区域之后的一些后继字节的内容也将被输出，这些存储字节的内容是不确定的，即原来存储字节中是什么内容就输出什么。例如，执行下列输出语句：

```
printf("\nEND=%s", END);
```

其中格式转换符%s 对应于字符串，将显示输出直到字符串结束字符'\0'为止的所有字符：

```
END=END?F
```

其中的问号？表示某个字符。这是因为紧跟变量 END 的是变量 s2，它的值是“F\0”。如果要输出“END”，必须在变量说明中把 END 的长度改为 4 或更大。例如：

```
char END[4]="END",s2[2]="F";
```

这样，执行上述输出语句时将正确地输出：

```
END=END
```

C 语言允许字符串变量值的长度由所给初值来确定。例如：

```
char S[ ]="Nanjing is a beautiful city.";
```

这样，变量 S 的长度是 28。注意，这时字符串 S 有结束字符\0，因此，变量 S 所占存储字节数实际上是 29。尽管如此，此结束字符不计入字符串的长度之内。请注意变量 END 与此情况的区别。

C 语言规定，一个字符串型变量名可以代表存放相应字符串值的存储区域第 1 个字符的存储地址（首址），因此，当为字符串型变量输入值时，不需要取地址运算符&，例如：

```
scanf("%s", string9);
```

如果一个一维数组 A 的所有元素都是字符串，那么这个数组 A 将被定义为二维 char 型数组。例如：

```
char KeyWords[10][8]=
  { "int", "float", "char", "enum", "void",
    "if", "else", "while", "do", "for"
  };
```

或者仅指明字符串最大长度，个数由所给初值自动确定，例如：

```
char KeyWords[ ][8]=
  { "int","float", "char", "enum", "void",
    "if","else","while", "do", "for"
  };
```

按照这个变量说明，KeyWords[0]是字符串“int”、KeyWords[1]是字符串“float”、…、KeyWords[8]是字符串“do”与 KeyWords[9]是字符串“for”。如果执行下列循环：

```
for(k=0; k<=9; k++)
    printf("\n%s", KeyWords[k];
printf("\n");
```

将依次显示输出关键字 int、float、…、do 与 for。

提醒　一个字符串型变量的值必须结束于字符串结束字符\0，否则在输出时将一直输出到后继的第一个字符串结束字符为止。例如，如果把上述关于关键字的变量说明修改为：

```
char KeyWords[10][5]=
 {  "int","float","char", "enum","void",
    "if", "else", "while", "do", "for"
 };
```

执行上述循环的输出结果将如下：

```
int
floatchar
char
enum
void
if
else
whiledo
do
for
```

其中，关键字 float 与 while 的长度是 5，因此它们都没有字符串结束字符，输出时将一直输出到其后的第一个字符串结束字符\0。为保证正确，应该在字符串型变量说明中使最大的字符个数适当多些，如修改为：

```
char KeyWords[10][6]=…
```

如果在对字符数组变量赋初值时，字符串中包含字符串结束字符'\0'，那么所给的字符串再长，也仅到字符串结束字符止。例如：

```
char s[ ]="021xy\08s34f4w2";
```

如果在字符数组或字符串变量说明中，指明字符个数，那么此个数是字符串变量中所能包含的最大字符个数，为此变量所分配的存储字节个数还要加 1，这多加的 1 个存储字节用来存放字符串结束字符\0。这可由求大小函数 sizeof 验证，如 sizeof(string9)=10。如果不指明最大字符个数，则由所置初值中包含的字符个数确定，例如，上述 s 的初值是"021xy\08s34f4w2"，其中包含 14 个字符，因此，分配 15 个存储字节，有 sizeof(s)=15。然而，s 的实际长度仅是 5，即 s 的值是"021xy"，因为后继字符是\0，即字符串结束字符。可见，变量说明中定义的字符串型变量的长度与字符串型变量的值的长度，可以是不同的。前者是可以包含的最大字符个数，而后者是实际包含的字符个数。

例 7.1　设有以下程序：

```
#include <stdio.h>
main()
{  char s[]="021xy\08s34f4w2";
   int  i, n=0;
   for(i=0;s[i]!=0;i++)
   if(s[i]>='0' && s[i]<='9') n++;
   printf("%d\n",n);
}
```

程序运行后的结果是________。

A）0　　　　B）3　　　　C）7　　　　D）8

解　本题程序运行后的输出结果是变量 n 的值，它在执行 for 语句后求得。因此要点有两点，一是字符串 s 何时结束，二是 if 语句中的条件是什么。显然，变量 s 的初值虽然看起来包含较多的字符，但实际上仅是"021xy"，因为后面是转义字符\0，它是字符串结束字符。if 语句中的条件显然是判别 s[i]是否是数字字符。因此，n 的值是 s 中数字字符的个数 3，最终，答案是 B。

下面给出对字符串进行操作的进一步例子。

例 7.2　试写出把输入的数字字符串转换成十进制值的 C 程序。

解　首先从实例分析，确定转换算法，然后编程。假定输入的是 12345，看似数值，实际上是数字字符串"12345"，它由 5 个字符组成，即'1'、'2'、'3'、'4'与'5'。不能按 ASCII 编码值求十进制值，必须把每个数字字符的值减去数字字符'0'的 ASCII 编码值，从而得到每个数字字符相应的十进制数值。例如，'3'−'0'=3，3 是'3'的相应十进制数值。对得到的各个数值，通过计算：$1\times10^4+2\times10^3+3\times10^2+4\times10^1+5$，得到所求的十进制值 12345。

现在考虑程序实现问题。一般地，一个十进制数 $d_nd_{n-1}\cdots d_1d_0=d_n\times10^n+d_{n-1}\times10^{n-1}+\cdots+d_1\times10^1+d_0$，其位数是不确定的，且包含方幂，不能直接计算，必须进行变换，所以宜于使用循环算法，以便于程序实现。通常采用第 5 章中所讨论的多项式霍纳方案如下：

$$d_n\times10^n+d_{n-1}\times10^{n-1}+d_{n-2}\times10^{n-2}+\cdots+d_2\times10^2+d_1\times10+d_0$$
$$=((\cdots((d_n\times10+d_{n-1})\times10+d_{n-2})\times10+\cdots+d_2)\times10+d_1)\times10+d_0$$

假定输入的数字字符串 d 如下定义：

```
char d[10];
```

实际输入 n(n<10)位数字，各位数字字符依次存放在 d[0]、d[1]、…、d[n−1]中。由于是数字字符，对于括号中的计算，可以概括成下列语句：

```
v=v*10+(d[k]-'0');   /* k=0,1,…,n-1 */
```

初始时，v=0，最终可写出计算程序如下：

```
for(v=0,k=0; k<n; k++)
    v=v*10+(d[k]-'0');
```

可以进一步写出程序如下：

```
/* 输入数字字符串到 d */
printf("\n 输入数字字符串：");
scanf("%s", d);
/* 计算十进制值 */
k=strlen(d);
for(v=0, j=0; j<k; j++)
    v=v*10+(d[j]-'0');
```

至此已给出了把输入的数字字符串转换成十进制数值程序的核心部分，请读者自行写出完整的可执行程序。

提示　由于 C 语言 int 型量仅占用 2 个字节，取值范围较小，当输入的位数稍多时，便将超出范围，产生错误的结果。为此，应该使用 long int 型，甚至 float 型（输出时可以使用格式转换符%.0f，这样显示输出的结果依然如同整型）。

例 7.3　假定要求把十进制数转换成其他进制的字符串形式，如十进制的 139 转换成八进制的 213 的字符串形式"213"。试写出相应的 C 程序。

解　先以八进制为例，考虑转换算法，然后在此基础上，扩充为一般的进制。

设有十进制值 $d=d_nd_{n-1}\cdots d_1d_0$，基数是 10，d 的值可表示如下：

$$d=d_n\times10^n+d_{n-1}\times10^{n-1}+d_{n-2}\times10^{n-2}+\cdots+d_2\times10^2+d_1\times10+d_0$$

要求转换成八进制数。按照一般表示形式，d 可以表示成：$d=e_me_{m-1}\cdots e_1e_0$，

$$d=e_m\times8^m+e_{m-1}\times8^{m-1}+e_{m-2}\times8^{m-2}+\cdots+e_2\times8^2+e_1\times8+e_0$$

显然，e_0 的值是 d%8，让 t 是 d/8 的整数部分，则 e_1 的值是 t%8，…。一般地，让 t 是 $d/(8^{k+1})$ 的整数部分，e_k 的值是 t%8（k=0,1, …,m−1）。按题目要求转换成字符串形式，所以应该把数值映射到字符，这时只需 e_k+'0'。概括起来，可以得到如下的程序：

```
t=d;  k=0;
while(t!=0)
{  e[k++]=t%8+'0';
   t=t/8;
}
```

注意　此后应该有置字符串结束字符的赋值：e[k]='\0'。

按照上述程序，低位数先得到，高位数后得到，因此对于十进制 139，得到的将是"312"，需要反序成"213"，可以对照第 5 章中讨论的数组元素反序存放的思路实现：

```
for(j=0; j<k/2; j++)
{  t=e[j]; e[j]=e[(k-1)-j]; e[(k-1)-j]=t;
}
```

把这两段程序合并起来：

```
t=d;  k=0;
while(t!=0)
```

```
    {  e[k++]=t%8+'0';
       t=t/8;
    }
    e[k]='\0';
    for(j=0; j<k/2; j++)
    {  t=e[j];  e[j]=e[(k-1)-j];  e[(k-1)-j]=t;
    }
```

就可以实现把十进制 d 转换成八进制的字符串表示。为了适用于任意进制与任意十进制值的转换，建议把上述程序段设计成函数定义。这里要考虑的是参数有哪些。显然，进制的基数与要转换的十进制值是参数，另外还有一个参数是结果字符串，相应地分别引进参数 base、d 与 s，可以写出函数定义如下：

```
void convert( int base, int d, char s[ ])
{  t=d;  k=0;
   while(t!=0)
   {  s[k++]=t%base+'0';
      t=t/base;
   }
   s[k]='\0';
   for(j=0; j<k/2; j++)
   {  t=s[j]; s[j]=s[(k-1)-j]; s[(k-1)-j]=t;
   }
}
```

请读者注意下列几点。

（1）为验证正确性，应该添加 main 函数，在其中调用此转换函数，并输出转换结果。应该输入多个基数和多个十进制数。

（2）补充变量说明等，把程序组织成可运行的程序。

（3）进制的基数一般是 2、8 与 16。当基数是 16 时，10 以字母 A 的形式输出，11 以字母 B 的形式输出等。应该对上述函数定义作相应的修改。另外还应考虑正负数的情况。

7.2.2　字符串型量的输入输出

如上所见，字符串型量的输入输出，采用有格式输入输出时，如同其他类型量的输入输出，使用函数 printf 与 scanf，不同的是，使用类型转换符%s。下面再次强调字符串型量输入输出的特点：

（1）输出一个字符串型量的值时，一直要输出到字符串结束字符\0 为止，其他的处理，如复制也是如此。因此一个字符串型量，特别是字符串型变量，它的值一定要结束于字符\0，否则将把此字符串型变量之后的存储区域内容输出，直到结束字符为止。如果逐个字符地对字符串型变量赋值，则最后必须是赋值以字符串结束字符。例如，对 string9 逐个赋值以'S'、'T'、…、'G'，共 6 个字符，则必须有：

```
string9[6]='\0';
```

（2）输入时，由于字符串型变量名可以代表存放该字符串值的存储区域首址，因此，对于字符串型变量，不需要取地址运算符&。例如：

```
scanf("%s", string9);
```

（3）为字符串型变量输入值时，输入后必定自动加有字符串结束字符\0。但请注意，输入以回车键为结束输入的标志字符，但输入给字符串型变量的值仅结束于空格字符或回车键字符，空格之后的内容保留在输入缓冲区中，成为以后的输入内容。如果想要不以空格结束，可以使用无格式的输入函数gets。看下面的例子。

例 7.4　设有以下程序：

```
#include <stdio.h>
main()
{  char a[30],b[30];
   printf("\nType a string: ");
   scanf("%s",a);
   gets(b);
   printf("%s\n%s\n",a,b);
}
```

程序运行时若输入：

```
how are you?  I am fine<回车>
```

则输出结果是________。

A）how are you?
　　I am fine

B）how
　　are you?　I am fine

C）how are you?　I am fine

D）how are you?

解　本题的要点是当有格式输入字符串时，赋给字符串型变量的值结束于何处。由于以空格字符为一个字符串型变量的输入结束字符，其余的输入字符作为后面的输入之用。因此，变量a的值仅是"how"，至此已可确定答案是B，为确切起见，可以再考察变量b的值，显然是空格字符及其后面的全部字符，即" are you?　I am fine"。与答案B相符。

例 7.5　设有以下程序：

```
#include  <stdio.h>
main()
{  char  ch[3][5]={"AAAA","BBB","CC"};
   printf( "%s\n", ch[1] );
}
```

程序运行后的输出结果是________。

A）AAAA　　B）CC　　C）BBBCC　　D）BBB

解　此题的要点是理解二维字符数组第1维的含义与第2维的含义。如果把它理解为字符串数组就容易了，它由3个元素：ch[0]、ch[1]与ch[2]组成，每个元素是一个字符串，最大长度是5。由于初值都小于最大长度，所以输出的内容就是它们的初值。因此输出ch[1]，输出结果是BBB，答案是D。

例 7.6　设有以下程序段：

```
char name[20];  int num;
scanf("name=%s  num=%d",name,&num);
```

当执行上述程序段，并从键盘输入：name=Lili num=1001<回车>后，name的值为________。

A）Lili　　B）name=Lili　　C）Lili num=　　D）name=Lili　num=1001

解　本题的要点是输入格式控制串与输入值的联系，即当输入格式控制串中除了格式转换符外，还包含一些字符时，输入的字符串中也必须包含这些字符，且必须完全相同，因此，为了使name的值是"Lili"，必须输入"name=Lili"，为使num的值是1001，必须输入"num=1001"，且"num"之前也有空格。因此，答案是D。

7.2.3　对字符串操作的常用系统函数

字符串作为一种数据类型，它也有一些允许的特定运算，这里仅介绍一些常用的运算，包括求字符串长度、字符串复制、字符串并置、大写改小写、小写改大写与比较两个字符串等。注意，这些运算都是以函数调用的形式实现的。

1. 求字符串长度(length)

函数原型：`int strlen(char string[ ]);`

函数调用形式例如：

```
strlen(string9)
```

这是有值函数，功能是回送实际参数字符串的实际长度。例如：

```
char string9[9]="Hello!";
```

该变量 string9 的长度说明为 9，但实际值是“Hello!”，长度是 6，因此，strlen(string9)回送的值是 6，而不是 9。

说明　为强调是字符串型，即 char 型数组，函数原型如上所写。通常写作：

```
int strlen(char *string);
```

“char *”表示指针类型，将在第 8 章中讨论。其他函数情况类似。

2. 字符串复制(copy)

函数原型：`char *strcpy(char destination[ ], char source[ ]);`

函数调用形式例如：

```
strcpy(s1, s2)
```

这是有值函数，功能是把字符串型量 s2 的值复制到字符串型变量 s1，同时回送所复制字符串的存储首址。例如：

```
strcpy(string9,H);    /* 字符串型变量 H 的值是“Hello!”*/
```

或者

```
strcpy(string9,"Hello!");
```

执行结果，string9 中得到值“Hello!”。一般来说，目的字符串 destination 的长度应该不小于源字符串 source 的长度，以容纳源字符串中的所有字符。注意，一定不能写如下的赋值语句：

```
string9="Hello!";
```

如果这样写，将显示报错信息：“需要左值”。如前所述，一个字符串型变量名可以代表存放该字符串值的存储区域首址，这是一个不能改变的存储地址，是一个常量，因此，编译时，在处理到赋值号后将报错。

要在控制部分对字符串型变量赋值，除非调用字符串复制函数 strcpy，否则只能逐个字符地进行赋值。例如，

```
string9[0]='H'; string9[1]='e'; string9[2]='l'; string9[3]='l';
string9[4]='o'; string9[5]='!'; string9[6]='\0';
```

注意　最后必须有字符串结束字符，因此必须对 string9[6]赋值'\0'，否则，string9[6]、string9[7]与 string9[8]有不同于'\0'的内容，会造成错误。

3. 字符串并置(concatenation)

函数原型：`char *strcat(char destination[ ], char source[ ]);`

函数调用形式例如：

```
strcat(haed, tail);
```

这是有值函数，功能是把字符串型量 tail 的值连接到字符串型变量 head 的值中最后一个字符的紧后面，同时回送所并置字符串的存储首址。例如，假定 string9 的值是“He”

```
strcat(string9, "llow!");
```

执行结果，string9 中的值是“Hellow!”。注意，不是按变量说明中所说明的长度之后再并置，而是并置在实际字符串值之后，且并置所得字符串的长度一定不要超过变量说明时规定的长度。如果超过，将造成不正确。例如，假定 string9 中已有值“Hello!”，执行下列语句：

```
strcat(string9, "How are you!");
```

后再执行下列语句输出 string9 的值：

```
printf("\nstring9=%s", string9);
```

将输出：

```
string9=Hello!How are you!
```

这显然是错误的，因为变量 string9 的长度是 9，只应该最多包含 9 个字符，正确的是在这 9 个字符之后紧接有一个字符串结束字符\0。如果在 string9 的定义之后还有字符串型变量说明，例如，

```
char string9[9]="Hello!", S[6]="Good!";
```

这时变量 S 的值将被改变为：“are you!”，显然，变量 S 应该长度仅是 6，S[6]也不是字符串结束字符\0，如果 S 后面有其他字符串型变量说明，后面说明的字符串型变量也将被改变值。

4. 大写字母改小写字母（lowercase）

函数原型：`char *strlwr(char s[ ]);`

函数调用形式例如：

```
strlwr(string9);
```

这是有值函数，功能是把字符串型变量 string9 的字符串值中的大写字母替换为小写字母，同时回送替换后所得字符串的存储首址。这样，此变量 string9 中的字母便全部是小写的。假定有变量说明：

```
char S[ ]="How Do You Do!"
```

如果有函数调用 strlwr(S)，则变量 S 的值是“how do you do!”。

5. 小写字母改大写字母(uppercase)

函数原型：`char *strupr(char s[ ]);`

函数调用形式例如：

```
strupr(string9);
```

这是有值函数，功能是把字符串型变量 string9 的字符串值中的小写字母替换为大写字母，同时回送替换后所得字符串的存储首址。这样，此变量 string9 中的字母便全部是大写的。假定有变量说明：

```
char S[ ]="How Do You Do!"
```

如果有函数调用 strupr(S)，则变量 S 的值是“HOW DO YOU DO!”。

6. 比较两个字符串(compare)

函数原型：`int strcmp(char s1[ ], char s2[ ]);`

函数调用形式例如：

```
strcmp(s1,s2);
```

这是有值函数，功能是比较两个字符串型量是否相等。回送的值是两个字符串值的差。确切地说，是两个字符串中第 1 个不相同字符 ASCII 编码值的差。因此，如果两个字符串相等，回送值是 0；否则，回送值不等于 0。回送值有正负，取决于 s1 和 s2 第一个不相同字符各自的 ASCII 编码值大小。

例 7.7　若有定义语句“char　*s1="OK", *s2="ok";”，以下选项中，能够输出“OK”的语句是________。

A）if(strcmp(s1,s2)= =0) puts(s1);　　　　B）if(strcmp(s1,s2)!=0) puts(s2);

C）if(strcmp(s1,s2)= =1) puts(s1);　　　　D）if(strcmp(s1,s2)!=0) puts(s1);

解　其中函数 puts 是无格式的字符串输出函数，要输出“OK”，考察 4 个答案，显然不会是答案 B，因为要能输出“OK”，应输出 s2。由于 s1 与 s2 的第 1 个字符就不相等，且 s1 的是字母 O，s2 的是字母 o，'O'-'o'的值是-32，回送的值不等于 0，但也不等于 1，因此，答案不是 A，也不是 C。最终，答案是 D。

注意　这些字符串操作函数的原型都包含在头文件 string.h 中，因此使用这些函数之前，必须有文件包含命令：

```
#include <string.h>
```

例 7.8　试编写判别一个字符串是否是回文的 C 程序。

解　先明确回文（Palindrome）的概念。回文是指顺读和倒读都一样的词语，换句话说，回文是这样一个字符串，它所包含的各个字符以中间位置为对称，即第 1 个字符与最后 1 个字符相同，第 2 个字符与倒数第 2 个字符相同，……。例如，“IamamaI”与“mac sees cam”都是回文，但“Iamnal”不是回文。

假定要判别是否回文的字符串型变量 string 如下定义：

```
#define N 20
char string[N]="mac sees cam";
```

本题求解的思路是：检查字符串中，第 1 个字符与最后 1 个字符是否相同，不同则不是回文，结束判别。如果相同，检查第 2 个字符与倒数第 2 个字符是否相同，不同则不是回文，结束判别。如果相同，则继续判别下一对相应字符是否相同，直到查出一对字符不同，判断出不是回文；或者检查完所有各对字符都相同，判断出是回文。一般地，把第 k 个字符与倒数第 k 个字符(k=1,2,…)比较，检查是否相同，如图 7-1 所示。

图 7-1

现在要注意两点，一是字符串的实际长度 N，二是如何表示倒数第 k 个字符。

该例中引进关于N的宏定义，目的是希望所写程序能处理任意长度的字符串，而不是局限于特定的长度。如前所述，一个字符串型变量在定义时的长度，仅表明此字符串型变量的值最多可以包含多少个字符，实际的值是字符串中从第 1 个字符到字符串结束字符\0 前的那部分。如果由程序去判断字符串结束字符\0，将花费一定的代价，如写出下列语句：

```
for(n=0; string[n]!='\0'; ++n);
```

来求字符串 string 的实际长度。事实上可以利用求字符串长度函数，使 n=strlen(string)，现在假定字符串实际长度是 n。

为确定倒数第 k 个字符的表示法，可以列出对应关系：第 1 个字符的序号是 0，第 2 个字符的序号是 1，…，最后一个字符的序号是 n-1，因此，0 对 n-1、1 对 n-2，2 对 n-3，…。易见， k 对应(n-1)-k，因此，比较的是 string[k]与 string[(n-1)-k]。令 k=0、1、…，可验证这是正确的。设比较次数是 m，可写出程序如下：

```
for(k=0; k<m; k++)
{  if(string[k]!=string[(n-1)-k])
      break;                    /* 不相同时退出循环 */
}
if(k<m)
   printf("\n%s 不是回文。", string);
else
   printf("\n%s 是回文。", string);
```

现在问题归结为：如何确定 m 的值？显而易见，只需比较一半个数的字符就可以了，因此，规定 m=n/2，如 n=6 或 n=7，只需比较 3 次；n=8 或 n=9，则比较 4 次。

把判别是否回文的程序设计成函数定义，可以写出：

```
void IsPalindrome( char string[ ])
{  int k, n, m;
   n=strlen(string);
   m=n/2;
   for(k=0; k<m; k++)
   {  if(string[k]!=string[(n-1)-k])
         break;
   }
   if(k>=m)
     printf("\n%s 是回文。", string);
   else
     printf("\n%s 不是回文。", string);
}
```

在函数定义内判别后输出是否为回文的信息，这种处理方式不利于后续处理，更为合理的是：函数回送一个函数值，如果是真（1）则表示是回文，如果是假（0）则表示不是回文。至于如何处理，则由调用程序解决。因此，可以把上述函数定义改写成：

```
int IsPalindrome( char string[ ])
{  int k, n, m;
   n=strlen(string);                 /* n 是参数字符串的实际长度 */
   m=n/2;
   for(k=0; k<m; k++)
     if(string[k]!=string[(n-1)-k])
        break;
   return (k>=m);          /* 若 k>=m 为真，则是回文，否则不是回文 */
}
```

这样，显然是更为合适的。在调用程序处对是否为回文做出相应处理，如可以有如下的 main 函数，这样也能检查函数定义的正确性。

```
main()
{ char s[20];
  while(1)              /* 条件永真，直到不键入字符串时结束 */
  { printf("\nType a string: ");
    gets(s);
    if(strlen(s)==0)    /* 当不键入字符串时退出循环，结束 */
      break;
    if(IsPalindrome(s))
      printf("\n\"%s\" is a Palindrome.", s);
    else
      printf("\n\"%s\" is not a Palindrome.", s);
  }
}
```

说明　为了显示输出双引号，必须使用转义字符\"。

在实际上机调试时，将发生两个问题：一是输入问题，二是结束输入问题。

函数输入时以回车字符或空格字符作为输入结束标志字符，回文中允许包含空格，将不能判别包含空格的整个字符串。例如，键入“I am a I”，将显示如下结果：

```
Type a string: I am a I
"I" is a Palindrome.
Type a string: am
"am" is not a Palindrome.
Type a string: a
"a" is a Palindrome.
Type a string: I
"I" is a Palindrome.
```

除了输入问题，如何结束输入也将成为问题，因为 scanf 函数在输入时将放过空格字符，直到键入一个非空格字符且非回车字符。如果仅键入回车字符，并不能使输入结束，将等待输入非空格有效字符，输入的字符串长度不可能是 0 。这两个问题请读者自行解决。

提示　通过循环语句，逐个字符地输入，或者使用其他的输入函数。注意，字符串变量的值必须结束于字符串结束字符\0。

IsPalindrome 函数定义还可以进一步改进，请读者自行思考。

7.2.4　表格的输出

现在考虑表格的输出问题。回顾第 5 章 5.2.1 节中的例 5.13，打印三角函数值表，包括 sin、cos、tan 与 cot，从 0° 开始，每次增加 5°，直到 90°。由于没有表格，仅仅显示输出数值，效果不佳。这里考虑如何输出表格。

首先设计表格，确定表格的布局，画出如表 7-2 所示的表格。

表 7-2

x	sin	cos	tan	cot
0	0.0000	1.0000	0.0000	9999.0000
5	0.0872	0.9962	0.0875	11.4300
⋮	⋮	⋮	⋮	⋮
85	0.9962	0.0872	11.4305	0.0075
90	1.0000	-0.0000	9999.0000	-0.0000

其中，让自变量 x 占 6 位，每个函数值占 10 位，小数点后是 4 位。因此，第 1 列占 6 位，其他 4 列都是占 10 位。在输出时，首先输出标题行，然后输出各行数据。为了画表格，可以利用制表符┏、━、┳、┓、┃、┣、╋、┫、┗、┻与┛。例如，执行下列输出语句：

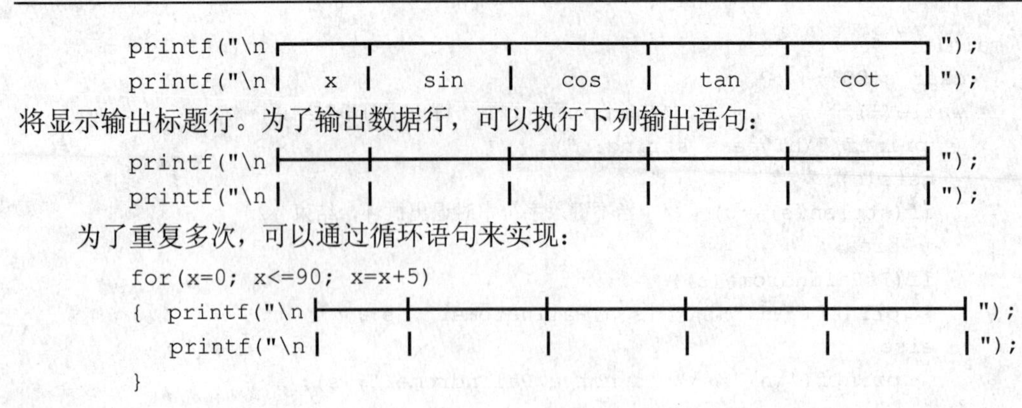

```
printf("\n┌─────┬────────┬────────┬────────┬────────┐");
printf("\n│  x  │  sin   │  cos   │  tan   │  cot   │");
```

将显示输出标题行。为了输出数据行，可以执行下列输出语句：

```
printf("\n├─────┼────────┼────────┼────────┼────────┤");
printf("\n│     │        │        │        │        │");
```

为了重复多次，可以通过循环语句来实现：

```
for(x=0; x<=90; x=x+5)
{  printf("\n├─────┼────────┼────────┼────────┼────────┤");
   printf("\n│     │        │        │        │        │");
}
```

最后执行下列输出语句：

```
printf("\n└─────┴────────┴────────┴────────┴────────┘");
```

输出下部的边框，这样便显示输出了一个空白表格，如表 7-3 所示。

表 7-3

x	sin	cos	tan	cot

现在考虑输出数据。x 的值从 0 到 90，仅 2 位，让其居中，左右各空 2 个字符位置，因此输出格式控制串是“ %2d ”，各函数值总长 10 位，小数点后 4 位，输出格式是%10.4f，因此，输出语句是：

```
printf("\n│  %2d  │%10.4f│%10.4f│%10.4f│%10.4f│",
              x,   sin(y), cos(y), tan(y), 1/tan(y));
```

由于空格个数难以看清，可以把“ %2d ”更改为“%4d ”或者“%4d%2c”，这时增加一个输出量:'□'(用字符□表示空格字符)：

```
printf("\n│%4d%2c│%10.4f│%10.4f│%10.4f│%10.4f│",
            x,'□', sin(y), cos(y), tan(y),1/tan(y));
```

考虑到 tan 与 cot 这两个函数在 0° 与 90° 时的特殊性（tan90° 与 cot0° 是无穷大），因此把 x=0 与 x=90 这两种情况分开，最终可以写出下列程序：

```
#include <math.h>
main()
{  int x; float d, y;
   clrscr( );
   printf("\n┌─────┬────────┬────────┬────────┬────────┐");
   printf("\n│  x  │  sin   │  cos   │  tan   │  cot   │");
   d=3.1416/180;
   printf("\n├─────┼────────┼────────┼────────┼────────┤");
   printf("\n│%4d%2c│%10.4f│%10.4f│%10.4f│%10.4f│",
         0,'□',  sin(0),cos(0), 0.0000, 9999.0000 );
   for(x=5; x<=85; x=x+5)
   { y=x*d;
     printf("\n├─────┼────────┼────────┼────────┼────────┤");
     printf("\n│%4d%2c│%10.4f│%10.4f│%10.4f│%10.4f│",
            x,'□', sin(y), cos(y),tan(y), 1/tan(y));
   }
   printf("\n├─────┼────────┼────────┼────────┼────────┤");
   printf("\n│%4d%2c│%10.4f│%10.4f│%10.4f│%10.4f│",
        90,'□',sin(90*d),cos(90*d),9999.0000,0.0000);
   printf("\n└─────┴────────┴────────┴────────┴────────┘");
}
```

其中函数调用 clrscr( )的功能是清屏，使得先前输出在显示屏上的内容全部清除。这个程序的问题是：执行此程序得到的表格，只能看到最后的部分，看不到最前面部分的输出。可以利用调试功能，步进执行，查看输出结果，但这样并不能回顾已显示过的内容，尤其是不能前后来回地查看。应该如何解决此问题？请读者思考。这个问题将在以后解决。

说明　制表符是汉字字符，每个制表符占 2 个字节。为了能显示输出表格，必须在汉化 Turbo C 集成支持系统下运行，否则无法显示表格线，而是显示乱码。

7.3　表格数据结构的设计与实现

7.3.1　结构类型定义与结构类型变量说明

上述初等函数的表格（表 7-2）中涉及的数据都是实型值，情况比较简单。但对于本章开始时表 7-1 中的学生档案信息数据，情况就大不相同，一个记录中的各个成分，有着不同的类型，如序号是 int 型，学号一般是 char 型数组，姓名也是 char 型数组，即字符串型，而出生日期将可能是结构类型等。数组是由具有相同类型属性的元素组成的，因此对于学生档案信息必须引进新的数据结构，这称为结构类型，也称为结构体类型。

结构类型是由应用领域中，如学生档案信息这样的数据结构的需要而引进的数据结构，它是由不同类型属性的元素组成的集合。通常结构类型的定义形式有如下几种：

第 1 种形式：

```
struct 结构类型名
{    成员变量说明
          ⋮
     成员变量说明
};
```

这种形式仅仅定义结构类型，使得可以利用此结构类型名定义结构类型变量。其中成员变量说明的形式，如同以前所讨论的定义变量的变量说明，例如：

```
struct DateType
{  int year;
   int month;
   int day;
};
struct DateType birthdayA, birthdayB;
```

注意　当使用结构类型去定义结构类型变量时，一定不能忘记写关键字 struct（英语单词 structure 的前缀），如果不写，编译时将发生错误。

第 2 种形式：

```
struct
{    成员变量说明
          ⋮
     成员变量说明
}    结构变量名，…，结构变量名;
```

这种形式仅仅定义结构类型变量，其他地方不能引用这里的结构类型。例如，

```
struct
{  int year;
   int month;
```

```
    int day;
} date1, date2, date3;
```

第3种形式：

```
struct 结构类型名
{   成员变量说明
        ⋮
    成员变量说明
}   结构变量名;
```

这种形式既定义结构类型变量，又定义结构类型，使得其他地方可以引用所定义的结构类型。例如：

```
struct DateType
{  int year;
   int month;
   int day;
} date1, date2;
struct  DateType  Birthday;
```

不仅定义了结构类型DateType变量date1与date2。还可以利用此结构类型DateType定义变量Birthday等。

类似于数组变量置初值，结构类型变量也可以置初值。例如：

```
struct DateType
{  int year;
   int month;
   int day;
} date1={1978,7,7}, date2;
struct DateType Birthday={2009,11,6};
```

如前所述，在写结构类型变量说明时，一定不能忘记写关键字struct，为了简化，可以使用类型定义语句。另外，相邻的同类型成员变量可以放在同一个变量说明中。例如：

```
struct DateType
{  int year, month, day;
};
typedef struct DateType DType;
```

或者，更简洁地使用如下类型定义语句：

```
typedef struct
{  int year, month, day;
} DType;
```

这样，可以排除书写关键字struct的麻烦，仅写出如下的结构类型变量说明：

```
DType BirthdayA, BirthdayB;
```

注意，如果定义如下结构类型：

```
typedef struct DType
{  int year; int month; int day;
};
```

这时，结构类型变量说明

```
DType Birthdaya, BirthdayB;
```

在编译时将报错："DType 无定义"。仍然必须写成：

```
struct DType BirthdayA, BirthdayB;
```

作为应用实例，对照表 7-1 中的记录，应用结构类型，可以为学生档案信息给出结构类型定义及结构类型变量说明如下：

```
struct StudentType
{ int number;                    /* 序号 */
  char NumofStudent[14];         /* 学号 */
  char name[10];                 /* 姓名 */
  char sex;                      /* 性别，男：'M' ，女：'F' */
  struct
  { int year;  int month;
  } Birthday, EnrolDay;          /* 出生年月，入学年月 */
  char Dept[20];                 /* 系别 */
  char specialty[20];            /* 专业 */
  char class[10];                /* 班级 */
} students[40];
```

该例中定义 students 是一个结构类型数组（或简称结构数组），共 40 个元素，每个元素是结构类型 StudentType。从这个例子可以看到，一个结构类型的成员变量可以是任意的类型，包括数组类型与结构类型等，结构类型也可以作为数组元素的类型。

7.3.2　结构成员变量的表示与存取

结构类型如同数组类型一样，是一种构造类型，一般来说不能整体参与运算，必须是基本类型的成员变量才能参与运算。为了存取成员变量，使用取成员运算符"."。例如，对于上面定义的结构变量 BirthdayA，它有 3 个成员 year、month 与 day。为了对成员变量进行存取，不仅要写出成员变量名。而且必须同时写出所属结构变量名，如 BirthdayA.year 等，可以写出：

```
BirthdayA.year=2009;
BirthdayA.month=11;
BirthdayA.day=6;
```

这表示，某人的生日是 2009 年 11 月 6 日。注意，切不可写作：

```
BirthdayA={2009,11,6};
```

那是错误的，将报错："表达式语法错"。这样的写法仅在变量说明同时置初值时才允许。但如果是结构类型变量之间的赋值，则是允许的，例如，

```
BirthdayB=BirthdayA;
```

下列程序随机地输入生日信息，并检查输入的正确性：

```
main()
{ struct
  { int year; int month; int day;
  } Birthday;
  printf("\n 请输入生日(年/月/日)：");
  scanf("%d/%d/%d",&Birthday.year,&Birthday.month,&Birthday.day);
  printf("\n 输入的生日是：");
  printf("%d/%d/%d", Birthday.year,Birthday.month,Birthday.day);
}
```

例 7.9　设有定义：

```
struct {char mark[12];int num1;double num2;}t1,t2;
```

若变量均已被正确地赋初值，则以下语句中错误的是________。

A）t1=t2;　　B）t2.num1=t1.num1;

C）t2.mark=t1.mark;　　D）t2.num2=t1.num2;

解　本题的要点是理解结构类型可允许的运算。由于允许结构变量整体赋值，因此答案A是正确的。其成员变量num1与num2是基本类型，允许赋值运算。现在唯一可能的是，答案C错。由于成员变量mark是char型数组（或说字符串），要整体赋值，必须调用字符串复制函数strcpy实现，因此，答案是C。

例7.10　设有以下程序

```
#include  <stdio.h>
#include  <string.h>
typedef struct {char name[9]; char sex; int score[2]; } STU;
STU f(STU a)
{  STU b={"Zhao",'m',85,90};
   int i;
   strcpy(a.name, b.name);
   a.sex=b.sex;
   for(i=0; i<2; i++) a.score[i]=b.score[i];
   return  a;
}
main()
{  STU c={"Qian",'f',95,92},d;
   d=f(c);
   printf("%s,%c,%d,%d,",d.name,d.sex,d.score[0],d.score[1]);
   printf("%s,%c,%d,%d\n",c.name,c.sex,c.score[0],c.score[1]);
}
```

程序运行后的输出结果是________。

A）Zhao,m,85,90,Qian,f,95,92　　B）Zhao,m,85,90,Zhao,m,85,90

C）Qian,f,95,92,Qian,f,95,92　　D）Qian,f,95,92,Zhao,m,85,90

解　本题中把STU定义为结构类型，并定义2个STU类型的结构变量c与d，其成员变量包含学生姓名、性别与2门课程成绩的信息。要求的输出结果是关于变量c与d的信息。

考察变量d的值。变量d的值是函数f的回送值。由于结构类型允许整体赋值，因此，允许回送结构类型值，能够通过函数调用而使变量d获得值。在函数f的函数体内，显然是把结构类型变量b的值传输给变量a，然后回送a的值，因此，回送的值是：{"Zhao",'m',85,90}。变量c，由于函数f中并不改变实际参数的值，因此仍然是所置的初值。概括起来，答案是A。

结构变量的成员变量名可以与结构类型变量名相同。例如：

```
struct A
{ int a; char b[10]; double  c; } a;
```

因此，可以有如下的表示：a.a。

7.4　综合应用

7.4.1　通讯录管理系统

作为结构类型应用实例，考虑通讯录管理系统的设计与实现。对于通讯录管理系统程序的编写，首先需要考虑的是：

- 系统的功能有哪些？
- 系统运行时的操作流程是怎样的？
- 通讯录记录的内容是什么？

首先明确此管理系统的功能，进行总体设计。本书作为入门性课程，系统的功能可以简单地仅包括登录、查询与修改，分别有相应的实现模块，设计成如图 7-2 所示的层次结构。

登录模块的功能是输入亲友熟人的通讯信息，保存在通讯录中。

查询模块的功能是按照序号或姓名等信息查询相应的通讯信息。

修改模块的功能是对通讯录中登录的通讯信息进行修改。

考虑此系统运行时的操作流程，可以画出操作流程示意图，如图 7-3 所示。

由于系统有 3 项功能，可由用户自行选择，需要进行人机交互，所以可以设计简单的功能菜单，如图 7-4 所示。

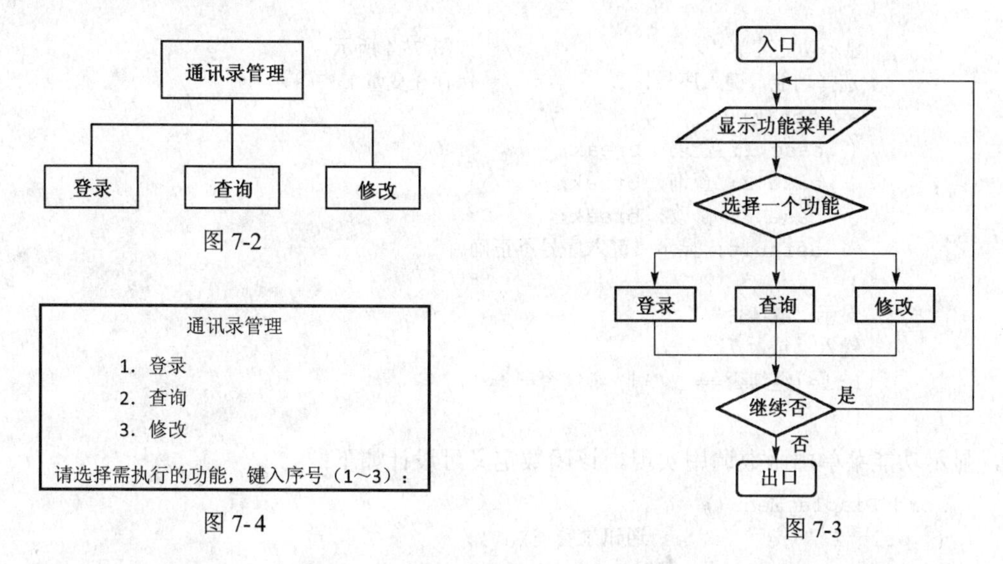

图 7-2

图 7-4

图 7-3

现在考虑通讯录记录的内容，即数据结构。一个通讯录记录通常包括姓名、性别、出生日期、住址、电话号码与手机号码，此外还可以包括工作单位与关系等，显然这应该是结构类型。

```
struct CommType
{ int number;                                       /* 序号 */
  char name[10];                                    /* 姓名 */
  char sex;                                         /* 性别 */
  struct DateType
  { int year; int month; int day;}birthday;         /* 出生日期 */
  char address[40];                                 /* 住址 */
  char tele[12];                                    /* 电话号码 */
  char mobil[12];                                   /* 手机号码 */
  char work[40];                                    /* 工作单位 */
  char relationship[10];                            /* 关系 */
};
```

通讯录是一列通讯记录，因此用结构数组来实现通讯录如下：

```
struct CommType CommList[MaxNum];
```

其中，MaxNum 的值是可允许的最大记录数，为了便于修改其值，通常在程序开始处引进如下的宏定义命令。例如：

```
#define MaxNum 50
```

另外，需要一个变量 NumofComms 来保存实际的记录数，它的值正是通讯录中记录的个数。

当确定了程序的功能及模块划分，设计了简单的运行界面，并设计了主要的数据结构之后，下面考虑程序实现。

从图 7-3 可见，此程序的结构是一个迭代结构（do-while 语句），内嵌一个开关（switch）语句，为了便于读者理解，先用 C 型伪代码程序来表达如下：

```
main()
{
    置初值;
    do
    {  显示功能菜单;                    /* 如图 7-4 所示 */
       选择功能，键入序号;              /* 保存在变量 k 中 */
       switch(k)
       {  case 1: 登录; break;
          case 2: 查询; break;
          case 3: 修改; break;
          default: 显示“键入序号不正确。”;
       }
       显示“继续否？”
       键入 Y 或 N;
    } while(继续否=='Y' || 继续否=='y');
}
```

其中，显示功能菜单由函数调用实现，该函数定义可设计如下：

```
void DisplayMenu()
{  printf("\n           通讯录管理\n");
   printf("\n      1. 登录");
   printf("\n      2. 查询");
   printf("\n      3. 修改"\n);
}
```

选择功能，键入序号，这可以由下列语句实现：

```
printf("\n 请选择需执行的功能，键入序号（1～3）：");
scanf("%d", &k);
```

置初值的工作可以等到程序控制部分基本完成时再确定，那时已确定需要引进哪些变量，其中哪些需要置初值。为了使程序结构清晰，对于 3 个功能模块分别引进相应的函数定义。需要进一步明确的是查询与修改这两个模块，可以简单地都按序号进行查询与修改，其控制流程示意图相似，区别只是查询并不修改所指明序号的记录的内容。登录模块与修改模块可有分别如图 7-5(a)与(b)所示的控制流程示意图。其中修改通讯录框又可以细化成如图 7-6 所示。

登录、查询与修改这 3 个功能模块，对照如图 7-5 所示的流程图，相应的函数定义是容易写出来的。作为例子，下面给出修改模块的函数定义。

从图 7-5(b)可见，这是一个迭代结构，并且可以对应到 do-while 循环语句，为了能实现继续循环，引进变量 IsContinue，其值是'Y'或'N'，当是'Y'（或'y'）时继续循环，否则结束循环。仅包含控制部分的函数定义如下。说明部分请读者自行补充完整。

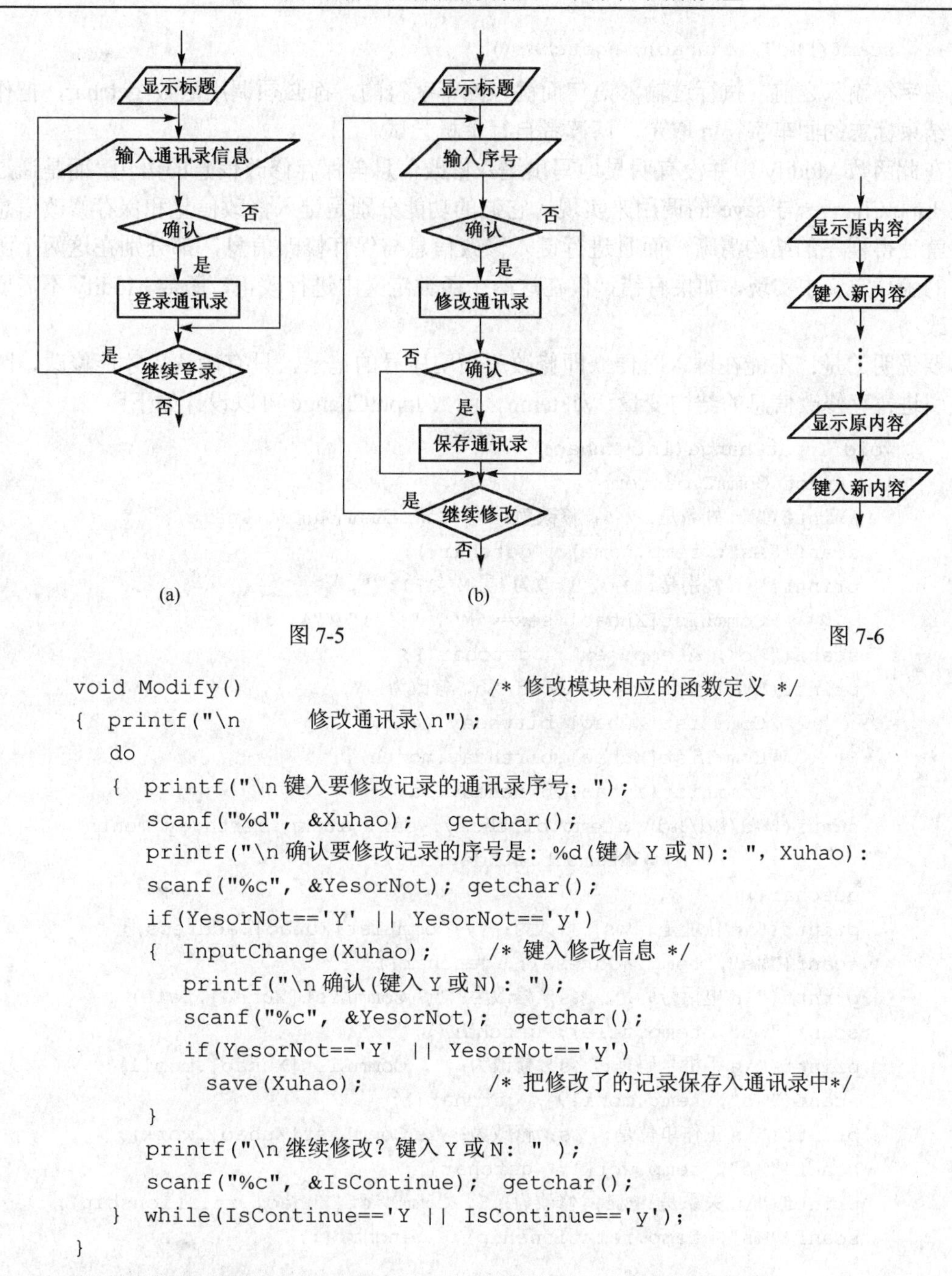

图 7-5　　图 7-6

```
void Modify()                        /* 修改模块相应的函数定义 */
{ printf("\n        修改通讯录\n");
  do
  {  printf("\n 键入要修改记录的通讯录序号: ");
     scanf("%d", &Xuhao);   getchar();
     printf("\n 确认要修改记录的序号是: %d(键入 Y 或 N): ", Xuhao):
     scanf("%c", &YesorNot); getchar();
     if(YesorNot=='Y' || YesorNot=='y')
     {  InputChange(Xuhao);      /* 键入修改信息 */
        printf("\n 确认(键入 Y 或 N): ");
        scanf("%c", &YesorNot);  getchar();
        if(YesorNot=='Y' || YesorNot=='y')
          save(Xuhao);               /* 把修改了的记录保存入通讯录中*/
     }
     printf("\n 继续修改? 键入 Y 或 N: " );
     scanf("%c", &IsContinue);  getchar();
  }  while(IsContinue=='Y || IsContinue=='y');
}
```

对于此函数定义，要特别注意的是 char 型变量的输入。当执行语句：

```
scanf("%d", &Xuhao);
```

时，将在键入序号之后键入回车字符，作为输入结束的标志。然而这个回车字符将保存在输入缓冲区中，当确认时，执行语句：

```
scanf("%c", &YesorNot);
```

将把这个回车字符传输到变量 YesorNot 中，从而使得并不实际进行输入，变量 YesorNo 便得到值：回车字符\n，导致运行错误。因此如同第 2 章中所述，必须取走这个回车字符，即增加调用输入字符函数 getchar 如下：

```
scanf("%d", &Xuhao); getchar();
```

凡是在字符输入之前，执行过输入语句而键入回车字符的，都必须调用函数 getchar，把作为输入结束标志的回车字符\n 取走。请读者自行上机尝试。

在此函数 Modify 中并没有明显地写出键入修改信息与保存修改信息的语句，而是通过对函数 InputChange 与 save 的调用来实现，它们的功能分别是键入修改信息和保存修改信息。这样就使得程序的结构清晰，而且进行键入修改信息与保存修改信息，都分别在这两个函数各自的函数定义中实现，如果有错，仅在这两个函数定义中进行改正，函数 Modify 不需要作任何改动。

要说明的是：不能在键入时便立即修改所指明序号的记录，只有确认后才能修改，因此应该引进暂存修改信息的结构变量，如 temp。函数 InputChange 可以设计如下：

```
void InputChange(int Xuhao)
{  struct CommType temp;
   printf("\n 姓名是: %s，修改为: ", CommList[Xuhao].name);
   scanf("%s", temp.name);  getchar();
   printf("\n 性别是: %c, 修改为(男 M 女 F): ",
           CommList[Xuhao].sex=='M'? "男":"女");
   scanf("%c", &temp.sex);  getchar();
   printf("\n 出生日期是: %d/%d/%d，修改为: ",
           CommList[Xuhao].birthday.year,
           CommList[Xuhao].birthday.month);
           CommList[Xuhao].birthday.day);
   scanf("%d/%d/%d",&temp.birthday.year, &temp.birthday.month,
                  &temp.birthday.day);
   getchar();
   printf("\n 住址是: %s, 修改为: ", CommList[Xuhao].address);
   scanf("%s", temp.address);  getchar();
   printf("\n 电话号码是: %s, 修改为: ", CommList[Xuhao].tele);
   scanf("%s", temp.tele); getchar();
   printf("\n 手机号码是: %s, 修改为: ", CommList[Xuhao].mobil);
   scanf("%s", temp.mobil) ; getchar();
   printf("\n 工作单位是: %s, 修改为: ", CommList[Xuhao].work);
   scanf("%s", temp.work);  getchar();
   printf("\n 关系是: %s, 修改为: ", CommList[Xuhao].relationship);
   scanf("%s", temp.relationship);  getchar();
}
```

注意　可能记录中的某个内容不需修改，但按函数 InputChange 的上述实现，将需要重新键入全部内容。一种简单办法是询问需修改的是什么内容，这时键入相应的序号，直到不再修改。因此上述 InputChange 函数定义的修改可以用如图 7-7 所示的控制流程示意图表示。请读者自行完成程序的书写。

函数 save 的功能是把键入的记录保存到通讯录中由实际参数指明的序号位置中。不论如何实现记录内容的修改，在保存时总是把暂存变量 temp 的内容传输到通讯录中所指明序号的相应记录位置中。因此，可以设计 save 的函数定义如下：

```
void save(int Xuhao)
```

```
    {  CommList[Xuhao]=temp;}
```

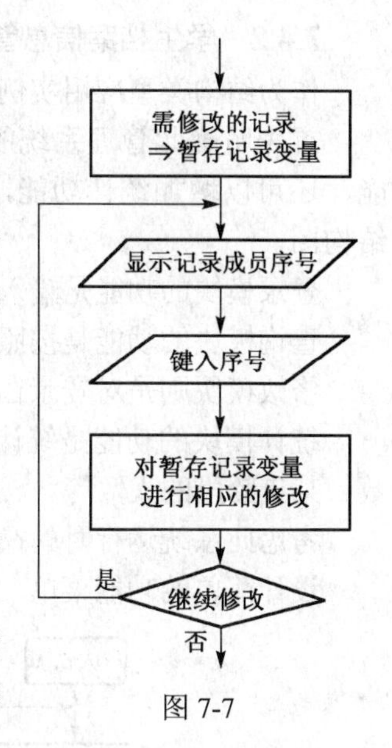

图 7-7

请注意，暂存变量 temp 在函数定义 save 中被引用，这些值却是在函数定义 InputChange 中给定的，因此宜于定义为全局量，即在程序开始处，所有函数定义之前定义。

引进全局结构变量 temp 这种处理方式比较好，如果对姓名与性别等，每一个记录内容都引进暂存变量，如引进变量 VofName 与 VofSex 分别保存修改的姓名与性别等，在保存时需要对每一项修改都引进相应的语句。例如：

```
strcpy(CommList[number].name,VofName);
CommList[number].sex=VofSex;
```

显然太烦琐，利用 C 语言允许结构变量整体赋值，引进一个暂存用结构类型的全局变量 temp 是更合适的。

在当登录时，需要确认后再保存入学生档案信息表中，同样需要键入时先存入暂存变量中，这样登录模块同样需要利用函数 save 来保存登录的记录信息。

概括起来，整个通讯录管理程序有如下框架：

（1）文件包含等预处理命令。

（2）数据类型定义，包括通讯录记录类型。

（3）全局数据定义，包括通讯录与通讯录记录数，以及全局暂存记录变量。

（4）显示菜单函数定义。

（5）登录模块。

- 输入通讯录信息函数定义；
- 保存通讯录信息函数定义；
- 登录函数定义。

（6）查询模块。

- 显示通讯录信息函数定义；
- 查询函数定义。

（7）修改模块。

- 键入修改信息函数定义；
- 保存修改信息函数定义（与登录模块函数定义共用）；
- 修改函数定义。

（8）主函数定义。

请读者按照上述框架，自行写出完整的可执行程序。

在通讯录管理系统程序的编写过程中，首先应确定整个系统的功能，并给出此系统运行时的操作流程，这样，对系统的运行操作过程有了十分明确而清晰的概念。然后根据这个操作流程，把系统分解成若干部分，即显示功能菜单模块、登录模块、查询模块与修改模块。分别实现各模块。这时对于各个模块，如修改模块，又按照控制流程图，再次分解成更小的模块（键入修改信息与保存修改信息两个子模块），分别地实现，至此无需再分解。这样一个程序编写过程充分体现了自顶向下、逐步细化的程序设计策略。

此通讯录管理程序可以再进行扩充，使之更为实用，如添加删除记录功能和提示亲友信息功能等。

7.4.2 学生档案信息管理系统

作为结构类型应用实例，进一步考虑学生档案信息管理系统的设计与实现。

首先明确此管理系统的功能，进行总体设计。类似地，可以有登录、查询与修改等功能，还可以增加统计功能，分别有相应的实现模块。因此可以有如图 7-8 所示的系统层次结构图。

登录模块的功能是输入学生的档案信息，保存在学生档案信息表内。

查询模块的功能是按照序号、学号、姓名、系别与班级等查询学生信息。

修改模块则是对登录在学生档案信息表内的信息进行修改。

统计模块的功能是统计学生档案信息表某些方面的数据，如某班级中男生人数与女生人数、某年龄段的人数等。

考虑此系统运行时的操作流程，可以画出如图 7-9 所示的操作流程示意图。

设计简单的功能菜单，如图 7-10 所示。

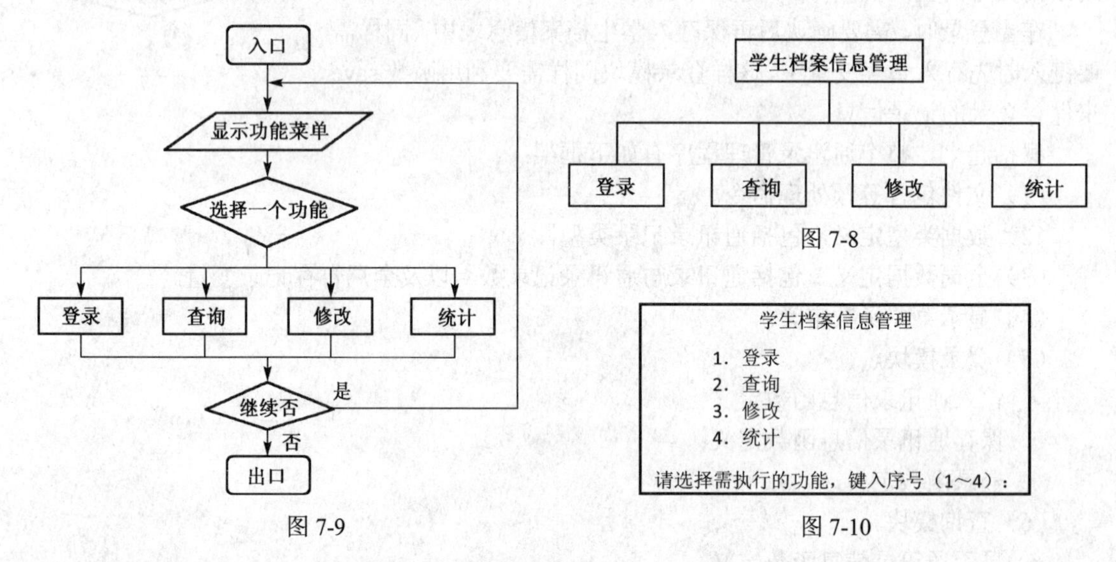

图 7-9　　图 7-8　　图 7-10

现在考虑数据结构。最主要的是学生档案信息表，如前所见，一个学生档案信息记录可以定义为结构类型 StudentType，表用数组来实现，因此可定义如下：

```
struct StudentType StudentTable[MaxNum];
```

其中，MaxNum 的值是可允许的最大学生人数。为了便于修改其值，通常在程序开始处引进如下的宏定义命令，例如：

```
#define MaxNum 100
```

另外，需要一个变量 NumofStudents 来保存实际的学生数，它的值正是表中记录的个数。

当确定了程序的功能及模块划分，设计了简单的运行界面，并设计了主要的数据结构之后，下面考虑程序实现。

从图 7-10 可见，这个程序的结构是一个迭代结构（do-while 语句），内嵌一个开关（switch）语句，为了便于读者理解，先用伪代码程序表达如下：

```
main()
{
    置初值;
    do
    {   显示功能菜单;            /* 如图 7-11 所示 */
```

```
        选择功能，键入序号 k;
        switch(k)
        {  case 1: 登录; break;
           case 2: 查询; break;
           case 3: 修改; break;
           case 4: 统计; break;
           default: 显示"键入序号不正确。";
        }
        显示"继续否？"
        键入 Y 或 N;
    } while(继续否=='Y' ||继续否=='y');
}
```

其中，置初值的工作等到程序控制部分基本完成时再确定。为了使程序结构清晰，对于 4 项功能模块分别引进相应的函数定义。需要进一步明确的是查询、修改与统计 3 个模块。对于查询与修改模块，可以简单地都按序号进行，其控制流程示意图也相似，区别只是查询并不修改所指明序号的记录的内容。对于登录与修改模块可用如图 7-11(a)与(b)所示的控制流程示意图表示，其中修改学生档案框又可以细化成图 7-12。

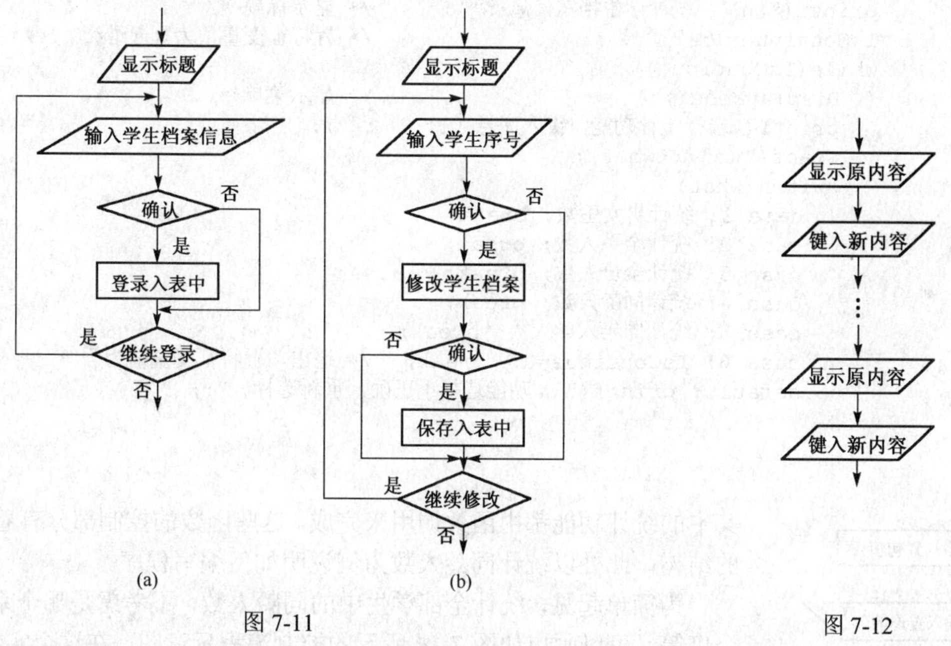

(a)　(b)

图 7-11　图 7-12

至于统计模块，它设计的好坏将成为整个学生信息管理程序的关键点。这里简单起见，仅考虑按性别统计男生人数与女生人数、按系别统计全系人数、按班级统计人数、按年份统计同龄人数或同时入学人数等。

登录、查询与修改这 3 个功能模块，对照图 7-11 和图 7-12 所示的流程图，相应的函数定义是容易写出的，与通讯录管理类似，这里不再详细讨论，仅给出统计模块的函数定义。

统计模块依据其统计的内容，可有如图 7-13 所示的控制流程示意图。

对照前面的控制流程示意图，显然这是一个迭代结构，内嵌一个开关语句。这个迭代结构可以用 3 种循环语句中的任何一种来实现。如何控制循环的继续与结束？图 7-13 中引进了“退出”框，而不是询问“继续否”，这样的处理方式更简便。但是需要使用一定的技巧，这就是引进一个特征变量，它的值是真（非零）时继续循环，值是假（零）时结束循环。最终，统计模块的相应函数定义可设计如下：

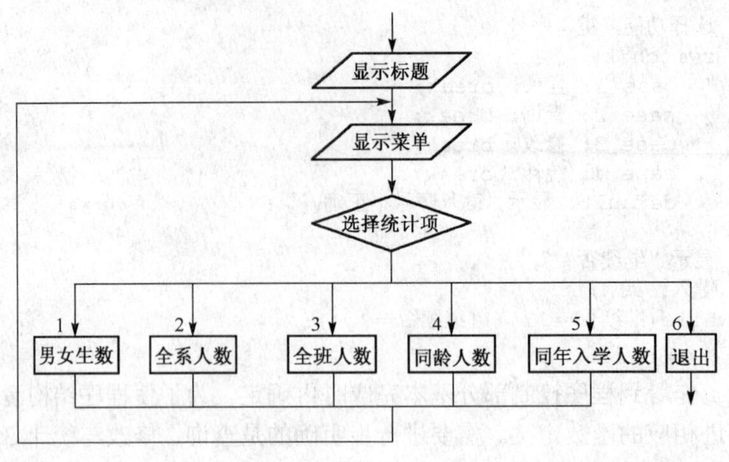

图 7-13

```
void Statistics()
{  int IsContinue, what;
   printf("\n    统计学生档案信息\n");         /* 显示标题 */
   IsContinue=1;                               /* 置特征变量值为真（继续） */
   while(IsContinue)
   {  DisplayMenu();                           /* 显示菜单 */
      printf("选择统计功能，键入序号（1～6）：");
      scanf("%d", &what);
      switch(what)
      {  case 1: 统计男女生数; break;
         case 2: 统计全系人数; break;
         case 3: 统计全班人数; break;
         case 4: 统计同龄人数; break;
         case 5: 统计同年入学人数; break;
         case 6: IsContinue=0; break;    /* 退出，置特征变量值为假 */
         default: printf("\n 功能选择不正确，重新选择。");
      }
   }
}
```

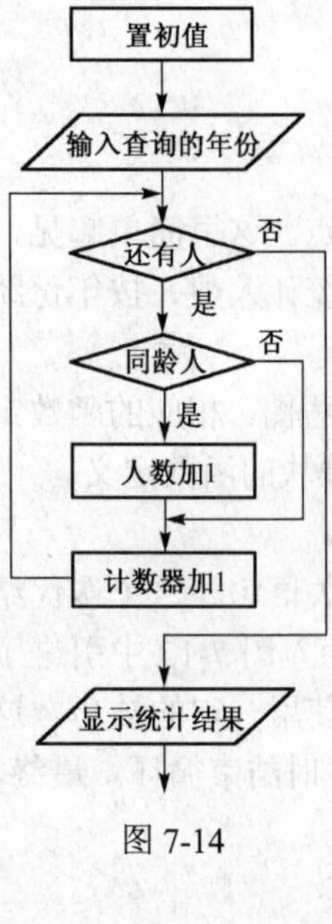

其中的统计功能都由函数调用来完成。这些函数的控制部分有着相似的结构，此处以统计同龄人数为例说明如何编写程序。

为简单起见，统计全部学生中的同龄人数，不考虑是哪个系、哪个班等。可以画出如图 7-14 所示的控制流程示意图，在这个实例中，人数计数器与同龄人数计数器需要置初值。

为了使读者了解和熟悉结构变量的成员变量的存取，写出以函数定义形式给出的相应程序。记住，学生档案信息表 StudentTable 的数据结构如前所定义，学生数是 NumofStudents。统计同龄学生数的函数定义可设计如下：

图 7-14

```
int SameAge()    /* 统计同龄学生数 */
{  int N, k; int year;
   N=0;
   printf("请输入要查询的年份：");
   scanf("%d", &year);
   k=1;
   while(k<=NumofStudents)
   {  if(StudentTable[k].Birthday.year==year)
```

```
            ++N;
        ++k;
    }
    return N;
}
```

函数定义中变量N用作同龄人数计数器，它的最终值是所统计的结果，作为函数的回送值。结构数组类型变量 StudentTable 中 0 号元素不使用，学生档案从序号 1 开始存放。这时要注意的是，此函数定义与登录的函数定义相呼应，在处理上保持一致，即都从序号 1 开始存放学生档案信息。

对于其他统计功能模块的函数定义，与此函数定义类似，主要区别仅在于因统计的内容不同而判别条件不同，如统计男生人数，这时的 if 语句是：

```
if(StudentTable[k].sex=='M')
    ++N;
```

最终的N值是男生数，女生数则是 NumofStudents-N。统计全系人数时，把输入的系名存放在变量 Dept 中，则 if 语句是：

```
if(strcmp(StudentTable[k].Dept, Dept)==0)
    ++N;
```

这里的 strcmp 是比较两个字符串是否相等的函数，相等时回送 0，不等时回送非 0。

统计的功能可以扩充，如要统计的是某年龄段男生数，假定此年龄段是[1998，2000]，可把 if 语句修改为：

```
if((StudentTable[k].sex=='M') &&
   (1998<=StudentTable[k].Birthday.year &&
    StudentTable[k].Birthday.year<=2000))
     ++N;
```

概括起来，整个学生档案信息管理程序有如下轮廓：

（1）文件包含等预处理命令。

（2）数据类型定义，包括学生档案信息表类型。

（3）全局数据定义，包括学生档案信息表与学生人数，以及全局暂存记录变量。

（4）显示系统功能菜单函数定义。

（5）登录。

- 输入学生档案信息函数定义；
- 保存学生档案信息函数定义；
- 登录函数定义。

（6）查询。

- 显示学生档案信息函数定义；
- 查询函数定义。

（7）修改。

- 输入修改信息函数定义；
- 保存学生档案信息函数定义（与登录函数定义共用）；
- 修改函数定义。

（8）统计。

- 显示统计功能菜单函数定义；

- 统计男女生人数函数定义;
- 统计全系人数函数定义;
- 统计全班人数函数定义;
- 统计同龄人数函数定义;
- 统计同年入学人数函数定义;
- 统计函数定义。

(9) 主函数定义。

类似通讯录管理系统程序的编写，在学生档案信息管理系统程序的编写过程中，同样地，首先应确定整个系统的功能，并给出此系统运行时的操作流程，这样，对系统的运行操作过程有了十分明确和清晰的概念。然后根据这个操作流程，把系统分解成若干部分，即显示功能菜单模块、登录模块、查询模块、修改模块与统计模块。分别实现各模块。这时对于各个模块，再次分解成更小的模块，分别地实现，直至无需再分解。

这一过程再次充分体现了自顶向下、逐步细化的程序设计策略。

通讯录管理系统与学生档案信息管理系统都是管理信息系统，一般来说，涉及相当数量的数据，在实现这样的系统时，必须考虑到数据的输入输出问题。即使是在编写学生档案信息管理程序之后进行调试时，程序编写人员的一个共同感受就是：每次重新运行程序时都必须重新键入调试实例，稍多一些实例，尤其头痛。自然希望键入的实例能够保存下来，无需每次运行重新键入。一种简单办法是利用置初值，对于给定的初值进行调试。但这样仅是固定的一个实例。为此，C 语言提供有文件输入输出语句。当输入并经确认后保存输入数据到文件中，然后从文件中读出所保存数据进行处理。例如，运行学生档案信息管理系统，登录若干学生档案记录作为实例数据，并存入文件中，调试其他功能时从文件中读出这些实例数据，便可以避免重复键入。有了文件输入输出功能，当下次重新运行系统时就无需重新键入数据，只需从文件中读出即可。

文件输入输出语句的应用，将使得 C 语言编写的应用程序更为实用。由于文件输入输出涉及指针的概念，细节将在后面相关章节中进行讨论。

7.5 小 结

7.5.1 本章 C 语法概括

1. 字符串型变量说明

一维：char 字符串型变量名[长度];

二维：char 字符串型数组名[个数][长度];

2. 结构类型定义与变量说明

1）仅定义结构类型

struct 结构类型名

{ 成员变量说明 … 成员变量说明 };

这时，结构类型变量说明与类型定义分离：

struct 结构类型名 结构类型变量名，…，结构类型变量名;

2）仅定义结构类型变量

struct

{ 成员变量说明 … 成员变量说明

} 结构类型变量名，…，结构类型变量名；
这时，不给出结构类型名。

3）既定义结构类型又定义结构类型变量

struct 结构类型名
{ 成员变量说明… 成员变量说明
} 结构类型变量名，…，结构类型变量名；

以上情况，在结构类型名的前面，必须有关键字 struct。

3. 结构类型定义与结构类型变量说明

typedef struct
{ 成员变量说明 … 成员变量说明 } 结构类型名；
结构类型名 结构类型变量名, … ,结构类型变量名；

这时，结构类型变量说明时，不必有关键字 struct。

4. 对结构类型变量的成员变量的存取

结构类型变量.成员变量名

7.5.2 C 语言有别于其他语言处

1. 关于字符串类型

字符串型变量的值必须结束于字符串结束字符\0，在逐个地复制字符时，最终必须增加字符串结束字符\0。

字符串的复制与并置（连接）等由相应的函数实现，在应用时，必须有下列文件包含预处理命令：

```
#include <string.h>
```

否则，字符串类型相关的函数不能正常调用。

字符串型（包括 char 型）的量集中存放在一个存储区域中。字符串型变量的名，也即字符数组名，代表存储此字符串值的存储区域的首址。

2. 关于结构类型

结构类型的量不能整体进行运算，但可以整体赋值。

书写结构类型变量说明时，结构类型名的前面不能缺省关键字 struct，除非此结构类型名由类型定义来定义，例如：

```
typedef struct
{  int year; int month; int day;
}  DateType;
DateType Birthday={2009, 11,6};
```

本 章 概 括

本章讨论利用 C 语言实现表格功能，包括表格的设计与实现。这涉及两方面，一是表格的设计，二是表格相关数据结构的设计。设计表格时，首先要考虑表格的布局，先确定表格中数据的宽度，从而确定表格的整体布局。表格的输出，实际上是字符串的输出，非常简单，就是利用有格式输出语句输出表格。

从程序设计语言角度看，表格的设计与实现涉及两方面，一是字符串类型，二是结构类型。结构类型是由不同类型属性的元素组成的集合，结构类型往往与数组等类型联合应用。

通过通讯录管理系统与学生档案信息管理系统的设计与实现，充分体现了如何利用字符串类型与结构类型，应用自顶向下、逐步细化的程序设计策略来编写与表格相关的应用程序。由于重点讨论程序设计过程，所以没有强调通讯录与学生档案信息表两类表格输出的设计与实现问题。请读者自行完成。

习　题

一、选择与填空题

1. 以下程序用以删除字符串中所有的空格，请补充完整。

```
#include <stdio.h>
main()
{  char s[100]="Our teacher teachs C language!"; int i,j;
   for(i=j=0;s[i]!='\0';i++)
   if(s[i]!=' '){ s[j]=s[i];j++;}
   s[j]=________;
   printf("%s\n",s);
}
```

2. 设有以下程序：

```
#include <stdio.h>
#include <string.h>
main()
{  char x[ ]="STRING";
   x[0]=0; x[1]='\0';x[2]='0';
   printf("%d %d\n",sizeof(x),strlen(x));
}
```

程序运行后的输出结果是________。

A）6　1　　　B）7　0　　　C）6　3　　　D）7　1

3. 设有以下程序：

```
#include <stdio.h>
main()
{  char a[20]="How are you?",b[20];
   scanf("%s",b); printf("%s %s\n", a,b);
}
```

程序运行时从键盘输入：How are you?<回车>，则输出结果为________。

4. 设有以下程序（strcat函数用以连接两个字符串）：

```
#include <stdio.h>
#include <string.h>
main()
{  char a[20]="ABCD\0EFG\0",b[ ]="UK";
   strcat(a,b);  printf("%s\n",a);
}
```

程序运行后的输出结果是________。

A）ABCD\0EFG\0UK　　B）ABCDUK　　C）UK　　D）EFGUK

5. 设有以下程序段：

```
char p1[80]="NanJing",p2[20]="Young",*p3="Olympic";
```

```
strcpy(p1,strcat(p2,p3));
printf("%s\n",p1);
```

执行该程序段后的输出是__________。

A）NanJingYoungOlympic　B）YoungOlympic　C）Olympic　D）NanJing

6．下列选项中，能够满足“若字符串s1等于字符串s2，则执行ST”要求的是________。

A）if(strcmp(s2,s1)= =0)ST;　B）if(s1= =s2)ST;

C）if(strcpy(s1,s2)= =1)ST;　D）if(s1-s2= =0)ST;

7．设有以下程序：

```
#include <stdio.h>
#include <string.h>
main()
{  char a[5][10]=
   { "china","beijing","you","tiananmen","welcome" };
   int i,j; char t[10];
   for(i=0; i<4; i++)
      for(j=i+1; j<5; j++)
         if(strcmp(a[i],a[j])>0)
         { strcpy(t,a[i]); strcpy(a[i],a[j]); strcpy(a[j],t); }
   puts(a[3]);
}
```

程序运行后的输出结果是________。

A）beijing　B）china　C）welcome　D）tiananmen

8．设有变量说明：

```
struct student
{  int no;
   char name[20];
   struct{int year,month,day;} birth;
} s;
```

若要求将日期“1998年11月12日”保存到变量s的birth成员中,则能实现这一功能的程序段是_________。

A）year=1998; month=11; day=12;

B）s.year=1998; s.month=11; s.day=12;

C）birth.year=1998; birth.month=11; birth.day=12;

D）s.birth.year=1998;s.birth.month=11;s.birth.day=12;

9．设有以下程序：

```
#include <stdio.h>
struct S
{  int a,b;} data[2]={10,100,20,200};
main()
{  struct S p=data[1];
   printf("%d\n",++(p.a));
}
```

程序运行的输出结果是________。

A）10　B）11　C）20　D）21

10．设有以下程序：

```
#include <stdio.h>
```

```
#include <string.h>
struct A
{  int a; char b[10]; double c; };
struct A f(struct A t);
main()
{  struct A a={1001,"ZhangDa",1098.0};
   a=f(a); printf("%d,%s,%6.1f\n",a.a,a.b,a.c);
}
struct A f(struct A t)
{  t.a=1002;  strcpy(t.b, "ChangRong"); t.c=1202.0; return t; }
```

程序运行后的输出结果是________。

A）1001,ZhangDa,1098.0　　B）1002,ZhangDa,1202.0

C）1001,ChangRong,1098.0　　D）1002,ChangRong,1202.0

二、编程实习题

1．试编写打印输出初等三角函数值表的 C 程序。要求：输出函数 sin、cos、tan 与 cot 从 0° 到 90° 的值，小数点后保留 2 位数字，间隔为 10°。要求：输出连贯的表格线。

2．试对照 7.4.2 节的讨论，实现学生档案信息管理系统。

第 8 章　链表的设计与实现——指针类型

8.1　概　　况

8.1.1　问题的提出

在第 7 章关于通讯录管理与学生档案信息管理的应用程序中看到，通讯录与学生档案都用结构类型数组来实现，例如，通讯录与学生档案信息表分别定义为：

```
#define MaxNum 50
struct CommType CommList[MaxNum];
```

与

```
#define MaxNum 100
struct StudentType StudentTable[MaxNum];
```

这是固定大小的一种数据类型，一旦定义了此数组，就规定了最大元素个数，也就是最多的记录个数，不能随应用问题背景的实际情况而变化。为了能适用于各种不同的情况，只能规定数组元素的最大可能数，如 1000 或更多，这样往往容易造成不必要的资源浪费，而当应用时，实际记录个数比规定的多时又不能工作。

8.1.2　解决思路——指针类型的引进

数组类型不能改变大小，因为它是静态组织的数据结构，最好的情况是，对于学生档案信息表，需要有多少个记录，就动态地建立多少个记录。当需要添加新记录时，就把这个新记录登录到表中，如果不需再添加记录，就不再准备空闲的记录空间。这样为表所分配的存储空间是最贴切的，其思路如图 8-1 所示。

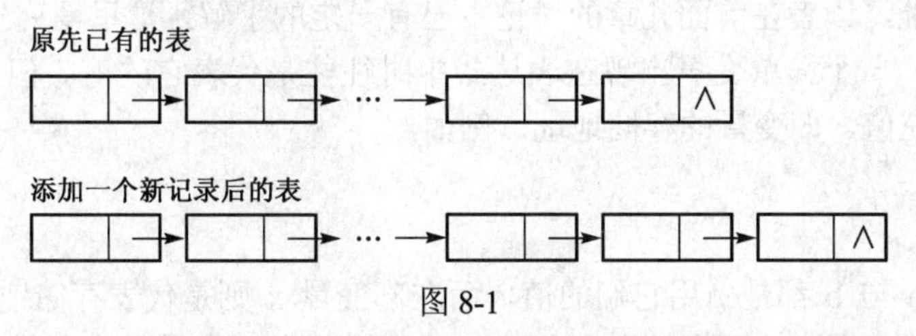

图 8-1

一个矩形表示一个记录，两个记录之间用箭头链接。这样的图形如同日常生活中的项链，用箭头把两个记录链接起来。因此把这种数据结构称为链或链表，每个记录称为结点，最后一个结点中的字符^表示它所在的结点是最后一个结点。现在结合 C 程序设计语言，对照数组类型来讨论，了解这种箭头代表什么，如何定义和引用它。

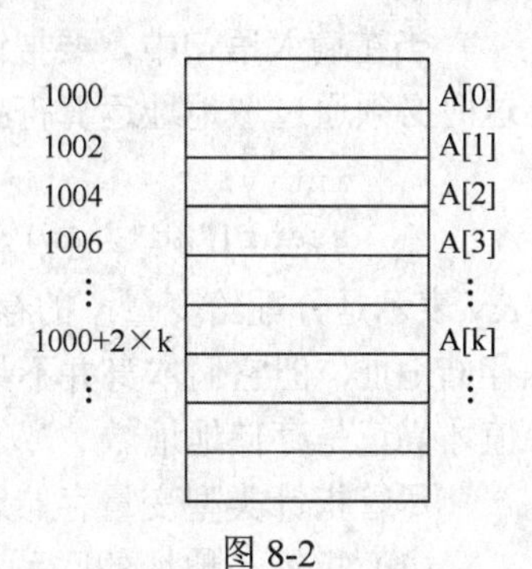

图 8-2

如前所述，数组的所有元素存储在连续的存储区域中，如图 8-2 所示。当知道存储区域的第 1 个存储字节地址，并知道元素的大小后，很容易计算数组各个元素的存储地址。现在采用链这样的数据结构，每个结点都是动态建立的，不像数组那样存储在连续的存储区域，因此每个结点应该知道它的下一个结点的存储地址。图 8-1 反映了这一情况，每个结点都由两部分组成，即数据部分与下一结点的存储地址：

数据部分	下一结点存储地址

数据部分是本结点包含的数据，内容可能很多，如可以是一个整数，也可以是学生档案信息等；下一结点存储地址部分给出下一个结点存储区域的第 1 个存储字节地址（称为存储首址），通过它，可以立即对下一结点中的数据部分进行存取。显然结点所对应的数据结构应该是结构类型，且其中一个成员的值是存储地址，即下一结点的存储首址，就像指路牌一样，通过它可以立即取到下一个结点，因此往往说它指向下一个结点，并且用箭头来表示。

这种值是存储地址的类型称为指针类型。指针类型的引进，使得程序中能够方便地对指针类型变量所指向的变量进行存取。指针类型的引进大大开拓了程序设计语言的应用领域。掌握并熟练应用指针类型，对于读者来说，是十分重要的。本章重点讨论指针类型的概念及其应用。

8.2　指 针 类 型

8.2.1　指针与存储地址

当人们去一个不十分熟悉的地方，寻找某个单位时，往往借助于指路牌，按照指路牌指向的方向行进，因为指路牌中指明了要去的路名。在一个链表结构中，每个结点总包含有一个成员变量，它的值是下一个结点的存储地址，因此说这个成员变量是一个指针类型的变量。

指针类型是一种值为存储地址的类型，作为类型，指针类型也有 3 个方面：存储表示、取值范围与可允许的运算。一个存储地址通常需要 2 个存储字节表示，因此一个指针类型变量要占用 2 个存储字节，它的值看起来像无正负号整型，但实际上代表存储地址，与具体计算机型号相关。读者不必去关注实际的存储表示。指针类型的取值范围是所有可能取到的存储地址，关于指针类型可允许的运算，包括指针的加、减等运算，将在后面相关章节中讨论。

关于存储地址，读者在前面几章的讨论中已有一定的了解，这里罗列一二。

通常情况下，一个简单变量出现在表达式中时往往是代表它的值。但是作为赋值语句左部的变量，它有左值，即变量的存储地址。例如，

```
int x, a, b;
x=a+b;
```

赋值语句右部的 a 与 b 都是引用它们的值，而左部变量 x 则是代表存储地址，也就是说把 a 与 b 的和传送到为变量 x 分配的存储区域中，或者说传送到变量 x 所代表的存储地址相应的存储字中。

当在输入语句中，要把键入的值传送到变量 y 中，必须要取到存储变量 y 的存储地址，这时必须通过取地址运算符&，例如，

```
int y;
scanf("%d", &y);
```

&y 表示是分配给变量 y 的存储地址。这两种情况下，变量 x 与 y 通过特殊的手段代表或取得存储地址，但它们本身并不具有地址值，因为它们被说明为 int 型简单变量。指针类型变量的值才真正是存储地址。

尽管指针类型变量存储地址值，但必须注意以下两个方面：

（1）指针与地址的联系与区别：指针类型的值是存储地址，指针形象地反映了指向某个

数据对象，而存储地址是为了能存取存储字而给予存储字的序号，好似门牌号码。指针类型变量的值是可以改变的，显然存储地址是不可改变的。从程序设计语言角度看，存储地址是值不能改变的常量，数组名代表存储地址，这是不能改变的常量，不能作为赋值语句的左部。

（2）必须知道指针类型变量中的存储地址，它所相应的存储区域中存储的值是什么类型的，这样才能作进一步的处理。一个指针类型变量只能指向规定类型的数据对象，如果与规定的不一致，将发生错误。

为了说明变量是指针类型变量，并规定所指向数据对象的类型，需要利用指针类型变量说明。

8.2.2　指针类型变量说明与指针类型定义

指针类型变量说明如下，其中的*是指针类型标志：

　　类型符　*指针类型变量名，…，*指针类型变量名；

其中类型符是指针类型变量所指向数据对象的类型，为称呼简便，把所指向数据对象的类型称为指针类型变量的基类型。例如，变量说明：

```
int *pa;  float *pb;
```

把 pa 规定为指向 int 型数据对象的指针类型变量，这可以理解为“(int *) pa;”，它的基类型是 int 型。把 pb 规定为指向 float 型数据对象的指针类型变量，这可以理解为“(float *) pb;”,它的基类型是 float 型。

简单变量说明可以与指针类型变量说明交错在一起，如同其与数组类型变量说明交错在一起一样。例如：

```
int a, *pa;
int *pf, length, *pw;
```

等价于：

```
int a;   int *pa;
int *pf;  int length;  int *pw;
```

说明 a 与 length 是 int 型简单变量，pa、pf 与 pw 都是基类型为 int 型的指针类型变量。

如同把结构类型变量简称为结构变量，为简便起见，把指针类型变量简称为指针变量。

一般情况下，指针变量的基类型可以是各种类型。例如：

```
float *pf1, *pf2, *pf3;
char *pc_1, *pc_2;
```

甚至基类型是结构类型。例如：

```
struct workers
{  int num; char name[20]; char c;
   struct
   {  int day; int month; int year; } s;
};
struct workers  *pw;
```

如何使得指针变量能得到存储地址值？这可以利用取地址运算符&,由赋值运算给定。例如：

```
int a=5,*pa;  pa=&a;
```

也可以在变量说明时置初值给定。例如：

```
int a=5, *pa=&a;
```

如图 8-3(a)所示。

图 8-3(a)中，指针变量 pa 的值是 int 型变量 a 的存储地址，因此可以由 pa 的值对变量 a 进行存取。由于 pa 的值好似一个指向变量 a 的指针，通常用箭头表示，如图 8-3(b)所示。如

果看到如图 8-3(b)所示的图，就立即知道变量 pa 是指针变量，它的值是所指向数据对象 a 的存储地址。希望读者熟悉这种表示法，理解这种表示法的含义。

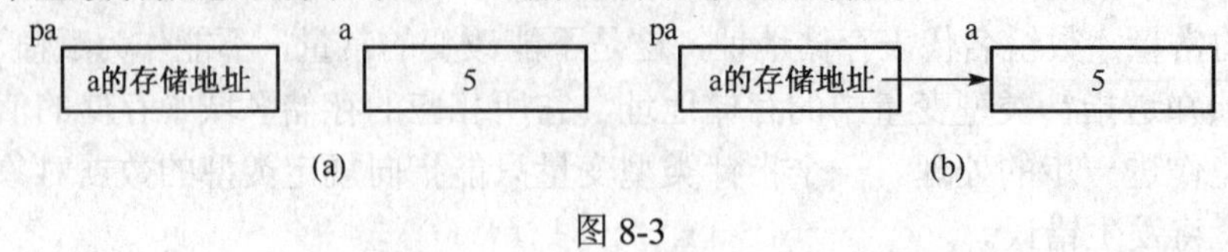

图 8-3

注意，在变量说明中不置初值时

```
int a=5, *pa;
```

对 pa 赋值必须写成：pa=&a，不能写成：*pa=&a。如果要让指针变量有初值，又不指向任何数据对象，这时赋值以 NULL，或说空指针。NULL 在头文件 stdio.h 中定义。

今后将看到与存储分配相关的函数 malloc，调用它的结果，将分配一个合适大小的存储区域，并回送此存储区域首址，从而使指针变量得到存储地址值。

指针类型变量说明也可以与数组类型变量说明联系起来。例如：

```
int *p[5];
```

把 p 定义为一维数组，共有 5 个元素，都是指针类型，且基类型都是 int 型。这可以看成：

```
(int *) p[5];
```

因此，这样类型符是(int *)，更明显地是一个数组类型变量说明。元素的类型都是相同指针类型的数组称为指针类型数组，或简单地称为指针数组。

但需注意的是，紧跟有中括号对的才是数组变量说明。例如：

```
float *pa, *pb[10], c;
```

等价于下列变量说明：

```
float *pa;  float *pb[10];  float c;
```

其中仅 pb 被定义为指针数组，其他两个都不是指针数组。

为了在定义指针变量时书写上简洁，可以为指针类型取名，如 fpType。如前所述，可以使用关键字 typedef（type definition 类型定义）。例如：

```
typedef float *fpType;
```

把标识符 fpType 定义为基类型是 float 型的指针类型名。可以应用它定义指针变量如下，例如，

```
fpType first, last;
```

这实际上等价于下列变量说明：

```
float *first, *last;
```

前面说过，一个数组名代表“为此数组所分配的存储区域”的首址，指针的值也是存储地址，两者是否有区别？答案是：有。例如，有如下的变量说明：

```
char s1[10];  char *s2;
```

前者中的 s1，除了表示是 char 型数组名或字符串型变量名外，还表示为 s1 所分配的 10 个字节存储区域的首址，s1 的值是不能改变的存储地址常量。而后者中的 s2，表示是基类型为 char 型的指针变量，s2 的值可以是它所指向的存储字节的地址。

例 8.1　以下选项中正确的语句组是__________。

A）char s[];　s="BOOK!";　　B）char *s;　s={"BOOK!"};

C）char s[10];　s="BOOK!";　　D）char *s;　s="BOOK!";

解　在前面关于数组类型的讨论中已经知道，数组变量说明时，不置初值的话，必须指明数组元素个数，因此，答案 A 显然是错误的。前面说过，一个数组变量名代表为此数组所分配存储区域的首址，是一个不能改变值的存储地址常量，而赋值语句的左部变量要求的是左值，可以改变值，因此，答案 C 不是正确答案。从这个角度出发，答案 A 也不是正确答案。字符串常量"BOOK!"出现在赋值语句右部，代表为它分配的存储区域的首址，这是指针类型变量可以得到的值，但 B 中{"BOOK!"}不是字符串常量，显然是错误的，因此，最终答案是 D。

注意，对于答案 B 或 D，不能写成：

```
char *s;  strcpy(s, "BOOK!");
```

当编译时，对这样的字符串复制，将显示警告信息：

```
Waring: Possible use of 's' before definition
```

警告信息提示：s 在定义前使用，即未对 s 赋值（为它分配相应的存储区域）便使用了。 事实上，这是一种错误，因为首先应该为复制的字符串安排存储区域，指针变量 s 的值是此存储区域的首址。然而，现在并没有这样，指针变量 s 的值是不确定的，因此复制的结果是：把复制的内容复制到不确定的存储区域，甚至可能是存放系统软件的存储区域，那将破坏系统软件而造成重大故障。

这一情况表明，即使编译时可能不给出报错信息，而仅仅是警告信息，但也必须认真查明警告的原因。

一般地，应该对指针变量赋值，让它指向某个存储区域后，再对所指向的存储区域内容进行存取。例如：

```
char s1[20]; char *s2=s1;
strcpy(s2, "BOOK!");
```

这表明，字符数组 s1 是可以存储字符串的存储区域，而字符指针 s2 仅是指向存储区域 s1 的指针。

8.2.3　指针类型变量所指向数据对象的引用

指针变量是值为存储地址的变量，形象地说，指针变量的值指向某个存储字，那么如何引用所指向的那个存储字中的值？例如，变量说明：

```
int a=5, b, *pa=&a;
```

把 pa 说明为指向 int 型变量 a 的指针变量。如何引用指针变量 pa 所指向的 int 型量 a？C 语言提供所谓的去指针运算*。在控制部分的表达式中，出现*pa，表示存取 pa 所指向的量，即变量 a。例如，b=*pa，赋值运算符右部的*pa 引用 pa 所指向的变量 a，因此变量 b 得到值 5。注意，去指针运算符*有最高的优先级 15。

引用指针变量所指向数据对象的一般表示形式如下：

```
*指针变量
```

由于指针变量是一类变量，与其他类型变量一样，在不同的时刻可以具有各种不同的值，因此，一个指针变量不是指向固定数据对象的，而是取决于指针变量当前的值。例如：

```
int a=1, b=3, *p=&a;
printf("\n*p=%d", *p);
p=&b;
printf("\n*p=%d", *p);
```

在说明部分中，置指针变量 p 的初值是&a，因此，第 2 行中的输出结果是：

```
*p=1
```

但第 3 行中 p 被赋值以&b，因此，p 不再指向变量 a，而是指向变量 b,它的值是 3，因此，第 4 行中输出的结果是：

```
*p=3
```

指针变量可以指向各种不同类型的变量，包括结构型变量。例如：

```
struct DateType
{ int year, int month, int day;
} birthday={2012,3,29}, birthofwho, *b=&birthday;
```

其中引进结构变量 birthday 与 birthofwho，以及结构类型指针变量 b，b 被置初值为&birthday。注意，数组名可以代表所分配存储区域的首址，但结构类型变量名不能，因此，取其存储区域首址，必须使用取地址运算符：&birthday。现在要求从指针变量 b 取到 birthday 的成员变量值。思路如下：首先去指针，取到指针变量 b 所指向的结构变量 birthday，然后取 birthday 的成员变量的值。因此，可以有

```
y=(*b).year; m=(*b).month;  d=(*b).day;
```

y、m 与 d 的值分别是 2012、3 与 29。

为了简化书写，通常把(*p).m 这种取成员变量形式改写为：p->m，它等价地表示取接指针变量 p 所指向结构变量的成员变量 m。例如，(*b).year 可以改写成 b->year。

例 8.2　设有以下定义和语句：

```
struct workers
{  int num; char name[20]; char c;
   struct
   {  int day; int month; int year; } s;
};
struct workers w, *pw;
pw=&w;
```

能给 w 中 year 成员赋值 1980 的语句是________。

A）*pw.year=1980;　　　　　　　　B）w.year=1980;
C）pw->year=1980;　　　　　　　　D）w.s.year=1980;

解　由题可见，成员变量 year 是结构变量 s 的成员变量，而 s 又是结构变量 w 的成员变量。因此，首先从 w 取到成员变量 s，再从 s 取到 year。换言之，不能从 w 直接取到 year，答案 B 是不正确的。由于 pw 所指向的是 w，因此，答案 A 与 C 也是不正确的。最终,答案只能是 D。

例 8.3　设有以下程序：

```
#include  <stdio.h>
struct ord
{  int  x, y;} dt[2]={1,2,3,4};
main()
{
   struct ord  *p=dt;
   printf("%d,",++(p->x));     printf("%d\n",++(p->y));
}
```

程序运行后的输出结果是________。

A）1,2　　　　B）4,1　　　　C）3,4　　　　D）2,3

解　此题的输出结果显然是++(p->x)与++(p->y)。由于指针变量 p 的初值是 dt，即 dt[0] 其初值是{1,2}，因此，输出结果是 2,3。答案是 D。显然，本题的要点是对数组名 dt 的理解。

说明　（1）指针变量必须先定义后使用，也就是说，必须对指针变量赋值，以指向某个存储字。如果不赋值，指针变量的值是随机留在相应存储字中的内容，这个内容作为存储地址往相应的存储字中传送值的话，往往会向存储器低端的存储字中传送值，可能影响到系统软件，造成重大故障。例如：

```
int *p;
printf("\n*p=%d",*p);
```

这时指针类型变量 p 未置初值，*p 的值是不确定的，因此输出的值是不确定的。如果执行下列赋值语句：

```
*p=5;
```

如果没有保护措施，将可能对系统软件产生重大影响。尚未确定指向什么存储字时，对指针类型变量可以置初值 NULL，这是空指针，即不指向任何存储字。

（2）一个指针变量被定义为指向某种类型的量，则它只能指向那种类型的量，不能指向非指定类型的量。例如：

```
int i=100, *pi;  float f=3.1416, *pf;
*pi=f; *pf=i;
```

第 2 行中的两个赋值语句都是不正确的。当上机运行时，虽然编译时不报错，但将发出警告信息：

```
Suspicious pointer conversion （存疑的指针类型转换）
```

虽然是警告，但事实上是错误的。例如，执行下列语句：

```
printf("\n*pi=%d", *pi);
printf("\n*pf=%f", *pf);
```

将显示不正确的结果。这里再次提醒读者，不要认为警告信息无关紧要，事实上，警告信息可能蕴含着十分重要的错误。当上机发现警告信息时，必须认真检查原因，进行改正。

8.2.4　关于指针类型的运算

指针作为一种类型，有其特有的运算，指针运算实际上是地址的运算。记住&是取地址运算符，如&s[3]是 s[3]的地址。

（1）地址加整数：一个指针变量的值+整数值。例如：

```
char s[10]="abcdefg", *p=&s[3];
p=p+2;
```

p 的初值是&s[3]，指向的字符是'd'，p 的值加 2 后，p 的值将是&s[5],指向的字符将是'f'。

（2）地址减整数：一个指针类型变量的值-整数值。例如：

```
int a, b, *p=&b;
p=p-2;
```

p 的初值是&b，因此 p 指向的变量是 b，当它的值减 2 之后，p 的值是&b-2，指向的变量是 a，因为一个 int 型量占 2 个存储字节。

（3）地址减地址：两个指针变量的值相减。例如：

```
float A[10], *p=&A[3], *q=&A[6];  int d;
d=q-p;
```

p 的值是&A[3]，q 的值是&A[6]，由于一个 float 型量占用 4 字节，d 的值是 q-p=&A[6]-

&A[3]=(6-3)×4=12。引进地址减地址运算的目的是：计算两个指针变量所指向对象的存储地址之间的位移量。

显然，地址加或乘地址类运算是没有意义的。

8.2.5 指针类型与数组的联系

1. 数组名与指针

在前面关于字符串的讨论中，已看到字符数组名就代表存储此字符串的存储区域的首址，因此在输入语句中，输入一个字符串时，输入量可以不使用取地址运算符&，仅写出字符串变量名，即字符数组名。由于地址可以进行加减整数值运算，所以字符数组名可以加减一个整数值。

例 8.4 char 型数组与指针的联系。

设有如下的变量说明：

```
char string[20]="This is a string", *p=string;
```

变量 string 有初值“This is a string”，而数组名 string 代表为此字符数组所分配存储区域的首址，因此，p 的初值是变量 string 的存储区域首址，执行下列语句：

```
for(k=0; k<=3; ++k)
   printf("\np+%d: %s", k, p+k);
```

将输出：

```
p+0: This is a string
p+1: his is a string
p+2: is is a string
p+3: s is a string
```

如果把上述 for 语句改写为：

```
for(p=string;  p<=string+3; ++p)
    printf("\np+%d: %s", p-string, p);
```

将有相同的效果。

如果把其中的 p 改为数组名 string：

```
for(k=0; k<=3; ++k)
   printf("\nstring+%d: %s", k, string+k);
```

有类似的输出，如图 8-4 所示。

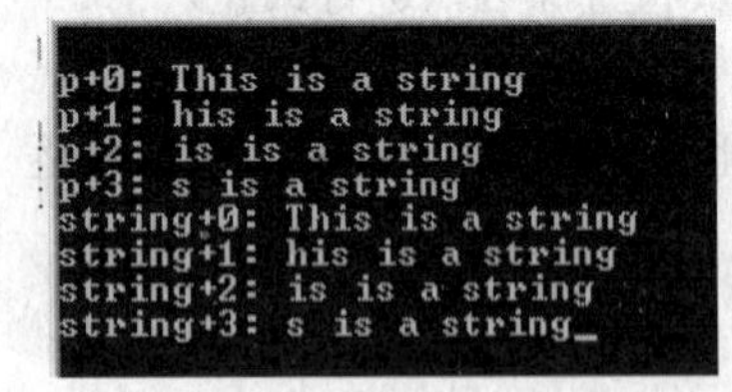

图 8-4

注意 不能把输出语句改为

```
printf("\n*(p+%d)=%s", k, *(p+k));
```

这是因为 p+k 表示一个地址，即 p 中的地址值加 k，按%s 输出，就是输出以 p+k 的值为存储字节开始的字符串，而*(p+k)表示指针 p+k 所指向的字符，*(p+0)是字符 T，*(p+1)是字符 h 等。这时输出的格式转换符如果是%s，将发生错误，必须是%c，将输出如下：

```
*(p+0)=T
*(p+1)=h
*(p+2)=i
*(p+3)=s
```

由此可见，*(string+k)的值是 string[k]。一般地，对于 char 型数组 S，有

```
*(S+k)等价于 S[k]
```

请读者牢牢记住这点。如果把上述 for 语句改写为

```
char string[20]="This is a string", *p=string+5;
for(k=0; k<=3; ++k)
   printf("\np+%d): %s", k, p+k);
```

输出结果将是什么？请自行思考。

这是 char 型数组的情况，对于其他类型的数组，情况也一样，即数组名代表为数组分配的存储区域的首址，且对于数组 A，有

    *(A+k)等价于 A[k]

下面以例子说明数组与指针的联系。

例 8.5　一维数组与指针的联系。

设有如下的变量说明：

```
int A[6]={1,2,3,4,5,6}, *pA=A;
```

数组变量 A 有初值{1,2,3,4,5,6}，由于 pA 的初值是 A，而数组名 A 代表为此 int 型数组 A 所分配存储区域的首址，因此，执行下列语句：

```
for(k=0; k<=3; ++k)
  printf("\n*(pA+%d)=%d", k, *(pA+k));
```

将输出：

```
*(pA+0)=1
*(pA+1)=2
*(pA+2)=3
*(pA+3)=4
```

从上可见，当 pA 的值是 A，即为数组 A 所分配存储区域的首址时

    *(pA+0)等价于 A[0]
    *(pA+1)等价于 A[1]
    *(pA+2)等价于 A[2]
    ⋮

可能有的读者已注意到， 数组 A 是 int 型的，每个数组元素占用 2 个存储字节，那么，应该 pA+2 才指向 A 的元素 A[1]，而现在是 pA+1 指向 A[1]。事实上，pA+1 不是把 pA 的值加 1，而是指向下面一个数组元素，这时 pA 的值加 1 个 int 型数组元素的长度，pA+2 指向下面第 2 个元素， pA 的值加 2 个 int 型数组元素的长度，…，pA+k 指向下面第 k 个元素，且 pA 的值加 k 个 int 型数组元素的长度。由于 pA=A，类似地有：

    *(A+k)等价于 A[k]，k=0,1,2,…

这是由编译系统实现的，即使是 float 型数组，每个数组元素占用 4 个存储字节，情况也一样。例如，

```
float F[6]={1.0,2.0,3.0,4.0,5.0,6.0}, *pF=F;
for(k=0; k<=3; ++k)
   printf("\n*(pF+%d)=%.1f", k,*(pF+k));
```

执行结果将输出：

```
*(pF+0)=1.0
*(pF+1)=2.0
*(pF+2)=3.0
*(pF+3)=4.0
```

可见，pF+1 是 pF 的值加 1 个 float 型数组元素的长度，pF+2 是 pF 的值加 2 个 float 型数组元

素的长度等。一般地，pF+k 是 pF 的值加 k 个 float 型数组元素的长度，由于 pF=F，有

*(F+k) 等价于 F[k]

对于二维数组，数组名同样代表为此数组分配的存储区域的首址，试看下列例子。

例 8.6 二维数组与指针的联系。

设有二维数组变量定义如下：

```
int B[4][5]=
{  { 11, 12, 13,14, 15},
   { 21, 22, 23, 24,25},
   { 31, 32, 33, 34,35},
   { 41, 42, 43, 44,45}
};
```

则 B 代表整个二维数组 B 的存储区域的首址，即 B 是 B[0][0]的存储地址，B[0]是序号 0“行”的首址，即 B[0][0]、B[0][1]、B[0][2]、…中 B[0][0]的存储地址，B[0]的值与 B+0 相同。B[1]是序号 1“行”的首址，即 B[1][0]、B[1][1]、B[1][2]、…中 B[1][0]的存储地址，B[1]的值与 B+1 相同。一般地，B[k]是序号 k“行”的首址，即 B[k][0]、B[k][1]、B[k][2]、…中 B[k][0]的存储地址，B[k]的值与 B+k 相同。直观地如图 8-5 所示。

B[0] →	B[0][0]	B[0][1]	B[0][2]	B[0][3]
B[1] →	B[1][0]	B[1][1]	B[1][2]	B[1][3]
B[2] →	B[2][0]	B[2][1]	B[2][2]	B[2][3]
B[3] →	B[3][0]	B[3][1]	B[3][2]	B[3][3]

图 8-5

可见，B[0][0] 等价于 *(B[0]+0)、B[0][1] 等价于 *(B[0]+1)、…、B[1][0]等价于*(B[1]+0)、B[1][1]等价于*(B[1]+1)、…。B[k][0]等价于*(B[k]+0)、B[k][1]等价于*(B[k]+1)、…。

一般地，可以概括为，B[k][j]等价于*(B[k]+j)，由 B[k]等价于*(B+k)，可以进一步写成：

B[k][j]等价于*(B[k]+j)等价于*(*(B+k)+j)

即 B[k][j]等价于*(*(B+k)+j)。

注意 如果写成*(B+k+j)将是错误的，因为这等价于*(B+(k+j))。但可以通过指针变量，如对基类型是 int 型的指针变量 p，先赋值 p=B+k，然后 p=p+j，虽然对 p=B+k 这样的赋值会发出警告：“存疑的指针类型转换”，但*(p+j)的值同样是 B[k][j]。如果不希望有警告，可以赋值：p=B[0]+k，结果是一样的。

2. *以指针代替数组*

由上可见，指针的值是地址，数组名也是地址，因此可以考虑用指针变量来存取数组元素。例如，设有变量说明：

```
int x[10]={0,1,2,3,4,5,6,7,8,9},*px=x;
```

则把 px 定义为指向数组 x 的指针变量，px 的值是数组 x 的存储区域首址。由于 x[k]与*(x+k)等价，而 px 的值是 x，执行下列 for 语句：

```
for(k=0; k<10; k++)
   printf("x[%d]=%d  ", k*(px+k));
```

将顺次输出 x 的各个元素值 0、1、…、9。可见，*px 的值是 x[0]，*(px+1)的值是 x[1]等。一般地，*(px+k)与 x[k]等价，或者说，*(px+k)与*(x+k)等价（k=0,1,…,9）。

使用指针类型变量，有更大的灵活性。例如，px=x+3，则*px、*(px+1)与*(px+2)将分别对应于 x[3]、x[4]与 x[5]。使用指针的一个重要优点是无需计算数组元素的地址，可以更快地对数组元素进行存取。

更经常地，是 char 型数组（即字符串类型变量）用指针来引用。例如，下列变量说明：

```
char str[ ]="string",*c=str;
```

把 c 定义为基类型是 char 的指针变量，其初值是 str，有*(c+k)与*(str+k)等价。执行下列语句：

```
for(k=0; *(c+k)!='\0'; k++)
   printf("%c",*(c+k));
```

或者

```
for(c=str; *c!='\0'; c++)
   printf("%c",*c);
```

都将输出数组 str 的值“string”。

例 8.7　设有定义“char *c;”，以下选项中能够使字符型指针 c 正确指向一个字符串的是________。

A）c=getchar( );　　　　　　　　B）*c="string";

C）scanf("%s",c);　　　　　　　D）char str[ ]= "string"; c=str;

解　逐个分析各个答案。由于函数 getchar 回送一个字符，不是地址值，显然，答案 A 是不正确的。类似地，*c 是一个字符值，而 B 中的字符串“string”代表一个存储地址，答案 B 是不正确的。答案 C 显然也是不正确的，因为调用函数 scanf 输入一个字符串，但 c 仅是一个指针，并未分配存储所输入字符串的存储区域。只有答案 D 是正确的，这时指针类型变量 c 得到为 str 所分配存储区域的首址。

以指针代替数组的情况更多地发生在函数定义中，将在 8.2.6 节讨论。

3. 指针类型数组

指针类型数组，简称指针数组，顾名思义，此数组的所有元素的类型都是指针类型。指针数组的定义形式与其他类型数组的定义形式相似。例如：

```
int *P[5];
```

把 P 定义为由 5 个元素组成的数组，每个元素的类型是基类型为 int 型的指针类型。如果有变量说明：

```
int k1=1,k2=2,k3=3,k4=4;
```

执行下列赋值语句：

```
P[1]=&k1; P[2]=&k2; P[3]=&k3; P[4]=&k4;
```

后，执行下列 for 语句：

```
for(j=1; j<=4; j++)
   printf("\n*P[%d]=%d",k,*P[k]);
```

将打印 4 行，各行的值依次为：1、2、3 与 4。

至此，可以看到这样的情况：P[1]的值是&k1，*P[1]相当于*(&k1)，输出的值是 1 即 k1 的值，其他情况也一样，因此可以得出结论：对任意的非指针类型变量 v，都有*(&v)或*&v，与 v 等价。对于指针类型变量 p，不难得出结论：&(*p)或&*p，与 p 等价。

下面定义的指针变量 p：

```
int D[3]={1,2,3}, *p=D;
```

指向的数组，实际上仅是指向一个数组元素，int 型量，这时输出语句：

```
printf("\np=D,*p=%d",*p);
```

将输出 p=D,*p=1。C 语言允许一个指针指向整个数组，例如：

```
int A[3]={1,2,3}, B[3]={4,5,6},(*p)[3];
```

表示指针变量 p 指向的是包含 3 个元素的数组，当 p=A 时，则*p 是指向数组 A 的存储区域首址，*(p+1)将指向数组 A 之后的存储字地址，即数组 B 的存储区域首址。如何指向数组 A 的第 2 个元素与第 3 个元素？*p+1 指向数组 A 的第 2 个元素的存储首址，*p+2 则指向数组 A 的第 3 个元素的存储首址。如果执行下列 for 语句，就可以验证这点：

```
p=A;
for(k=0; k<3; k++)
    printf("*(*p+%d)=%d",k,*(*p+k));
```

注意　不能把*p+1 写成*(p+1)，那样 p+1 将指向数组 B，因为指针类型变量 p 是指向 3 个元素的数组的指针，这可以由执行下列 for 语句验证：

```
p=A;
for(k=0; k<3; k++)
    printf("*(*p+%d)=%d",*(*(p+1)+k));
```

这种形式的指针类型变量给二维数组的处理带来方便。例如，

```
int X[3][4]={{11,12,13,14},{21,22,23,24},{31,32,33,34}};
int (*p)[4]=X;
```

则 p 的值是 X[0]的存储地址，p+1 的值是 X[1]的存储地址，p+2 的值是 X[2]的存储地址。可以由下列 for 语句证实：

```
for(k=0; k<3; k++)
  for(j=0; j<4; j++)
  {  printf("*(*(p+%d)+%d)=%d",k,j,*(*(p+k)+j));
     printf("\n");
}
```

如果回忆关于数组的一个等价式：

```
A[k][j]等价于*(*(A+k)+j)
```

相对照，因为 p=A，A[k][j]等价于*(*(p+k)+j)是十分明显的。这时，*p、*(p+1)与*(p+2)可以分别写成 p[0]、p[1]与 p[2]。其中的输出语句：

```
printf("*(*(p+%d)+%d)=%d",k,j,*(*(p+k)+j));
```

可以改写成

```
printf("*(p[%d]+%d)=%d",k,j,*(p[k]+j));
```

请读者自行完成例 8.7。

例 8.7　若有定义语句“char s[3][10],(*k)[3],*p;”，则以下赋值语句正确的是______。

A）p=s;　　　B）p=k;　　　C）p=s[0];　　　D）k=s;

注意　这样使用指针类型变量时，必须要让它所指向的数组的元素个数与相应的二维数组的第 2 维元素个数相同，否则容易引起错误。

例 8.8　设有下列变量说明：

```
char s[3][10]={"Wonderful", "Ok!", "Hello!'};  char (*p)[4]=s;
```

由于关于 p 的变量说明中，数组元素个数仅是 4，不是 10，因此，执行下列循环语句：

```
for(k=0; k<3; k++)
   printf("\n*(p+k)=%s",*(p+k));
```

输出的将是：

```
Wonderful
erful
l
```

因为长度指明是 4，p 指向 s 的第 1 个字符，p+1 指向 s 的第 5 个字符，而 p+2 指向 s 的第 9 个字符，且输出都结束于字符串结束字符\0。如果指明长度是 10，将正确地输出：

```
Wonderful
Ok!
Hello!
```

例 8.9　若有定义语句“int a[4][10],*p,*q[4];”且 0<=i<4，则错误的赋值是_____。

A）p=a　　B）q[i]=a[i]　　C）p=a[i]　　D）p=&a[2][1]

解　逐个分析答案中的 4 个选择。对于答案 A，p 是基类型为 int 型的指针变量，a 是二维 int 型数组，它的值就是为它所分配存储区域的首址，也即第 1 个元素 a[0][0]的存储地址。虽然语句“printf("%d", *p);”执行后能输出数组 a 的第 1 个元素的值，但是，赋值 p=a 是存疑的指针类型转换，错误。为搞清概念，继续查看其他答案。如题目所述，变量 i 的值不引起下标越界，可以不考虑。对于答案 B，q 是 4 个元素组成的数组，每个元素 q[i]都是基类型为 int 型的指针变量，a[i]是数组 a 的 i 行存储首址，因此答案 B 正确。答案 C，情况类似，与答案 B 不同的是，用指针变量 p 代替 q[i]，因此也正确。答案 D 明显正确。最终，答案是 A。

说明　请注意下列 2 种表示的区别：

```
int *p[3];   int (*p)[3];
```

前一种等价于“(int *) p[3];”，把 p 定义为数组，它由 3 个元素组成，每个元素都是基类型为 int 型的指针变量。而后者表示：p 是一个指针，它指向由 3 个 int 型元素组成的数组。

例 8.10　指针数组与数组指针比较的例子。

解　指针数组 p 的定义形式如 int *p[3]，指的是一个数组，它的元素都是指针类型，而数组指针 q 指的是一个指针变量，它的基类型是数组，如 int (*p)[3]。两者在概念上是完全不同的。为了直观地进行比较，设计如下程序，请读者仔细考察 p 与 q 的引用情况。

```
main()
{  int *p[3];  int (*q)[3]; int A[3]={1,2,3};
   int B[2][3]={{1,2,3},{4,5,6}};
   p[0]=&A[0]; p[1]=&A[1]; p[2]=&a[2];
   q=B;
   printf("\n*p[0]=%d, *p[1]=%d, *p[2]=%d",*p[0],*p[1],*p[2]);
   printf("\n**q=%d, *(*q+1)=%d, *(*q+2)=%d",*(*q),*(*q+1),*(*q+2));
   printf("\n*(*(q+1))=%d, *(*(q+1)+1)=%d, *(*(q+1)+2)=%d",
         *(*(q+1)),*(*(q+1)+1),*(*(q+1)+2));
}
```

程序运行的输出结果如下：

```
*p[0]=1, *p[1]=2, *p[2]=3
**q=1, *(*q+1)=2, *(*q+2)=3
*(*(q+1))=4, *(*(q+1)+1)=5, *(*(q+1)+2)=6
```

可见，对于 p 的用法是

```
p[k]=&A[k];       /* k=0,1,2 */
```

而对于 q 的用法是:

```
q=B; *(*(q+j)+k)   /* j=0,1, k=0,1,2 */
```

8.2.6　指针类型应用于形式参数

1. 指针类型作为形式参数类型

函数定义中形式参数的类型除了是基本类型、数组与结构等构造类型外，还可以是指针类型，这个指针类型可以指向各种不同类型的量，包括基本类型、数组类型与结构类型等。使用指针类型参数的好处是能以更高的效率来实现对实际参数的引用，特别是数组的情况更是如此，能够减少数组元素存储地址的计算时间。因此，在设计函数定义时，经常把“f(char s[ ])”写成“f(char *s)”，或者把“f(int A[ ])”写成“f(int *A)”等。

例 8.11　设有以下程序：

```
#include <stdio.h>
#include <string.h>
void fun(char *str)
{  char temp; int n,i;
   n=strlen(str);
   temp=str[n-1];
   for(i=n-1;i>0;i--) str[i]=str[i-1];
   str[0]=temp;
}
main()
{  char s[50];
   scanf("%s",s); fun(s); printf("%s\n",s);
}
```

程序运行后输入：abcde<回车>，则输出结果是________。

解　此例中，输出的是在函数 fun 调用之后 s 的值，实际参数 s 对应于形式参数 str。str 是基类型为 char 型的指针，而 s 是 char 型数组名，代表为 s 分配的存储区域首址，因此，形式参数与实际参数是一致的。考察 fun 函数调用过程中，str 值的变化过程。str 的初值显然是输入的“abcde”，由于 str 所指向字符串的长度是 n，它的最后一个字符是 str[n-1]，保存在变量 temp 中。for 循环的循环控制变量 i 从 n-1 开始，每次减 1 直到 1 地重复执行赋值语句：

```
str[i]=str[i-1];
```

显然是把 str 的内容从序号 0 开始向后面移，最后把 temp 的内容赋给 str[0]，即 str 中序号为 0 的第 1 个元素。因此函数 fun 的功能是把字符串 str 的内容循环右移 1 个字符位置，这时右边移出的内容移入到左边。由于输入是 abcde，因此最终输出结果是 eabcd。

例 8.12　设有以下程序（字母 A 的 ASCII 编码值是 65）：

```
#include <stdio.h>
void fun(char *s)
{  while(*s)
   {  if(*s%2) printf("%c",*s);
      s++;
   }
}
main()
{  char a[]="BYTE";
   fun(a);  printf("\n");
}
```

程序运行后的输出结果是_______。

A）BY　　B）BT　　C）YT　　D）YE

解　所求的结果在函数 fun 中输出，从输出的条件可见，*s%2 不等于 0，指针变量 s 所指向字符的 ASCII 编码值是奇数。s 的值逐次加 1，直到字符串结束，因此，输出的是 s 所指向字符串中 ASCII 编码值是奇数的所有字符。s 对应于实际参数 a，a 的值“BYTE”中，ASCII 编码值是奇数的字符是 Y 与 E，因此答案是 D。

除了对应于数组类型指针外，指针类型参数还可以对应于结构类型指针。

例 8.13　下列程序的运行结果为__________。

```
#include <stdio.h>
#include <string.h>
struct A
{  int a; char b[10]; double c;};
void f(struct A *t);
main()
{  struct A a={1001,"ZhangDa",1098.0};
   f(&a);
   printf("%d,%s,%6.1f\n",a.a,a.b,a.c);
}
void f(struct  A  *t)
{  strcpy(t->b,"ChangRong");   }
```

解　此题所求运行结果是结构类型变量 a 的 3 个成员变量 a.a、a.b 与 a.c 的值。a 置有初值，在函数调用 f(&a)之后 a 的值被改变。考察此函数调用的作用，形式参数 t 与实际参数&a 相联系，t 实际上指向的是结构变量 a，因此由

```
strcpy(t->b,"ChangRong");
```

把 a.b 的值改变为“ChangRong”，其余不变，因此最终的运行结果是

```
1001,"ChangRong",1098.0<回车>
```

此题要注意的是，函数调用中与指针类型形式参数相应的实际参数必须是存储地址，结构类型变量名不代表存储地址，因此要使用取地址运算符&。

2. 改变函数非局部量

如前所述，函数的参数是以值调用方式传递的，即函数调用时，把实际参数的值传递给相应的形式参数，在函数体内引用形式参数的值，也就是引用实际参数的值。如果在函数体内改变形式参数的值，也仅仅改变形式参数的值，而不能改变实际参数的值。典型的例子是交换 2 个形式参数值的函数定义 swap：

```
void swap(int a, int b)
{  int t;
   t=a; a=b; b=t;
}
main()
{  int x=2, y=4;
   swap(x, y);
   printf("\nx=%d, y=%d", x, y);
}
```

将发现，即使在函数体内交换了 2 个形式参数的值，但相应的实际参数值并没有被改变。如图 8-6 所示，调用函数 swap 后，main 函数中的变量 x 与 y 保持原值不变。

为什么改变不了实际参数的值？因为在被调用函数中不能获得存储实际参数值的存储字的存储地址，无法把新值传送到这个存储字中。如果被调用函数中能得到这个存储地址，那么就可能改变实际参数的值。C 语言提供了取地址运算，让存储地址可以作为实际参数值。

为了能接受这个存储地址值，要求函数定义中相应的形式参数是有相同基类型的指针类型，在函数体内通过指针存取所指向的数据对象的值，因此 swap 的函数定义改写如下：

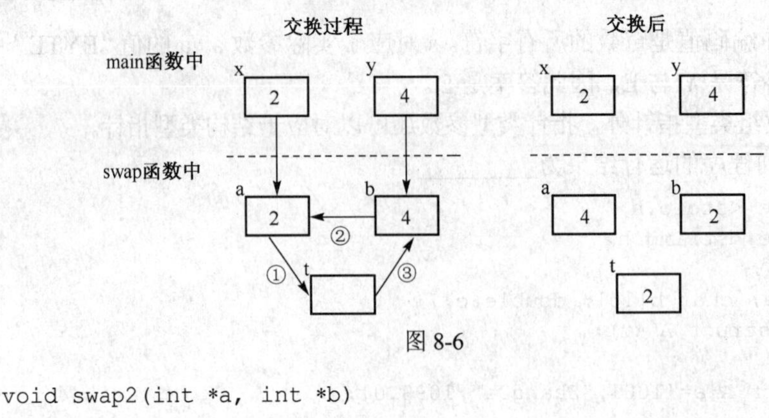

图 8-6

```
void swap2(int *a, int *b)
{  int t;
   t=*a; *a=*b; *b=t;
}
```

这时的函数调用将有形式 swap2(&x, &y)，其中相应的实际参数是地址值。

函数体中，t=*a，把 a 所指向的数据对象，即 x 的值，传送到 t，然后把 b 所指向的实际参数 y 的值传送到 a 所指向的存储字中，最后再把值从 t 传送到 b 所指向的实际参数变量中。当执行函数调用 swap2(&x, &y)后，x 与 y 的值将互换，如图 8-7 所示。

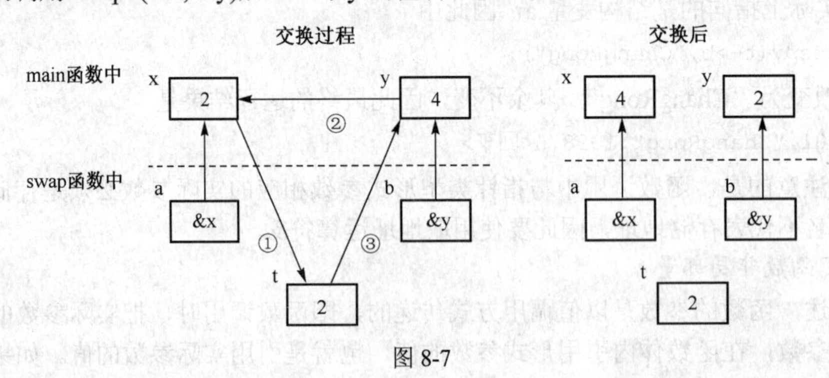

图 8-7

x 与 y 是 main 函数中定义的变量，它们的作用域是 main 函数体，因此是函数 swap2 的非局部量。可见，利用指针类型的参数，可以改变函数非局部量的值。事实上，例 8.11 中已看到通过指针类型形式参数改变函数非局部量的情况。

一个函数定义中改变它的非局部量的值，称为函数的副作用。读者应该注意合理地利用函数副作用，如果使用不当，易引起混乱，从而造成错误。另一方面，掌握指针类型参数，将大大方便编程。因为数组参数经常用指针类型参数来实现，以提高程序的执行效率。

例 8.14　以下程序运行时输出屏幕的结果中，第 1 行是______，第 2 行是_______。

```
#include <stdio.h>
void fun(int *a,int b)
{  while(b>0)
   {  *a+=b;
      b--;
   }
}
void main()
{  int x=0,y=3;
```

```
    fun(&x,y);
    printf("%d\n%d\n",x,y);
}
```

解　此题的输出是 main 函数内 printf 语句输出的 2 行，第 1 行是 x 的值，第 2 行是 y 的值。从形式参数概念可知，形式参数所相应的实际参数的值不会因函数调用而改变，只有是存储地址值的参数才能改变值，因此，即使相应的形式参数 b 在函数 fun 内值被减 1，y 的值不变仍是 3。对于 x，对应于形式参数 a，在函数 fun 内，值的变化如表 8-1 所示。

表 8-1

作用域	变量	t0	t1	t2	t3	t4
main	x	0		3	5	6
	y	3				
fun	*a		0	3	5	6
	b		3	2	1	0

从表 8-1 可见，输出结果中第 1 行是 6，第 2 行是 3。

例 8.15　有以下程序

```
#include <stdio.h>
void fun(int *p)
{ printf("%d\n", p[5]); }
main()
{ int a[10]={1,2,3,4,5,6,7,8,9,10};
  fun(&a[3]);
}
```

运行后的输出结果是________。

A）5　　　　B）6　　　　C）8　　　　D）9

解　此题的输出在函数 fun 内，这里的关键是形式参数与实际参数的对应。形式参数是 p，对应的实际参数是&a[3]，即 a+3，输出 p[5]，即*(p+5)，因此实际输出的是*(a+8),即 a[8]，值是 9，最终答案是 D。

本题的关键在于，记住 a[k]对应于*(a+k)，k=0,1,⋯,9。

8.3　指针类型的应用——链表

8.3.1　建立链表的一般思路

指针类型最主要和最重要的应用是建立链表。为直观起见，讨论最简单情况链表的建立。假定要建立由 3 个结点组成的链表，每个结点中包含 1 个整数值，分别是 1、2 与 3，如图 8-8(a)所示。其中，每个结点由两部分组成，第一部分是数据部分，即 1 个整数值，第二部分是链接信息，即指向下一个结点的指针。最后一个结点中的记号∧表示空指针，不再指向任何结点。

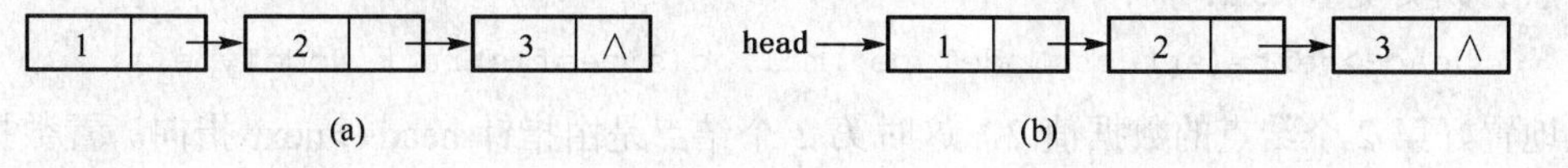

图 8-8

如何建立这样 3 个结点组成的链？如何取接到这个链？基本思路如下。

（1）引进 1 个指针变量 head，称为链首指针，指向链表的第 1 个结点（链首），通过链首指针，取接到此链表，由此可以取接链表上任意一个结点，如图 8-8(b)所示。

（2）通过存储分配函数 malloc 建立结点。建立第 1 个结点时，把新建立结点的存储区域首址传送给链首指针 head，从第 2 个结点开始，每建立一个新结点，就把新建立结点的存储首址传送到已建立链表中最后 1 个结点的第二部分中。存储分配函数回送的值正是所建立结点的存储区域首址。

首先设计结点的数据类型。由于链表中每个结点都由不同类型的两部分组成，显然结点对应的类型应该是结构类型。一个成员变量是数据部分，如 int 型变量 info；另一个成员变量包含链接信息，具体地说，是指向下一结点的指针类型变量 next。由于所有结点有相同的类型，所指向结点的类型正是所定义结点的类型，因此，定义如下的结构类型 NodeType：

```
struct NodeType
{ int info;
  struct NodeType *next;
};
```

链首指针变量如下定义：

```
struct NodeType  *head;
```

可见，链表实际上是结构类型与指针类型的联合应用。

下面对存储分配函数 malloc 作必要的简单说明。

存储分配函数 malloc 调用的一般形式如下：

(基类型*) malloc(sizeof(基类型))

其中，关键字 sizeof 是运算符，作用是求得其运算对象类型的大小，即基类型所占存储区域字节数。存储分配函数 malloc 的功能是：分配基类型所占字节数大小的存储区域，回送指向此存储区域的首址。“(基类型*)”是类型转换运算符，它把它的运算对象的类型（malloc 回送），强制类型转换成指向“基类型”的指针类型。对于本例，建立结点的存储分配函数的调用是：

```
(struct NodeType*) malloc(sizeof(struct NodeType))
```

函数 malloc 回送的函数值被强制类型转换为指向 NodeType 型对象的指针类型。

注意　函数 malloc 的原型在头文件 alloc.h 中定义。

讨论至此，在明确前面所述思路的基础上，可分解建立链表的过程如下。

步骤 1　建立首结点，把为它分配的存储首址传送入指针类型变量 head 中：

```
head=(struct NodeType*) malloc(sizeof(struct NodeType));
```

这时第 1 个结点由指针 head 指向。置好第 1 个结点的数据值 1:

```
(*head).info=1;  或者  head->info=1;
```

指向下一结点的成员变量 next 可以暂不置值。因为要赋的值是指向第 2 个结点的指针，而这时第 2 个结点还没建立。

步骤 2　建立第 2 个结点，把为第 2 个结点分配的存储首址传送到第 1 个结点中指向下一个结点的成员变量 next:

```
head->next=(struct NodeType*)malloc(sizeof(struct NodeType));
```

类似地置好第 2 个结点的数据值 2，这时第 2 个结点是由指针 head->next 指向。置数据值的语句如下：

```
(head->next)->info=2;
```

步骤 3　生成第 3 个结点，把为第 3 个结点分配的存储首址传送到第 2 个结点中指向下一个结点的成员变量 next:

```
(head->next)->next=
    (struct NodeType*)malloc(sizeof(struct NodeType));
```

这时从第 1 个结点出发，找到第 2 个结点，再生成第 3 个结点。类似地置好第 3 个结点的数据值 3，这时第 3 个结点是由指针(head->next)->next 指向。置数据值的语句如下：

```
((head->next)->next)->info=3;
```

步骤 4　把第 3 个结点的成员变量 next 置为 NULL，使得不指向任何结点。

```
((head->next)->next)->next=NULL;
```

从上面 3 个结点的链表建立过程可看到，建立结点并置值的书写形式十分烦琐，如果要建立更多的结点，情况将更为复杂，甚至难以表达。应该设法按照有利于利用循环结构的形式来表达上述步骤，然后再概括到一般情况。一般来说，数据不是这样简单的 1、2 与 3 等，为此通过输入语句来输入数据。上述建立链表的过程可以修改如下。

步骤 1　建立第 1 个结点，把它的存储首址传送到指针变量 head，并置好数据值:

```
head=( struct NodeType *) malloc(sizeof(struct NodeType));
printf("\n 请输入数据: ");
scanf("%d", &k);
head->info=k;          /* 或者(*head).info=k; */
```

让此结点作为已建立链表中的最后一个结点，用指针变量 last 指向:

```
last=head;
```

步骤 2　建立一个新结点，让指针变量 new 指向它。把新结点的存储首址传送到指针变量 last 所指向结点的第二部分，并置好数据值，由于数据值不一定有规律，利用输入语句输入所需值:

```
new=(struct NodeType *)malloc(sizeof(struct NodeType));
printf("请输入数据: ");
scanf("%d", &k);
new->info=k;               /* 或者(*new).info=k; */
last->next=new;            /* 或者(*last).next=new; */
```

步骤 3　刚建立的结点作为链表中的最后一个结点，让指针变量 last 指向它:

```
last=new;
```

如果还要建立新结点，则把控制转向步骤 2。如果不再建立新结点，则结束，结束前，把最后一个结点的成员变量 next 置为 NULL，使其不指向任何结点:

```
last->next=NULL;
```

建立新结点与置 last 的步骤如图 8-9 所示。

由图 8-9 可见，第 1 步建立 1 个新结点，且让 new 指向这个结点，第 2 步建立链表中最后一个结点与新结点间的链接，第 3 步把新结点置为链表中最后 1 个结点（由 last 指向）。现在的问题是：当需要建立较多结点且结点数不确定时，如何给出不再建立新结点的判别条件？这里采用的技巧是：以输入一个特殊值，如-9999，作为不再继续建立新结点的条件。

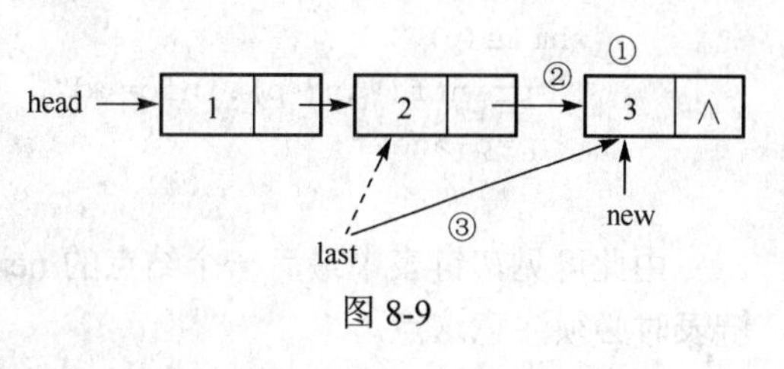

图 8-9

概括前面的步骤，并作一定的调整，可以写出下列程序:

```
main()
{  struct NodeType *head, *last, *new;
   int k;
   head=NULL;  last=NULL;           /* 置初值 */
   printf("\n 请输入数据: ");
   scanf("%d", &k);                 /* 输入第 1 个数据 */
```

```
    while(k!=-9999)              /* 输入-9999 时结束 */
    {  new=(struct NodeType *)malloc(sizeof(struct NodeType));
           /* 建立新结点 */
       if(head==NULL)
           head=new;             /* 第 1 个结点时 */
       else
           last->next=new;       /* 建立链接 */
       new->info=k;              /* 置好结点中的数据 */
       last=new;                 /* 把新结点作为链表最后的结点 */
       printf("\n 请输入数据: ");
       scanf("%d", &k);          /* 输入下一个数据 */
    }
    last->next=NULL;             /* 使最后的结点不指向任何结点 */
}
```

注意　由于引用了 NULL，它在头文件 stdio.h 中定义，因此在完整程序的开始处必须有如下文件包含预处理命令：

```
#include <stdio.h>
```

否则将引起错误。另外，请注意第 1 个结点的处理与其他结点的处理之间的区别。

为了检查链表建立的正确性，可以依照结点的建立顺序，顺次显示输出链表中各个结点的数据值，查看是否与顺次输入的数据一致。如果一致，则表明建立的链表是正确的。

查看链表中各个结点数据值的思路如下：引进一个结点指针变量 p，首先指向链表第 1 个结点，显示输出数据值，然后每次经由 p 所指向结点的成员变量 next，取到下一结点，并显示输出数据值，再让 p 指向这个下一结点，重复进行，直到 p 不再指向任何结点。依照这一思路可以画出如图 8-10 所示示意图。

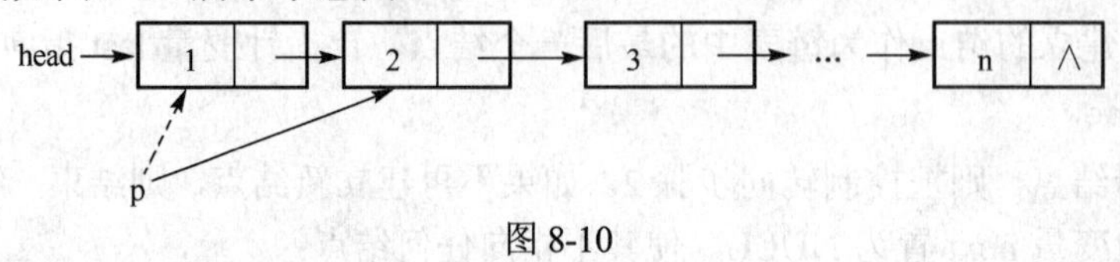

图 8-10

依据此示意图，很容易写出如下程序：

```
p=head;
while(p)
{  printf("\n(*p).info=%d", (*p).info);
   p=p->next;
}
```

由此可见，链表中最后一个结点的 next 成员变量的值必须是 NULL。在建立结点组成的链表时必须注意这点。

本节讨论的链表是一种没有头结点的单链表，从图形表示看，所有箭头都仅一个方向。还有一类有头结点的单链表，如图 8-11 所示。

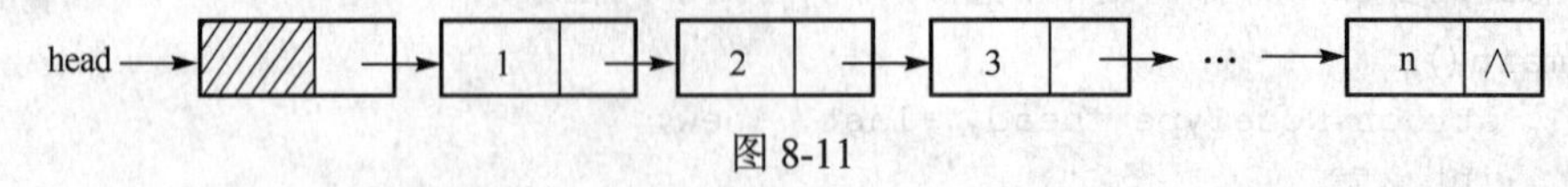

图 8-11

其中 head 指向的并不是链表中包含数据的结点，而是“引导”一个链表的头结点，如果一个链表中不包含任何包含数据的结点，称此链表为空链表。如果空链表是没有头结点的，则链首指针 head 的值是 NULL，head 不指向任何结点。如果链表是有头结点的，则即使是空链表，也包含一个结点，即 head 指向的头结点，它不包含数据。

给出建立有头结点的链表的程序如下：

```
main()
{  struct NodeType *head, *last, *new;
   int k;
   head=(struct NodeType *)malloc(sizeof(struct NodeType));
       /* 建立头结点 */
   last=head;                          /* 置指针变量 last 初值 */
   while(1)                            /* 循环条件置为恒真 */
   {  printf("\n 请输入数据: ");
      scanf("%d", &k);                 /* 输入数据 */
      if(k==-9999)
        break;                         /* 输入-9999 时结束循环 */
      new=(struct NodeType *)malloc(sizeof(struct NodeType));
        /* 建立新结点 */
      new->info=k;                     /* 置好结点中的数据 */
      last->next=new;                  /* 建立链接 */
      last=new;                        /* 把新结点作为链表最后的结点 */
   }
   last->next=NULL;                    /* 使最后的结点不指向任何结点 */
}
```

说明　在建立新结点时，可直接写出下列语句：

```
last->next=(struct NodeType *)malloc(sizeof(struct NodeType));
```

这样就不必引进指针变量 new：

```
last=last->next;      /* 把新结点作为链表最后的结点 */
last->info=k;         /* 置好结点中的数据 */
```

显然，有头结点的链表的建立，思路更简明、程序更清晰，尤其是空链表时容易表达。

8.3.2　关于链表的操作

链表作为一种数据结构，它也有相应的运算。关于链表，除了建立链表与查看链表中所有结点的数据外，一般主要有如下几种运算：插入结点、删除结点、查询结点数据与修改结点数据。简单起见，结点类型都以前面定义的 NodeType 为例。

(1) 插入结点：在链表中某个结点之后添加一个结点。这里“某个”结点的确定可以有几种情况，例如，由结点序号确定，或由成员变量值确定等。这里以由结点序号确定为例写出程序。

例 8.16　试在链表中第 5 个结点之后插入一个新结点，写出相应的 C 程序。

解　为插入新结点，必要的是完成下列几项工作：

- 确定插入结点的位置，让此结点由指针变量 p 指向；
- 建立新结点，让此结点由指针变量 q 指向，置好数据值；
- 建立链接关系，即切断第 5 个与第 6 个结点间的链接，把新结点链接在第 6 个结点之前，第 5 个结点之后。链接情况如图 8-12 所示。

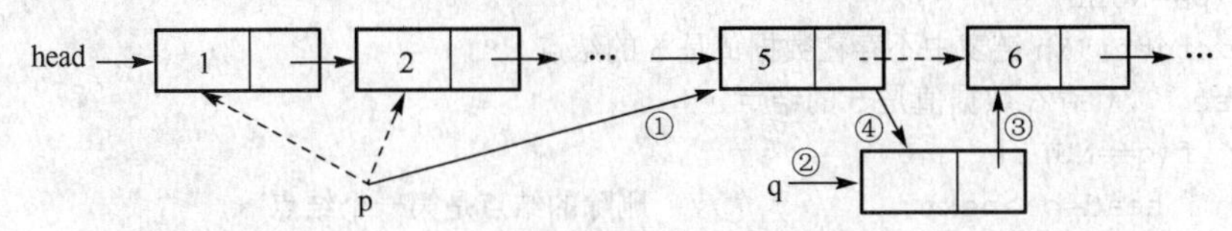

图 8-12

这时要考虑各种情况，如链表中不足 5 个结点等。引进一个计数器 k，初值为 0。程序如下：

```
p=head;
k=1;
while(k<5 && p)           /* 确定插入结点的位置 */
{  ++k;
   p=p->next;
}
if(p==NULL)
   printf("\n 链表中结点不足 5 个。");
else                      /* 至少有 5 个结点 */
{  q=(struct NodeType *)malloc(sizeof(struct NodeType));
   q->info=999;           /* 置好新结点数据 999 */
   q->next=p->next;       /* 新结点链接到第 5 个结点的后继结点 */
   p->next=q;             /* 新结点链接到第 5 个结点之后 */
}
```

读者可以考虑修改上述程序，使得能在任意结点处插入新结点，如插入在第 1 个结点之前，且新结点的数据不一定是 999，可以是任意的。特别是，为插入结点设计函数定义，函数名是 insert。

（2）删除结点：删除链表中某个结点。这里的“某个”结点的确定可以有几种情况，如由结点序号确定，或由成员变量值确定等。这里以由成员变量值确定为例写出程序。

例 8.17　试在链表中删除数据值为 5 的结点，写出相应的 C 程序。

解　为删除一个结点，必要的是完成以下几项工作：

- 确定要删除的结点的前一个结点的位置，让此结点由指针变量 q 指向；
- 确定要删除的结点的位置，让此结点由指针变量 p 指向；
- 建立链接关系，即把被删除结点之前后的结点链接起来，链接情况如图 8-13 所示；
- 删除由指针变量 p 指向的结点。

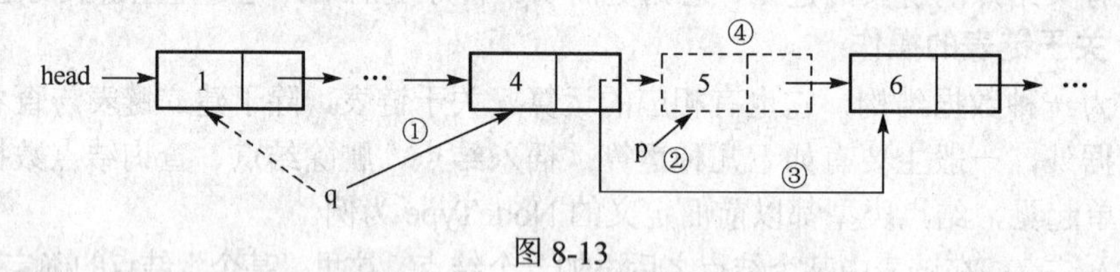

图 8-13

这时同样要考虑各种情况，如链表中不存在数据值为 5 的结点，或者被删除的是第 1 个结点等。如图 8-13 所示，引进两个指针变量 p 与 q，程序如下：

```
p=head; q=NULL;
while(p && p->info!=5)       /* 确定插入结点的位置 */
{  q=p;                      /* q 指向前一个结点 */
   p=p->next;                /* p 指向当前结点 */
}
if(p==NULL)
  printf("\n 链表中不存在数据值是 5 的结点。");
else   /* 存在数据值是 5 的结点 */
{  if(q==NULL)
     head=p->next;           /* 删除的结点是第一个结点 */
   else
```

```
    q->next=p->next;          /* 把被删除结点前后两结点链接 */
    free(p);                  /* 撤销对 p 所指向结点的存储分配 */
}
```

其中，函数调用 free(p)的功能是撤销对指针变量 p 所指向的数据对象的存储分配，从而所指向的数据对象不再存在。要注意的是，切不可在确定了要删除的结点的位置时，立即调用 free 函数，把为此结点分配的存储立即收回。这样将导致被删除结点的后继结点再也无法存取。如图 8-14 所示，由于 p 指向的结点不再存在，所以不可能再取接它指向的下一结点。

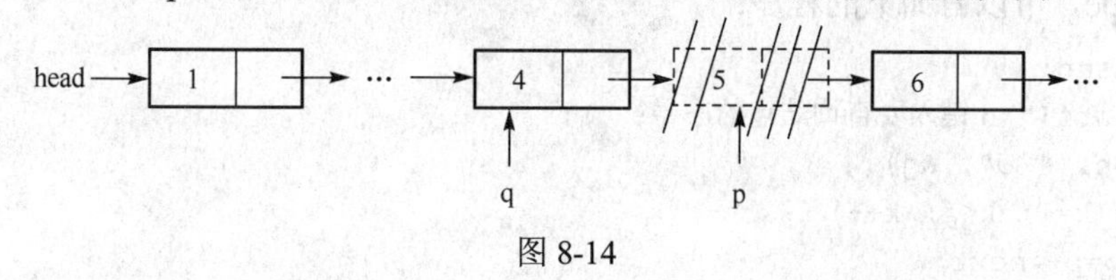

图 8-14

读者还要特别注意悬空引用，即引用已被删除的结点，将引起错误。例如，下列程序：

```
typedef  int  *intp;
intp  p;
intp dangle(int n)
{  intp k, temp;
   k=(intp)malloc(sizeof(int));
   *k=n;
   temp=k;
   free(temp);
   return k;
}
main()
{  p=dangle(5);
   printf("*p=%d\n",*p);
}
```

其中把 intp 定义为指向 int 型数据对象的指针类型，定义 p 为 intp 型指针变量。函数 dangle 中建立一个新结点，由 intp 型指针变量 k 指向它，且被置值为 n。函数调用 free(temp)撤销由 temp 指向的数据对象的存储分配，但由于赋值语句：

```
temp=k;
```

temp 指向的数据对象就是 k 指向的、值是 n 的数据对象，如图 8-15(a)所示，因此，当撤销对 k 所指向对象的存储分配后，尽管 k 所占用的存储字中有内容（存储地址），但已无意义，所指向的数据对象已不复存在。因此，main 函数中，虽然 p 得到函数调用 dangle(5)执行后回送的、指向函数 dangle 中新建结点的指针，但这个新建结点已不复存在。输出语句中的*p 因此是悬空引用，如图 8-15(b)所示。

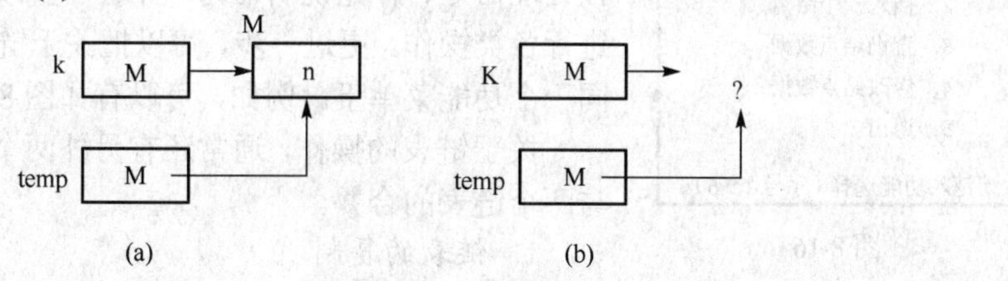

图 8-15

（3）查询结点中数据：查询某个结点中的数据，这个结点依据某个条件来确定，最简单的情况是按结点序号查询。这实际上是一个定位的问题，一旦定位了，就可以显示输出此结点中的数据值。定位问题在前面已讨论多次，输出结点中的数据，则只需根据其数据类型，是容易实现的。下面给出查询结点中数据的例子。

例 8.18　试给出查询链表上某结点中数据的 C 程序。

解　如前所述，查询的要点是定位，即确定要查询数据的结点的位置。简单起见，按结点序号来查询，这只需设立一个计数器及一个循环结构就行。由于链表上结点的数据结构定义为 NodeType，可以有如下的程序：

```
p=head;
printf("\n 键入要查询结点的序号：");
scanf("%d", &j);
for(k=1; k<j; k++)
  p=p->next;
printf("\n 序号是%d 的结点的 info=%d", j, p->info);
```

注意　此程序在某些情况下运行时将出错，请读者自行改进以适应各种情况。

（4）修改结点数据：修改某个结点中的数据，这个结点依据某个条件来确定，最简单的情况就是按结点序号。这实际上同样是定位问题，一旦定位了，就可以修改此结点中的数据值。定位问题在前面已讨论多次。对于修改结点中的数据，根据数据类型，是容易实现的。下面给出修改结点数据的例子。

例 8.19　试给出修改链表上某结点中数据的 C 程序。

解　修改的要点仍然是定位，即确定要修改数据的结点的位置。简单起见，按结点序号来定位，这只需设立一个计数器及一个循环结构就行。由于链表上结点的数据结构定义为 NodeType，可以有如下的程序：

```
p=head;
printf("\n 键入要修改数据的结点的序号：");
scanf("%d", &j);
for(k=1; k<j; k++)
    p=p->next;
printf("\n 序号是%d 的结点的 info=%d", j, p->info);
printf("\n 要修改为：");
scanf("%d", &v);
p->info=v;
```

注意　此程序与前一程序一样在某些情况下有错，请读者自行改进以适应各种情况。

```
        链表管理功能菜单
   1. 建立一个链表
   2. 插入一个结点
   3. 查询结点数据
   4. 修改结点数据
   5. 退出
请键入功能选择（序号 1～5）：
```

图 8-16

上面几种情况，给出的都是不完整的 C 程序，希望读者自行补充成完整的程序，包括写成函数定义形式、添加文件包含预处理命令、补充说明语句，并进一步改进，使得一次上机能进行各类操作。更进一步，可以把关于链表的 4 类操作集中在同一个功能菜单下。例如，可以有如图 8-16 所示的功能菜单。

关于链表的操作，通常还有另外两个操作，即链表的复制与两个链表的合并。

1. 链表的复制

复制链表，指的是建立一个新的链表，它与原有的链表有相同的结点个数与数据，且结点间有相同的链接关系。这里要注意的是，链表的复制与其他数据结构的复制不尽相同，主要的区别在于：结点是新建立的，因此，指向下一个结点的指针必定是与被复制结点指向下一个结点的指针不同。

被复制的链表称为源链，假设它由 head 指向，是有头结点的链表，复制链表的思路如下：

步骤 1　建立新链的头结点，让 newp 指向该头结点，并让指针变量 p 也指向该头结点；

步骤 2　让指针变量 q 指向源链的头结点；

步骤 3　查看源链中是否还有未复制的结点，即 q 是否指向一个结点。如果已经没有要复制的结点，则结束复制过程，转到步骤 5；如果还有，则在新链中建立新结点，并把源链中结点的数据复制到此新结点，把新结点链接到 p 指向的结点；

步骤 4　让 p 指向新链中最后的结点，q 指向源链中的已被复制的最后一个结点，重复步骤 3；

步骤 5　让 p 指向的结点不再指向其他任何结点。

这样得到的由 newp 指向的链即为所求。复制过程如图 8-17 所示。

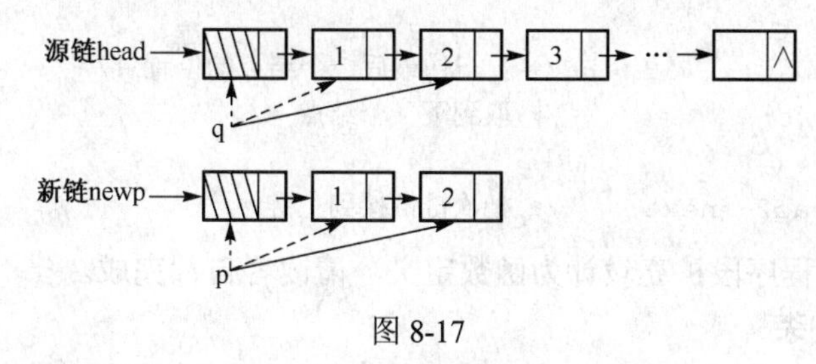

图 8-17

假定结点的类型定义如下：

```
struct NodeType
{  int info;
   struct NodeType *next;
} ;
```

指针变量 head、p 与 q 定义如下：

```
struct Nodetype *head, *p, *q;
```

根据上述步骤，很容易写出程序如下：

```
newp=(struct NodeType *)malloc(sizeof(struct NodeType));
p=newp;
q=head->next;
while(q)          /* q≠NULL 时有结点要复制 */
{  p->next=(struct NodeType *)malloc(sizeof(struct NodeType));
   p=p->next;
   p->info=q->info;
   q=q->next;
}
p->next=NULL;
```

程序中，直接写出 q=head->next，不必分成如下 2 步：

```
q=head;  q=q->next;
```

说明　这是有头结点的链表情况，如果是无头结点的链表，程序要作相应的修改。此复制程序宜于设计成函数定义，请读者自行考虑，完成函数定义的设计。设计时请考虑函数的参数个数、数据类型及函数的返回值。

2. 链表的合并

合并链表是指把一个链表的所有结点链接在另一个链表的最后一个结点的后面，如图 8-18 所示。

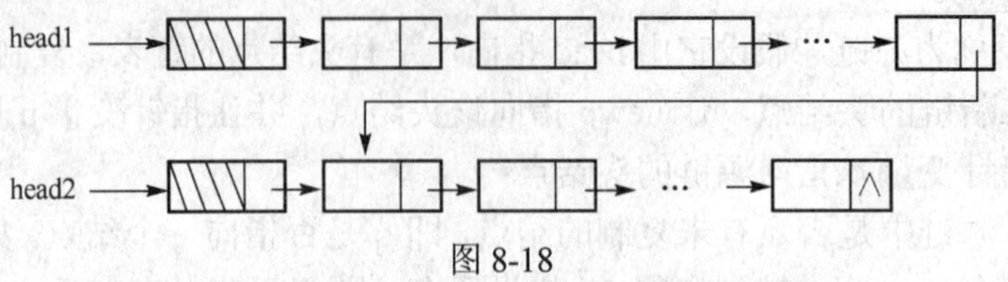

图 8-18

把合并了另一个链表的链表称为主链，它的头结点由 head1 指向，另一个链表称为次链，它的头结点由 head2 指向。显然，要点是找到主链的最后一个结点，然后把次链的第一个结点链接到此结点。引进指针变量 p，指向主链的头结点，为了记住最后一个结点，需要一个指针变量，因此再引进一个指针变量 q。可以有如下的程序：

```
p=head1->next;          /* 指向主链的第一个结点 */
while(p)
{  q=p;                 /* q 记住最后一个结点的位置 */
   p=p->next;           /* 取到下一个结点 */
}
q->next=head2->next;    /* 把次链链接到主链 */
```

类似地，可把此程序段扩充设计为函数定义，请读者自行完成。

8.3.3 链表的种类

上面讨论的链表仅是链表中的一类，称为单向链表，还有多种其他结构的链表，如双向链表与循环链表。这里不作详细讨论，仅给出图示和简单说明供读者参考。

单向链表是仅有向前链接的链表。双向链表是不仅有向前链接，还有向后链接的链表，如图 8-19 所示，这是有头结点的双向链表。

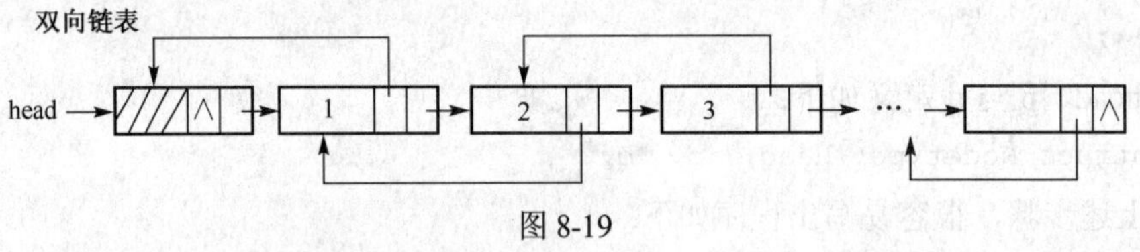

图 8-19

从图 8-19 可见，在此链表中，每个结点有两个指针，一个是从左向右链接，即向前链接，另一个是从右向左链接，即向后链接，这样便于从右向左查找结点。显然由于此链表是有头结点的，可以方便地实现双向链表。如果是没有头结点的链表，请读者自行尝试实现双向链表。

循环链表是头尾相连接的链表，如图 8-20 所示。这是有头结点的链表，其中最后一个结点有指向头结点的指针。

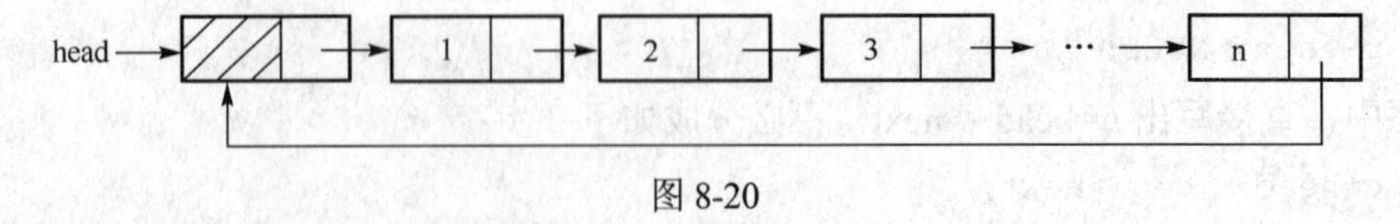

图 8-20

不论是双向链表，还是循环链表，与单向链表的构造思路都是相同的，书写程序的思路也相同。请读者自行编写程序并上机运行。

8.4　指针类型的综合应用

指针类型一般不单独应用，往往与结构类型和数组类型联合使用，以实现某些领域的应用程序。

8.4.1　学生档案信息管理

下面以学生档案信息管理中的学生档案信息表为例，说明指针类型的应用与实现。

为应用指针类型建立学生档案信息表，可建立学生档案信息链，如图 8-21 所示。

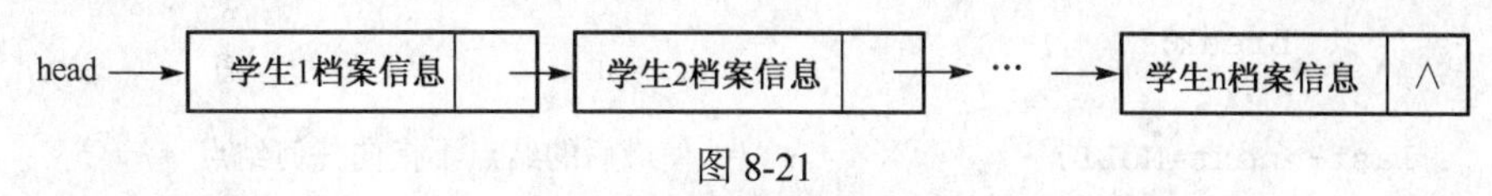

图 8-21

其中，每个结点由两部分组成，一部分是学生档案信息，内容如同第 7 章中所讨论的，包括序号、姓名、性别与出生日期等；另一部分是链接信息，也就是指向下一个学生档案信息结点的指针。最后一个结点中的记号∧表示空指针，不再指向任何结点。

如何建立这样的链，以及如何取接到这个链？前面已经讨论过，为加深印象，重述建立有头结点的链表的基本思路如下。

（1）首先建立头结点，由指针类型变量 head 指向此头结点，由头结点指向学生档案信息链。

（2）为重复建立结点，引进指针类型变量 last，它的初值是 head。每次建立一个新结点，就把它链接到 last 指向的结点后面，并以它作为最后一个结点，即让 last 指向这个新结点。

（3）由调用存储分配函数 malloc 建立结点。

建立学生档案信息链的过程与前面讨论的建立过程基本相同，不同的是数据部分。参照第 7 章中学生档案信息表的数据结构，与学生档案信息链每个结点中的档案信息相应的数据类型是 StudentType，定义如下。

```
struct StudentType
{  int number;                    /* 序号 */
   char NumofStudent[14];         /* 学号 */
   char name[10];                 /* 姓名 */
   char sex;                      /* 性别，男：'M'，女：'F' */
   struct
   {  int year;  int month;
   }  Birthday, EnrolDay;         /* 出生年月，入学年月 */
   char Dept[20];                 /* 系别 */
   char speciality[20];           /* 专业 */
   char class[10];                /* 班级 */
   struct  StudentType *next;     /* 下一结点指针 */
} student;
```

这样，对照 8.3 节应用指针类型建立链表的一般思路，可写出下列程序：

```
main()
{  struct StudentType *head, *last;
   char c;
   head=(struct StudentType *)malloc(sizeof(struct StudentType));
         /* 建立头结点 */
   last=head;                     /* 置指针变量 last 初值 */
```

```
    while(1)                          /* 循环条件置为恒真 */
    {  last->next=
         (struct StudentType*)malloc(sizeof(struct StudentType));
       /* 建立新结点，并进行链接 */
       last=last->next;               /* 把新结点作为链表最后的结点 */
       SetData(last);                 /* 置好结点中的数据 */
       printf("继续?(键入 y 或 n): ");
       scanf("%c", &c);  getchar( );
       if(c=='n'|| c=='N')
         break;
    }
    last->next=NULL;                  /* 使最后的结点不指向任何结点 */
}
```

可能有些读者已发现程序中没有引进指针类型变量 new，这是因为直接把 last 与新建立的结点相链接：

```
last->next=(struct StudentType *)malloc(sizeof(struct StudentType));
```

这个程序与 8.3 节中的程序除了数据类型不同外，主要区别在于结点中置数据的部分。

8.3 节中的程序是最简单情况，数据仅一个 int 值，因此可以仅一个赋值语句：

```
new->info=k;
```

或者

```
    scanf("%d",&k);  /* 一般来说，前面应该有提示输入的 printf 语句 */
```

但对于学生档案信息，包含的内容较多，因此为保持程序结构的简洁，以函数调用形式完成把数据登录到实际参数所指向结点的数据部分中：

```
SetData(last);        /* 置好结点中的数据 */
```

此函数定义可设计如下：

```
void SetData(struct StudentType  *p)
{  printf("\n       登录学生档案信息\n");
   p->number=++Number;                        /* 序号 Number 是全局变量 */
   do
   {  printf("\n 序号是%d", Number);
      printf("\n 键入学号: ");
      scanf("%s", &(p->NumofStudent)); getchar();   /* 学号 */
      printf("\n 键入姓名: ");
      scanf("%s", p->name);  getchar();              /* 姓名 */
      printf("\n 键入性别(男:M, 女:F): ");
      scanf("%c", &(p->sex));  getchar();            /* 性别 */
      printf("\n 键入出生年月 (年/月) : ");
      scanf("%d/%d", &((p->Birthday).year),&((p->Birthday).month));
      getchar();
      printf("\n 键入入学年月 (年/月) : ");
      scanf("%d/%d",&((p->EnrolDay).year),&((p->EnrolDay).month));
      getchar();
      printf("\n 键入系别: ");
```

```
        scanf("%s", p->Dept);  getchar();                /* 系别 */
        printf("\n 键入专业: ");
        scanf("%s", p->specialty); getchar();           /* 专业 */
        printf("\n 键入班级: ");
        scanf("%s", p->class);  getchar();               /* 班级 */
        printf("\n 确认(键入 Y 或 N): ");
        scanf("%c", &YesorNo);   getchar();
        if(YesorNo=='Y' || YesorNo=='y')
          break;    /*确认时，退出循环，不再重新键入 */
      } while(1);
    }
```

这个函数定义一般放在调用此函数的 main 函数之前，如果放在 main 函数定义的后面，在调用之前必须有 SetData 的函数原型：

```
void SetData(struct StudentType  *P);
```

通知编译系统，SetData 是无值函数，参数是基类型是 StudentType 的结构指针。

为了检查链表生成的正确性，可以设计显示链表结点上数据的函数 Display，它以链表链首指针 head 为实际参数。这个程序请读者自行完成。

显然，用函数调用实现输入并登录学生档案信息数据，使程序结构更简洁、清晰。

类似于 8.3 节，引进简单的功能菜单，对链表进行插入、修改、查询与删除等操作。请读者自行写出通过简单功能菜单交互地进行添加、修改、查询与删除学生档案信息等操作的完整的可执行程序。

8.4.2　散列表及其应用

在数据表中查找记录是数据处理中频繁进行的工作。这时，数据表的记录中往往包含有一个字段，如序号，作为关键字，通过关键字来查找记录。最简单的查找是建立在数组类型基础之上的，有简单、方便的特点。例如，学生档案信息管理中，组织学生档案信息表，引进结构数组：

```
struct StudentType  students[N];
```

其中 N 是值固定的常量，定义 students 为有 N 个元素的数组，每个元素有类型 StudentType。通过对数据表按一定的算法进行排序，采用相应的查找算法来进行查找，从而提高查找的效率。通常效率高低的衡量标准是与关键字比较次数的多少。不论哪一种查找算法，都要先进行排序，为了避免重复，要多次进行比较。现在以最简单最直接的情况来考虑建立数据表的比较次数。当建立第 1 个记录时 n=1，比较次数是 0，当建立第 2 个记录时，n=2，比较次数是 1。一般地，建立第 n 个记录时比较次数是 n-1，因此，建立总共 n 个记录的比较次数是

$$0+1+2+\cdots+(n-1) = n(n-1)/2$$

类似地，在 n 个记录的表中，为查找 1 个记录，比较关键字的平均比较次数是(n-1)/2，即比较次数与表长成正比，表越大，效率越低。因此，尽管该方法简单，但缺点是比较次数太多，效率太低。本节介绍一种高效的方法——散列法，也称 hash 法。

散列法的基本思路是：引进一个所谓的散列函数（也称 hash 函数），把需查找的关键字直接映像到存储地址，从而避免了比较。假定有一个散列表，长度是 n，要查找关键字是 x 的记录。引进一个散列函数 h，$h(x)=M$，$1\leq M\leq n$，M 便是存储需查找的记录的存储地址，如图 8-22(a)所示，其中，$h(x_1)=h_3$、$h(x_2)=h_1$ 与 $h(x_3)=h_2$。

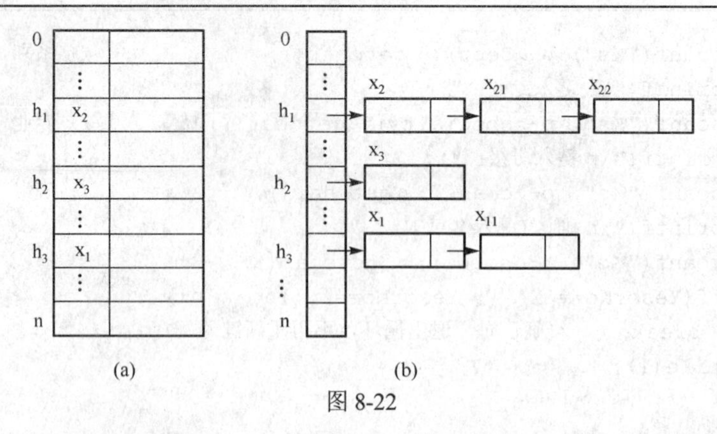

图 8-22

这里的关键是散列函数的设计，一个要求是计算速度要快，即计算公式要简单、快速。另一个要求是函数值要尽可能遍历 1 到 n 之间（包括 1 和 n）的所有值。换句话说，一个关键字对应到一个存储地址，不同的关键字对应到不同的存储地址。目前已有众多的算法产生散列函数，如平方取中散列函数、除法散列函数、乘法散列函数与多项式除法散列函数等。对于这些这里暂不讨论。但不论如何，还是有可能有不同的关键字，映像到的散列值相同，即 $x_i \neq x_j$，但 $h(x_i)=h(x_j)$，这称为冲突。为解决冲突问题，最好的办法是采用链表来实现，如图 8-22(b)所示。其中，$h(x_2)=h(x_{21})=h(x_{22})=h_1$，因此为 x_{21} 建立新结点，它链接在关于 x_2 的结点之后。由于又有 $h(x_{22})=h(x_2)=h_1$，则为 x_{22} 建立新结点，它又链接在关于 x_{21} 的结点之后。其他情况类似。例如，当查找 x_{22} 时，由 $h(x_{22})=h_1$，因此找到散列表中序号为 h_1 的元素，它的值是指针，由这个指针，找到相应的链表，从第 1 个结点开始，逐个比较找到关键字是 x_{22} 的结点，从而完成查找。

散列法一般都按图 8-22(b)所示的链表来实现。实现思路如下：

（1）建立散列表。首先引进一个数组 H，它具有 n 个元素，每个元素的类型是指针类型，指向包含关键字与数据的相应结点，此结点中还包含指向下一结点的指针。

建立此散列表的过程如下：

对于关键字 x，计算散列地址 M=h(x)，如果 h[M]的值是 NULL，即不指向任何结点，则为 x 建立一个新结点，让 h[M]的值是指向新建立结点的指针。否则，为 x 建立一个新结点，把它链接到 h[M]所指向的链表中最后一个结点之后。注意，任何链表的最后一个结点都必须不再指向任何结点，即置指向下一结点的指针值为 NULL。

（2）查找散列表。过程如下：

对于关键字 x，计算散列地址 M=h(x)，在 h[M]的值所指向的链表中从第 1 个结点开始，逐个比较关键字，寻找关键字等于 x 的结点，若找到，则存在；否则，不存在关键字是 x 的结点。

显然，这样的比较次数仅链表中所包含的结点个数，通常，散列函数可以设计成结点个数平均是 2，也就是说，应用散列法查找的话，比较次数最多 2 次，效率显然是高的。

概括起来，关于散列表，请注意下面几点：

（1）明确应用背景，明确关键字是什么，如可以是序号，也可以是姓名（标识符）等。

（2）依据关键字的类型设计散列函数，要求计算速度快，且函数值均匀分布。由于重点是链表，作为练习，不必对散列函数的计算速度有太高的要求，例如以标识符作为关键字，最简单的算法是把组成标识符的各个字符的 ASCII 编码值相加，这样，值可能较大，超出散列表的长度 N。为此，可以把上述 ASCII 编码值之和对 N 整除求余，所得结果保证在范围[1,

N]内。通常以素数作为 N 值，如 N=997，效果较好。只是这种算法很容易产生冲突，如标识符 AB 与 BA 就将有相同的散列函数值。如果希望散列函数值更好地均匀分布到所给定的范围[1，N]，并冲突较少，就需改进计算散列函数。

（3）为建立散列表（添加记录）和查找散列表设计相应的函数定义。

为检查正确性，读者可设计总控程序，并上机实现。总控程序控制流程图如图 8-23 所示。

请读者注意，本章的重点是讨论指针类型的应用，要点是链表的建立与查找。期望读者通过散列表的建立与查找，熟练链表的设计与实现。

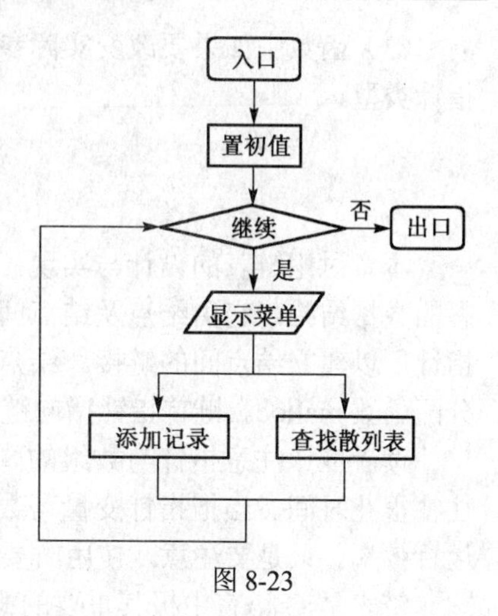

图 8-23

8.5　小　结

8.5.1　本章 C 语法概括

1. 指针类型定义

typedef　类型 *指针类型名

2. 指针类型变量说明

类型　*指针类型变量名，…，*指针类型变量名

或

指针类型名　指针类型变量名，…，指针类型变量名

其中，类型可以是基本类型，也可以是构造类型，如数组或结构类型。对于结构类型，必须以关键字 struct 为标志，除非已经定义了该结构类型。例如，

```
typedef struct DataType;
DataType *p;
```

3. 指针变量所指向数据对象的存取

* 指针类型变量

对于结构类型指针变量，成员变量的引用：

(* 结构类型指针变量).成员变量

或

结构类型指针变量->成员变量

8.5.2　C 语言有别于其他语言处

（1）指针类型是接近于计算机实体的低级成分，它的存在，使得用户能够取得计算机存储字的存储地址，特别是 C 语言提供取地址运算符&，可以方便地取得存储地址，

（2）C 语言中，数组名对应于存储地址，通过指针存取数组元素，将提高运行效率。一般有如下的等价形式：

```
int j, k, A[10];  int B[3][4], (*p)[4];
*A+j 等价于 A[j]
*(*(B+j)+k) 等价于*(B[j]+k) 等价于 B[j][k]
p=B; *(*(p+j)+k)等价于*(*(B+j)+k)
```

（3）函数中如果要改变实际参数的值，也即改变函数的非局部量，那么形式参数必须是指针类型。

本 章 概 括

本章讨论链表的设计与实现，涉及指针类型及其与结构类型的联合应用。链表是一种动态的数据结构，它由结点及结点间的链接组成，结点对应于结构类型，其中一个成员变量是指针，以建立结点间的链接。结点按需生成，并链接入链表中。为建立结点，需要使用存储分配函数 malloc。链首指针指向链表的第 1 个结点，由链首指针取得链表。

读者应该注意指针与数组的联系。为存取数组元素，必须计算数组元素的存储地址，这往往很花时间。当把指针变量与数组相联系后，通过指针存取数组元素，可以大大提高程序运行效率。只是要注意，使用时要十分小心，否则易出错。

链表是 C 语言中极其重要的概念。链表可以用来实现大小不确定的线性表，如栈和队列等，有着广泛的用途。在一个应用程序中，链表的使用，或者说指针类型的使用，总是与结构类型和数组类型等相联系的，并且需要使用循环结构和选择结构，因此，链表或指针的掌握程度，是 C 语言程序设计掌握程度的体现之一。可以说，链表技术掌握的好坏反映出了对 C 语言程序设计掌握的好坏。

习　　题

一、选择与填空题

1. 若有变量说明“int year=2009, *p=&year;”, 以下不能使变量 year 中的值增至 2010 的语句是__________。

A）*p+=1;　　B）(*p)++;　　C）++(*p);　　D）*p++;

2. 若有程序段“int a[10],*p=a,*q; q=&a[5];”，则表达式 q-p 的值是________。

3. 设有变量说明“double a[10],*s=a;”，以下能够代表数组元素 a[3]的是________。

A）(*s)[3]　　B）*(s+3)　　C）*s[3]　　D）*s+3

4. 设有变量说明“int a[4][4]={{1,2,3,4},{5,6,7,8),{9,10,11,12},{13,14,15,16});”，若需要引用值为 12 的数组元素,则下列选项中错误的是__________。

A）*(a+2)+3　　B）*(*(a+2)+3)　　C）*(a[2]+3)　　D）a[2][3]

5. 设有变量说明“int a[3][2]={{1,2},{3,4},{5,6}},*p=a[0];”,则执行语句“printf("%d\n",*(p+4));”后的输出结果为__________。

6. 以下程序的功能是借助指针变量找出数组元素中的最大值及相应元素的下标值，请填空。

```
#include <stdio.h>
main()
{  int a[10],*p,*s;
   for(p=a;p-a<10;p++)  scanf("%d",p);
   for(p=a,s=a;p-a<10;p++) if(*p>*s)s=__________;
   printf("index=%d\n",s-a);
}
```

7. 以下程序运行时输出屏幕的结果第 1 行是__________，第 2 行是__________。

```
#include <stdio.h>
void fun(char *p1,char *p2);
void main()
```

```
{  int i;  char a[ ]="54321";
   puts(a+2);  fun(a,a+4);   puts(a);
}
void fun(char *p1,char *p2)
{  char t;
   while(p1<p2)
   {  t=*p1; *p1=*p2; *p2=t;
      p1+=2; p2-=2;
   }
}
```

8．设有以下程序：

```
#include <stdio.h>
void f(int *p);
main()
{  int a[5]={1,2,3,4,5}, *r=a;
   f(r);  printf("%d\n",*r);
}
void f(int *p)
{ p=p+3;  printf("%d,",*p);}
```

程序运行后的输出结果是__________。

A）1,4　　　　B）4,4　　　　C）3,1　　　　D）4,1

9．设有以下程序，其中系统函数 islower(c)用以判断 c 中的字符是否为小写字母。

```
#include <stdio.h>
#include <ctype.h>
void fun(char *p)
{  int  i=0;
   while(p[i])
   {  if(p[i]==' ' && islower(p[i-1])) p[i-1]=p[i-1]-'a'+'A';
      i++;
   }
}
main()
{  char s1[100]="ab cd EFG!";
   fun(s1);
   printf("\n%s", s1);
}
```

程序运行后的输出结果是__________。

A）ab cd EFG !　　　　B）Ab Cd EFg !

C）aB cD EFG !　　　　D）ab cd EFg !

10．设有以下程序：

```
#include <stdio.h>
int *f(int *p,int *q);
main()
{  int m=1,n=2,*r=&m;
   r=f(r,&n);  printf("%d\n",*r);
}
```

```
int *f(int *p, int *q)
{ return (*p>*q)?p:q; }
```

程序运行后的输出结果是__________。

11．以下程序运行后的输出结果是________。

```
#include <stdio.h>
#include <stdlib.h>
#include <string.h>
main()
{  char *p;   int  i;
   p=(char *)malloc(sizeof(char)*20);
   strcpy(p,"welcome");
   for(i=6;i>=0;i--) putchar(*(p+i));
   printf("\n");    free(p);
}
```

12．以下程序运行时输出屏幕的结果中，第 1 行是__________，第 2 行是__________。

```
#include <stdio.h>
int fun(int a[],int *p)
{  int i,n;
   n=*p;
   p=&a[n-1];
   for(i=n-2;i>=0;i--)
      if(a[i]>*p) p=&a[i];
   return *p;
}
void main()
{  int a[5]={18,2,16,3,6},x=5,y;
   y=fun(a,&x);
   printf("%d\n",x);   printf("%d\n",y);
}
```

13．设有以下程序：

```
#include <stdio.h>
void fun(char *c, int d)
{  *c=*c+1; d=d+1;
   printf("%c,%c,",*c,d);
}
main()
{  char b='a',a='A';
   fun(&b,a);printf("%c,%c\n",b,a);
}
```

程序运行后输出的结果是________。

A）b,B,b,A　　　B）b,B,B,A　　　C）a,B,B,a　　　D）a,B,a,B

14．以下程序把三个 NODETYPE 型的变量链接成一个简单的链表，并在 while 循环中输出链表结点数据域中的数据，请填空。

```
#include <stdio.h>
struct node
{ int data; struct node *next;};
```

```
typedef struct node NODETYPE;
main()
{  NODETYPE a,b,c,*h,*p;
   a.data=10; b.data=20; c.data=30; h=&a;
   a.next=&b; b.next=&c; c.next='\0';
   p=h;
   while(p){ printf("%d",p->data); __________;}
}
```

15. 设有以下程序：

```
#include <stdio.h>
main()
{  struct node{int n; struct node *next;}*p;
   struct node x[3]={{2,NULL},{4,NULL},{6, NULL}};
   x[0].next=&x[1];
   x[1].next=&x[2];
   p=x;
   printf("%d,", p->n );
   printf("%d\n",p->next->n );
}
```

程序运行后的输出结果是________。

A）2,3　　　　B）2,4　　　　C）3,4　　　　D）4,6

二、编程实习题

1. 队列（queue）是具有相同属性的元素的集合，类似于栈，队列也是操作受限的线性表。与栈不同的是，栈仅在同一端（栈顶）插入（下推）与删除（上退）元素，因此具有后进先出（LIFO）特性。队列则在一端（称队尾，rear）插入元素，在另一端（称队头，front）删除元素，因此具有先进先出特性（FIFO）。这如同排队购物，先到先买先离开。例如，依次插入元素 q_1，q_2，…，q_n，则队列中是(q_1，q_2，…，q_n)。q_1 端是队头，q_n 端是队尾。对于队列，一般有如下操作：初始化队列 InitQueue、入队 EnterQueue、出队 DeletQueue、判队列空 IsEmptyQueue、判队列满 IsFullQueue、取队头元素 GetFront 等。其中判队列空的条件是 rear=front，判队列满的条件则是 rear=MAXSIZE（最大队列长度），但可能在入队后又出队，因此 rear 的值等于 MAXSIZE 时，并不真正队列满。通常把队列处理成循环队列，如图 8-24 所示,现在以 rear+1=front 为队列满的判别条件，这时将损失一个元素空间，但判别更方便。

试使用指针类型实现队列操作，并设计 main 函数验证其正确性。

提示：通常引进一个链头结点，队列如图 8-25 所示。用指针变量 front 指向队头，用指针变量 rear 指向队尾。由于用链表实现，因此长度不受限制，无需判别队列满否。

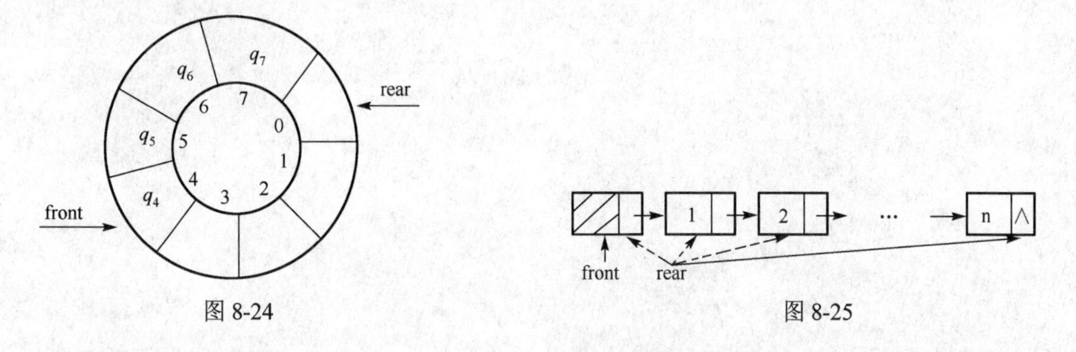

图 8-24　　　　　　　　　　　　　　图 8-25

关于队列的数据类型可以定义如下：

```
typedef struct
{  QNodetype * front;                    /* 指向队头 */
   QNodetype * rear;                     /* 指向队尾 */
} QType;
QType Q;                                 /* 队列 Q */
```

队列中的结点类型可以定义如下：

```
typedef struct QNode
{  队列数据类型  data;                    /* 可以简单地是 int 型 */
   struct QNode *next;                   /* 指向下一结点 */
} QNodetype;
```

各个操作所相应的函数原型如下：

```
void InitQueue(QType *Q);                /* 建立链头结点 */
int IsEmptyQueue(QType Q);               /* 空队列，回送 1，否则 0 */
int EnterQueue(QType *Q,int elem);
int DeletQueue(QType *Q,int *elem); /* elem 得到出队列的数据*/
int GetFront(QType *Q,int *elem);   /* elem 得到队头中的数据*/
```

2．试对照第 7 章 7.4.2 中关于学生档案信息管理系统的讨论，利用链表结构，实现以功能菜单控制运行的学生档案信息管理系统。

第 9 章　C 语言应用程序的编写

9.1 概　　况

C 语言提供了丰富的数据结构与控制结构，为编写应用程序提供了坚实的基础，创造了良好的条件，然而，有了好的工具，还必须有善于使用这些工具的方法和技巧，正好像有了数学公式，并不一定能解决实际问题。在早期，程序的编写仅是程序员的个人行为，程序编写的成功与否，纯粹由个人的经验所决定，难怪有人认为程序设计不是科学。然而在经历了多年的实践，多少代人的努力后，程序设计已经提升为科学，典型的事例是计算机科学中程序设计方法学的问世，软件工程学的诞生更把应用程序的编写与系统工程的开发联系起来。

程序设计方法学研究程序理论、程序设计规范、程序编写技术、支持环境与自动程序设计等，它不仅研究各种具体的技术，还着重研究各种具体技术的共性，涉及规范的全局性技术，以及这些技术的现实背景和理论基础。一句话，程序设计方法学是研究程序设计的原理、原则和技术的学科。运用程序设计方法学原理编写程序，指导程序设计各阶段的工作，将能以合理的代价编写正确且易读易理解的程序，从而提高程序生产率，满足对应用程序日益增长的需求。

程序设计方法学通常是关于大型程序而进行讨论的，但其基本原理、方法与技术等，对于中小型程序来说仍然是可借鉴的，尤其是程序设计方法学的下列几个法则很有启迪：

- 首先保证正确性，然后再考虑功效；
- 用系统的、有条理的方式编写程序；
- 控制结构描述的细化与数据结构描述的细化同时并举。

在本教程的讨论中，一直致力于以实例体现程序设计方法学的精神，尤其是其中的精髓——结构化程序设计。

9.1.1　编写要点

当要求编写一个应用程序时，当然首先要明确这个程序的功能是什么。但一定注意的是，并不是只要知道做什么，就可以立即编写程序了，这是早期产生软件危机的重要原因之一。程序是软件的核心，按照软件工程学的原理，概括地说，程序的编写过程包括分析、设计与实现三阶段。

（1）分析：包括问题分析与需求分析，重点了解对所编写系统的功能需求有哪些，明确系统要做哪些事。

（2）设计：包括概要设计与详细设计，重点是把系统分解成若干功能模块，明确各个功能模块之间的接口，并用某种表示法表达系统与各个功能模块的控制流程，如程序控制流程图或伪代码等。

（3）实现：包括用某种程序设计语言书写程序，上机调试，交付使用前后的测试，以及维护等。

按照软件工程学原理编写程序，将产生大量的文档，如可行性报告、需求说明书、概要设计文档与详细设计文档等。显然对于 C 语言初学者来说，没必要这样累赘。这里按照特定情况，列出程序编写要点如下：

- 明确所编写程序的功能与要求；
- 明确（概括）所涉及的数学模型或算法；
- 明确（设想）所编写程序的操作流程；
- 明确所涉及的数据对象及其数据结构。

明确了程序的功能，就可以按照所要实现的功能，把整个程序分解成若干个功能模块，每个功能模块实现相应的子功能。功能菜单将据此进行设计。

明确了数学模型或算法，就可以据此来确定功能模块的实现，包括主要部分的控制流程示意图。

明确了操作流程，就可以确定整个程序的控制流程示意图，同时设想程序运行时将呈现的界面。

明确了数据对象及其数据结构，就可以结合控制结构考虑具体的程序实现。

9.1.2 编写步骤

大中型程序在编写时，应该遵循软件工程学原理，然而对于小型程序而言，为了避免过多的文档，量体裁衣，可以参照图 9-1 所示过程进行编写。

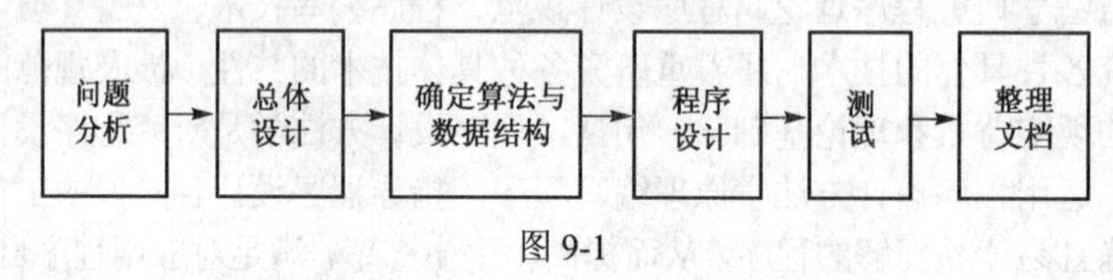

图 9-1

1. 问题分析

对所给问题进行分析，明确系统的需求，确定系统的功能，并对关键部分确定数学模型，同时收集相关资料，准备齐全相关知识，透彻掌握各个有关方面的情况。后面各阶段的工作都是建立在此数学模型基础之上的，正确地确定数学模型是程序编写成功的基本保证。

2. 总体设计

一个应用程序，即使是一个不太复杂的程序，通常也是由若干个部分组成的，其总体结构设计的好坏往往对程序的编写有很大影响。总体设计的内容大致包括：明确系统功能、系统的设计指标、系统的模块（层次）结构、程序控制流程图与程序运行的操作流程图、界面设计、输入输出、主要数据等。

一个程序一般设计成层次的模块结构，每个模块具有相对完整而独立的功能，模块之间有清晰的调用关系，层次分明，调用模块与被调用模块之间的接口明确。

模块之间的接口包括控制联系与数据联系。当采用 C 语言实现时，模块在程序中往往以函数形式定义，无需讨论控制联系，即调用与返回的问题。数据联系主要表现为形式参数与实际参数结合的问题。设计并画出程序控制流程图与程序运行的操作流程图，对程序编写的后面阶段能否顺利进行有重大影响。考虑程序运行的操作流程图，实际上是设想系统将如何有效操作，这样便可形成程序的框架。程序控制流程图是程序的一种设计表示法，当考虑好之后，程序结构的思路便形成了，后续的编程工作可以十分方便。

总体设计时不容忽视的是界面的设计，因为界面是用户使用所编写程序的途径（手段）。界面使用的方便性、简便性与美观性，直接影响到用户的使用。一个好的界面使用户更愿意使用。界面的设计将在后面进一步讨论。在总体设计时，对界面的设计事实上与控制部分和数据部分的设计有着紧密的联系。

程序编写之前，应该明确输入输出是什么，也就是说，已知的是什么，希望得到的又是什么。另外也应该分析主要的数据有哪些，在总体设计时只需明确是什么数据，无需立即进行具体数据结构设计。例如，通讯录查询程序的输入是序号，输出是联系人的信息。这两者的具体数据结构可在以后再设计。

3. 确定算法与数据结构

算法是针对某数学模型所给出的一系列步骤，顺次逐步执行这些步骤就可以获得所期望的效果。确定算法也就是确定这一系列步骤。首先确定算法，可以避免一拿到问题就编程，最终陷于支离破碎、结构极端混乱的尴尬局面。一般来说，一些典型的问题有典型的数学模型，这些典型的数学模型又有着典型的算法，如解线性方程组的高斯消去法等。然而随着计算机应用领域的急剧扩展，应用问题类型的日益丰富，很多应用问题的现成算法并不存在，甚至可能数学模型也得通过分析才能获得。程序编写人员必须自行通过对问题的分析，找出数学模型，然后确定算法。一个典型的例子是五子棋游戏程序中的下子算法。

在考虑算法的同时必须考虑数据结构，也就是说，必须在设计控制结构的同时，设计数据结构。这是现代程序设计方法学的一个基本点。正如同考虑循环结构时一般都要同时考虑引进相应的数据结构一样。数据结构设计的好坏直接影响到算法的设计和程序的效率。

下面以建立标识符表问题为例来说明数据结构与控制结构的联系。

例 9.1　设要建立一个标识符表，并对其中全由小写英文字母组成的标识符加标记。试确定相应的算法。

解　求解此问题的思路是比较简单的，即每输入一个标识符，就把它存入标识符表中，并检查它是否全由小写英文字母组成，如果是，则加标记。只是要注意，必须检查标识符表中是否已有此标识符，如果已有，则不存入标识符表中。因此可以写出下列算法：

步骤 1　置初值；

步骤 2　输入一个标识符，查看标识符表中是否已有此标识符，如果已有此标识符，则不再存入表中，并且直接转向步骤 4；如果表中没有，则存入表中；

步骤 3　检查此标识符是否全由小写字母组成，如果是，则对此标识符加标记，否则不加标记；

步骤 4　判断是否继续输入标识符，如果是，则把控制转向步骤 2，否则结束。

此算法中必须解决的问题是如何对标识符加标记。众所周知，标识符是由字母或数字字符组成的字符串（对于 C 语言，还可能包括下划线字符_，这里不考虑），对它本身是不可能加标记的。另外，还必须明确的是：标记是什么？一种理解是：在输出时加标记的标识符前或后有一个标记，如星号*，但在存储表示中，此标记可以有任何一种表示形式，如是字符*，或者是字母字符 y（是字母字符 n 或其他字符时表示不加标记），甚至是数字 1（是 0 时表示不加标记）。这表明，在关于标识符的数据结构中，应该有一个成分安放标记，确切地说，应该引进结构类型，它包含两个成员：标识符本身与标记的内部表示。现在让标记有 int 型的值，当是 1 时，表明加了标记，是 0 时，表明没有加标记。可以设计标识符表的数据结构如下：

```
struct IdtItemType          /* 标识符表条目类型 */
{  char id[20];             /* 标识符本身 */
   int mark;                /* 1：加标记，0：不加标记 */
} Idt[100];                 /* 标识符表 */
```

这表明当设计控制结构时，必须根据问题的特性，考虑相应的数据结构，这将有利于编程，而且往往将提高程序的运行效率。

4. 程序设计

程序设计是对程序进行设计、编程和调试的过程。

1）设计

将设计时所确定的算法用某种方式表达出来，可以用控制流程图、盒图（NS 图）或问题分析图（PAD）来表达，也可以用判定表来表达，还可以用伪代码程序来表达。算法指明了问题求解的步骤，但还比较粗略，不够严密。用上述某种形式表达的设计相对来说更为细腻、明确地刻画了算法的实现。对于例 9.1 中的算法，采用控制流程图或伪代码程序形式表示。

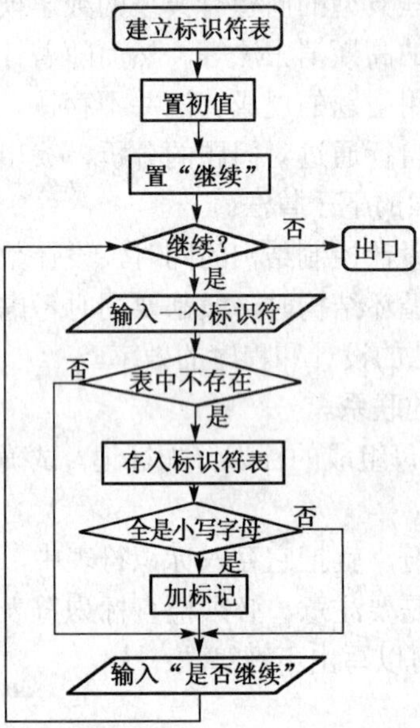

图 9-2 是控制流程图形式表示，相应的伪代码程序形式如下，其中用 while 语句实现循环结构：

```
/*  建立标识符表，并对全由小写字母组成的标识符加标记 */
main()
{  置初值；
   置“继续”； /* 置特征变量“继续”*/
   while(继续)
   {  输入一个标识符；
      if(表中不存在此标识符)
      {  把输入的标识符存入标识符表中；
         if(标识符全由小写字母组成)
            对此标识符加标记；
      }
      输入是否继续的标志；
   }
}
```

图 9-2

上述控制流程图与算法十分一致，可以说完全反映了算法，不涉及具体的特定程序设计语言，更接近于实现，也更为直观地表达了控制流程。伪代码程序又比控制流程图更接近于要采用的程序设计语言。事实上，此伪代码程序是 C 型的，可以说，已经具有 C 程序的控制结构形式，只需进一步用 C 语言语句实现伪代码程序中的文字叙述部分，并加上变量说明部分，就完成了 C 程序的编写。

2）编程

当有了程序的设计表示法之后便可以进行编程，这时选择某种合适的程序设计语言。显然有了设计表示法，相对而言可以比较机械地把它对应到程序设计语言控制结构。例如，对照图 9-2 所示的控制流程图，特别是 C 型伪代码程序，十分容易写出相应的 C 语言语句。例如，对于上列中的

```
输入是否继续的标志；
```

可以很容易地实现如下：

```
printf("\n 继续输入标识符?键入 y: 是/n: 否: ");
scanf("%c", &c);
IsContinue=(c=='Y' || c=='y')?1:0;
```

这里引进特征变量 IsContinue，它的值是真(1)时，继续，值是假(0)时，终止程序运行。

可以写出整个程序如下（注意，其中省略了说明部分，请读者自行补充完整）：

```
main()
{  /* 置初值 */
```

```
        N=0;                                    /* 标识符表中条目个数 */
        IsContinue=1;                           /* 置"继续"*/
        while(IsContinue)
        { printf("\n 输入一个标识符:");
          scanf("%s", s);  getchar();           /* 输入的标识符保存在 s 中 */
          /* 判别是否在标识符表中 */
          for(k=1; k<=N; ++k)                   /* 从序号 1 开始存放 */
            if(strcmp(Idt[k].id,s)==0)
              break;
          if(k>N)                               /* k<=N,在标识符表中 */
          { /* 把输入的标识符存入标识符表中 */
            strcpy( Idt[++N].id, s);
            Idt[N].mark=0;                      /* 先不加标记 */
            /* 下面判别是否全由小写字母组成 */
            m=strlen(s);
            for(j=0; j<m; ++j)
            if(!(islower(s[j])))
              break;
            if(j>=m)                            /* 标识符全由小写字母组成 */
              Idt[N].mark=1;                    /* 对此标识符加标记 */
          }
          printf("\n 继续输入标识符? 键入(y: 是/n: 否): ");
          scanf("%c", &c);  getchar( );         /* 输入是否继续 */
          IsContinue=(c=='Y' || c=='y')?1:0;
        }
    }
```

请读者注意下面几点：

（1）关注一些字符串函数与字符函数，关于这些系统函数，必须有相应的文件包含命令。

（2）关注字符串与字符输入时的回车字符的处理。

为了检查正确性，可以编写一段程序，输出标识符表中的标识符及其标记。希望读者自行进行这一工作。

3）调试

调试是发现程序中的错误并进行改正的过程。词法错误和语法错误可在编译时刻由编译程序查出并报错，很容易改正。困难的是语义上的错误，尤其是逻辑上的错误，难以查出错误的性质并确切地定位。这需要在上机调试中不断积累查错改错的经验。

对于初学者来说，思路是逐步缩小可能出错的程序范围，最终定位在错误出现处。可以在上机前，利用静态模拟追踪法发现尽可能多的错误。在计算机上运行时则利用调试设施，即设置断点、步进执行与显示变量值等，将静态检查与动态调试相结合，可以在尽可能短的时间内，尽可能多地查出错误并改正。

5. 测试

测试是发现程序中错误的重要手段之一。测试通常是在程序已完成调试之后，由非程序编写人员进行的。一般地，在验收时进行的基本工作就是测试，验收人员事先准备一些实例，以这些实例运行所编写的程序，检查运行结果是否符合期待的结果。如对于建立标识符表的程序，可以选择一些标识符，有的全由小写字母组成，有的则不是，通过显示输出就可以检查程序的正确性。一般来说，准备的实例应该是一些典型的、有代表性的、按某种标准设定的实例。若对所有的实例，都能取得预期的效果，就可以通过验收而交付使用。

6. 整理结果

当一个程序运行正常，能在正确的输入数据下获得预期的效果，对不合法的输入数据也有相应的报错信息与控制措施时，就可以进行结果整理。这样有利于做成文档，供以后编写程序、开发软件系统参考，也便于与他人交流，更重要的是有利于积累经验。

整理结果后的文档应包括下列几方面：问题的提出、问题分析、数学模型、总体设计、算法与数据结构、程序表示法、程序、测试实例与测试报告，以及使用说明等。

如果对于每个编程题都这样做，对初学者来说会增加太多的负担，可以根据实际情况从简。笔者建议：把程序调试过程中出现的错误（包括错误所在的上下文与错误性质）记录下来，特别是把上机调试中出现的英文报错信息记录下来，搞清含义。这将有利于积累经验，加快调试速度，也有利于避免或减少再次出现相同的错误。

请注意，整理结果并不是重新书写相应的文档，事实上是把程序编写过程中各阶段的工作成果集中起来，小作增补修改即可。应该说，前一阶段是其后一阶段的工作前提。尤其是，总体设计是其后算法与数据结构设计具体实现的依据，其正确性是具体实现的基本保证。

为了体现程序编写的全过程，下面讨论几个程序系统的设计与实现。

9.2 数学教学系统的设计与实现

9.2.1 复数演算系统

复数是数学中的一个重要概念，但 C 语言中并没有相应的数据类型，要解决涉及复数的应用问题，需要由用户自行定义相应的复数数据类型。

例 9.2 试设计复数演算系统。

解 对照前面讨论的程序编写步骤，设计并实现复数演算系统。

参照图 9-1 所示过程设计与实现此系统，需要经历问题分析、总体设计、确定算法与数据结构、程序设计，以及测试和整理文档等步骤。因为此系统比较简单，将按照需要有选择地进行讨论。显然可以立即进行总体设计，即明确系统功能、系统的设计指标、设计系统的模块（层次）结构、程序控制流程图与程序运行的操作流程图、进行界面设计、明确输入输出与主要数据结构等。

复数演算系统的功能是对复数进行加减乘除运算，因此把系统分解成 4 个模块：加法运算模块、减法运算模块、乘法运算模块与除法运算模块。系统的模块（层次）结构如图 9-3 所示。

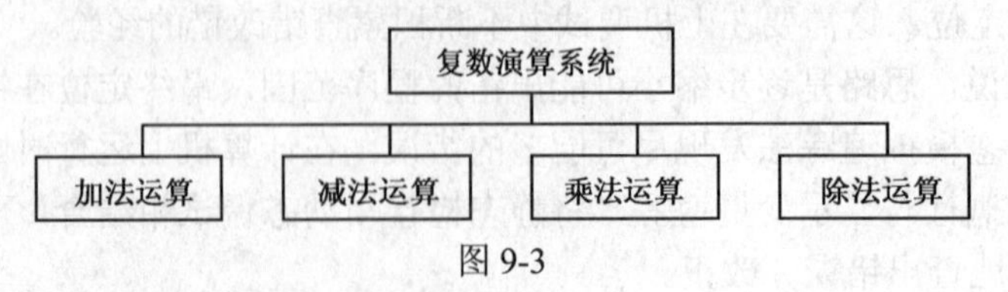

图 9-3

系统运行时的操作流程图如图 9-4 所示。

现在设想学生选定某类演算后，每次从键盘键入 2 个复数，进行相应的运算，把计算结果与自己准备的结果进行对比，如果计算正确，显示“计算正确”，如果计算错误，给出警告，允许重新计算，最多 3 次，并记录计算正确的题数。最终给出总题数与计算正确的题数。按这个思路，系统要检查计算的正确性，即检查用户对所给题目计算的正确性，因此，重要的是人机交互地进行演算。可以画出复数演算系统几个模块的控制流程图。这里仅给出加法演算模块的控制流程图，如图 9-5 所示。其他的模块除了运算不同外，其余均一样。

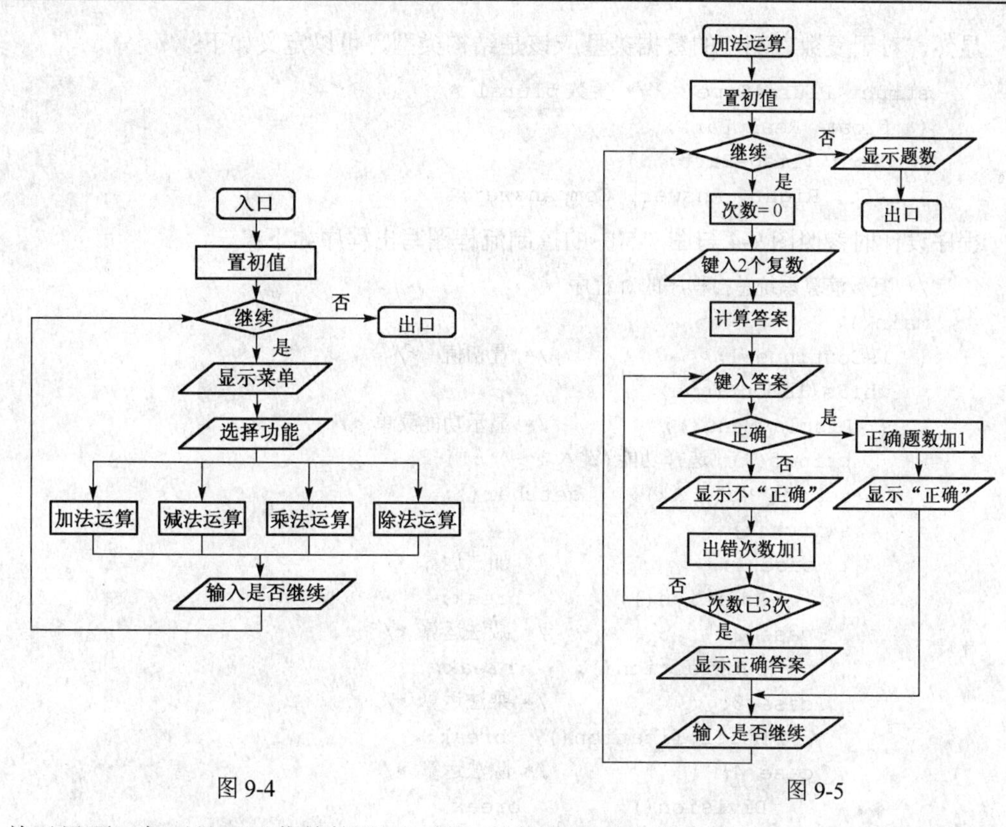

图 9-4　　　　图 9-5

关于界面，主要是显示菜单的界面、键入复数与显示计算结果的界面，可以设计如图 9-6 与图 9-7 所示。

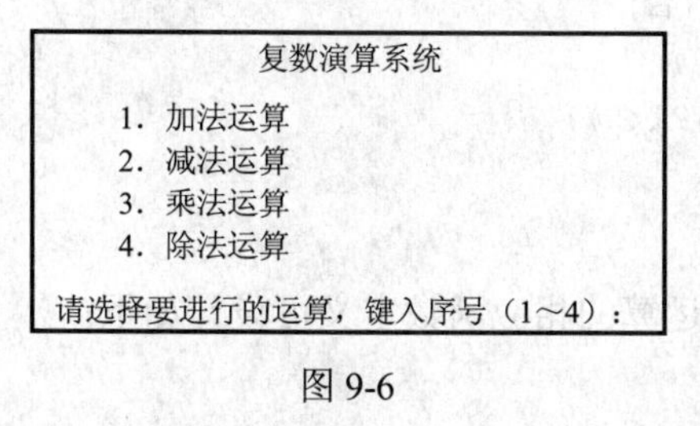

图 9-6

实数输入格式：（实部，虚部）
请键入左分量复数：
请键入右分量复数：
请键入答案：
计算不正确！请重新计算。
请键入答案：
计算不正确！请重新计算。
请键入答案：
计算不正确！已 3 次。正确答案是：
是否继续？键入 y(是)或 n(否)：

图 9-7

对于复数，并不存在由 C 语言提供的相应数据类型，由于复数由实部与虚部组成，如 r+mi，其中，i 是虚单位，一般有如下的数据结构：

实部 r	虚部 m

假定有复数 a+bi 与 c+di，关于复数加减乘除的计算公式如下：

$$(a+bi)+(c+di)=(a+c)+(b+d)i$$

$$(a+bi)-(c+di)=(a-c)+(b-d)i$$

$$(a+bi)\times(c+di)=(a\times c-b\times d)+(a\times d+b\times c)i$$

$$(a+bi)\div(c+di)=((a\times c+b\times d)-(b\times c-a\times d)i)\div(c^2+d^2)$$

这些运算显然都容易实现，但需要考虑复数的表示法。

显然，对于复数，相应的数据类型应该是结构类型，可以定义如下：

```
struct PluralType    /* 复数 plural */
{  float  RealpPart;
   float  ImagePart;
} Left, Right, Answer, CompAnswer;
```

程序设计时参照图 9-4 与图 9-5 中的控制流程图写出程序如下：

```
/* 复数演算系统总控程序的 C 程序 */
main()
{  IsContinue=1;              /* 置初值  */
   while(IsContinue)
   {  DisplayMenu();          /* 显示功能菜单 */
      printf("\n 选择功能(键入 1～4):");
      scanf("%d", &k);    getchar();
      switch(k)
      {  case 1:              /* 加法运算 */
            Addition();         break;
         case 2:              /* 减法运算 */
            Subtraction();      break;
         case 3:              /* 乘法运算 */
            Multiplication();   break;
         case 4:              /* 除法运算 */
            Division();         break;
         default: printf("\n 键入序号错误，重新键入。");
      }
      printf("\n 是否继续?键入 y(是)或 n(否): ");
      scanf("%c",&c);
      IsContinue=((c=='Y' || c=='y')?1:0);
   }
}
```

为每个功能模块设计相应的函数定义，如加法运算的相应函数定义可设计如下：

```
/* 加法运算模块的 C 型伪代码程序 */
void Addition()
{  clrscr( );               /* 显示屏清空 */
   /* 置初值 */
   IsContinue=1;            /* 是否继续的标志变量 */
   答题总数=0;
   答对题目数=0;
   while(IsContinue)
   {  次数=0;
      printf("\n\n 复数输入格式: (实部,虚部)");
      printf("\n 请键入左分量复数: ");
      scanf("(%f,%f)",&(Left.RealPart),&(Left.ImagePart);
      printf("\n 请键入右分量复数: ");
      scanf("(%f,%f)",&(Right.RealPart),&(Right.ImagePart));
      getchar();
      /* 计算 */
```

```
        CompAnswer.RealPart=Left.RealPart+Right.RealPart;
        CompAnswer.ImagePart=Left.ImagePart+Right.ImagePart;
        ++答题总数;
        do
        {  printf("\n 请键入答案: ");
           sccnf("(%f,%f)",&Answer.RealPart,& Answer.ImagePart);
           getchar();
           if(Answer.RealPart ==CompAnswer.RealPart &&
             Answer.ImagePart==CompAnswer.ImagePart)
           {  printf("\n 计算正确!");
              ++答对题目数;
              break;
           }else
           {  printf("\n 计算不正确!");
              ++次数;        /* 累计出错次数 */
              if(次数<3)
                 printf("请重新计算。");
              else
              { printf("\n 已 3 次,正确答案是:(%f,%f)",
                          CompAnswer.RealPart, CompAnswer.ImagePart);
                 break;
              }
           }
        } while(1);
        printf("\n 是否继续?键入 y(是)或 n(否): ");
        scanf("%c", &c);   getchar( );
        IsContinue=((c=='Y' || c=='y')?1:0);
    }
    /* 显示题数 */
    printf("\n 总题数是: %d, 计算正确的题数是: %d", 答题总数, 答对题目数);
}
```

其中没有变量说明部分，请读者自行补充完整，并完成其他模块的 C 型伪代码程序的书写，最终写出完整的可运行程序。程序的书写是容易的，但请注意复数的输入输出格式，是以 a+bi 的形式还是（r,m）的形式。为与通常复数书写形式一致，应该采用 a+bi 的形式，这时必须考虑输出结果的各种情况。一般可以下列输出语句输出复数：

```
printf("\n 复数的和是: %.1f+%.1fi", real, image);
```

如果左右分量分别是 12.3+4.5i 与 6.7+8.9i，real 与 image 的值分别是 19.0 与 13.4i，输出没问题，但如果左右分量分别是 12.3+4.5i 与 6.7-8.9i，real 与 image 的值分别是 19.0 与-4.4，输出的虚部是负数，那么将输出：19.0+-4.4i。请读者自行考虑如何解决该问题。

请读者自行完成可执行的程序，这里给出整个程序轮廓如下：

- 数据结构定义；
- 加法运算函数定义；
- 减法运算函数定义；
- 乘法运算函数定义；

- 除法运算函数定义；
- 显示菜单函数定义；
- main 函数定义。

对于此程序系统，不必进行测试与维护等工作，只需预先准备一些复数加减乘除的实例进行调试，操作效果与计算结果正确就可以了。当然要注意一些特殊情况，如实部是 0 或虚部是 0 等，设计调试实例时应该考虑各种情况。

9.2.2　小学数学自测系统

例 9.3　小学数学自测系统的设计。

解　对照前面讨论的程序编写步骤，来设计并实现小学数学自测系统。

参照图 9-1 所示过程设计与实现此系统，需要经历问题分析、总体设计、确定算法与数据结构、程序设计，以及测试和整理文档等步骤。

1）问题分析

此系统编写的目的是以小学数学自测系统为例，体现编写小型应用程序的过程。尽管小学数学相对而言难度不大，内容还是比较丰富的，这里仅考虑典型且有代表性的内容，可以考虑进行加减乘除法与综合运算等自测。

2）总体设计

包括明确系统功能、系统的设计指标、设计系统的模块（层次）结构、程序控制流程图与程序运行的操作流程图，进行界面设计，明确输入输出、主要数据结构等。

在问题分析时明确了本自测系统进行加减乘除算术运算与综合运算的自测，可以考虑进行 1、2 位数与多位数的算术运算与综合运算。系统的设计指标简单地说是通过功能菜单交互地进行自测，因此可以把系统分解为 4 个模块，这些模块分别进行 1 位数算术运算、2 位数算术运算、多位数算术运算与综合运算等自测。而前 3 个模块中又可以分别进行加减乘除运算与综合运算，因此，系统层次模块结构如图 9-8 所示，其中 2 位数运算与综合运算的下一层子模块省略了。

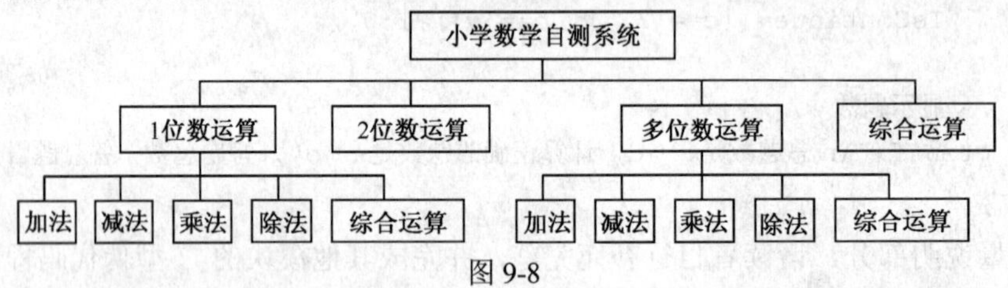

图 9-8

现在设想学生从题库中抽取若干题来进行解答，把他的计算结果与正确结果进行对比，如果正确，则显示“计算正确”；如果错误，则给出警告，重新计算，3 次错误时，系统给出正确的结果。最终给出题目总数与计算正确的题数。按这个思路，可以画出自测系统运行时的操作流程图如图 9-9 所示。

其中各个模块分别有自己的控制流程图，它们大致相同，这里仅给出综合运算模块的控制流程图如图 9-10 所示。

明显的是，此自测系统的数学概念是简单的，不涉及数学模型和算法问题，重点是功能考虑与界面设计。

考虑简单界面的设计，从系统运行的操作流程图与控制流程图可以看出，界面主要包括：显示功能菜单的界面、选择并显示题目的界面、键入答案与显示正确与否的界面，以及显示正确题数的界面。这些都可以如前面讨论中那样，用输入输出语句来实现。例如，显示功能菜单的界面可以设计如图 9-11 所示。

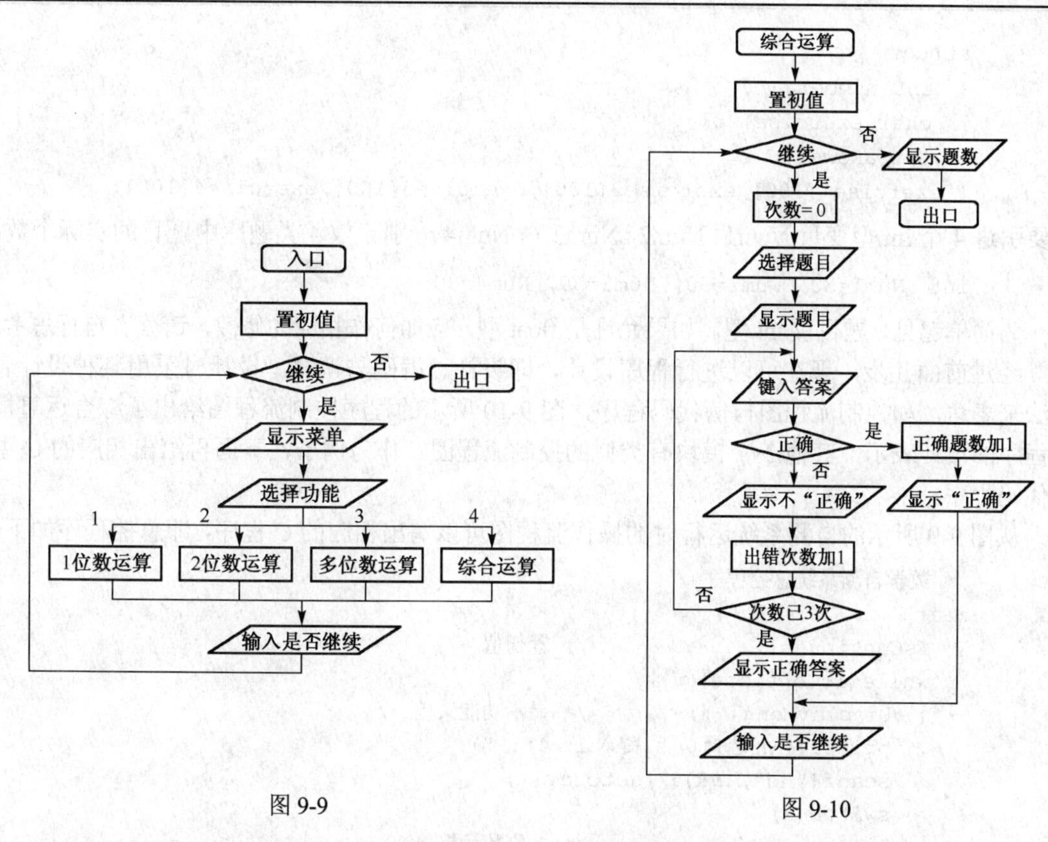

图 9-9　　　　图 9-10

选择并显示题目的界面可设计如图 9-12 所示。其他界面可以类似地进行设计。

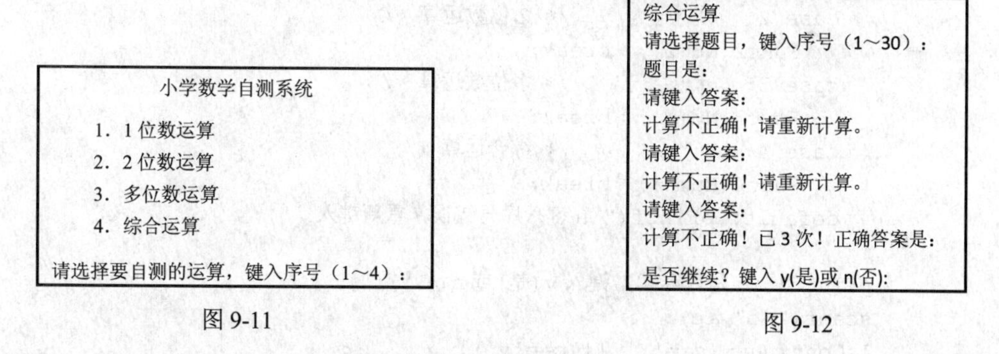

图 9-11　　　　图 9-12

关于此自测系统的输入输出是明确的。必要的一点是确定系统中涉及什么数据，即关于 1 位数运算、2 位数运算、多位数运算与综合运算的题库。题库中每个题目应该由 3 部分组成：

编号	题目	答案

编号可以不给出，但考虑到题目会增减，有编号部分会更便于管理。

当总体设计后，便有了整个系统的初步轮廓。

3）确定算法与数据结构

如前所述，仅需考虑数据结构，即题库的数据结构。每个题目由 3 部分组成，且这 3 部分的数据类型不尽相同，因此应该设计为结构类型，3 个成员变量的类型分别是整型、字符串（字符数组）与整型或实型。题库中包含多个题目，因此题库用结构数组来实现，共有 4 个题库，引进 4 个结构数组：exercise1、exercise2、exercise3 与 exercise4。它们分别定义如下：

```
struct
{  int number;
   char exercise[20];
   int answer;
} exercise1[100],exercise2[100],exercise3[100],exercise4[100];
```

需要引进 4 个 int 型变量 Num1、Num2、Num3 与 Num4 分别存放 4 类题库中题目的实际个数：

```
int  Num1=30, Num2=30, Num3=30, Num4=30;
```

为简单起见，题目仅 int 型。如果允许是 float 型，应如何作相应的修改，请读者自行思考。

经过前面几步，现在可以进行程序设计，即设计、编码与调试。设计时采用某种设计表示法来表达，如控制流程图与伪代码程序，图 9-10 所示的程序控制流程图给出了综合运算模块程序的设计表示，其他 3 个模块有类似的控制流程图。作为例子，下面再给出相应的 C 型伪代码程序。

从图 9-9 所示的自测系统运行时的操作流程图可以写出相应的 C 程序，即总控程序如下：

```
/* 数学自测系统总控程序*/
main()
{  IsContinue=1;               /* 置初值 */
   while(IsContinue)
   {  DisplayMenu( );          /* 显示功能菜单 */
      printf("\n选择功能(键入1～4): ");
      scanf("%d", &k);  getchar();
      switch(k)
      {  case 1:               /* 1位数运算 */
           Func1(Num1);  break;
         case 2:               /* 2位数运算 */
           Func2(Num2);  break;
         case 3:               /* 多位数运算 */
           Func3(Num3);  break;
         case 4:               /* 综合运算 */
           Func4(Num4);  break;
         default: printf("\n键入序号错误，重新键入。");
      }
      printf("\n是否继续? 键入y(是)或n(否)):");
      scanf("%c",&c);
      IsContinue=(c=='Y' || c=='y');
   }
}
```

为每个功能模块设计相应的函数定义，如综合运算的相应函数定义可设计如下：

```
/* 综合运算模块的伪代码程序 */
void  Func4(int Num4)
{  clrscr();  /* 显示屏清空 */
   /*  置初值 */
   IsContinue=1;      /* 是否继续的标志变量 */
   答题总数=0;       答对题目数=0;
   while(IsContinue)
   {  次数=0;
      printf("\n\n   综合运算");
```

```
        printf("\n\n 请选择题目，键入序号(1～%d): ", Num4);/*实际题数*/
        scanf("%d", &num);
        printf("%s", exercise4[num].exercise]; /* 显示题目 */
        ++答题总数;
        do
        {  printf("\n 请键入答案: ");
           sccnf("%d", &answer);  getchar( ); /* 键入答案 */
           if(answer==exercise4[num].answer)
           {  printf("\n 计算正确! ");
              ++答对题目数;
              break;
           } else
           {  printf("\n 计算不正确。");
              ++次数;          /* 累计出错次数 */
              if(次数<3)
                 printf("请重新计算。");
              else
              {  printf("\n 已 3 次，正确答案是: %s=%d",
                    exercise4[num].exercise, exercise4[num].answer);
                 break;
              }
           }
        } while(1);
        printf( "\n 是否继续? 键入 y(是)或 n(否)): ");
        scanf("%c", &c);
        IsContinue=(c=='Y' || c=='y');
     }
     /* 显示题数 */
     printf("\n 总题数是: %d, 计算正确的题数是: %d",答题总数,答对题目数);
  }
```

其中没有变量说明部分，请读者自行补充完整，并完成其他模块的伪代码程序的书写，最终写出完整的可运行程序。自测题库由下列说明语句置初值形式给出：

```
   struct
   {  int number;
      char exercise[20];
      int answer;
      } exercise1[100]=
      { {0},
        {1,"1+1",2}, {2,"1+2",3}, {3,"1+3",4}, {4,"1+4",5},{5,"2+3",5},
        {6,"2+4",6}, {7,"3+5",8}, {8,"4+4",8}, {9,"5+3",8}, {10,"7+2",9},
        {11,"8+1",9},{12,"1+9",10},{13,"2+8",10},{14,"3+7",10},{15,"4+6",10},
        {16,"5+5",10},{17,"6+4",10},{18,"7+3",10},{19,"8+2",10},{20,"4+6",10},
        {21,"2-1",1}, {22,"3-1",2}, {23,"4-1",3}, {24,"5-2",3}, {25,"5-3",2},
        {26,"6-2",4}, {27,"7-3",4}, {28,"8-3",5}, {29,"9-2",7}, {30,"9-5",4}
      },
      exercise2[100], exercise3[100],
      exercise4[100]=
      { {0},
```

```
        {1,"1+1+1",3},    {2,"1+2+3",6},     {3,"1+3-2",2},     {4,"9+4-7",6},
        {5,"33+13+12",58},{6,"39-13-12",14},{7,"72-45+5",32},{8,"34-11-7",16},
        {9,"65+13-29",49},{10,"17-8+29",38},{11,"2×4+1",9}, {12,"3×7+7",28},
        {13,"4×8+5",37}, {14,"5×4+8",28}, {15,"6×9+6",60},{16,"5×4-5",15},
        {17,"6×4+8",32}, {18,"7×7+3",52}, {19,"8×8+8",72},{20,"9×4+6",42},
        {21,"62-5×3",47},{22,"43-6×4",19},{23,"64÷8-5",3},{24,"105÷7-2",13},
        {25,"256÷16-3",13},{26,"16×12+8×3",216},{27,"27×35+13×21",1218},
        {28,"33×29-24×37",69},{29,"33×29-888÷37",933},{30,"957÷29-888÷37",9}
    };
```

其中，exercise2 与 exercise3 的自测题库内容没有给出，请读者自行补充。

请读者自行完成可执行程序的编写，这里给出整个程序的轮廓如下：

- 全局题库数据定义；
- 一位数运算函数定义；
- 二位数运算函数定义；
- 多位数运算函数定义；
- 综合运算函数定义；
- 显示菜单函数定义；
- main 函数定义。

上面讨论的自测系统，重点放在整个程序的编写和用户的交互等方面，因此，仅涉及简单的算术运算，尤其是题库以置初值这种固定的形式给出，这样，有如下几点不足：

（1）题目数不能增加或减少。

（2）题目内容不能变化。

（3）题目不能随机地选择。

总之局限性较大，应该如何改进请读者思考。

9.3　简单数学游戏程序的设计与实现

本节讨论一些与数学相关的简单游戏，以了解如何编写应用程序，内容包括 24 点游戏与幻方等。

9.3.1　24 点游戏

24 点游戏是一种广泛流传的扑克牌游戏，富有趣味性，可以锻炼人的大脑反应能力与思考能力。24 点游戏的规则很简单，扑克牌中有数值 1～10，及 J、Q 与 K 分别对应于 11、12 与 13，因此，共有值 1～13。从扑克牌中任意抽出 4 张，相应地有 4 个值。对这 4 个值，可以用加、减、乘与除的任意组合来计算，使计算结果为 24。游戏规定，每张牌只能用一次。例如，4 张牌是 5、Q、9 与 K，对应于 4 个值 5、12、9 与 13，可以有：

$$(5+13)\div 9\times 12=24$$

又如，4 张牌是 6、Q、Q 与 5，对应于值：6、12、12 与 5，可以有：

$$(6-5)\times 12+12=24$$

一副牌（52 张）中，任意抽取 4 张可有 1820 种不同组合，有人实验统计过，其中有 458 种组合算不出 24 点。

现在的问题是设计并实现一个程序，模仿 24 点游戏。按照一般程序的编写过程依次进行讨论。

1）问题分析

如上所述，待编写程序的功能是模仿 24 点游戏，为了简化，不显示输出扑克牌的真实图像，而仅仅包含数值，这样可以把注意力集中到 24 点游戏的实质部分。从 24 点游戏过程可以看到此程序编写的关键问题是：

（1）如何抽取 4 个数，即随机地得到 1～13（包括 1 和 13）的 4 个整数值？

（2）如何计算才能得到 24 点？

（3）如何表达计算式？

这些问题通过下面的讨论逐步解决。

2）总体设计

按照 24 点游戏的具体情况，显然需要按人机交互方式进行，对照通常的玩法，其步骤如下：抽出 4 张扑克牌，对于相应的数值，用加减乘除四则算术运算进行计算，使得能得到数值 24，检查正确性，然后重新抽取 4 张扑克牌，再次进行计算，确定是否正确。如此重复，直到结束。因此可以给出运行时的操作流程图如图 9-13 所示。

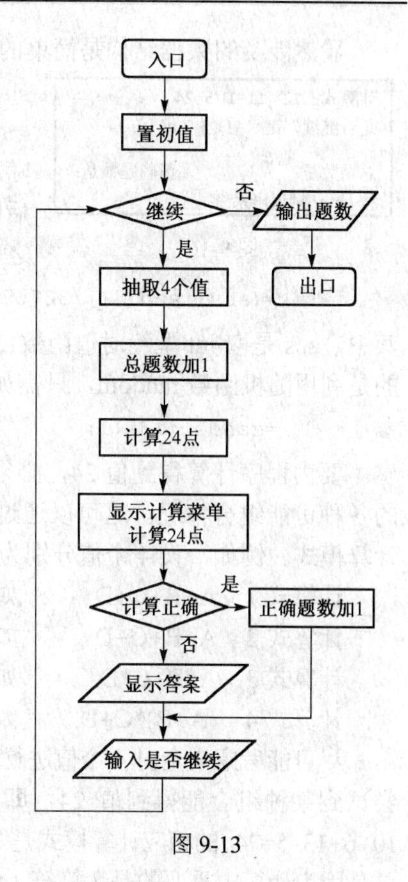

图 9-13

程序运行时的界面需要显示抽取到的 4 个整数值、选择如何计算，以及最终显示得到值 24 的计算式，如果能有如图 9-14 所示的图形界面，操作将比较方便。

但是当前还难以实现图形界面，因此采用折中的办法，设计为如图 9-15 所示的界面。

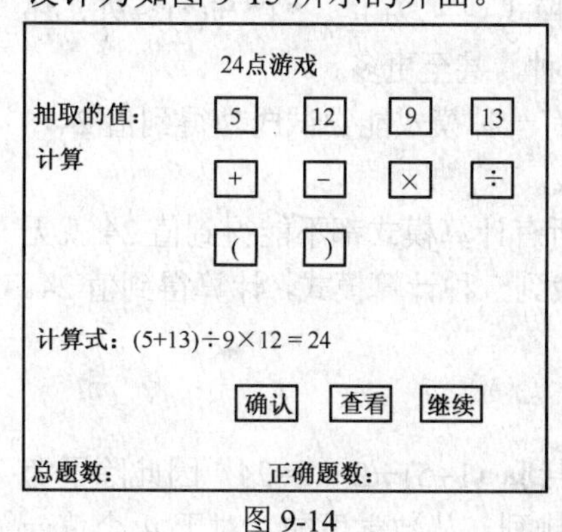

图 9-14

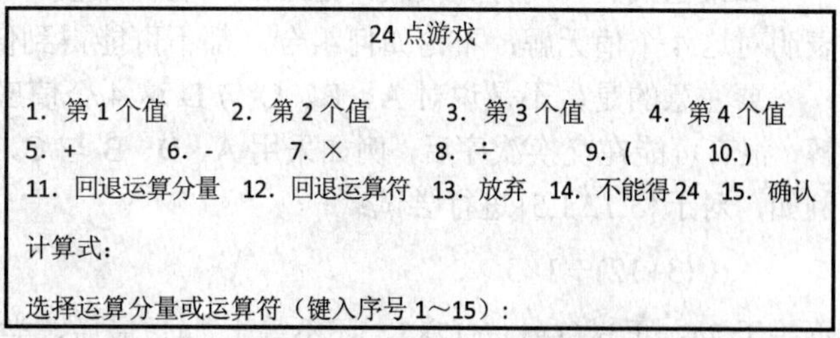

24 点游戏

1. 第 1 个值　　2. 第 2 个值　　3. 第 3 个值　　4. 第 4 个值
5. +　　6. -　　7. ×　　8. ÷　　9. (　　10.)
11. 回退运算分量　12. 回退运算符　13. 放弃　14. 不能得 24　15. 确认

计算式：

选择运算分量或运算符（键入序号 1～15）：

图 9-15

当键入的序号是 1～4 时，选择的是运算分量；当键入的序号是 5～10 时，选择的是运算符（包括括号）。顺次键入序号选择运算分量或运算符，就可以得到一个计算式。允许取消已键入的内容，如果选择 11，回退的是运算分量，如果选择 12，回退的是运算符。当键入 13 时，执行的操作是放弃，不再由用户自己考虑如何计算，交由 24 点游戏程序计算，给出答案，即得到值 24 的计算式。例如，当随机选取的 4 个值是 12、1、11 与 5 时，选择序号 13，则由游戏程序自动计算并显示答案：

计算式：12×(11-1)/5=24

这时的界面可以设计为如图 9-16 所示。当显示计算式后选择不再继续，则显示总题数与答对的题数。

显然涉及的数据结构是简单的，关键是如何取得 4 个整数值、如何计算得到值 24，以及如何显示计算式。下面分别讨论如何解决。

```
计算式：12×(11−1)/5=24
是否继续？键入 y(是)或 n(否):

总题数是：              正确题数是：
按 enter 键退出系统.
```

图 9-16

要自动随机得到 4 个整数值，需要利用随机函数，即自动随机生成整数的函数。C 语言提供的随机函数是 rand，调用它后回送的值是在-90～32767 范围内的整数。为了得到 1～13 之间的整数值，只需如下计算：

```
k=(abs(rand( ))/32767.0)*13+1;
```

其中，abs 是取 int 型绝对值函数，这样，k 的值将是 1～13，包括 1 与 13 的整数值。更简便的是利用随机函数 random，只需如下计算：

```
k=random(13)+1;
```

要由程序计算得到值 24，必须考虑算法，确切地说，考虑 4 个整数值进行四则算术运算的各种可能组合情况。这可以通过一系列实例来确定，更可取的是事先分析各种运算组合的计算模式。例如，设 4 个值分别为 A、B、C 与 D，可以列举如下几种计算式：

计算式 1　A+B+C+D　　如 2+8+12+2=24

计算式 2　A+B+C−D　　如 10+6+13−5=24

计算式 3　A*B+C*D　　如 3*4+2*5=24

计算式 4　(A+B)*C+D　　如(1+1)*7+10=24

尽可能考虑周全对 4 个值进行四则运算的各种可能的组合，对这些组合逐个进行尝试，当尝试到某种组合能得到值 24，即为所求。每种组合对应一个计算模式。例如，计算式 2：10+6+13−5=24 的相应计算模式是“++-”；计算式 4：(1+1)*7+10=24 的相应计算模式是“(+)*+”。这是因为计算中重要的是运算符（包括括号），运算分量（数值）可以是各种各样的。类似地可以有：12+6+11−5=24 与(1+2)*6+6=24 等。除了上面的几种模式+++、++-、*+*与(*)*+外，还可以有其他模式，如*-*,*+/与*-/等。计算模式总计可达 40 种，甚至更多。

如果已找到一切计算模式，但对于一组 4 个值，却没有一种模式能尝试成功得到值 24，表明对这 4 个值无解：不论如何组合，都不可能得到值 24。

要注意的是，不是说对 A、B、C 与 D 这 4 个值应用所有计算模式都不能得到值 24 就无解，很有可能在交换次序后，例如采用 A、D、B 与 C，能找到一种计算模式，计算得到值 24。例如，对于{3,12,1,5}进行尝试：

$$(3+12)\div 1\times 5$$

不等于 24，再试$(3+1)\div 12\times 5$，还不等于 24。最后，尝试得到：$(1+5)\div 3\times 12=24$。因此除了考虑计算模式外，还必须考虑随机得到的 4 个值的各种可能排列。从数学可知，对于 4 个值一共有 24 种排列，必须对每一种排列进行尝试，直到得到值 24，或者全部试完都不等于值 24，才能判定为无解。

在这里，有两个至关重要的问题必须解决。一个问题是：在重复尝试中，如何能十分简便地自动依次得到 4 个值的所有 24 种排列中的各个排列？另一个问题是：在重复尝试中，如何能十分简便地自动依次按所有计算模式中的各个模式进行计算？

这里以实例说明对计算模式的实现。为了能在一个循环中依次取到各种计算模式，在由用户计算 24 点时，依次键入的运算符（包括括号）将组成一个字符串，把它与预先确定的计算模式比较，可以确定是哪种模式，得到相应的模式序号，由此序号确定应该进行的相应计算。因此很明显，计算模式是字符串，一切计算模式宜于保存在字符串数组中。

关于 4 个值的排列，也可以引进相应的模式。为了在一个循环结构中，便于依次确定所选取 4 个值的排列，可以用编号表示。例如，模式{1,2,3,4}表示选取到的初始数值序号排列，模式{2,1,4,3}则表示：把原有的第 2 个数作为第 1 个，原有的第 1 个数作为第 2 个，而原有的第 4 个数作为第 3 个等。显然，对于排列的模式可以保存在 int 型二维数组中，且对初始选取的 4 个值与新排列的 4 个值分别引进 2 个 int 型数组。

对 4 个值的各种不同排列进行尝试，由加法与乘法满足交换律，因此有的模式可以精简。例如，假定有一组值{5，12，9，13}，可以有如下计算式：

$$(5+13)\div 9\times 12=24$$

匹配模式“(+)/*”。但是显然，也有(5+13)×12÷9=24，因此匹配模式“(+)*/”。由于要对 4 个值的各种排列进行判别，因此，这两个模式可以仅取一个。

如何显示输出计算式？特别是当用户自行计算得到一个计算式时，如何检查其正确性？又如何发现并记录新模式？这些都是必须考虑的问题。

一般地，假定有一组值(v1,v2,v3,v4)，尝试得到(v1+v2)*v3/v4=24，要显示输出只需执行下列输出语句：

```
printf("\n 计算式是: (%d+%d)*%d/%d=24", v1,v2,v3,v4);:
```

至此，对照图 9-13 所示的控制流程图，可以写出如下的 C 型伪代码程序：

```
main()
{
    置初值;
    IsContinue=1;
    while(IsContinue)
    {  置初值;
       get4val();                          /*抽取 4 个值 */
       ++总题数;
       mode=Comput24(&排列序号变量);    /* 系统计算 24 点 */
       k=Comput24ByUser( );                /* 通过显示计算菜单计算 */
       if(k>=0)                            /* 正确 */
       {  ++正确题数;
          显示“正确”
       }
       else
         DisplayAnswer(mode);              /* 显示系统计算的答案 */
       printf("\n 是否继续(键入 y (是) 或 n (否) ):");
       scanf("%c", &c);  getchar( );
       IsContinue=(c=='Y' || c=='y');
    }
    printf("\n 总题数是: %d, 正确题数是: %d", 总题数, 正确题数);
    按 Enter 键退出系统;
}
```

其中，get4val 是随机得到 4 个整数值的函数，这 4 个值存放在全局数组变量 v 中，对应于 4 张扑克牌。Comput24 是程序自动计算 24 点的函数，其函数定义轮廓如下：

```
int Comput24(int *排列序号变量 )
{  for(j=1; j<=24; ++j)
   {  取到 4 个随机值的一个排列，置于数组 val 中;
      /* 按计算模式逐个尝试得到值 24 */
      for(mode=1; mode<=计算模式总数; mode++)
      {  调用按模式 mode 计算值 24 函数;
```

```
            如果得到值 24，让排列序号变量=j
            回送 mode 而返回;
          }
      }
      回送 0 而返回;                            /* 得不到值 24 */
    }
```

函数 Comput24ByUser 是由用户计算 24 点的函数，其函数定义伪代码程序如下：

```
  int Comput24ByUser()
  {  置初值;                                /*M=0, N=0 */
     IsCont=1;
     while(IsCont)
     {  显示如图 9-15 所示的菜单;
        scanf("%d", &j); getchar();        /* 键入功能选择 */
        switch(j)
        {  case 1:
             val[++N]=v[1];
             把 v[1]的值（字符串形式）添加入计算式中;
             break;
           case 2:
             val[++N]=v[2];
             把 v[2]的值（字符串形式）添加入计算式中;
             break;
           case 3:
             val[++N]=v[3];
             把 v[3]的值（字符串形式）添加入计算式中;
             break;
           case 4:
             val[++N]=v[4];
             把 v[4]的值（字符串形式）添加入计算式中;
             break;
           case 5:
             s[M++]='+';
             把运算符+添加入计算式中;
             break;
           case 6:
             s[M++]='-';
             把运算符-添加入计算式中;
             break;
           case 7:
             s[M++]='*';
             把运算符*添加入计算式中;
             break;
           case 8:
             s[M++]='/';
             把运算符/添加入计算式中;
             break;
           case 9:
             s[M++]='(';
             把左括号( 添加入计算式中;
             break;
           case 10:
             s[M++]=')';
             把右括号) 添加入计算式中;
             break;
```

```
        case 11:          /* 回退运算分量 */
           --N;
           把运算分量从计算式中删除;
           break;
        case 12:          /* 回退运算符  */
           --M;
           把运算符从计算式中删除;
           break;
        case 13:          /* 放弃 */
           return -1;
        case 14:          /* 不能得24 */
           mode=Comput24(&ArrangeNum);       /* 程序计算24点 */
           if(mode)       /* 能得24 */
           {  printf("\n不正确, 能得24,\n");
              return -1;
           }
           return 0;
        case 15:          /* 确认 */
           s[M]='\0';     /* 运算符字符串结束标志字符 */
           mode= varify(s)
           if(mode)       /* 值是24时回送模式序号 */
              return mode;
           /* 否则值不是24 */
           置初值;
           printf("\n不正确,请重新计算,按enter键继续.");
           getchar();
           break;
        default:
           printf("\n序号错");
           printf("\n按enter键继续\n");
           getchar();
        }
     }
  }
```

其中，函数调用varify(s)的功能是：查看字符串s与哪个计算模式匹配，并按匹配的模式计算，查看值是否为24，如果是，则回送匹配的模式序号。如果没有匹配的模式，而由用户确认计算的值确实是24，则表明用户的计算可能是一种新模式，提醒把此新模式添加入系统中。系统给定的模式可以以置初值形式给出：

```
int NumofModes=40;
char Modes[ ][20]=
  { "\0","+++", "++-",  "*++", "*+-", "*--",
    "*+*", "*-*", "*+/", "*-/", "/+*",
    "/-/", "/++", "/+-", "/--", "(+)*+",
    "(+)*-", "(-)*+", "(-)*-", "(+)/+","(+)/-",
    "(-)/+", "(-)/-", "*(++)", "*(+-)", "*(--)",
    "**+", "**-", "*/+", "*/-","**(+)",
    "**(-)", "*/(+)", "*/(-)", "*(+*)", "*(-*)",
    "*(+/)", "*(-/)", "*(+)/", "*(-)/","*(-)+",
    "\0"
  };
```

最后，给出整个程序的轮廓如下：

- 文件包含命令；
- 全局数据定义（包括计算模式、排列模式及全局量）；

- 抽取 4 个整数值的函数定义；
- 按一个计算模式判别是否值为 24 的函数定义；
- 自动计算值为 24 的函数定义；
- 验证用户计算值为 24 的函数定义；
- 显示用户计算菜单的函数定义；
- 用户计算值为 24 的函数定义；
- 显示答案的函数定义；
- main 函数定义。

在编写程序时，请先清理数据，尤其要确定全局数据。

在实现 24 点游戏程序时要注意以下几个问题：

（1）C 语言提供的随机数生成函数 rand 与 random，可以在不同的时间得到不同的随机数，然而，不论是哪一个，每次重新运行应用程序时，第 1 次调用得到的随机数总是相同的，这样不可避免地总是得到固定不变的一些随机数。请读者自行考虑：如何设法使得每次重新运行程序时得到的第 1 个随机数是不同的。提示：在放过不确定次数对随机函数的调用后再开始调用随机函数，得到的第 1 个随机数，将是不同的。这时可以利用时间函数 time 与 localtime，其用法如下：

```
time_t lt;  struct tm  *ptmv;
lt=time(NULL);
ptmv=localtime(&lt);
printf("\nptmv_riqi=%d/%d/%d\n",
        ptmv->tm_year+1900, ptmv->tm_mon+1,  ptmv->tm_mday);
```

执行上述程序段，如果是在 2012 年 2 月 19 日，将输出下列结果：

```
ptmv_riqi=2012/02/19
```

但这样在同一天内每次运行应用程序，第 1 个随机数仍然是相同的。只有同时利用当时时间的时分秒，才将使得即使同一天，任何时间运行应用程序，第 1 个随机数均将不同。tm 的类型如下：

```
struct  tm
{  int  tm_sec;  int tm_min; int  tm_hour;
   Int  tm_mday; int tm_mon; int  tm_year;
   int  tm_wday; int tm_yday;
   int  tm_isdst;
};
```

函数 time 与 localtime 的原型可以在头文件 time.h 中找到。

（2）在计算 24 点时，必须注意两个整数要能整除才行。例如，虽然有：

3*(7+5/3)=24

似乎对于一组 4 个值：3，7，5 与 3，可以计算得到值 24，但事实上这不能作为正确的答案，因为 5 不能整除 3。因此，在程序中必须对这种情况进行处理。另外也必须防止除以 0 而溢出的情况。

（3）对不能得到 24 点情况的处理。如前所述，不是任何一组 4 个值都能计算得到值 24 的，因此用户可以选择“不能得 24”，但这并不是由用户说了算，要由系统自动验证是否真的不能得到值 24。

建议读者自行编写 24 点游戏完整的可运行程序。

9.3.2　幻方

在一个由若干个排列整齐的数组成的正方形中，其任意一横行、一纵行及对角线的几个数之和都相等，具有这种性质的图表，称为“幻方”。幻方又称为魔方。我国古代称为“河图”、“洛书”，又叫“纵横图”。

n 阶幻方是由前 n^2 个自然数组成的一个 n×n 方阵，其各行、各列及两条对角线所含的 n 个数的和全相等，这个和称为幻和。计算任意 n 阶幻方的幻和 S 的公式为

$$S=n(n^2+1)/2$$

例如，n=3,S=15 与 n=4, S=34 等。

n 可以是偶数，也可以是奇数。n 为奇数的 n 阶幻方称为奇阶幻方，本书仅考虑奇阶幻方。

作为例子，给出 3 阶、5 阶与 7 阶的幻方，如图 9-17 所示。

8	1	6
3	5	7
4	9	2

17	24	1	8	15
23	5	7	14	16
4	6	13	20	22
10	12	19	21	3
11	18	25	2	9

30	39	48	1	10	19	28
38	47	7	9	18	27	29
46	6	8	17	26	35	37
5	14	16	25	34	36	45
13	15	24	33	42	44	4
21	23	32	41	43	3	12
22	31	40	49	2	11	20

图 9-17

现在要由程序自动生成任意阶的奇阶幻方，其程序的编写步骤与前面的讨论有诸多相同之处，不必再面面俱到地进行讨论，而仅讨论实现要点，即算法的设计。

为了由程序自动生成奇阶幻方，首先考察幻方的性质与特点。从上面 3 阶、5 阶与 7 阶幻方的数值布局可以看到如下的规律：

（1）n 阶幻方由前 n^2 个自然数组成，如 5 阶的幻方，由 1～25 组成，其中第 1 个 1 必定在上方第 1 行的中间位置。

（2）值 k 的下一个值 k+1，一般在值 k 所在位置的右上方（45°处），确切地说，值 k 的位置是（第 i 行，第 j 列）时，下一个值 k+1 的位置是（第 i-1 行，第 j+1 列），如 3 阶的 k=4。

（3）但如果出界，下一个值将在预定位置的“对面”，具体来说，如果值 k 的位置是（第 1 行，第 j 列）(j<n)，则值 k+1 的位置（第 0 行，第 j+1 列）将在上方出界，这时值 k+1 的实际位置是（第 n 行，第 j+1 列），如 3 阶的 k=1；如果值 k 的位置是（第 i 行，第 n 列）(i<n)，则值 k+1 的位置（第 i-1 行，第 n+1 列）将在右方出界，这时值 k+1 的实际位置是（第 i-1 行，第 1 列），如 3 阶的 k=2；如果值 k 的位置是（第 1 行，第 n 列），则值 k+1 的位置（第 0 行，第 n+1 列）将在右上方出界，这时值 k+1 的实际位置是（第 2 行，第 n 列），如 3 阶的 k=6。

（4）如果值 k 的位置是（第 i 行，第 j 列）（i<n, j<n），它的下一个值 k+1 的位置预定在（第 i-1 行，第 j+1 列），但如果此位置中已填入过值，则值 k+1 的实际位置在值 k 位置的紧接正下方，即（第 i+1 行，第 j 列）处，如 3 阶的 k=3。

这些规律可以通过检查上述 3 个幻方证实。假定已有 n 阶方阵，要从 1 开始，逐个顺次填入 2 开始的自然数，直到 n^2 时结束，可以确定如下的算法。

奇阶幻方生成算法：

步骤 1　置初值（包括方阵所有位置上置 0）；

步骤 2　把 k=1 填入位置（第 1 行，第(n+1)/2 列），如 n=5，1 填入（第 1 行，第 3 列）；

步骤 3　把值 k 加 1，设值 k 的位置是（第 i 行，第 j 列），按下列规则，确定填入值 k+1 的位置：

步骤 3.1　如果 $1<i<n$ 且 $1<j<n$，则填入值 k+1 的位置是（第 i-1 行，第 j+1 列）；

步骤 3.2　如果 i=1, $j<n$，则填入值 k+1 的位置是（第 n 行，第 j+1 列）；

步骤 3.3　如果 $1<i$, j=n，则填入值 k+1 的位置是（第 i-1 行，第 1 列）；

步骤 3.4　如果 i=1, j=n，则填入值 k+1 的位置是（第 2 行，第 n 列）；

步骤 4　按步骤 3 中确定的位置填入值 k+1。如果此位置中填入值 k+1 之前，已填入过值，则把值 k+1 填入（第 i+1 行，第 j 列）处，其中（第 i 行，第 j 列）是填入值 k 的位置；

步骤 5　重复步骤 3 与步骤 4，直到 $k=n^2$，填满方阵时结束。

关于上述算法可以画出如图 9-18 所示的控制流程示意图。为了对整个程序的结构有一个清晰的轮廓，处理框“确定 k 的位置”的实现细节，在其右边画出，表示此框的细化。

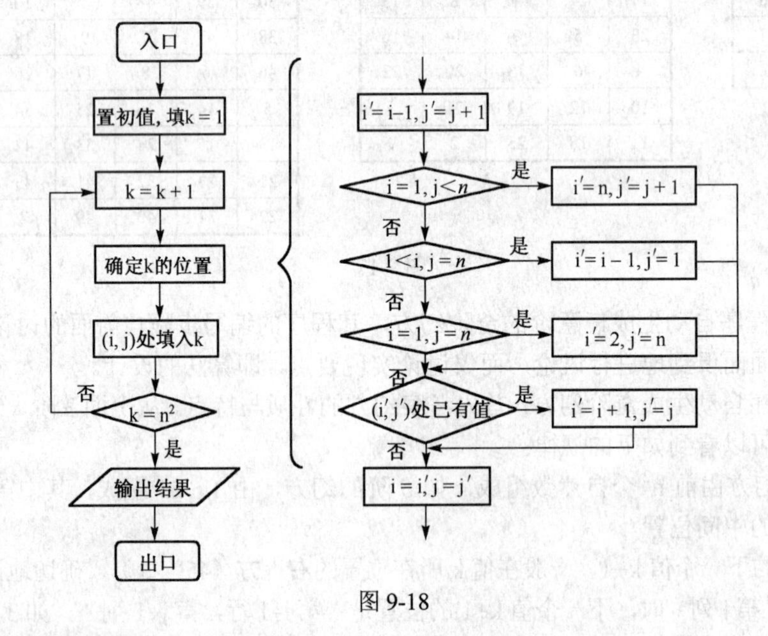

图 9-18

考虑所涉及的数据结构，由于幻方是一个方阵，显然应该引进二维数组类型数据结构，设为 M，它可以定义如下：

```
int M[N][N];
```

其中 N 必须是常量，换句话说，或者是 3、5、7 等。但如果希望能适用于任意的奇数，应如何处理？一般情况下，设立一个较大的数组：

```
#define N 50
int M[N][N];
```

另引进一个实际阶数 n，此 n 可以是 3、5 或 7 等。共同点是都占用大数组 M 的左上角，如图 9-19 所示。其中，不使用序号为 0 的行与列。当把自动生成幻方的程序设计为函数定义时，以阶数 n 为参数是十分方便的。

可以写出生成奇阶幻方的函数定义（伪代码形式）如下：

```
#define N 50
int M[N][N];
void Magic(int n)
{  置初值；/* 把 M 的元素全置 0 */
```

```
    k=1;
    i=1; j=(n+1)/2;  M[i][j]=1;
    while(k<n*n)
    {  k=k+1;
       确定M中填入k的位置(第i行,第j列);
       M[i][j]=k;
    }
  }
```

图 9-19

main 函数定义，可以设计如下：

```
  main()
  {  置初值;
     while(继续)
     {  printf("\n请键入奇阶幻方的阶数: ");
        scanf("%d",&n);   getchar();
        if(n%2==0))            /* 不是奇数 */
        {  printf("\n不是奇数，请重新键入。");
           continue;
        }
        Magic(n);              /* 调用生成奇数幻方函数 */
        输出幻方;
        输入继续与否信息;
     }
  }
```

其中，输出幻方时，可以显示表格，也可以仅显示幻方的数值。例如，

```
  printf("\n");
  for(i=1; i<=n; ++i)
  {  for(j=1; j<=n; ++j)
        printf("%6d", M[i][j]);
     printf("\n");
  }
```

如果要打印表格，则需利用制表符，请读者自行尝试实现。

9.3.3　后缀表达式的生成

在第 6 章中已讨论了后缀表达式的概念，它又称逆波兰表示，是表达式中运算符出现在运算分量后面的表示方式，如通常的（中缀）表达式 a+b*c，它的后缀表达式是 abc*+。后缀表达式的特点是不包含括号，如(a+b)*(c−d)+d 将表示成 ab+cd−*d+。由于这种方法的效率较高，常用于编译程序实现中。运算符优先数法，实际上是利用后缀表达式的实现方法。在第 6 章中生成的后缀表达式仅是简单的情况，即各个符号仅是一个字符，这里的处理对象（即符号）是更为一般的情况。

现在要编写的程序系统有 3 个功能，即输入（中缀算术表达式）、处理（转换为后缀表达式）及输出（所生成的后缀表达式）。

这里再明确一下后缀表达式生成算法的思路。

设立一个栈，暂存还不能输出的输入符号。在从左到右逐个符号地输入中缀表达式时，需判别下列几种情况。

（1）输入的是运算分量，立即把它输出。

（2）输入的是左括号，下推入栈。

（3）输入的是右括号，这时栈中一定非空，至少包含一个与此右括号匹配的左括号，因此，当栈顶是运算符时，把此运算符输出，并从栈中上退，直到栈顶是左括号，把此左括号

上退，不输出。此右括号既不下推入栈，也不输出，而是略去不管。

（4）输入的是运算符，如果栈空无运算符或者栈顶是左括号，立即下推入栈；如果栈顶是运算符，则根据运算符优先级确定是下推入栈还是输出栈中运算符。如果当前输入的运算符优先级高于栈顶运算符的优先级，则把当前输入运算符下推入栈，否则把栈顶运算符输出并退栈，再重复比较。

当输入结束时，把栈中的输入内容依次上退输出并退栈。由于输入时运算分量立即输出，而运算符下推入栈，因此，运算符在运算分量之后输出，且由于栈的后进先出特性，最终得到的便是所求的后缀表达式。

根据上述算法思想，控制流程图可参看第 6 章图 6-6。

下面考虑数据结构。关于全局数据，可以引进两个 char 型数组 input 与 result，前者存放输入，所生成后缀表达式的相应输入符号就是从 input 取得。由于运算分量可以是标识符，也可以是常量，长度可以大于 1，即使是运算符，也可能由几个字符组成，因此，在输入时便进行符号的识别，并引进一个字符串数组 Symbol 来保存识别出的符号。为了简化生成后缀表达式时的处理，对于每一个符号应该附有种类（指明哪一类符号），对于运算符指明优先级（对于括号、标识符与常量，可以让优先级=0），因此，Symbols 应该是一个结构类型数组。至于栈 stack 中的元素除了符号本身外，还包含符号种类与优先级，因此与 Symbols 有一样的数据结构。stack 是生成后缀表达式的函数 convert 中的局部变量，但是为了实现栈操作的简便，把它处理为全局数据更合适。关于栈操作，可参看第 6 章 6. 4 节。

确定程序的结构如下：

- 文件包含命令（包括 stdio.h、string.h 与 ctype.h）；
- 全局数据定义（包括运算符表 Operators、符号表 SymbolT，栈 stack 与输出结果 result 等）；
- 栈操作实现函数（包括 Init、IsFull、IsEmpty、Push、Pop 与 GetTop）；
- 输入并识别符号的函数 InputExp；
- 后缀表达式生成函数 convert；
- 两种表达式表示对照函数 DisplayExp；
- main 函数定义。

main 函数定义可以设计如下：

```
main()
{  while(1)
   {  显示功能菜单，输入功能选择 k；
      if(k==4) break;
      switch(k)
      {  case 1: 置初值; InputExp(); continue;
         case 2: 置初值; convert(); continue;
         case 3: 显示中缀与后缀表达式对照; continue;
         default: 报错; 显示"重新输入"
      }
   }
}
```

说明　（1）为了能得到运算符的拼写与优先级，引进一个运算符表 Operators，其中给出运算符、种类及其优先级，这是一种结构类型数组，由置初值给出所有运算符，包括括号：

```
struct
{  char Symbol[8]; int kind;  int Priority;
}  Operators[ ]=
   { {0},
```

```
        {"+", 4, 6}, {"-", 4, 6},{"*", 4, 7},{"/", 4, 7},… ,
        {"(", 3, 0}, {")", 3, 0},{0}
    };
  int  NumOfOperators=16;
```

(2）识别符号时，可以首先识别出标识符，它以字母字符打头，后跟以字母数字(不考虑下划线)；然后识别出常量，它以数字字符打头；其余的可以通过查运算符表，确定是什么符号，并得到种类与优先级。由于符号都已保存在符号表中，生成后缀表达式时从符号表中取得符号，因此，可以考虑不引进 input。

(3）scanf 语句的输入以空格或回车键字符结束，因此可以建立一个循环，每次输入一个符号（标识符、常量、括号或运算符），直到输入特殊字符，如输入字符$时结束输入。

(4）关于栈的操作，如入栈 Push 与退栈 Pop 等，都应该有栈满栈空的检查，以保证正确性。当引用栈的内容时，必须通过栈操作，即对栈操作的函数调用，不能直接对栈内容进行存取。例如，不能直接用 stack[top]对栈内容存取，必须通过 GetTop 取得栈内容。对于 GetTop 函数，由于涉及符号的本身、种类与优先级，应该由 GetTop 函数回送栈顶元素的地址。例如：

```
  struct SymbolType * GetTop()
  {
    if(IsEmpty())
    {  printf("\n 栈空，取不到栈顶元素!"); return 0;}
    return &(stack[top]);
  }
```

在函数调用处通过如下语句得到栈顶元素：

```
  struct SymbolType *p;
  p=GetTop();
```

p->sym 是符号本身，而 p->kind 是种类，p->priority 是优先级。

(5）括号的处理。当输入符号是左括号时，把它下推入栈，当输入符号是右括号时，在栈中必定有元素，即左括号之后（包括左括号）、右括号之前的运算符，这时把栈中的符号逐一输出并退栈，直到左括号从栈中上退为止。

通过后缀表达式生成的例子，也可以进一步理解栈的特性。

本例所实现的程序系统在界面菜单下进行操作，程序编写过程中综合利用了 C 语言各类数据类型，包括各基本类型与构造类型（数组、结构与指针），也包括了各类控制结构，如顺序结构、选择结构与迭代结构，当然更包含了函数定义与函数调用等。从根本上说，这是应用自顶向下、逐步细化的程序设计策略，编写应用程序的典型实例。希望读者自行编写完整的可运行程序，并上机实践。

本 章 概 括

本章讨论应用程序的编写。程序设计是对程序进行设计、编程和调试的过程。通常一个应用程序的编写过程包括分析、设计与实现三个阶段。编写要点是：明确所编写程序的功能与要求、明确所涉及的数学模型或算法、明确或设计所编写程序的运行操作流程，以及明确所涉及的数据对象及其数据结构。本章以一些典型实例阐明应用程序的编写过程，综合使用了 C 语言的各类语言特性，包括数据结构与控制结构，富有启发性与参考价值。

各个实例的编写过程充分表明：必须遵循自顶向下、逐步细化的策略来编写应用程序。在考虑控制部分的同时，必须考虑数据结构。另一方面，应该看到，算法与实现间的差距，即使有良好的思路和算法，要想解决具体问题，经常也要使用各种方法和技巧。24 点游戏程序与后缀表达式生成程序非常典型，希望读者认真、仔细地阅读和体会，建议读者自行编写完整的可运行程序，并上机实践。

习　题

一、选择与填空题

1．从程序设计方法学角度，当编写程序时，首先保证正确性，然后再考虑功效；应该用_________的方式编写程序；并且控制结构描述的细化与__________描述的细化同时并举。

2．按照软件工程学的原理，概括地说，程序的编写过程要包括分析、_______与实现三阶段。

3．使用 C 语言编写程序时，程序编写的要点是：明确所编写程序的功能与要求；概括所涉及的数学模型或算法；设想所编写程序的操作流程，这样可以确定并画出整个程序的__________；并且明确所涉及的数据对象及其数据结构。

4．总体设计时不容忽视的是_________的设计，因为它是用户使用所编写程序的途径（手段）。它使用的方便性、简便性与美观性，直接影响到用户的使用。

5．程序设计是对程序进行设计、编程和________的过程。

6．程序测试是采用事先设计的测试用例，运行程序，以__________的过程。

7．程序控制流程图中，菱形表示的是___________。

8．以下关于结构化程序设计的叙述中正确的是_________。

A）一个结构化程序必须同时由顺序、选择、循环三种结构组成

B）结构化程序使用 goto 语句会很便捷

C）在 C 语言中，程序的模块化是利用函数实现的

D）由三种基本控制结构构成的程序只能解决小规模的问题

9．以下关于简单程序设计的步骤和顺序的说法中正确的是________。

A）确定算法后，整理并写出文档，最后进行编码和上机测试

B）首先确定数据结构，然后确定算法，再编码并上机调试，最后整理文档

C）首先编码和上机调试，在编码过程中确定算法和数据结构，最后整理文档

D）首先写好文档，再根据文档进行编码和上机调试，最后确定算法和数据结构

10．仅由顺序、选择（分支）和迭代（循环）结构构成的程序是__________程序。

11．结构化程序所要求的基本控制结构不包括___________。

A）顺序结构　　B）goto 语句　　C）选择（分支）结构　　D）迭代（循环）结构

二、编程实习题

1．试对照本章 9.3 节的讨论，写出完整的可运行的 24 点游戏程序。

2．试编写实现字符串变换的程序，要求：

（1）编写函数定义，其原型是 void change(char *a,char *b,char *c)。函数 change 的功能是：首先把 b 指向的字符串反序存放，然后将 a 指向的字符串和 b 指向的字符串按排列顺序交叉合并到 c 指向的数组中，两个字符串中过长的剩余字符接在 c 所指向数组的尾部。例如，当 a 指向的字符串为“abcdefg”，b 指向的字符串为“1324”时，c 指向的数组中字符串应为“a4b2c3dlefg”。

（2）编写 main 函数。函数功能是对字符型数组 s1、s2 和 t 进行变量说明，用测试数据初始化数组 s1 和 s2，再用 s1、s2 和 t 作为实际参数调用函数 change，将数组 s1、s2 和 t 中的字符串输出到显示屏。

（3）测试数据：s1:abcdefg，s2:1324

显示输出：s1:abcdefg，s2:4231，The result is:a4b2c3dlefg

第 10 章　界面的设计与实现及应用程序编写实例

10.1　界面设计概况

10.1.1　界面设计的必要性

一个计算机程序是存储在存储器中的二进位位串。如何能运行程序？运行中需要数据时又该如何输入？如何了解与获得运行结果？这些是必须考虑的几个基本问题。

一个程序的运行，通常要由人来控制和操作，这就必须要有人机接口的界面。界面作为人机接口的桥梁，其设计的好坏显然直接影响着用户的使用。早期的人机界面，由于是 DOS 操作系统，对用户来说，极不方便，如在早期 DOS 工作方式下，一个 C 程序 example.c 的编译与运行要经历如下几个步骤：

```
c:> c1  example.c          编译第一阶段
c:> c2  example.c          编译第二阶段
c:> c3  example.c          编译第三阶段
c:> link   example         连接装配成可运行的目标模块
c:> example                运行
```

当编译或连接时有错，出错信息将直接列表显示在显示屏上。当运行时，运行结果也直接显示在显示屏上。当显示结果数据时，往往因超出一屏而看得到尾却看不到头。如果运行中有错误时，可以显示相应的报错信息，但如果发生死循环（循环不已）错误时，可能会在显示屏上无休止地显示一些相同的信息，往往需要重新启动计算机。

显然编译程序这样的界面是不受用户欢迎的。一个界面应设计得符合下列性能指标：

（1）有利于用户使用，操作简便，易学易用。

（2）便于输入输出数据，并进行查看。

（3）当发生错误时便于用户查看报错信息，分析原因，并进行校正。

（4）界面美观，且有利于用户了解可以做的事和可能做的事。

概括起来，界面是人机接口的桥梁，界面设计的好坏直接影响到用户使用此系统的效率，影响到用户是否愿意使用此系统。因此必须对界面进行认真的设计。

10.1.2　界面设计的风格

界面的风格是指界面的外貌与操作方式等。

界面风格大致可分成古典型与时尚型两大类。

古典型界面一般是指 DOS 方式下的菜单式界面，通常用列表显示序号及相应的功能，通过询问用户要完成什么功能，由用户键入某一序号，程序去执行相应的功能。以小学数学自测系统为例，主菜单的界面一般可设计成如图 10-1 所示。

当用户键入 3 时，系统可以进入二级菜单，如图 10-2 所示。

当再键入数字 3 时，可显示界面如图 10-3 所示。对于主菜单中其他选项也可以有二级菜单，甚至有三级菜单等。这样的界面，难以回顾先前已经做过的题目，难以分析计算错误的原因。一般情况下，很可能几个不同的菜单中包含有相同名称的选项，这时，可能忘了上一级菜单是什么而对选项作出不恰当的选择。显然，这样的界面缺乏整体感。

小学数学自测系统

1. 1 位数运算
2. 2 位数运算
3. 多位数运算
4. 综合运算
5. 退出

请选择要自测的运算，键入序号（1～5）：

图 10-1

多位数运算

1. 加法运算
2. 减法运算
3. 乘法运算
4. 除法运算
5. 综合运算
6. 退出

请选择运算种类，键入序号(1～6)：

图 10-2

总之，古典型菜单的缺点是非常明显的。

时尚型风格的界面具有 Windows 风格，以图形界面为其特征，如上述小学数学自测系统的界面可以设计为如图 10-4 所示。

多位数乘法运算

请选择题目，键入序号（1～30）：4
题目是：153*12
请键入答案：1726
计算不正确！请重新计算。
请键入答案：1826
计算不正确！请重新计算。
请键入答案：1836
计算正确！
是否继续?(键入 y(是)或 n(否))：

图 10-3

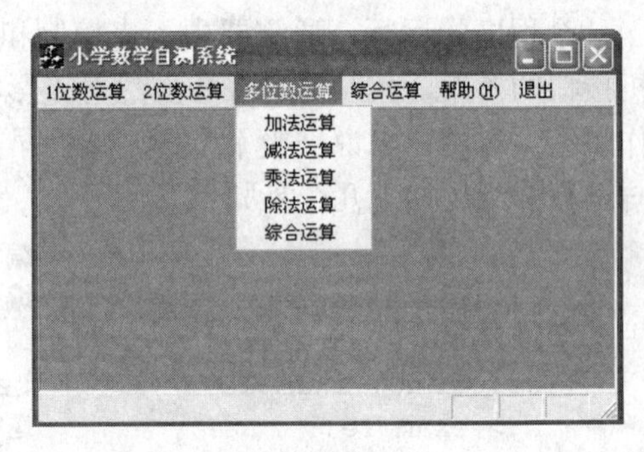

图 10-4

当用鼠标单击二级菜单中的“综合运算”选项时，便执行选择题目和答题的操作，这时可以显示如图 10-5 所示的界面。

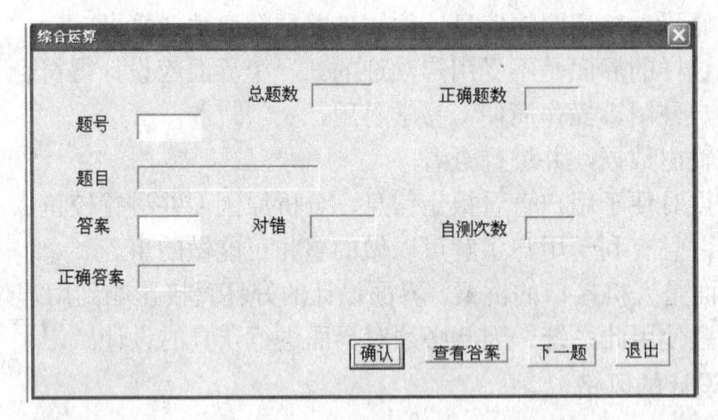

图 10-5

时尚型界面有如下好处：

（1）在确认或退出前可以对任一款目进行键入（包括重新键入），键入次序任意。

（2）可看到关于一个题目的全部信息，也便于检查键入的正确性，有错时立即进行修改。

（3）特别是可以从界面上了解一个系统可以进行的全部功能，并了解如何操作。

进一步可以了解到还有下列优点：

（4）当键入内容较多时可以通过垂直滚动条上下左右移动，查看内容。

（5）对某一选项键入时，可利用下拉列表，从其中选中一项自动键入，从而节省键入时间，方便用户使用，也保证了正确性。例如，对于图 10-5 中的答题“对错”，如果要由用户键入“对”或“错”时，单击“对错”框相应的下拉列表框箭头，显示相应的下拉列表：“对”与“错”。用户只需单击所需的“对”或“错”，无需再键入汉字。

（6）可以提示输入数据的格式，如要在“题号”输入框内键入一个题目序号，当鼠标指针处于此输入框内时显示提示信息：“题号不超过 30”等，还可以加入数据合法性检查等。

（7）“确认”、“下一题”与“退出”等按钮设计成有立体感的按钮形式，使界面更为美观。

Windows 系统更引进了图标（图符）形式的界面，用一种图形符号表示一种功能，用鼠标单击（或双击）一个图标便能运行相应的软件，在桌面下方的状态栏中显示各个正在运行的任务，用户随时可进行任务间的切换。这种图形用户界面给用户带来了极大的方便。

古典型界面采用 C 语言就可以方便地实现，要实现时尚型界面，通常需要采用 C++语言，如 Microsoft VC++版本，或者 Borland C++ Builder 版本，都可以方便地实现时尚型界面。如果要采用 C 语言来实现时尚型界面，则需要自行编写相应的程序。本节将在后面重点讨论这个问题，为此需要了解界面的种类等。

10.1.3　界面的种类及实现方法

界面是人机交互的桥梁，界面的作用，就是让人通过界面来了解程序或系统可以做什么和怎样操作，并通过界面输入数据和显示输出计算结果，以及得到相关的信息。表明做什么的界面是功能性界面，而与输入和输出相关的界面是数据性界面。

例如，图 10-1 与图 10-4 所示的界面表明，用户可以进行 1 位数运算、2 位数运算、多位数运算与综合运算，当弹出多位数运算的 2 级菜单时，可以了解到能进行多位数的加法、减法、乘法、除法运算及综合运算等。这些界面是功能性界面，它们一般体现为菜单。图 10-3 与图 10-5 所示的界面表明输入的是题目的序号和题目的答案，而显示输出的是题目与正确答案，还可以显示输出总题目数与答对的题目数。这些界面是数据性界面。除了输入输出数据的界面外，还有提示性、警告性、说明性等界面，这些也可以看作是数据性界面。数据性界面一般体现为对话窗。因此，总体来说有两大类界面，即功能性界面与数据性界面，前者表现为菜单，后者表现为对话窗。

从设计风格来看，图 10-1 与图 10-3 所示界面是古典型风格的界面，仅包含文本，而图 10-4 与图 10-5 所示界面是时尚型风格的界面，一般是图形表示，甚至可以是图标。

10.2　古典型界面的设计与实现

10.2.1　C 语言程序实现的界面

古典型界面是简单的文本形式的界面，界面中仅包含文本，不包含图形。因此不论是功能性界面还是数据性界面，都可以用 C 语言中的输入输出语句实现。例如，图 10-1 所示界面只需用下列 C 语句就可以实现：

```
printf("\n          小学数学自测系统");
printf("\n 1.  1位数运算");
printf("\n 2.  2位数运算");
printf("\n 3.  多位数运算");
printf("\n 4.  综合运算");
printf("\n 5.  退出");
printf("\n 请选择要自测的运算，键入序号（1～5）：");
scanf("%d", &k);
```

当然，通常为了程序结构的清晰，往往把这个显示菜单的程序设计成函数定义。例如，

```
void DisplayMenu();
{  int k;
   printf("\n        小学数学自测系统");
   printf("\n 1.  1位数运算");
  …
   printf("\n请选择要自测的运算，键入序号（1～5）:");
   scanf("%d", &k);
}
```

为了能在调用程序中使用所键入的选项序号，k 必须设置为全局变量，或者设置为指针类型参数。这样的处理是不太合适的。可以利用函数返回所键入的值 k，把上面的函数定义修改如下：

```
int DisplayMenu();
{  int k;
   printf("\n    小学数学自测系统");
   printf("\n 1.  1位数运算");
   …
   printf("\n请选择要自测的运算，键入序号（1～5）: ");
   scanf("%d", &k);
   return k;
}
```

数据性界面可以类似地实现。

10.2.2 界面实现的要点

采用 C 语言实现古典型界面时，尽管简单也不能过分随意，同样必须作为总体设计的一个部分。界面要注意以下几方面：

1. 基于总体设计来设计界面

对于功能性界面，在明确系统要实现的功能的基础上，列出系统的功能层次结构，从而确定 1 级菜单与 2 级菜单等。对于大多数程序的编写来说，几乎都可采用同一个模板。而对于数据性界面，因系统各异，必须明确系统所涉及的数据及其结构，在此基础上设计界面。数学自测系统与 24 点游戏程序都是典型的例子。

2. 标题明确

对于任何界面，都应该很容易地看出现在正在处理什么。对于功能性界面，在次级子菜单中应该易于看出它的上一级菜单是什么，它是哪一个菜单的子菜单，这样不至于在后面的处理中引起混淆。例如，在综合运算时，能了解这是 1 位数还是多位数的运算。对于数据性界面，也要知道现在输入的数据是为完成什么功能所需要的。

3. 有效合法性检查

最好有检查输入数据合法性的措施，如检查键入的功能选项序号是否在给定的范围内，输入数据的值是否合法，类型是否正确等。这样可以避免因为输入错误而引起的运行结果不正确。例如，求平方根程序的输入不应该是负数，生成奇阶幻方程序的输入不应该是偶数等。

4. 界面清晰，美观

古典型界面是由输入输出语句来实现的，因此是一行一行进行的。一个显示屏一般是 25 行。显示信息要对齐，应适当利用空格或格式转换符。很可能几个实例的运行同时显示在显示屏上。因此要合理利用换行来分隔，使得看起来清晰。必要时使用清屏函数 clrscr，使得显示屏上显示的仅是一个实例。典型的例子是 24 点游戏程序。

10.3　时尚型界面的设计与实现

时尚型界面，一般是指具有 Windows 系统风格的界面。Windows 系统的重要特点是图形用户界面，用图形表示。功能性界面一般是菜单，可以是平拉式菜单，也可以是下拉式菜单。数据性界面，往往通过一些对话框进行输入输出，因此一般称为对话窗。显然，不论是功能性的还是数据性的界面，都是呈现为窗口的形式，甚至可以使用图标。因此，实现时尚型界面时需要利用图形。

C++语言作为 C 语言的扩充，它的支持环境是 VC++开发平台，一个特出特点是能够方便地设计并实现界面。但当采用 C 语言来实现时尚型界面时，必须由用户自行编写时尚型界面的实现程序。下面给出详细讨论，读者可以借此自行设计并实现各种不同领域的程序的相关时尚型界面。

按照用途，可以把与实现界面相关的函数分成两大类，一类是与实现窗口相关的函数，另一类是与实现菜单相关的函数。下面将分别称为窗口函数与菜单函数。C 语言本身并不包含关于窗口操作的命令，也不包含关于菜单操作的命令，C 语言支持环境（C 语言编译系统）也不提供界面设计的语句。为了能用 C 语言实现功能性界面（菜单）与数据性界面（对话框），程序编写人员应自行设计一组窗口函数和菜单函数。

10.3.1　窗口函数的设计与实现

时尚型界面沿用 Windows 系统的风格，即建立窗口，在其中显示平拉式功能主菜单，子菜单一般采用下拉式。数据的输入、查询与修改等通常在称为对话框的窗口中进行。在时尚型界面中，不论是菜单还是对话框，实际上都是一些窗口。因此，要实现界面，首先要考虑窗口函数的实现，分析窗口的组成与特性。

1. 外貌

一个窗口是显示屏上的一个封闭区域，一般是矩形。边框可以是单线也可以是双线。窗口中包含的文本，可以是英文字母、数字及其他各类 ASCII 编码字符，也可以是汉字，而且可以有字符颜色和背景颜色。

2. 位置与大小

窗口的位置与大小取决于 4 个顶点、4 条边，或区域范围。一个顶点的位置由横坐标与纵坐标 2 个参数确定，一个边则由 2 个端点的位置确定，需 4 个参数，因此，最简单的是由区域范围确定窗口的位置与大小，此时只需 4 个参数，即横坐标的起始位置与终止位置，纵坐标的起始位置与终止位置。

3. 特征

为了区别不同的窗口，引进窗口标志号，相当于序号。不同的标志号，对应于不同的窗口。为了表明一个窗口的用途或特性等，可以给窗口加标题。

4. 激活

在建立一个窗口后，这个窗口并不是立即处于工作状态，必须激活后才能成为当前工作窗口，这时显示此激活窗口，从而覆盖此窗口所占区域的原有显示内容，这时应该保存被覆盖的内容，以便在此窗口变为不被激活的状态时恢复。

一个窗口的最基本元素应该包含：

（1）标志：这是一个序号，用于各个窗口相互区别。

（2）位置与大小：由区域指定。按文本方式，显示屏通常是 25 行 80 列。窗口位置示意如图 10-6 所示，它由 4 个参数 beginx、beginy、endx 与 endy 确定位置与大小，它们分别是起始的列与行和终止的列与行。

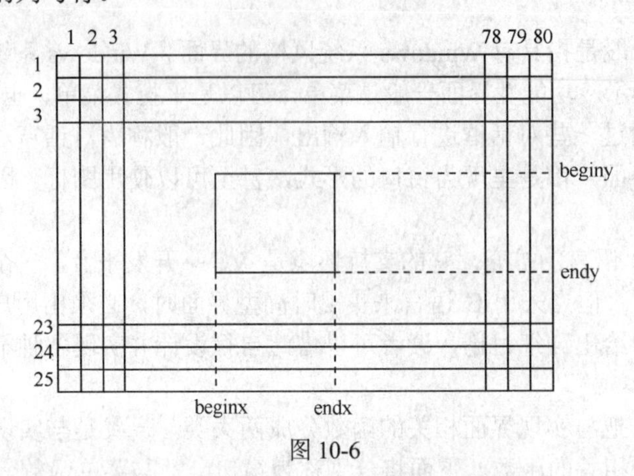

图 10-6

由图 10-6 可见，这 4 个参数完全确定了此窗口的位置与大小，且 4 个顶点的坐标分别是：左上角(beginx，beginy)、右上角(endx，beginy)、左下角(beginx，endy)与右下角(endx，endy)。为了指明窗口的边框是单线还是双线，可以用一个特征变量 tag 来记录。例如，tag 是 1 时表示双线边框，tag 是 0 时表示单线边框。

（3）标题：指明这一窗口的名称，如“小学数学自测系统”。

（4）存储保护区：当激活一个窗口时，此窗口处于工作状态，显示在显示屏上，这时显示屏这一区域中的原有内容将被覆盖。因此需要为窗口分配相应大小的存储区域，以存放（保护）此窗口中的原有内容，以便此窗口不再激活时能恢复原有的内容。

窗口的数据结构类型可设计如下：

```
struct win_frame
{ int startx,starty,endx,endy;          /* 4 边围成的区域 */
  int curx,cury;                        /* 进行输入输出的当前相对位置 */
  unsigned char *p;                     /* 为窗口所分配存储区域的指针 */
  int  active;                          /* 窗口是否激活的标志 */
  char *header;                         /* 标题指针 */
  int flag;                             /* 单双线边框的标志 */
};
```

窗口变量可以定义为如下数组：

```
struct win_frame wframe[MAX_FRAME];
```

序号为 1 的窗口对应于 wframe[1]，序号为 2 的窗口对应于 wframe[2]等。

基于前面的讨论，关于窗口操作可定义如下一些基本函数。

1. 建立窗口

原型：`int make_win(int id,char *header,int startx,int starty, int endx,int endy,int flag);`

功能：建立一个窗口，id 为窗口的标志号，它的标题为 header 指向的内容；startx、starty、endx 与 endy 指明窗口的区域范围，即起始的列与行及终止的列与行；flag 是标志，当为 1 时画双线边框，当为 0 时画单线边框。

例如，下列函数调用：

```
make_win(31, " ",16, 6, 30, 6, 0);
```

将建立标志号是 31 的窗口；无标题；其区域范围是 startx=16、starty=6、endx=30 与 endy=6；flag=0，是单线边框。

注意　make_win 函数实际上仅设置关于窗口的一些参数值。窗口并没显示在显示屏上，换句话说，没有被激活。要使一个窗口是当前工作窗口，必须调用下列 win 函数来激活。

2. 激活窗口

原型：`void win(int id,int background_color,int char_color);`

功能：以背景颜色 background_color 及字符颜色 char_color 显示并激活标志号为 id 的窗口，此时窗口的背景有 background_color 指明的颜色，而字符有 char_color 指明的颜色。

当激活窗口时，显示边框与标题，并为保护原有内容而分配存储区域。

例如，下列函数调用：

```
win(31, LIGHTCYAN,WHITE);
```

将激活标志号是 31 的窗口；显示的背景颜色是 LIGHTCYAN（淡青色）；字符颜色是 WHITE（白色）。

3. 停止激活窗口

原型：`void deactive(int id);`

功能：使标志号为 id 的窗口不再是激活的。这时在恢复原覆盖内容后收回为该窗口分配的存储保护区。

例如，下列函数调用：

```
deactive(31);
```

将使标志号是 31 的窗口不再激活。

4. 显示窗口边框

原型：
```
void draw_border(int startx, int starty, int endx, int endy,
                 int background_color, int char_color,
                 int flag);
```

功能：显示窗口的边框，其中参数 startx、starty、endx 与 endy 指明窗口边框的区域范围；flag 是标志参数，指明是双线边框还是单线边框；其余参数的意义同前。

例如，下列函数调用：

```
draw_border(16, 6, 30, 6, LIGHTGRAY, BLACK, 0);
```

将以背景颜色 LIGHTGRAY（淡灰色）与字符颜色 BLACK（黑色）显示区域范围是 startx=16、starty=6、endx=30 与 endy=6 的窗口边框；flag=0，是单线边框。

5. 显示窗口画面

原型：
```
void draw_face(int startx, int starty, int endx, int endy,
               int background_color);
```

功能：显示窗口画面，其中参数 startx、starty、endx 与 endy 指明窗口的区域范围；background_color 指明背景颜色。

例如，下列函数调用：

```
draw_face(5, 4, 75, 22, RED);
```

将以背景颜色 RED（红色）显示区域范围是 startx=5、starty=4、endx=75 与 endy=22 的窗口画面。

6. 显示窗口标题

原型：`void display_header(int id,int background_color,int char_color);`

功能：显示窗口标题，其中参数 id 指明窗口的标志号；background_color 指明背景颜色；char_color 指明字符颜色。

例如，下列函数调用：

```
display_header(1, LIGHTCYAN,WHITE);
```

将以背景颜色 LIGHTCYAN 和字符颜色 WHITE 显示标志号是 1 的窗口的标题。一般来说，此背景颜色与字符颜色是在激活此窗口时确定的，而标题是在建立此窗口时确定的。

窗口的边框与标题通过调用字符串输出函数 w_string 来实现。

7. 输出字符串

原型：
```
void w_string(int x, int y, char *str, int background_color,
              int char_color, int direct, int kind);
```

功能：从位置(x,y)处开始，以背景颜色 background_color 与字符颜色 char_color 输出指针变量 str 指向的字符串。其中参数 direct 指明是纵向输出还是横向输出；kind 则指明输出的是汉字字符还是西文字符。

例如，下列函数调用：

```
w_string(33, 4, " 小学数学自测系统",LIGHTCYAN, BLACK, 0,1);
```

将从 x=33（列）与 y=4（行）的位置处开始，以背景颜色 LIGHTCYAN 与字符颜色 BLACK，从左到右地显示输出汉字字符串“小学数学自测系统”。

如果要在窗口中当前位置处输出字符或字符串，则可以设计相应的函数 win_putchar 与 win_puts。

8. 窗口当前位置处输出字符

原型：
```
int win_putchar(int id, char ch, int background_color,int char_color);
```

功能：在标志号为 id 的窗口当前位置上，以背景颜色 background_color 与字符颜色 char_color 输出字符 ch。

例如，下列函数调用：

```
win_putchar(1,'+', LIGHTCYAN, BLACK);
```

将在标志号为 1 的窗口中当前位置处，以背景颜色 LIGHTCYAN 与字符颜色 BLACK 输出字符+。

9. 窗口当前位置处输出字符串

原型：
```
int win_puts(int id, char *s, int background_color, int char_color);
```

功能：在标志号为 id 的窗口当前位置上，以背景颜色 background_color 与字符颜色 char_color 输出指针变量 s 指向的字符串。

例如，下列函数调用：

```
win_puts(1," 欢迎使用小学数学自测系统",CYAN,RED);
```

将在标志号为 1 的窗口中从当前位置处开始，以背景颜色 CYAN 与字符颜色 RED 输出字符串“欢迎使用小学数学自测系统”。

上述输出函数可以在窗口中进行输出。在对话框中往往需要进行输入，这时需要相应的输入函数。可以设计在窗口的当前位置处进行输入的函数 win_getc 与 win_gets，它们的原型分别如下。

10. 窗口当前位置处输入字符

原型：
```
int win_getc(int id, int background_color, int char_color);
```

功能：在标志号为 id 的窗口中当前位置处，以背景颜色 backgound_color 与字符颜色 char_color 输入字符，函数回送所输入的字符。

例如，下列函数调用：

```
ch=(char)win_getc(31,LIGHTCYAN,WHITE);
```

将以背景颜色 LIGHTCYAN 与字符颜色 WHITE，在标志号为 31 的窗口中当前位置处输入一个字符，把所输入字符赋给 char 型变量 ch。

11. 窗口当前位置处输入字符串

原型：`char *win_gets (int id, char *s, int background_color, int char_color);`

功能：在标志号为 id 的窗口中当前位置处，以背景颜色 background_color 与字符颜色 char_color 输入一个字符串到指针变量 s 指向的位置中。

例如，下列函数调用：

```
win_gets(31,s,LIGHTCYAN,WHITE);
```

将以背景颜色 LIGHTCYAN 与字符颜色 WHITE，在标志号为 31 的窗口中当前位置处输入一个字符串，把所输入字符串传输到 s 指向的位置中。

12. 窗口翻页

原型：`int fwin_more(int id,int background_color, int char_color, int buflimit, int start);`

功能：当在标志号 id 的窗口中显示的内容有 buflimit 行，超过窗口的最大行数时，显示提示信息："PgUp 上翻一页 PgDn 下翻一页↑上拉一行↓下拉一行 ESC 退出"，按相应的键，进行上下拉 1 行或上下翻页，以查看其余的内容。其中，start 是起始行号。

例如，下列函数调用：

```
fwin_more(1,CYAN,RED,buf_index,1);
```

当 buf_index 的值超过标志号为 1 的窗口最大行数时，根据显示的提示信息，按↓键进行下拉 1 行，或按 PgDn 键下翻 1 页等。

注意，显示内容所在的处所是一个全局字符串数组 file_buf，它定义如下：

```
char file_buf[25][80];
```

即显示的例如是 file_buf[k]。在一般情况下，为显示任意字符串数组中的内容，可以增加一个字符指针类型参数，如 file_buf，把原型改为：

```
int fwin_more(int id,int background_color, int char_color,
                    char *file_buf[], int buflimit, int start);
```

这样，通过参数 file_buf，可以显示任意的字符串数组。

13. 光标定位

原型：`int win_xy(int id,int x,int y);`

功能：把光标定位在标志号为 id 的窗口中相对位置(x,y)处。

例如，下列函数调用：

```
win_xy(31,0,0);
```

把光标定位在标志号为 31 的窗口的左上角。当此窗口仅 1 行时，定位在左端开始处。

14. 不激活窗口

原型：void deactive(int id);

功能：使标志号为 id 的窗口不再激活。

例如，下列函数调用

```
deactive(31);
```

使标志号为31的窗口不再被激活，而不再显示在界面上。

除了上面所列的与窗口相关的操作，对窗口还可以进行一些其他操作，如窗口中光标位置上移与下移，清除窗口内容等，可对它们设计相应的函数。

有了这些基本函数就可以设计数据性界面——对话框。

例 10.1　数据性界面的例子。

例如，可有如下的display_dialog函数定义：

```
void display_dialog(char *kind, int n)
{  char s[30]="", num[5];
   draw_face(5,3,75,22, RED);
   make_win(1, kind, 5,3,75,22, 0);
   win(1,LIGHTGRAY, BLACK);
   itoa(n,num,10);
   strcpy(s, "题目序号从 1到"); strcat(s,num);
   draw_face(34, 4, 49, 4, LIGHTCYAN);
   w_string(34, 4, s,LIGHTGRAY, BLACK, 0,1);
   w_string(7,6,"题目序号",LIGHTGRAY, BROWN, 0, 1);
   make_win(31, "",16, 6, 30, 6, 0);
   win(31, LIGHTCYAN,WHITE);
   w_string(7, 8, "题 目",LIGHTGRAY, BROWN, 0,1);
   make_win(32, "",16, 8, 40, 8, 0);
   win(32, LIGHTCYAN, WHITE);
   w_string(7, 10, "答 案1",LIGHTGRAY, BROWN, 0,1);
   make_win(33, "",16, 10, 20, 10, 0);
   win(33, LIGHTCYAN,WHITE);
   make_win(36, "",30, 10, 40, 10, 0);
   win(36, LIGHTCYAN,WHITE);
   w_string(7, 12, "答 案2",LIGHTGRAY, BROWN, 0,1);
   make_win(34, "",16, 12, 20, 12, 0);
   win(34, LIGHTCYAN,WHITE);
   make_win(37, "",30, 12, 40, 12, 0);
   win(37, LIGHTCYAN,WHITE);
   w_string(7, 14, "答 案3",LIGHTGRAY, BROWN, 0,1);
   make_win(35, "",16, 14, 20, 14, 0);
   win(35, LIGHTCYAN,WHITE);
   make_win(38, "",30, 14, 40, 14, 0);
   win(38, LIGHTCYAN,WHITE);
   w_string(7, 16, "正确答案",LIGHTGRAY, BROWN, 0,1);
   make_win(39, "",16, 16, 20, 16, 0);
   win(39, LIGHTCYAN,WHITE);
   w_string(7, 18, "总题目数",LIGHTGRAY, BROWN, 0,1);
   make_win(40, "",16, 18, 20, 18, 0);
   win(40, LIGHTCYAN,WHITE);
   w_string(30, 18, "正确题数",LIGHTGRAY, BROWN, 0,1);
   make_win(41, "",40, 18, 44, 18, 0);
   win(41, LIGHTCYAN,WHITE);
}
```

当执行函数调用

```
display_dialog(“综合运算,30)
```

将显示如图 10-7 所示的综合运算界面。

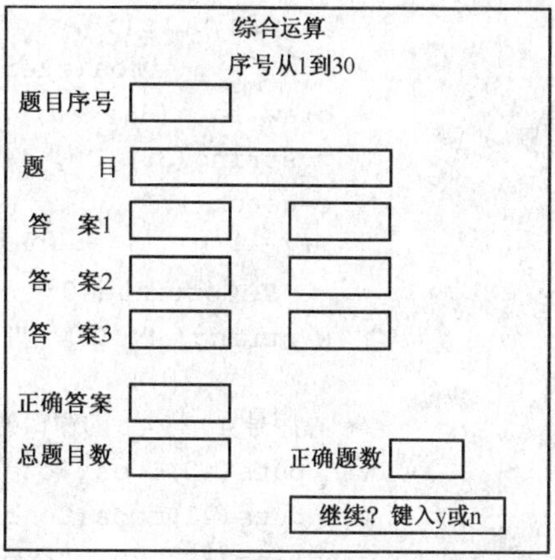

综合运算
序号从1到30
题目序号
题　　目
答　案1
答　案2
答　案3
正确答案
总题目数　　　　正确题数
继续？键入y或n

图 10-7

display_dialog 函数定义中的参数 kind 指明是哪一个子功能，如 1 位数加法运算，综合运算等，参数 n 指明此类题目的总个数。

用户可以在标志号为 31 的窗口中输入题号，在标志号为 32 的窗口中自动显示题目。一次答题最多允许答 3 次，这时在标志号为 33 的窗口中输入答案，在标志号为 36 的窗口中自动显示“正确”或“错误”。如果答错，可以在标志号为 34 的窗口中再次输入答案。这时在标志号为 37 的窗口中自动显示“正确”或“错误”。如果再次答错，在标志号为 35 的窗口中再次输入答案。这时在标志号为 38 的窗口中自动显示“正确”或“错误”。如果 3 次全部答错，则在标志号为 39 的窗口中自动显示正确答案。可写出调用此函数定义并显示界面的程序轮廓如下：

```
置初值;
清屏;
IsContinue=1;
display_dialog("综合运算", 题目总数);
while(IsContinue)
{
  调用函数 win_cls( i, LIGHTCYAN)，清空序号 i=31 到 41 的窗口;
  while(1)
  {   调用函数 win_xy 定位到序号是 31 的窗口左端;
      调用函数 win_gets 从序号 31 的窗口处输入题目序号，赋给变量 number;
      k=atoi(number);                         /* 从字符串转换为 int 型;
      if(1<=k && k<=题目总数)
        break;
      else
        调用函数 win_cls(31,LIGHTCYAN)清空序号 31 的窗口;
  }
  win_puts(32,exercise4[k].exercise, LIGHTCYAN, BLACK); /* 显示题目 */
  选题总数加 1;
  IsError=1;
  for(i=33; i<=35; i++)
  {  win_gets(i,answer, LIGHTCYAN,BLACK);
     j=atoi(answer);
     if(exercise4[k].answer==j)        /* 判别答案是否正确 */
     {  win_puts(i+3,"正确!",LIGHTGRAY, BLACK);
        IsError=0;
        答对题目数加 1;
        break;
     } else
        win_puts(i+3 ,"错误!",LIGHTGRAY, BLACK);
  }
  if(IsError)                  /* 有错时在序号 39 的窗口处显示正确答案 */
```

```
        win_puts(39,
                itoa(exercise15[k].answer,number,10),LIGHTCYAN,WHITE);
      draw_face(38, 20, 54, 20, LIGHTCYAN);
      w_string(38, 20, "继续? 键入 y 或 n",LIGHTGRAY, BLACK, 0,1);
      c=getch();
      if(c=='N' || c=='n')
         IsContinue=0;
      w_string(38, 20, "                ", RED, BLACK, 0,1);
    }
    /* 在序号 40 与 41 的窗口处分别显示答题总数与答对题数 */
    win_puts(40,itoa(TotalNum,number,10),LIGHTCYAN,WHITE);
    win_puts(41,itoa(CorrectNum,number,10),LIGHTCYAN,WHITE);
    w_string(38, 20, "按 enter 键结束   ",LIGHTGRAY, BLACK, 0,1);
    getch();
    for(i=31; i<=41; i++)          /* 让序号 31 到 41 的所有窗口不再是激活的 */
      deactive(i);
```

由于显示对话框后，此对话框处原有的内容全部被覆盖，为了在结束综合运算之后保持原有内容不变，需要先保存，然后恢复，这需要在上述程序轮廓的最前面与最后面分别执行函数调用:

```
gettext(5, 2, 75, 22,store);        /* 保存区域内容到 store */
```

与

```
puttext(5, 2, 75, 22,store);        /* 从 store 恢复区域内容 */
```

这两个函数是 C 语言编译系统的函数，原型分别如下:

```
int gettext( int left, int top, int right, int bottom, void *destin);
```

与

```
int puttext( int left, int top, int right, int bottom,  void *source);
```

其中，left、top、right 与 bottom 分别指明区域的左边界、上边界、右边界与下边界。而 destin 与 source 分别是为保护窗口而将其存放到的存储区域的指针与为恢复窗口而从那里取的存储区域的指针，存储区域的大小由 4 个边界决定，即总共占用(right-left+1)×(bottom-top+1)个字节。例如，上述例子中，存储区域的大小是(75-5+1)×(22-2+1)=1491 个字节。

上述界面中的输入与输出，很容易用窗口输入输出函数 w_string、win_gets 与 win_puts 实现。

从设计上述数据性界面给出的程序中，不难看出应该定义的数据结构，包括自测题目库，以及控制程序运行的一些特征变量等，请读者自行补充，完成可运行的小学数学自测系统程序的编写。

窗口函数的实现一般来说是容易的，其要点是:

（1）根据分析，确定窗口的数据结构。

（2）明确函数的功能，明确要完成哪些事，要得到什么样的效果，确定编程思路。

例如，激活窗口的 win 函数，需要确定窗口区域位置与大小、画出窗口边框、保护覆盖区域的内容，并把光标定位到窗口的当前位置处，因此，对照前面给出的关于窗口的数据结构，可以实现（定义）win 函数如下:

```
void win(int id,int background_color,int char_color)
{  int startx,starty,endx,endy;
```

```
    startx=wframe[id].startx; starty=wframe[id].starty;
    endx=wframe[id].endx;     endy=wframe[id].endy;
    if(starty!=endy)
      if(wframe[id].flag)          /* flag=1 时显示双线边框 */
      {  startx--; starty--; endx++; endy++;}
      if(!wframe[id].p)            /* 未分配存储保护区 */
      {  wframe[id].p=(unsigned char *)
                    malloc(2*(endx-startx+1)*(endy-starty+1));
         if(!(wframe[id].p))       /* 未能分配时，终止程序运行 */
          exit(1);
      }
      gettext(startx,starty,endx,endy,wframe[id].p);/*保护覆盖区域*/
      if(starty!=endy))
        draw_border(startx,starty,endx,endy,
                 background_color,char_color,wframe[id].flag);
      if(strcmp(wframe[id].header,"")) /* 有标题 */
        display_header(id,background_color,char_color);
      startx=wframe[id].startx+wframe[id].curx;
      starty=wframe[id].starty+wframe[id].cury;
      gotoxy(startx, starty);
  }
```

其中利用了 C 编译系统的系统函数 gotoxy 与 gettext。相应地，给出 deactive 函数的实现（定义）如下：

```
  void deactive(int id)
  {  wframe[id].curx=0;    wframe[id].cury=0;
     if(wframe[id].p)              /* 分配有保护覆盖区域内容的存储区 */
     {  if(wframe[id].flag)        /* 按边框恢复覆盖区域 */
          puttext( wframe[id].startx-1,wframe[id].starty-1,
                   wframe[id].endx+1,wframe[id].endy+1,wframe[id].p);
        else
          puttext(wframe[id].startx,wframe[id].starty,
                  wframe[id].endx,wframe[id].endy,wframe[id].p);
        free(wframe[id].p);        /* 释放保护用存储区 */
        wframe[id].p=NULL;
     }
  }
```

其中利用了 C 编译系统的系统函数 puttext。

在调用 win 函数时要利用 C 编译系统定义的关于颜色的系统常量。在头文件 conio.h 中给出了它们的定义如下：

```
  enum COLORS
  {   BLACK,          /* 深色 */
      BLUE,
      GREEN,
      CYAN,
      RED,
      MAGENTA,
      BROWN,
      LIGHTGRAY,
      DARKGRAY,       /* 浅色 */
      LIGHTBLUE,
      LIGHTGREEN,
```

```
    LIGHTCYAN,
    LIGHTRED,
    LIGHTMAGENTA,
    YELLOW,
    WHITE
};
```

这些枚举值的含义是清楚的，不再一一说明。

在实现关于窗口的函数时，请特别关注窗口中字符输入函数 win_getc。

输入的字符可以是通常可见的字母、数字字符，也可以是一些控制字符与编辑用的不可见字符，包括回车字符、向后空格字符、ESC 字符，以及左右移键字符←与→等。在实现某些功能输入字符时，必须识别出这些不可见字符，按它们的作用分别处理。从编码值来看，常用的不可见字符有两类，一类是编码值小于 256 的，另一类是编码值大于 256 的。如何区别？考虑字符的存放及编码情况，存放字符的字节图示如下：

ε_{15}	…	ε_8	ε_7	…	ε_0

由上图可见，回车字符等编码值小于 256 的字符，编码仅占 $\varepsilon_7 \cdots \varepsilon_0$，其余 8 位 $\varepsilon_{15} \cdots \varepsilon_8$ 全为 0，即左字节是 0，而左右移键字符等的编码值大于 256 的字符，编码仅占 $\varepsilon_{15} \cdots \varepsilon_8$，其余 8 位 $\varepsilon_7 \cdots \varepsilon_0$ 全为 0，即右字节是 0。

这里给出可能使用的字符编码，如表 10-1 所示。其中每个字符占 16 个二进位，分成左右 2 个字节。

表 10-1

字符	左字节	右字节	字符	左字节	右字节	字符	左字节	右字节
backspace	0	8	↑	72	0	home	71	0
tab	0	9	←	75	0	pgup	73	0
enter	0	13	→	77	0	end	79	0
esc	0	27	↓	80	0	pgdown	81	0

这些字符的编码值如何确定，建议读者自行编写一个程序上机试验。这样将可以确定更多字符的编码值。

一个字符的左字节中非 0，字符的编码值实际上是左字节中值的 2^8=256 倍，如左移键字符的编码值是 75×256=19200，而右移键字符的编码值是 77×256=19712。

概括起来，判别字符的思路如下：先输入右字节字符，当是 0 时再输入左字节字符，进一步判别是什么字符。程序片断如下：

```
c1=getch();              /* 输入右字节字符 */
if(!c1) c2=getch();      /* 输入左字节字符 */
if(c1)
{  /*  对 c1≠0（包括回车键、向后空格键与 Esc 键等）字符的处理 */
   ⋮
}  else
{  /*  对 c1=0（包括左右移键等）字符的处理 */
   switch(c2)
   {  case 75:        /* 左移键 */
         if(wframe[id].curx!=0) wframe[id].curx--;
         else
```

```
            if(wframe[id].cury!=0)
            {  wframe[id].curx=wframe[id].endx-wframe[id].startx;
               wframe[id].cury--;
            }
          break;
        case 77:        /* 右移键 */
          if(wframe[id].curx!=wframe[id].endx-wframe[id].startx)
             wframe[id].curx++;
          else
            if (wframe[id].cury!=wframe[id].endy-wframe[id].starty)
            { wframe[id].cury++; wframe[id].curx=1; };
          break;
        ⋮
    }
    ⋮
}
```

为了直观，可以使用宏定义来定义 LEFT 与 RIGHT 等符号常量，例如，

```
#define  LEFT   -10
#define  RIGHT  -11
```

当输入字符时，如果识别出输入的是左移键字符，返回符号常量 LEFT，然后在输入字符的函数内对 LEFT 作相应的处理。但请注意，这样定义并不是说左移键字符与右移键字符的编码值就是-10 与-11。它们仅是在判别出是左右移键字符时回送的符号常量，以此符号常量代替实际的左右移键字符，从而提高程序的可读性。

10.3.2　菜单函数的设计与实现

现在考虑菜单函数的设计。类似地，首先分析菜单的组成与特性。

1. 外貌

一个菜单是显示屏上的一个封闭区域，一般是矩形，其边框是单线。菜单由若干个选项组成，选项的宽度由其中的字符（选项名称）个数确定，因此各个选项的宽度可以是不同的。选项有字符颜色和背景颜色，通常都是相同的，只有当运行时选中某选项，此选项的颜色可以改变以区别于未选中的其他选项。菜单可以是平拉式菜单，也可以是下拉式菜单。

2. 位置与大小

平拉式菜单一般在显示屏的上方，位置与大小由起始行列位置及总宽度确定，下拉式菜单的位置通常由所属平拉式菜单相应选项的位置确定，即在平拉式菜单的相应选项的下方。宽度通常与相应选项的宽度相同，但为实现简单起见，也需要指明起始行列位置。另外还需指明下拉式菜单的选项个数与总高度。

3. 特征

为了区别不同的菜单，引进菜单标志号，即序号。不同的标志号，对应于不同的菜单。为了便于用户理解选项的含义，关于菜单选项可以给出说明信息，说明此选项的功能，此说明信息通常显示在界面的最下方一行。还可以给出快捷键，这是字母键，如对于 1 位数运算，快捷键可以定为字母 o（one），对于 2 位数运算，快捷键可以定为字母 t(two) ，多位数运算的快捷键可以定为字母 m(multi)，而综合运算的快捷键可以定为字母 s(synthesis)等。

4. 激活

在建立一个菜单后，这个菜单并不是立即处于工作状态，而是仅仅设置了菜单的参数，必须激活才能显示此菜单，并使其成为当前工作菜单。这时将覆盖此菜单所占区域的原有显示内容，应该保存被覆盖的内容，以便在此菜单变为不被激活的状态时恢复。

一个菜单的最基本元素应该包含：

（1）标志号：这是一个序号，用于各个菜单相互区别。

（2）位置与大小：菜单实际上也是一个窗口，因此，它的位置与大小同样由 4 个参数 beginx、beginy、endx 与 endy 确定，只是平拉式菜单通常在一行上，因此，beginy 与 endy 是相同的。

（3）被选选项的标志：当激活一个菜单，并选中某个选项时，此选项将呈现与其他未被选中的选项不同的外观，一般是颜色上有所不同。当下次再选时，从这一选项开始上下左右移动，选择下一选项，因此，应该记录当前所选选项的序号。

(4) 存储保护区：当激活一个菜单时，此菜单处于工作状态，显示在显示屏上，这时显示屏这一区域中的原有内容将被覆盖。因此，与窗口一样，需要为菜单分配相应大小的存储区域，存放（保护）此菜单位置中的原有内容，以便此菜单不再激活时能恢复原有的内容。

可以设计菜单的数据结构类型如下：

```
struct menu_frame
{  int startx,endx,starty,endy;        /* 菜单的位置与大小 */
   unsigned char *p;                   /* 存储保护区的指针 */
   char * *menu, * *inter, *keys;      /* 菜单选项、解释与快捷键 */
   int bar;                            /* 当前所选选项的序号 */
   int length, high, count;            /* 宽度，高度，选项个数 */
};
```

菜单变量可以定义为如下的数组：

```
struct menu_frame mframe[MAX_FRAME];
```

MAX_FRAME 是可允许的最大菜单个数，它是常数值，如前所述，由宏定义确定。标志号为 1 的菜单对应于 mframe[1]，标志号为 2 的菜单对应于 mframe[2]等。

基于前面的讨论，可以关于菜单操作定义如下一些基本函数。

1. 建立平拉式菜单

原型：

```
void make_level_menu(int id,char *menu[ ],char *info[ ],
                     char *keys, int count, int startx, int starty,
                     int menu_width);
```

功能：建立平拉式菜单，其中 id 为所创建菜单的标志号；menu 是字符串数组，指明各选项名；info 也是字符串数组，给出对各选项的相应解释信息；keys 规定各选项的快捷键；count 为选项个数；startx 与 starty 分别指明该菜单的起始列号与行号；menu_width 指明菜单的宽度（总字符数）。

平拉式菜单示意图如图 10-8(a)所示，它由 3 个参数 beginx、beginy 与 width 确定位置与大小，它们分别是起始的列、行和总宽度。在这里并没有给出终止列号 endx 与行号 endy，而是仅给出总宽度 menu_width，这是由于平拉式菜单通常是在一行上。

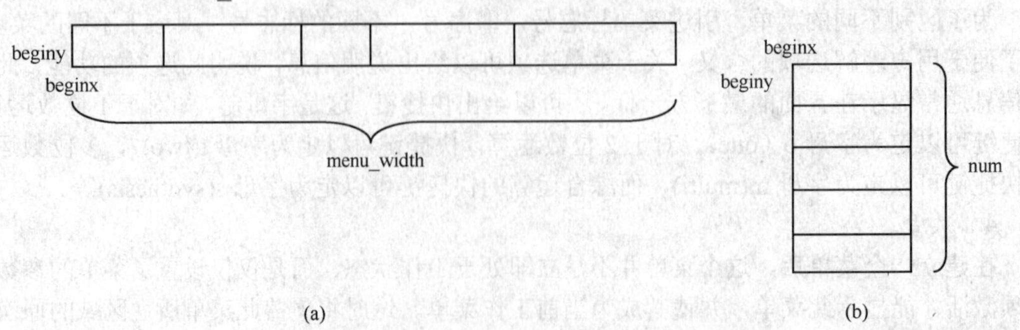

图 10-8

例如，下列函数调用：

```
make_level_menu(0,mainfun,maininter,"otmshq",6,1,1,80);
```

将建立标志号为 0 的平拉式菜单，其区域范围是 startx=1、starty=1 与 menu_width=80。选项个数是 count=6，这些选项名由 mainfun 指明，对选项的解释由 maininter 给出，它们可以分别定义如下：

```
char *mainfun[]={ "o 1位数运算", "t 2位数运算","m 多位数运算",
                  "s 综合运算", "h 帮助"," q 退出系统",NULL};
char *maininter[]={" 进行1位数算术运算", " 进行2位数算术运算",
                   " 进行多位数算术运算"," 进行综合算术运算",
                   " 系统帮助信息", " 退出系统",NULL};
```

其中的字符串“otmshq”是快捷键字符串，每个字母相应的键是快捷键，按出现的顺序，分别与相应的选项相联系，如第 2 个字母 t 与第 2 个选项“2 位数运算”对应。

注意　make_level_menu 函数实际上仅设置关于平拉式菜单的一些参数值，并未显示在显示屏上，要使一个平拉式菜单作为当前工作的菜单，必须调用函数 pull_level_menu 来激活。

2. 建立下拉式菜单

原型：

```
void make_down_menu( int id,char *menu[ ],char *info[ ],
                     char *keys,int count,int startx, int starty,
                     int menu_high);
```

功能：创建下拉式菜单，其中各个参数的解释同 make_level_menu，区别仅是 make_down_menu 建立下拉式菜单，因此最后的参数不是宽度而是高度。

下拉式菜单示意图如图 10-8(b)所示，它由 3 个参数 beginx、beginy 与 num 确定位置与大小，它们分别是起始的列、行和高度。

例如，下列函数调用：

```
make_down_menu(3,fun3,inter3,"asmd",4,44,2,4);
```

将建立序号为 3 的下拉式菜单，其区域范围是 startx=44、starty=2 与 menu_high=4。选项个数是 count=4，选项名由 fun3 指明，对选项的解释由 inter3 给出，它们可以分别定义如下：

```
char *fun3[]={"a 加法运算","s 减法运算","m 乘法运算",
              "d 除法运算","t 综合运算", NULL};
char *inter3[]={" 多位数加法运算", " 多位数减法运算",
                " 多位数乘法运算"," 多位数除法运算",
                " 多位数综合运算", NULL};
```

注意　make_down_menu 函数同样仅设置关于下拉式菜单的一些参数值，并未显示在显示屏上，要使一个下拉式菜单是当前工作菜单，必须调用函数 pull_down_menu 来激活。

3. 激活平拉式菜单

原型：

```
int pull_level_menu(int id,int background_color,
                    int char_color,int selected_item_color,
                    int selected_char_color);
```

功能：显示标志号为 id 的平拉式菜单，并进行选定选项。对选定的选项采用指定的背景色 selected_item_color 及字符颜色 selected_char_color，所有其他未选项都以 background_color 与 char_color 为背景颜色和字符颜色。函数回送所选定选项的序号。为了在平拉式菜单不再激活时恢复此菜单覆盖区域的原有内容，需要分配相应大小的存储区域保存原有内容。

例如，下列赋值语句中的函数调用：

```
Main_sel=pull_level_menu(0,WHITE,BLACK,GREEN,BLACK);
```

将激活标志号为 0 的菜单，并由用户选定一个选项，所选定选项的背景颜色是 GREEN，字符颜色是 BLACK，而所有其他未选项的背景颜色是 WHITE，字符颜色是 BLACK。函数回送所选定选项的序号，把它赋给左部变量 Main_sel，通过对 Main_sel 值的判别，进行相应的处理。

4. 激活下拉式菜单

原型：
```
int pull_down_menu(int id,int background_color,
                   int char_color,int selected_item_color,
                   int selected_char_color);
```

功能：显示标志号为 id 的下拉式菜单，并进行选定选项。除了显示的是下拉式菜单外，对此函数参数的解释均与 pull_level_menu 相同。

例如，下列赋值语句中的函数调用：

```
selection=pull_down_menu(3,WHITE,BLACK,LIGHTGREEN,BLACK);
```

将激活标志号为 3 的菜单，并由用户选定一个选项，所选定选项的背景颜色是 LIGHTGREEN，字符颜色是 BLACK，而所有其他未选项的背景颜色是 WHITE，字符颜色是 BLACK。函数回送所选定选项的序号，把它赋给变量 selection，通过对 selection 值的判别，进行相应的处理。

5. 显示平拉式菜单

原型：
```
void display_level_menu(int id,int startx,int starty,int count,
                        int background_color,int char_color);
```

功能：显示序号为 id 的平拉式菜单，对各个参数的解释同前。

在实现激活平拉式菜单时，需要调用此函数。

例如，下列函数调用：

```
display_level_menu(0,1,1,6,LIGHTGRAY,BLACK);
```

将显示标志号为 0 的平拉式菜单，起始列是 1 列，起始行是 1 行，选项个数是 6，以背景颜色 LIGHTGRAY 与字符颜色 BLACK 显示。

6. 显示下拉式菜单

原型：
```
void display_down_menu(int id,int startx,int starty,int count,
                       int background_color,int char_color);
```

功能：显示标志号为 id 的下拉式菜单，对各个参数的解释同前。

在实现激活下拉式菜单时，需要调用此函数。

例如，下列函数调用：

```
display_down_menu(3, 44,2,4,LIGHTGRAY,BLACK);
```

将显示标志号为 3 的下拉式菜单，起始列是 44 列，起始行是 2 行，选项个数是 4，以背景颜色 LIGHTGRAY 与字符颜色 BLACK 显示。

7. 选定菜单选项

原型：
```
int get_resp(int id,int background_color,int char_color,
             int selected_item_color,int selected_char_color);
```

功能：选定标志号为 id 的菜单上的一个选项，并使此选定项按指定的背景颜色 selected_item_color 与字符颜色 select_char_color 显示，对其他参数的解释同前。

此函数在激活菜单时调用，回送选定项的序号。

例如，下列赋值语句中的函数调用：

```
choice=get_resp(0,WHITE,BLACK,LIGHTGREEN,BLACK);
```

将回送标志号是 0 的菜单中所选定选项的序号。此序号将赋给左部变量 choice，然后根据它的值进行相应选项的处理。

8. 恢复被保护存储区域

原型：`void restore_pdmenu(int id, int flag_of_released);`

功能：恢复标志号为 id 的下拉式（子）菜单所覆盖区域的原有内容,其中参数 flag_of_released 是特征参数，其值为 1 时释放为保护而分配的存储区域，其值为 0 时仍然不释放为保护而分配的存储区域，因此保留所保护的原有内容。

9. 判别快捷键

原型：`int is_in(char *s, char c);`

功能：判别所键入的字母是否为一个菜单的快捷键。如果是快捷键，回送此快捷键在快捷键字母串中的序号，也即选项的序号；否则，回送值 0。

此函数在函数 get_resp 中被调用，以确定快捷键所选定的选项。

10. 恢复父菜单

原型：
```
void ch_father(int son_num,int father_num,
               int background_color,int char_color,
               int selected_item_color,int selected_char_color, int flag);
```

功能：恢复父菜单，其中参数 flag 指明是左移还是右移，分别是枚举值 LEFT 与 RIGHT，其他参数的解释同前。

例如，下列函数调用：

```
ch_father(1,0,WHITE,BLACK,LIGHTGREEN,BLACK,LEFT);
```

恢复标志号是 1 的子菜单的父菜单，原先所选选项的背景颜色与字符颜色分别是 WHITE 与 BLACK，所选项的背景颜色与字符颜色分别是 LIGHTGREEN 与 BLACK。

对菜单还有其他一些操作，如计算一个菜单的两个选项之间的间隔，显示所选选项的相关信息等。

例 10.2　建立菜单的例子。

下面给出利用上述基本函数弹出平拉式主菜单的例子（程序片断）。

```
clrscr();       /* 显示屏清屏 */
/* 以下画界面及边框 */
draw_face(1,2,80,24,BLUE);
draw_border(1,2,80,24,BLUE,LIGHTGRAY,0);
/* 以下建立并显示平拉式主菜单 */
draw_face(1,1,80,1,LIGHTGRAY);
make_level_menu(0,mainfun,maininter,"otmshq",6,1,1,80);
display_level_menu(0,1,1,6,LIGHTGRAY,BLACK);
```

其中，mainfun 与 maininfo 定义如下：

```
char *mainfun[]={"o 1位数运算", "t 2位数运算",
                 "m 多位数运算", "s 综合运算",
                 "h 帮助","q 退出系统",NULL};
char *maininter[]={ " 进行1位数算术运算"," 进行2位数算术运算",
                    " 进行多位数算术运算"," 进行综合算术运算",
                    " 系统帮助信息","退出系统", NULL};
```

注意　此时仅建立并显示主菜单，并没有激活主菜单。

以下建立下拉式菜单：

```
make_down_menu(1,fun1,inter1,"asmdt",5, 2,2,5);
make_down_menu(2,fun2,inter2,"asmdt",5,16,2,5);
make_down_menu(3,fun3,inter3,"asmdt",5,30,2,5);
```

其中的 fun1 与 inter1 是关于 1 位数运算的下拉式菜单的选项与解释信息，如下定义：

```
char *fun1[]=
    { "a 加法运算","s 减法运算","m 乘法运算","d 除法运算",
      "t 综合运算", NULL};
char *inter1[]=
    { "  1位数加法运算", "  1位数减法运算", "  1位数乘法运算",
      "  1位数除法运算", "  1位数综合运算", NULL};
```

关于 2 位数运算与多位数运算的下拉式菜单的选项与解释信息 fun2、fun3、inter2 与 inter3 可以类似地定义。

完成了平拉式主菜单的建立与显示等工作后，可写出主菜单选择选项的程序片断如下：

```
Main_sel=pull_level_menu(0, WHITE,BLACK,GREEN,BLACK);
while(1)
{  if(Main_sel<0) disp_copyright(); /* ESC键*/
   else
     switch(Main_sel)
     {  case 0:     /* 1位数运算 */
           if(one_select())break;
           continue;
        case 1:     /* 2位数运算 */
           if(two_select())break;
           continue;
        case 2:     /* 多位数运算 */
           if(multi_select()) break;
           continue;
        case 3:     /* 综合运算 */
           if(synthisisOP()) break;
           continue;
        case 4:     /* 帮助 */
           if(help_select()) break;
           continue;
        case 5:     /* 退出 */
           textbackground(BLACK);
           clrscr();
           return 0;
     }
   Main_sel=pull_level_menu(0,WHITE,BLACK,GREEN,BLACK);
}
```

说明 在进入某种运算子菜单后，可能在返回时已按了左右移键，选定了平拉式主菜单的选项，因此，无需在平拉式主菜单中进行选项选择，这时执行 continue 语句，继续 while 循环。如果没有按过左右移键，则需要对平拉式主菜单中的选项进行选择，因此执行 break 语句。例如，在从函数 two_select（2 位数运算）返回时，如果按了左右移键，应该返回值 0，其他情况返回值 1。

进一步写出下拉式菜单选择选项的程序片断。例如，关于 1 位数运算的函数 one_select 可写出定义如下：

```
int one_select()                    /* 1位数运算 */
{  int selection;
   while(1)
   {  selection=pull_down_menu(1,WHITE,BLACK,LIGHTGREEN,BLACK);
      if(selection<0)
      {  switch(selection)
         {  case LEFT:                  /* 左移键 */
               ch_father(1,0,WHITE,BLACK,LIGHTGREEN,BLACK,LEFT);
               Main_sel--; break;
            case RIGHT:                 /* 右移键 */
               ch_father(1,0,WHITE,BLACK,LIGHTGREEN,BLACK,RIGHT);
               Main_sel++; break;
            case -1:                    /* ESC键 */
               restore_pdmenu(1,0);
         }
         return 0;
      }
      switch(selection)
      {  case 0: add1();   break;    /* 加法运算 */
         case 1: sub1();   break;    /* 减法运算 */
         case 2: multi1(); break;    /* 乘法运算 */
         case 3: divid1(); break;    /* 除法运算 */
         case 4: syn1();   break;    /* 综合运算 */
      };
      restore_pdmenu(1,0);
      if(mframe[1].p) restore_pdmenu(1,1);
   }
}
```

菜单函数的实现一般较容易，只需注意如下几点：

（1）根据分析，确定菜单的数据结构。

（2）明确函数的功能，明确要完成哪些事，要得到什么样的效果，确定编程思路。

例如，激活平拉式菜单的pull_level_menu函数，需要确定菜单区域位置与大小、画出菜单边框、保护覆盖区域的内容，并选择菜单的选项，回送所选定选项的序号，因此，可以明确激活平拉式菜单的实现思路，对照前面给出的关于菜单的数据结构，实现（定义）pull_level_menu函数的程序轮廓如下：

```
int pull_level_menu( int id,
                     int background_color,int char_color,
                     int selected_item_color,int selected_char_color)
{
    确定菜单覆盖区域的大小;
    如果没有分配保护菜单覆盖区域的存储区，分配此存储区;
    当不能为保护覆盖区域内容分配存储区时终止运行，
    否则把菜单覆盖区域内容保护到所分配存储区;
    /* 此存储区由mframe[id].p)指向 */
    设置显示的背景颜色与字符颜色;
    以背景颜色与字符颜色显示平拉式菜单;
    选定菜单选项;
    return 所选定选项的序号;
}
```

其中，利用了C编译系统的系统函数 textcolor 与 textbackground，它们分别设置菜单的背景颜色与字符颜色。原型分别如下：

```
void textbackground(int background_color);
void textcolor(int char_color);
```

选定菜单选项函数 get_resp 是实现菜单功能的关键函数之一，它的实现较之其他函数要复杂些。

10.4　应用程序编写实例

一个应用程序通常涉及三大部分，即界面、程序与数据，界面是人机交互的接口，程序实现各项功能，而数据是程序处理的对象。这三者之间有着内在的相互联系，必须有机地配合，才能共同实现系统的功能，满足用户的需求。本节以家庭计算机辅助管理系统的编写为例，讨论应用程序的编写，也进一步讨论界面的设计与实现问题。

10.4.1　界面的设计与实现

家庭计算机辅助管理系统的功能是帮助用户使用计算机来管理家庭的日常事务，可包括经济、物资、图书、通信与知识咨询等方面的管理，其中经济管理又可以涉及收支管理、储蓄管理、金器管理与收支查询等，而物资管理可以涉及对衣服鞋帽、家用电器、录音像带（光盘）与杂件的管理，特别是可以进行购置计划管理等。显然这样的家庭计算机辅助管理系统将给日常生活的管理带来方便。

由上述功能可见，该系统有如图 10-9 所示的模块层次结构图。限于篇幅没有给出关于物资管理、图书管理、知识咨询与帮助的下层模块。另外，为了经济管理的安全性，需要设置密码等，因此增加了系统模块。下面说明各个模块的功能。

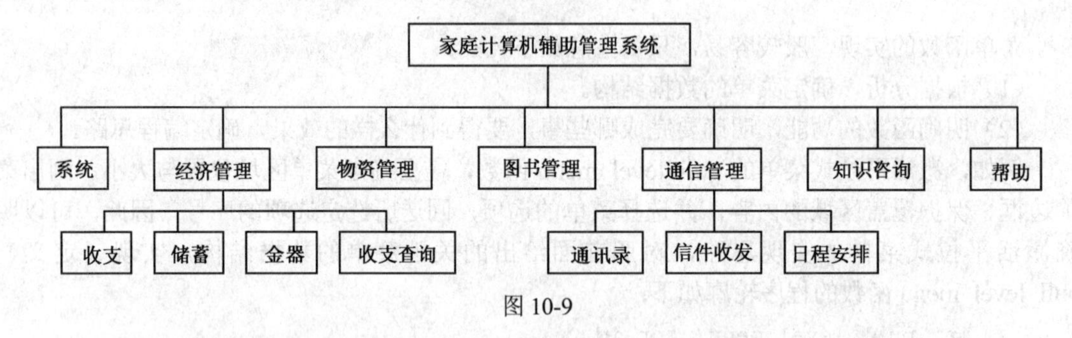

图 10-9

- 系统模块：其功能是显示系统信息与登录密码，下设系统信息模块与设置密码模块。
- 经济管理模块：其功能是管理家庭中与钱财相关的日常事务，包括收支账登录、储蓄管理、金器管理与收支账查询。其中收支账中可以包括衣食住行一切方面。储蓄除了存款外，还可以计算利息和本金和等。收支账可按月或按年查询，有利于合理理财。
- 物资管理模块：其功能是管理家庭中的各类物资，包括衣服鞋帽、家用电器、录音像带（光盘）与杂件，登录物品所属人员及存放位置等，可以方便家庭人员快速找到需要的物品。
- 图书管理模块：其功能是登录各类图书、资料与文档的信息，便于管理图书。
- 通信管理模块：其功能是管理对外界的通信，包括通讯录管理、信件收发管理与日程安排，如提醒当天与某人在什么时间什么地点有约会，或者提醒当天是某个亲人的生日应该去庆贺等。

· 知识咨询模块：其功能是提供某些方面的知识，如花卉知识、股市知识与饮食药膳知识等，有利于家庭人员提高生活情趣和整体生活质量。

· 帮助模块：其功能是提供对各个模块的说明信息，如可包括如何操作的信息、要注意事项的信息等。

系统的操作流程示意图如图 10-10 所示。

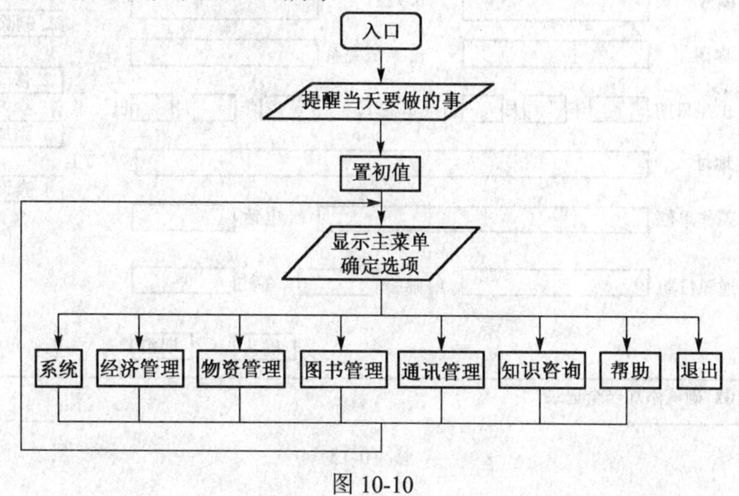

图 10-10

以通信管理模块的操作流程示意图为例，说明各个模块的操作流程示意图，如图 10-11 所示。

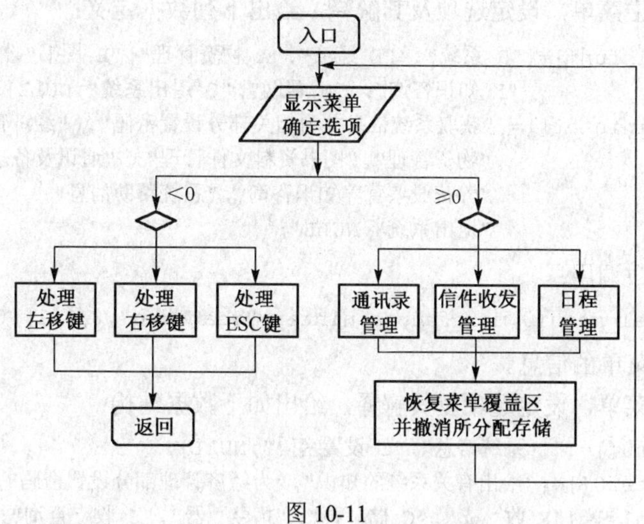

图 10-11

界面设计以进入系统时的界面及在通讯录管理时的界面为例说明。

进入系统时的界面如图 10-12 所示。

图 10-12

通讯录管理界面如图 10-13 所示。

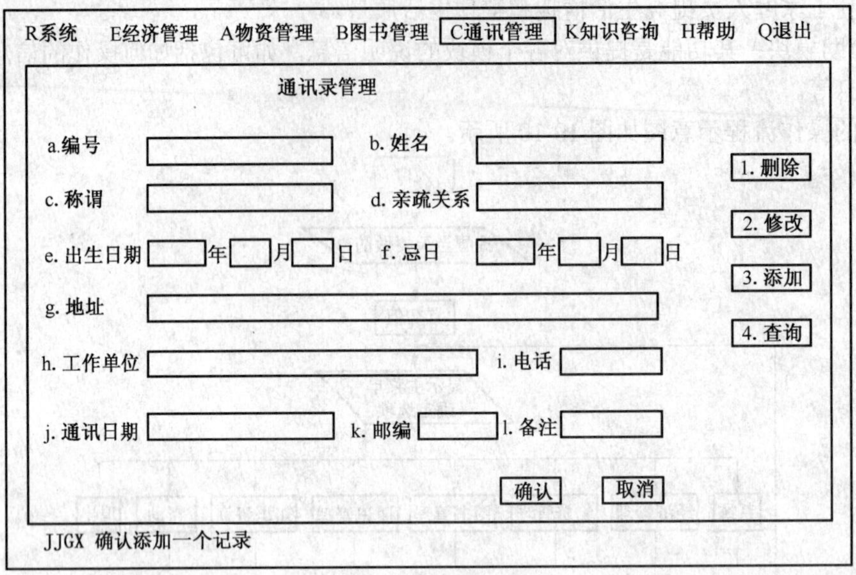

R系统　E经济管理　A物资管理　B图书管理　C通讯管理　K知识咨询　H帮助　Q退出

通讯录管理

a.编号　b. 姓名　1. 删除

c. 称谓　d. 亲疏关系　2. 修改

e. 出生日期　年　月　日　f. 忌日　年　月　日　3. 添加

g. 地址　4. 查询

h. 工作单位　i. 电话

j. 通讯日期　k. 邮编　l. 备注

确认　取消

JJGX 确认添加一个记录

图 10-13

对照所设计的界面，相应地设计数据结构。关于窗口类型与菜单类型的数据结构如前所见，这里给出与家庭计算机辅助管理系统相关的数据结构设计如下。

为建立平拉式主菜单，设定选项及其解释，给出下列数据定义：

```
char *mainfun[]={"R 系统", "E 经济","A 物资管理","B 图书","C 通讯",
                 "K 知识咨询", "H 帮助","Q 退出系统",NULL};
char *maininter[]={"获取系统信息并为相关部分设置密码", "经济管理",
                   "物资管理","图书资料文件管理", "通讯及备忘录管理",
                   "养花股票营养知识咨询","系统帮助信息",
                   "退出系统",NULL};
```

当执行下列函数调用：

```
make_level_menu(0,mainfun,maininter,"reabckhq",8,1,1,80);
```

将设置好平拉式主菜单的信息。

关于下拉式子菜单，设定选项及其解释，给出如下数据结构：

```
char *fun0[]={"I 系统信息","S 设置密码",NULL};
char *inter0[]={"给出有关系统的知识","为经济管理部分设置密码",NULL};
char *fun1[]={"K 收  支","C 储  蓄","J 金  器","S 收支查询",NULL};
char *inter1[]={"收支管理","积蓄部分管理及利息兑换率计算",
                "金器管理","对积蓄状况进行查询并按年月进行结算", NULL};
char *fun2[]={"C 衣服鞋帽","I  电  器","T 录音像带","O 杂  件",
              "P 购置计划",NULL};
char *inter2[]={"衣服鞋帽查询更新删除添加","电器情况管理",
                "录音带录像带管理","杂品物件查询更新删除添加",
                "购置计划情况了解",NULL};
char *fun4[]={"A 通 讯 录","L 信件收发","S 日程安排",NULL};
char *inter4[]={"记录朋友通讯地址电话号码及相关信息",
                "信件收发情况记录","日程安排",NULL};
```

```
char *fun6[]={"M 系统信息","E 经济部分","A 物资部分","B 图书部分",
               "C 通讯部分", "K 知识部分",NULL};
char *inter6[]={"提供系统部分帮助信息"," 提供经济部分帮助信息",
                "提供物资部分帮助信息","提供图书部分帮助信息",
                "提供通讯部分帮助信息","提供知识查询部分帮助信息",
                NULL};
```

运行时，例如进行通信管理，下列函数调用：

```
make_down_menu(4,fun4,inter4,"als",3,40,2,3);
```

将设置好相应下拉式子菜单的选项及相应解释信息。

关于待处理的数据结构的设计，以通讯录为例。由于记录个数是可变的，宜用链表结构实现通讯录，因此，可以设计如下：

```
struct con41                        /* 通讯录记录类型 */
{  int no;
   char name[20], rank[20], relate[20], addr[40], unit[40];
   int  byear,bmonth,bdate;         /* 生日 */
   int  dyear,dmonth,ddate;         /* 忌日 */
   char postcode[8], phone[20], date[15], intro[100];
   struct con41 *next;              /* 指向下一个记录 */
};
```

通讯录则定义为：

```
struct con41  *addr;
```

即用指向通讯录第 1 个记录的指针变量 addr 标志通讯录。

10.4.2　程序的编写

程序设计通常应该遵循程序设计方法学原理和方法，这在前面各章中已经讨论过。这里给出若干有代表性的程序示例供读者参考。

1. *菜单选项与左右键的处理*

为了理解如何选择菜单选项，尤其是左右键的处理，这里给出关于通信管理子菜单选择选项的程序如下：

```
int comm_select()
{  int selection;
   while(1)
   {  selection=pull_down_menu(4,WHITE,BLACK,LIGHTGREEN,BLACK);
      if(selection<0)
      {  switch(selection)
         {  case LEFT:        /* 左移键 */
               ch_father(4,0,WHITE,BLACK,LIGHTGREEN,BLACK,LEFT);
               Main_sel--; break;
            case RIGHT:       /* 右移键 */
               ch_father(4,0,WHITE,BLACK,LIGHTGREEN,BLACK,RIGHT);
               Main_sel++; break;
            case -1:          /* ESC 键 */
               restore_pdmenu(4,0); /*恢复标志号为 4 的子菜单覆盖内容*/
         }
         return (addrchange||letterchange||sedchange||selection==-1);
      }
      switch(selection)
```

```
        {  case 0: restore_pdmenu(4,0);
                   work41();break;       /* 通讯录管理 */
           case 1: work42();break;       /* 信件收发管理 */
           case 2: work43();break;       /* 日程安排管理 */
        }
        restore_pdmenu(4,0);
        if(mframe[4].p)             /* 标志号为 4 的子菜单的保护存储区 */
           restore_pdmenu(4,1);     /* 撤消标志号为 4 的子菜单的保护存储区 */
     }
  }
```

其中，函数调用：

```
ch_father(4,0,WHITE,BLACK,LIGHTGREEN,BLACK,LEFT);
```

的作用是：恢复界面上父菜单（标志号为 0）中被子菜单（标志号为 4）覆盖部分的内容。Addrchange、letterchange 与 sedchange 分别是通讯录、信件收发与日程安排有无变化的特征变量，如果值为 1，表示有变化。

2. 对话框窗口位置的定位

在界面上操作时，为了激活输入数据的对话框，必须对此对话框定位，而当有较多的对话框时，这些对话框的位置不一定有规律，为便于使用循环控制结构，需要采用一定的编程技术。对于通讯录管理，情况也是这样，引进数组的方法来简化程序的控制。在图 10-13 中可见一个记录中包含有 12 个细目，因此有 12 组窗口位置。现在引进下列 2 个数组 ncon41 与 pos 如下：

```
char *ncon41[]=    /* 细目名称 */
    {" 编 号  "," 姓 名  "," 称 谓  ","亲疏关系","出生日期",
     " 忌 日  "," 地 址  ","工作单位"," 电 话  ","通讯日期",
     " 邮 编  "," 备 注  ",NULL};
int pos[12][4]=     /* 细目位置 */
     { {7, 7,17,34}, {35, 7,45,62},{7, 9,17,34},{35,9,45,62},
       {7,11,17,22}, {35,11,45,50},{7,13,17,62},{ 7,15,17,44},
       {45,15,55,62},{ 7,17,17,26},{27,17,37,44},{45,17,55,62}
     };
```

其中，每 4 个一组，分别指明标题框的开始列序号、行序号、输入框的开始列序号与结束列序号。例如，标题框“a.编号”的开始列序号是 pos[0][0]=7,行序号是 pos[0][1]=7，输入框的开始列序号是 pos[0][2]=17，结束列序号是 pos[0][3]=34，执行下列语句:

```
w_string(pos[0][0],  pos[0][1], "a.",LIGHTGRAY,RED,0,1);
w_string(pos[0][0]+2,pos[0][1],ncon41[0],LIGHTGRAY,YELLOW,0,1);
draw_face(pos[0][2],pos[0][1],pos[0][3],pos[0][1],LIGHTCYAN);
make_win(31,"", pos[0][2], pos[0][1], pos[0][3], pos[0][1],0);
win(31,LIGHTCYAN,WHITE);
```

便可以在界面上显示关于“a.编号”的标题，及相应的输入对话框。为了直观易读，引进变量 col、row、startx 与 endx。这样，为显示关于通讯录管理的对话框，可以写出使用循环语句的如下程序片断：

```
k=31; ch='a'; s[1]='.'; s[2]='\0';
for(i=0; i<12; i++)
{  col=pos[i][0];    row=pos[i][1];
   startx=pos[i][2]; endx=pos[i][3];
   s[0]=ch;
```

```
        w_string(col,row,s,LIGHTGRAY,RED,0,1);
        w_string(col+2,row,ncon41[i],LIGHTGRAY,YELLOW,0,1);
        draw_face(startx,row,endx,row,LIGHTCYAN);
        make_win(k,"",startx,row,endx,row,0);
        win(k,LIGHTCYAN,WHITE);
        k++;ch++;
    }
```

3. 确认与取消按钮的实现

事实上，确认按钮与取消按钮也是窗口，更确切地说是一个平拉式菜单，只是选项的位置表现为分隔开的。例如，可以执行下列函数调用：

```
make_level_menu(70,complete,okadd,"oc", 2,43,18,20);
```

其中，complete 与 okadd 如下定义：

```
char *complete[]={" OK ","C 取消",NULL};
char *okadd[]={" OK,接受添加记录", " 取消,不接受添加", NULL};
```

这样，将建立序号为 70 的平拉式菜单，选项是 2 个，即 OK 与取消，快捷键是 o 与 c，位于 43 列 18 行处，宽度是 20。当执行函数调用：

```
pull_level_menu(id,BLUE,YELLOW,LIGHTMAGENTA,WHITE)
```

得到所选择选项的序号时，便可进行相应的处理。

通常把添加、删除与修改等 3 个功能的确认或取消，在一个函数定义中实现，可以设计如下的函数定义：

```
int verify(int id,int startx,int starty,int length, int work)
{  char * *s; int select;
   switch(work)
   {  case 1: s=okdelete; break;     /* 删除的确认 */
      case 2: s=okmodify; break;     /* 修改的确认 */
      case 3: s=okadd;               /* 添加的确认 */
   }
   gotoxy(startx,starty);
   make_level_menu(id,complete,s,"oc",2,startx,starty,length);
   do
   { select=pull_level_menu(id,BLUE,YELLOW,LIGHTMAGENTA,WHITE);
   } while(select!=0 && select!=1);
   restore_pdmenu(id,1);
   return select;
}
```

回送 0 时进行确认处理，回送 1 时进行取消处理。其中，okadd、okdelete 与 okmodify 分别定义如下：

```
char *okadd[] ={" OK,接受添加记录"," 取消,不接受添加",NULL};
char *okdelete[]={" OK,接受删除记录"," 取消,不接受删除",NULL};
char *okmodify[]={" OK,接受修改记录"," 取消,不接受修改",NULL};
```

函数定义中的参数 s，其类型是 char **，等价于 char *[ ]，因此可以有下列赋值语句："s=okadd;"。注意，如果定义

```
char *s[ ];
```

这是一维指针数组，这时必须指明数组元素个数，如果不指明元素个数，将引起编译时刻错误：数组的大小未知。

4. 当天日期的获取

一个家庭计算机辅助管理系统，如果能提醒当天应该做或应该注意的事项，将为用户带来极大的方便，如提醒银行存款到期、提醒当天是某人的生日，或者提醒与某人有什么事务约会等。无疑，将对用户的经济效益及与他人的交流提供很大帮助。

为此，需要给出 2 个日期，一个是先前确定的日期，这是容易通过界面上的输入确定的；另一个就是当天的日期，这需要通过获取关于日期的系统函数来得到。不同的软件系统有不同的日期函数，如同第 9 章中看到的，对于 C 语言的支持系统来说，从头文件 time.h 中可以看到关于日期的数据结构，这里进一步明确如下：

```
struct  tm
{  int  tm_sec;  /*秒*/  int tm_min;  /*分*/  int tm_hour;  /*时*/
   int  tm_mday;  /* 日，值是 1 到 31 */
   int  tm_mon;  /* 月，值是 0 到 11，如 11 月值是 10 */
   int  tm_year;  /* 年，从 1900 开始起算，如 2011 年值是 111 */
   int  tm_wday;  /* 星期，从 Sunday 开始，值是 0 到 6*/
   int  tm_yday;  /* 天数，从一年第 1 天开始，0 到 365 */
   int  tm_isdst;  /*夏日制特征*/
};
```

其中，成员变量 tm_isdst，它的值大于 0 时表示正在实行夏日制，等于 0 时表示非夏日制。当没有获得日期的信息时，tm_isdst 的值小于 0。

可以定义变量如下：

```
struct tm *ptmv;
```

为了取得日期，可以利用函数 time 与 localtime，它们的原型为

```
time_t time(time_t *timer);
struct tm * localtime(const time_t *timer);
```

其中，函数 time 回送的是类型为 time_t 的值，time_t 定义如下：

```
typedef long tome_t;
```

而 localtime 回送指向结构类型 tm 的指针值，指向本地时间的日期相关值。

为了获取当天的日期，可以执行下列语句：

```
struct tm  *ptmv;
time_t lt;
int year. month, day;
lt=time(NULL);
ptmv=localtime(&lt);
year=ptmv->tm_year+1900;
month=ptmv->tm_mon+1;
day=ptmv->tm_mday;
```

如果还需要获取时间（时、分与秒），也可以从 ptmv 得到，例如：

```
hour=ptmv->tm_hour; mimute=ptmv->tm_min; second=ptmv->tm_sec;
```

注意　若定义 ptmv 为指向 tmv 的指针变量如下：

```
struct tm  tmv, *ptmv=&tmv;
```

并不能从 tmv 直接获取日期，即执行下列语句：

```
year=tmv.tm_year+1900;
```

```
month=tmv.tm_mon+1;
day=tmv.tm_mday;
```

并不能得到正确的日期，这是因为函数 localtime 将回送新的值给 ptmv，ptmv 的值并不是&tmv。

关于日期的函数还有 asctime 与 gmtime。它们的原型如下：

```
Char *asctime(const struct tm *ptmv);
struct tm *gmtime(const time_t *ptmv);
```

函数 asctime 的功能是获取关于日期信息的字符串，例如执行下列语句：

```
lt=time(NULL);
ptmv=localtime(&lt);
printf(asctime(ptmv));
```

将显示输出如下字符串：

```
Sat Feb 25 23:26:22 2012
```

函数 gmtime 的功能类似于函数 localtime，只是获取的是非本地时间。例如，执行上列语句的同时执行下列语句：

```
ptmv=gmtime(&lt);
printf(asctime(ptmv));
```

将显示输出如下字符串：

```
Sun Feb 26 04:26:25 2012
```

10.4.3　数据的保存与恢复

当程序处理的数据仅是很少几个时，可以直接通过程序中的输入输出语句进行数据的输入与输出。但当数据量较大时，尤其是像家庭计算机辅助管理这样的应用系统，牵涉大量数据，而且在下一次运行时要应用上一次输入的数据，就需要在系统运行结束前，把输入的数据存储起来（保存），当下一次再次运行时，首先把所存储的数据读出（恢复），然后再进行处理，在运行结束时，再次把数据存储起来。通常会利用数据库来保存与恢复数据，也可以通过数据库进行操作，方便地查询上一个或下一个记录等。但是 C 语言没有相应的数据库操作语句。

为了解决保存与恢复数据的问题，可以利用 C 语言的文件输入输出功能。其基本思路如下：引进结构数组或链表结构存放正在输入并进行处理的数据记录，当系统的相关处理结束时，把数据存储到文件上。当再次运行系统时，把数据从文件上读入到相应的结构数组或链表中。如果本次运行结束数据有变化，则把改变了的数据再次存储到文件上；如果没有变化，则可以不必再次存储。

例如，对于家庭计算机辅助管理系统，通讯录中记录的数据结构定义为 con41：

```
struct con41
{  int no;
   char name[20], rank[20], relate[20], addr[40], unit[40];
   int  byear,bmonth,bdate;
   int  dyear,dmonth,ddate;
   char postcode[8], phone[20], date[15], intro[100];
   struct con41 *next;
};
```

并定义通讯录链表指针变量 addr 与通讯录记录个数变量 addrcount：

```
struct con41 *addr;   int addrcount;
```

完成通信管理系统中通讯录管理的工作而退出时，可以保存通讯录数据如下：

```
if((fp=fopen("ADDRESS","wb+"))==NULL)/*打开通讯录文件 ADDRESS*/
{  w_string(10,25,"不能打开文件 ADDRESS!敲任意键退出系统。",
                     RED,WHITE,0,1);
   getch();   exit(1);
}
t=fwrite(&addrcount,sizeof(int),1,fp);/*通讯录记录个数写入文件*/
if(t!=1)                          /* 判别写入文件是否正确 */
{  w_string(10,25,"写文件错误! 敲任意键退出系统!",RED,WHITE,0,1);
   getch();    exit(1);
}
for(i=0;i<addrcount;i++)      /* 重复 addrcount 次 */
{  t=fwrite(addr,sizeof(struct con41),1,fp);/*写入 1 个记录*/
   if(t!=1)
   {  w_string(10,25,"写文件错误! 敲任意键退出系统!",RED,WHITE,0,1);
      getch();       exit(1);
   }
   addr=addr->next;               /* 准备取下一个记录 */
}
fclose(fp);                       /* 保存结束，关闭文件 */
```

当再次进入通信管理系统进行通讯录管理时，可以恢复数据如下：

```
if((fp=fopen("ADDRESS","rb+"))==NULL)/*打开通讯录文件 ADDRESS*/
{  w_string( 10,25," 不能打开文件 ADDRESS!敲任意键退出系统.",RED,WHITE,0,1);
   getch();     exit(1);
}
count=0;                     /* 计数器置初值 0 */
addr=NULL;                   /* 通讯录指针置初值 NULL */
if(feof(fp))                 /* 判别是否文件尾 */
{ fclose(fp);return ;}  /* 是，无记录，关闭文件，退出 */
 if(fread(&count,sizeof(int),1,fp)!=1)/*读入记录个数 count*/
{  w_string(10,25,"读错误! 敲任意键退出系统! ",RED,WHITE,0,1);
   getch();     exit(1);
}
for(i=0;i<count;i++)         /* 逐个读入通讯录记录 */
{  if(!addr)                 /* 判别是否第 1 个记录 */
   {  q41=(struct con41 *)malloc(sizeof(struct con41));
      t=fread(q41,sizeof(struct con41),1,fp);
      addr=q41;
   } else                    /* 不是第 1 个记录 */
   {  p41=(struct con41 *)malloc(sizeof(struct con41));
      t=fread(p41,sizeof(struct con41),1,fp);
      q41->next=p41;
      q41=q41->next;
   }
   if(t!=1)
   {  if(feof(fp)){ fclose(fp); return;}
      w_string(10,25,"读文件错误! 敲任意键退出系统",RED,WHITE,0,1);
      getch();    exit(1);
   }
}
q41->next=NULL;
addrcount=count;             /* 记录个数存入通讯录计数器 */
fclose(fp);                  /* 关闭文件 */
```

有了文件的输入输出，可像使用数据库一样方便地存储与恢复数据。

家庭计算机辅助管理系统的设计与实现，充分体现了如何利用 C 语言实现界面，包括功能性界面与数据性界面。然而，也看到实现中采用的是文本格式，因此界面的美观程度稍有欠缺。更好的方法是利用图形格式，这样如按钮等就可以更美观，这项工作交由读者自行尝试。

为使读者对文件有更为系统的了解，下一节介绍 C 语言文件的概念及其操作。

10.4.4 C 语言文件的概念及其操作

本节内容包括文件的概念、文件的定义形式及关于文件的操作等。

1. C 语言中文件的概念

C 语言中的文件用来进行输入输出，如前所述，输入输出有 3 个要素，即设备、格式与输入输出量。先前讨论中涉及的输入输出设备是标准设备，即键盘与显示器（打印机）。为了存储数据，显然必须使用磁盘这样的设备。这些设备必须通过某种抽象来描述，这就是文件。文件是存储数据的外部设备的抽象，不去考虑具体的实际实现，只需把文件看成是一连串的字符或字节。如前所见，计算机内部存储字中的内容是二进位位串。例如，十进制的 100，在存储器中占 2 个字节，表示为：

0000 0000	0110 0100

是不能直接输出的，必须以 ASCII 码编码的字符串“100”形式输出，由于数字字符 1 的 ASCII 编码是 $31_{(16)}$，数字字符 0 的 ASCII 编码是 $30_{(16)}$，将以如下 3 个字节的形式输出：

0011 0001	0011 0000	0011 0000

100 是 3 位数，因此需要 3 个字节，如果是 10000 的话，5 位数，则需要 5 个字节。因此，除了以 ASCII 编码字符形式输入输出外，有时也以二进制位串形式输入输出，此时仅仅是为将数据存储在外存中，并不直接显示输出。这样做的好处是节省存储空间及二进制值与 ASCII 编码字符之间的转换时间。因此，以文件输入输出有两种方式，即字符文本方式与二进制文本方式。由于是由一个一个的字节或字符组成的，往往称为流式文件。流式文件分为两种，即文本流式文件与二进制流式文件。

文本流式文件由一系列字符组成。因为是 ASCII 编码的字符，可以直接输出，用户可以直接看到是什么字符。输入输出时，大部分 C 语言编译系统不用换行字符中止文本流，而是由程序控制。因为一个字节对应一个字符，逐个处理字符很容易。文本流式文件占用的存储空间较多，而且通常要进行二进制值与 ASCII 编码字符之间的转换。

二进制流式文件由一系列字节组成，它们与存放在外存中的形式一一对应，也就是说以二进位位串形式存储。采用这种方式可以节省存储空间，减少二进制形式与 ASCII 编码字符之间的转换时间，但不能直接输入输出，仅适合于作为中间运算结果数据输出保存在外存上，需要时仍按二进制形式输入内存中。

不论是文本流式文件还是二进制流式文件，作为文件，仅是一个逻辑概念，它们对应于各类不同的外设，如打印机或磁盘存储器。依据不同的外设，文件有不同的特性，可以进行不同的操作。例如，打印机只能顺序存取，而磁盘存储器支持随机存取。

ANSI C 标准定义了完整的输入输出函数集，能用于读写任何数据类型，采用的方法是缓冲文件系统。

2. 文件的定义形式

C 语言文件的实现思路如下：引进文件类型，让每个文件对应于一个文件指针类型变量。

当打开一个文件时，这个指针变量便指向文件的开始位置，通过这个指针变量对文件进行各类操作，包括随着指针的移动，对文件相应位置处的数据进行存取。为此引进文件类型 FILE，读者无需了解此类型的细节情况，只需记住，它的含义就是“文件”。

下面给出文件指针类型变量说明的例子：

```
FILE *fp;
```

把 fp 规定为一个文件指针类型的变量。至于它与具体哪个文件相关联，则由调用文件打开函数 open 来规定。例如：

```
fp=fopen("d:\jjgx\ADDRESS","rb+");
```

将把指针变量 fp 与 d 盘上文件夹 jjgx 中的实际文件 ADDRESS 相关联。函数 fopen 将在后面讨论。

3. 关于文件的操作

对文件的操作有打开关闭类、读写类、定位类与判别类。

1）文件打开关闭类

此类操作包括文件打开与文件关闭。

（1）打开文件：函数 fopen。

原型：`FILE * fopen( const char *filename, const char *mode);`

功能：打开参数 filename 所指明的文件，返回文件指针。如果试图打开一个文件时发生错误，则回送空指针，即 NULL。

打开文件的含义是：打开一个流式文件，并把流与文件连接起来，然后返回与该流式文件相关联的文件指针。这时文件指针将指向流式文件的开始位置。文件的使用方式由参数 mode 确定，指明是读或写，或者是既读又写，以及是文本形式还是二进制形式等，还可以在文件原有数据后面添加新的数据。例如，mode 是“r”，指明以只读方式打开文本方式文件；mode 是“wb+”，指明以既读又写方式打开二进制文件。参数 mode 的合法值及含义如表 10-2 所示。

表 10-2

方式	含义	方式	含义
r（只读）	为读打开文本文件	r+（读写）	为读/写打开文本文件
w（只写）	为写创建文本文件	w+（读写）	为写/读打开文本文件
a（添加）	文本文件末尾添加数据	a+（读写）	为读/写附加或创建文本文件
rb（只读）	为读打开二进制文件	rb+（读写）	为读/写打开二进制文件
wb（只写）	为写创建二进制文件	wb+（读写）	为写/读创建二进制文件
ab（添加）	二进制文件末尾添加数据	ab+（读写）	为读/写附加二进制文件

说明 ① 使用方式是只读(r)时，仅用于输入，即从文件（外存储器）上把数据读入到程序变量（内存储器）中。文件必须是已经存在的，否则出错。这表明，不能用方式“r”打开不存在的文件。

② 使用方式是只写(w)时，仅用于输出，即把数据从程序变量（内存储器）中写入到文件（外存储器）内。如果要打开的文件原来不存在，则创建一个指定名字的文件。如果原来已经存在指定名字的文件，则所有同名的现存文件都被删除，而创建一个具有此名字的新文件。因此，对于已经存储有数据且要继续使用的文件，一定不能使用只写方式打开，否则将使数据全部丢失。注意，允许只写文件在写操作结束后从头读数据。

③ 如果使用方式是既读又写，尽管包含写，即使文件存在，打开时也不删除。如果不存在，则创建这个文件。

④ 要在一个文件末尾的数据之后再添加数据，必须使用方式“a”。

为了检查一个文件是否被正确地打开，通常执行如下的 if 语句判别：

```
if((fp=fopen(filename,"rb+"))==NULL)
{ printf("不能打开文件%s,按任意键退出系统",filename.);
  getch();  exit(1);
}
```

当 fp 的值是 NULL，表明没有正确打开文件，因此输出提示信息“不能打开文件”，按键后退出应用系统。

（2）关闭文件：函数 fclose。

原型：`fclose(FILE *fp);`

功能：关闭与指针变量 fp 相关联的流式文件。这时把留在磁盘缓冲区中的数据写到文件中，并进行操作系统级的关闭，这样，指针变量与打开文件时相关联的文件不再有任何联系，不能再使用此指针变量对此文件进行读写等操作。例如：

```
FILE *fpADDR;
fpADDR=fopen("ADDRESS","rb+");
fclose(fpADDR);
```

说明　如果已使用过某文件，之后不再使用，便应该关闭此文件，否则将可能造成数据的丢失，因为数据在输入后先存储在缓冲区中，当缓冲区满时再把数据写到文件上。如果数据还没有填满缓冲区，但程序已经结束运行，数据就将因没有写到文件上而丢失。不关闭文件，甚至还可能毁坏文件，使程序发生间断性的错误。

因此，程序编写人员务必养成在程序结束之前关闭所有文件的习惯。

2）文件读写类

此类操作包括二进制读写与有格式（文本）读写。

（1）二进制写：函数 fwrite。

原型：
```
size_t fwrite
        (const void *buffer, size_t num_bytes,size_t count, FILE *fp);
```

其中，size_t 是无正负号 int 型，定义如下：

```
typedef unsigned size_t;
```

功能：把指针变量 buffer 指向的存储区中的二进位位串写入 fp 相关联的文件中，共有 count 个项，每个项的大小是 num_bytes 个字节。回送写入的项数，它应该等于 count 的值，如果不等，表明发生写入错误。

例如，执行语句：

```
t=fwrite(addr,sizeof(struct con41),1,fp);
```

的结果是把指针变量 addr 指向的存储区中的二进位位串写入 fp 相关联的文件中，共 1 项，大小是 sizeof(struct con41)字节，回送写入的项数，因此 t 的值应该是项数 1。

（2）二进制读：函数 fread。

原型：
```
size_t fread
        (void *buffer, size_t num_bytes,size_t count, FILE *fp);
```

功能：把 fp 相关联文件中的二进位位串读出到指针变量 buffer 指向的存储区中，共 count 个项，每个项的大小是 num_bytes 个字节。回送读出的项数，它应该等于 count 的值，如果不等，表明发生读出错误。

例如，执行语句：

```
t=fread(q41,sizeof(struct con41),1,fp);
```

的结果是把 fp 相关联文件中的二进位位串读出到指针变量 q41 指向的存储区中，共 1 项，大小是 sizeof(struct con41)个字节。回送读出的项数，因此 t 的值应该是项数 1。

（3）有格式文本方式写：函数 fprintf。

原型：`int fprintf(FILE *fp, const char * control_string, …);`
其中省略号省略的是输出项。

功能：类似于函数 printf，只不过是在 fp 相关联的文件上进行写（输出）。

（4）有格式文本方式读：函数 fscanf。

原型：`int fscanf(FILE *fp, const char *control_string, …);`
其中省略号省略的是输入项。

功能：类似于函数 scanf，只不过是在 fp 相关联的文件上进行读（输入）。

注意　使用有格式方式读写的好处是：打开文件可以直接看到文件的内容，便于检查读写的正确性。但是，在每一次写到文件上的内容之后必须有空格，这样当读入时可以分隔开各项数据，且在一个记录之后有一个换行字符，易于阅读及保证正确性。

例 10.3　有以下程序

```
#include <stdio.h>
main()
{  FILE *f;
   f=fopen("filea.txt","w");
   fprintf(f,"abc");
   fclose(f);
}
```

若文本文件 filea.txt 中原有内容为：hello，则运行以上程序后，文件 filea.txt 中的内容为________。

A）helloabc　　B）abclo　　C）abc　　D）abchello

解　本题的要点是对函数 fopen 的理解，当以只写方式打开文件时，将删除原有同名文件，重新建立所给名的文件，因此原有内容不再存在。现在写入的内容是“abc”，因此答案是 C。

例 10.4　文件输入输出示例。

假定需要建立一个简表，内容包括姓名、出生日期与出生地，可以定义如下数据结构：

```
struct
{  char name[10];
   int year, month, day;
   char city[20];
} data1[10],data2[10];
```

写出下列程序把输入数据从 data1 存入文件 data.txt，再从文件 data.txt 恢复到 data2。

```
FILE *fp;
if((fp=fopen("data.txt","w"))==NULL)
{  printf("\nCan\'t open file data.txt"); exit(1);
}
for(k=0; k<4; k++)
{  printf("\nType name birthday(year/month/day) city:");
   scanf("%s %d/%d/%d %s", data1[k].name,
```

```
            &data1[k].year,&data1[k].month,&data1[k].day,data1[k].city);
       getchar();
         fprintf(fp,"%s %d %d %d %s\n", data1[k].name,
              data1[k].year,data1[k].month,data1[k].day,
              data1[k].city);
    }
    fclose(fp);
    fp=fopen("data.txt","r");
    for(k=0; k<4; k++)
    {  fscanf(fp,"%s %d %d %d %s", data2[k].name,
            &data2[k].year,&data2[k].month,&data2[k].day,data2[k].city);
       printf("\n%s %d/%d/%d %s", data2[k].name,   /* 验证 */
            data2[k].year,data2[k].month,data2[k].day,data2[k].city);
    }
    fclose(fp);
```

如果在语句：

```
fprintf(fp,"%s %d %d %d %s\n", data1[k].name,…);
```

中，把格式控制串改成 “%s%d/%d/%d,%s\n”，则将把输入的一行数据都看作是 name 的组成部分，从而造成错误。

除了上述几类输入输出操作函数，还有下列几类读写字符与字符串的函数。

（5）读字符：函数 fgetc。

原型：`int fgetc(FILE *fp);`

功能：从 fp 相关联的、由 fopen 以读方式打开的文件上读字符，回送高字节（左字节）为 0 的整数。如果读到的是文件结束符，则回送 EOF（文件结束）标志。

例如，执行下列语句：

```
c=fgetc(fp);
```

当 fp 指向的文件当前位置处是字符 W 时，char 型变量 c 的值将是字符 W。

（6）写字符：函数 fputc。

原型：`int fputc(int ch, FILE *fp);`

功能：把字符 ch 写到与 fp 相关联的、由 fopen 以写方式打开的文件上。如果写成功，则回送所写（输出）的字符，否则回送文件结束标志 EOF，它定义如下：

```
#define EOF (-1)
```

执行语句：

```
fputc('$',fp);
```

fp 相关联的文件当前位置处将是字符$。

说明　由于历史原因，参数 ch 不是定义为 char 型，而是定义为 int 型，其中只有低字节（右字节）有用。

读写字符也可以使用函数 getc 与 putc，事实上，它们与 fgetc 和 fputc 是一样的：

```
#define getc(fp)      fgetc(fp)
#define putc(ch,fp)  fputc(ch,fp)
```

（7）读字符串：函数 fgets。

原型：`char *fgets(char *str, int length, FILE *fp);`

功能：把 fp 相关联的流文件中当前位置处的字符串读入到 str 所指向的存储区中，直到读了 length-1 个字符或读到新行字符，最后都以字符\0 结束。读成功时回送指向 str 所指向字符的指针，否则回送空指针 NULL。

例如，执行下列语句：

```
char S[20];
fgets(S,10,fp);
```

如果 fp 相关联文件的内容是“Wang 1999 1 1 Nanjing”，S 的内容将是“Wang 1999”。注意，读入的字符个数是 length-1 个，并不是 length 个。

（8）写字符串：函数 fputs。

原型：`int fputs(const char *str, FILE *fp);`

功能：把 str 指向的字符串写到 fp 相关联的文件当前位置处。当写成功时回送值 0，否则回送 EOF。

例如，当 S 中的内容是“Wang 1999”，执行下列语句：

```
fputs(S,fp);
```

fp 相关联的文件当前位置上将得到字符串“Wang 1999”。

请注意，不要相继调用文件的输入输出函数，例如：

```
fputs(S1,fp);
fgets(S2,10,fp);
```

在 S2 中将不能从文件中取到 10 个字符，因为调用 fputs 的结果，fp 将指向文件末尾，因此在调用 fgets 时遇到的是文件结束标志字符，取字符串失败。

例 10.5 有以下程序

```
#include  <stdio.h>
main()
{  FILE  *fp;
   int  k,n,i,a[6]={1,2,3,4,5,6};
   fp = fopen("d2.dat","w");
   for(i=0; i<6; i++) fprintf(fp, "%d\n",a[i]);
   fclose(fp);
   fp = fopen("d2.dat","r");
   for (i=0; i<3; i++)  fscanf(fp, "%d%d", &k, &n);
   fclose(fp);
   printf("%d,%d\n", k, n);
}
```

程序运行后的输出结果是__________。

A）1,2　　B）3,4　　C）5,6　　D）123,456

解 本题所求输出结果是变量 k 与 n 的值，它们是在第 2 个 for 语句中从 fp 相关联的文件中输入的最后 2 个值，而此文件中的内容又是在第 1 个 for 语句中输出的，是数组 a 的 6 个元素的值。由于在函数调用 fclose(fp)后再打开文件，文件指针又指向文件的开始处，因此，变量 k 与 n 的值就是最后面的 2 个值，即 a[4]=5 与 a[5]=6。因此，答案是 C。

正确解答此题的关键是理解第 2 个 for 语句。

3）文件定位类

此类操作包括反绕到头与随机定位。

（1）反绕到头：函数 rewind。

原型：`void rewind(FILE *fp);`

功能：使文件反绕到头，即文件指针 fp 指向相关联文件的开始位置。利用函数 rewind，可以再次从头开始读出文件上的内容，如函数调用 rewind(fp)将使 fp 指向文件开始位置。

（2）随机定位：函数 fseek。

原型：`int fseek(FILE *fp, long offset, int origin);`

功能：把 fp 相关联的文件随机定位在某处，即使得 fp 指向文件中的某个位置。此位置取决于参数 origin 与 offset，即定位在从 origin 指明的文件位置开始、相距（位移量）offset 个字节的位置处。为了指明文件的位置，origin 可以有下列 3 个值：SEEK_SET 表示文件开始位置，SEEK_CUR 表示文件当前位置，SEEK_END 表示文件结尾位置。offset 的值可能是正的，也可能是负的。但显然，offset 的值，当 origin 是 SEEK_SET 时，不能是负值，而当 origin 是 SEEK_END 时，不能是正值。

例如，函数调用 fseek(fp, 100, SEEK_CUR)将把 fp 相关联的文件定位在当前位置开始的第 100 个字节处。

例 10.6　以下程序运行后的输出结果是__________。

```
#include <stdio.h>
main()
{  FILE  *fp;  int x[6]={1,2,3,4,5,6},i;
   fp=fopen("test.dat","wb+");
   fwrite(x,sizeof(int),3,fp);
   rewind(fp);
   fread(x,sizeof(int),3,fp);
   for(i=0;i<6;i++)
     printf("%d",x[i]);
   printf("\n");
   fclose(fp);
}
```

解　本题所求的输出结果是在 for 语句中输出的 x 的值。x 置有初值，考察 x 值的变化。第 1 个 fwrite 语句是把数组变量 x 的最前面 6 个字节的内容写到 fp 相关联的文件 test.dat 上，之后，执行 rewind(fp)，把 fp 关联的文件反绕到头，再执行 fread 语句，它进行读，即把与 fp 相关联的文件 test.dat 上最前面 6 个字节的内容读出到 x 的最前面 6 个字节中，因此，x 的值没有改变。所以打印的结果就是 x 原有的初值，但输出语句中格式控制字符串的格式转换符是%d，没有空格。因此输出结果是 123456。

本题的要点是：理解 fwrite 与 rewind 这两个函数。

4）文件判别类

此类操作包括判文件结尾、判文件操作错误。

（1）判文件结尾：函数 feof。

原型：`int feof(FILE *fp);`

功能：判别文件指针变量 fp 是否指向它关联的文件的结尾（即已到文件结束处），如果是，则回送 true(1)，否则回送 false(0)。

例如，可以有如下语句：

```
if(!feof(fp))
   fgets(S,10,fp);
else
   printf("\n 已到文件尾，不能取到文件中的字符串");
```

（2）判文件操作错误：函数 ferror。

原型：`int ferror(FILE *fp);`

功能：判别文件操作是否发生了错误，如果是，则回送 true(1)，否则回送 false(0)。

例如，可以有如下语句：

```
fgets(S,10,fp);
if(ferror(fp))
{   printf("\n文件操作错误，结束运行"); exit(1);  }
```

下一小节简略讨论使用 C++，确切地说是使用 VC++设计与实现界面。

10.5　与 VC++开发平台相结合编写应用程序

C++是对 C 语言的扩充，在 C 语言基础上扩充类的概念，使其成为面向对象的程序设计语言。C++语言的支持环境当前有两大类，一类是 Visual C++（即 VC++），另一类是 C++ Builder。不论哪一类，均提供开发应用程序界面的功能，可以方便地设计并实现应用程序的运行界面。然而，对于初学者来说，C++有一个不大不小的弱点，即系统提供丰富的类，若在编写应用程序时发生错误，调试时将很难发现错误所在，往往一筹莫展。初学者应尽可能少地使用系统提供的类，一个折中的办法是利用 C++开发平台开发界面，编程主要还是采用 C 语言。

本节以 Visual C++为例，简要介绍在 VC++开发平台上如何设计界面，以及实现界面、程序与数据三者间的衔接。

10.5.1　VC++平台上研制应用程序的要点

前面已经提到，一个应用程序一般来说涉及三个方面，即界面、程序与数据。界面是人机交流与对话的接口，系统通过界面接受用户的操作命令，执行用户希望完成的功能。这个界面就是功能性界面，或者说是功能菜单。程序的运行，往往需要涉及数据，通过界面输入数据以进行处理，输出数据以显示处理结果，这时的界面所采取的形式是对话框，这是数据性界面。因此，在 VC++开发平台支持下开发应用程序的要点如下：

（1）建立功能菜单。

（2）把菜单命令与程序代码相连接。

（3）设计输入数据与显示数据的对话框。

（4）把对话框与数据相连接。

（5）创建可执行的应用程序。

10.5.2　VC++平台上界面的设计与实现

本节以通讯录管理系统为例，说明在 VC++平台上界面的设计与实现方法。

为创建可执行的应用程序，Visual C++要求首先必须创建一个新的工程（project)，因此，在讨论上述几个问题之前先讨论工程（project）的创建。

为创建一个新工程(project)，在 VC++主菜单的“文件”（File）菜单中单击“新建”（new）选项，在对话框左边的“工程”（projects)标签下显示工程类型表列，选定 MFC AppWizard[exe]，设置“工程名称”（Project name），并设置“位置”（Location），即本工程（project）所有文件的存放位置，如图 10-14 所示。建议读者在建立工程之前，事先建立一个存放该工程所有文件的文件夹。这样有利于把一切相关的文件存放在同一个文件夹中，以便管理。

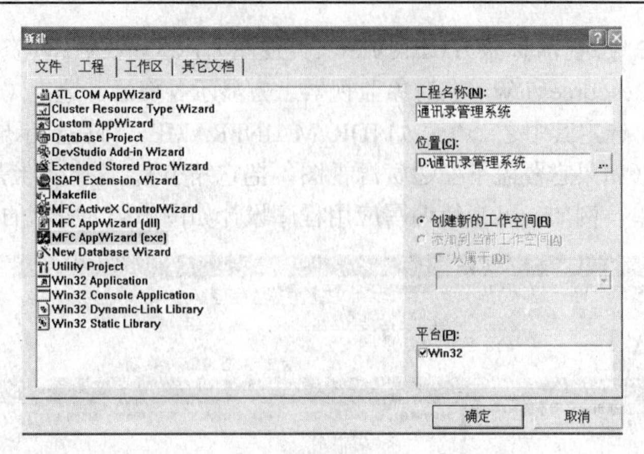

图 10-14

单击“确定”（OK）按钮，这时弹出“MFC 应用程序向导—步骤 1”对话框，如图 10-15 所示，确定应用程序的种类与所使用的自然语言。应用程序共有三类，即单文档（Single document）、多文档（Multiple documents）与基于对话框（Dialog-based）。单文档与多文档的区别在于：以单文档方式运行时仅打开一个窗口，即功能菜单窗口，而以多文档方式运行时将打开多个窗口。基于对话框的方式运行时将弹出对话框，在此对话框中进行操作。

对应于不同的工程种类，有不同的向导步骤。除了共同的步骤 1 外，对于基于对话框的工程有 3 个步骤（步骤 2/4～步骤 4/4），而另两类有 5 个步骤（步骤 2/6～步骤 6/6）。通常情况下，每个步骤只需使用默认的选择即可，也就是说，一般只需每个步骤单击“下一步”（Next）按钮便可，甚至单击“完成”）按钮便完成了向导步骤。

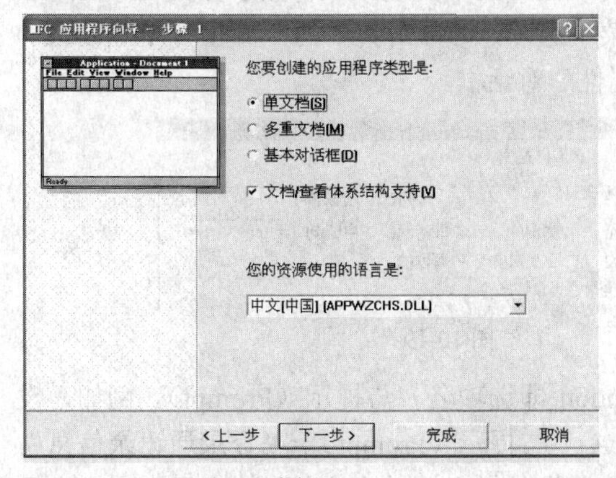

图 10-15

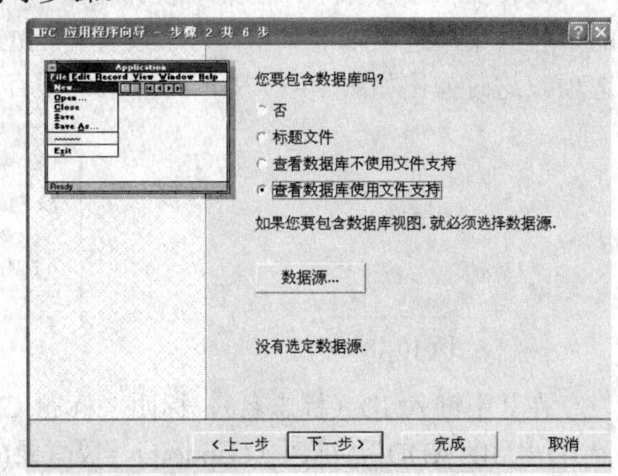

图 10-16

如果需要利用数据库，可以在步骤 1 时按“下一步”按钮，弹出步骤 2 对话窗，如图 10-16 所示。

从数据源中选择将在所编写应用程序中使用的数据库，可以是 dBase 文件、Excel 文件、MS Access Database、VFP Database 或 VFP 表。

当一个问题较简单、功能比较单一时，可采用基于对话框的方式。当一个问题涉及较多功能时，也只需采用单文档方式的工程。对于 C 语言初学者来说，不必使用多文档方式。事实上可以通过菜单选项打开对话框，也可以在对话框中建立功能菜单等。

1. 建立功能菜单

打开所建立的工程文件（扩展名为.dsp），然后打开相应的资源文件（扩展名为.rc）。这时在显示屏左下方有 3 个选择(标签)：ClassView(类视图)、ResourceView(资源视图)与 FileView(文件视图)。单击 ResourceView，在对象监视器上方显示各资源。选定（双击)Menu（菜单)，列表显示各菜单名，选定其中之一个，如 IDR_MAINFRAME，将在显示屏右方显示系统预先设定的平拉式菜单（如果它覆盖了左边资源视图，把它缩小)。这事实上是一个菜单设计器，通过它设计功能菜单。例如，可为待编写应用程序设计如图 10-17 所示的功能菜单。

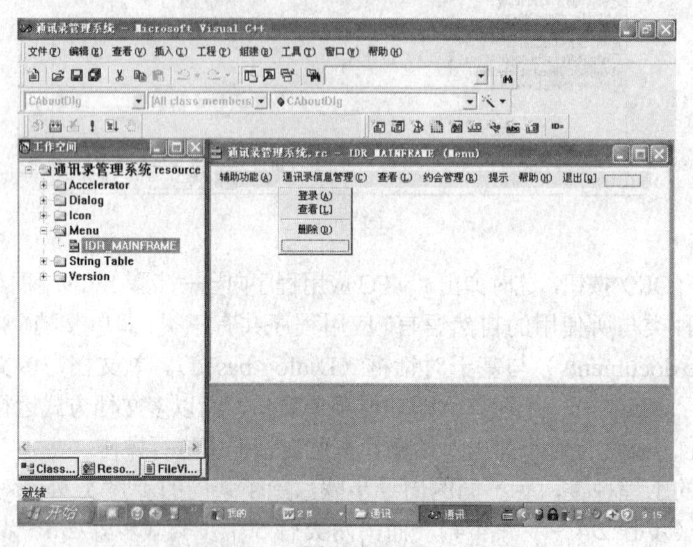

图 10-17

具体操作步骤如下：在菜单设计器中，右击平拉式菜单的选项，将显示如图 10-18 所示的下拉式菜单选项功能菜单。为了设置自己的菜单选项，可单击其中的“属性”(Properties)选项。这时弹出如图 10-19 所示的“菜单项目属性”对话框。

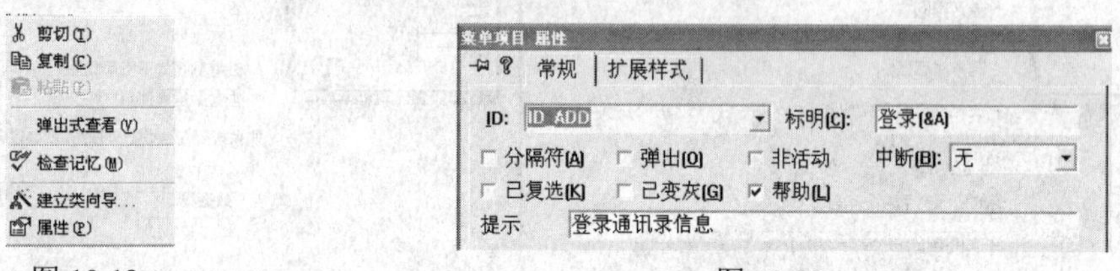

图 10-18　　　　图 10-19

在其中键入 ID（标志名)、标明（标题 Caption 即选项名）与提示（Prompt)。例如，设置 ID=“ID_ADD”，标题（Caption）=“登录(&A)”与提示（Prompt）=“登录通讯录信息”。当需要在标题中设置快捷键时，可在标题（Caption）处键入其前有字符&的字母，相应字母键就是快捷键，如与“登录(&A)”相应的快捷键是字母键 A。

如果要在所选定的选项处设置子菜单，可在上述对话框中选定“弹出”(Pop-up）复选框(打勾)，或者在菜单设计器中单击要建立子菜单的选项，便显示下拉式菜单的空白选项。

删除选项：右击选定的选项，在弹出的下拉式菜单中单击“剪切”(cut)，便删除此选项。如果此选项有相应的下拉式子菜单，则此子菜单一并删除。更简便的是，选定要删除的选项后按 Delete 键，删除此选项。

添加新选项：设置好一个选项时，自动在其右方（平拉式菜单）或下方（下拉式菜单）添加一个空白选项。如前所述，右击此空白选项，在弹出的下拉式菜单中单击“属性”(Properties)，可设置好新选项。如果双击此空白选项，效果一样。

如果在一个平拉式菜单中需要改变某个选项的位置，可以用鼠标把它拖拉到相应位置。下拉式菜单情况一样。

2. 设计输入数据与显示数据的对话框

建立一个“工程”(project）时系统便自动建立标志为 IDD_ABOUTBOX（版本信息）的对话框，当建立的是基于对话框的工程时，还创建一个与应用程序名相关的对话框，如 IDD_MY_DIALOG。如果要建立一个新的对话框，可以在主菜单工具栏中单击图标（新建对话框 New Dialog)。这时打开对话框设计器，如图 10-20 所示。

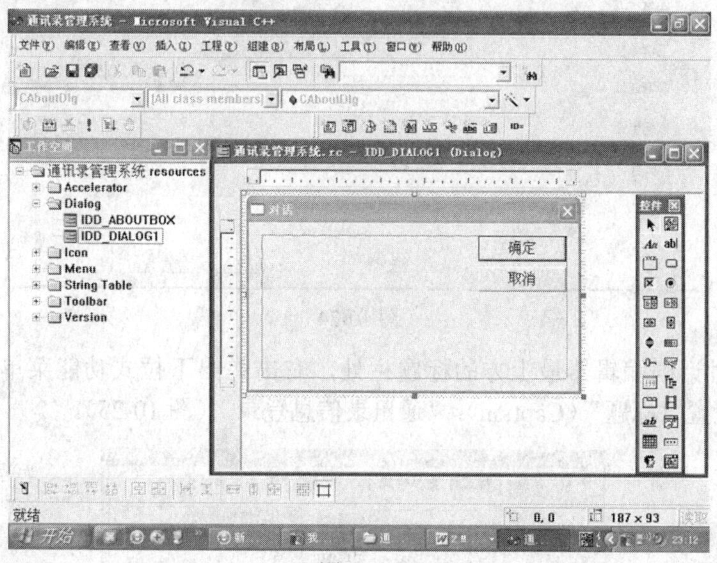

图 10-20

如果主菜单工具栏中找不到新建对话框（New Dialog）图标，可单击主菜单选项“工具”(Tools)，弹出下拉式菜单，选定“定制”(Customize)，弹出如图 10-21 所示对话框，当在“工具栏”(Toolbars)标签下选定“资源”(Resource)(打勾)时，便弹出一个资源控件窗(图 10-22)，其中包含了新建对话框（New Dialog）图标。也可以在主菜单上任何空白处右击鼠标，在弹出的工具栏菜单（图 10-23）中选定“资源”(Resource）而得到。为了以后便利操作，可把此资源控件窗拖放到主菜单工具栏中长期显示。

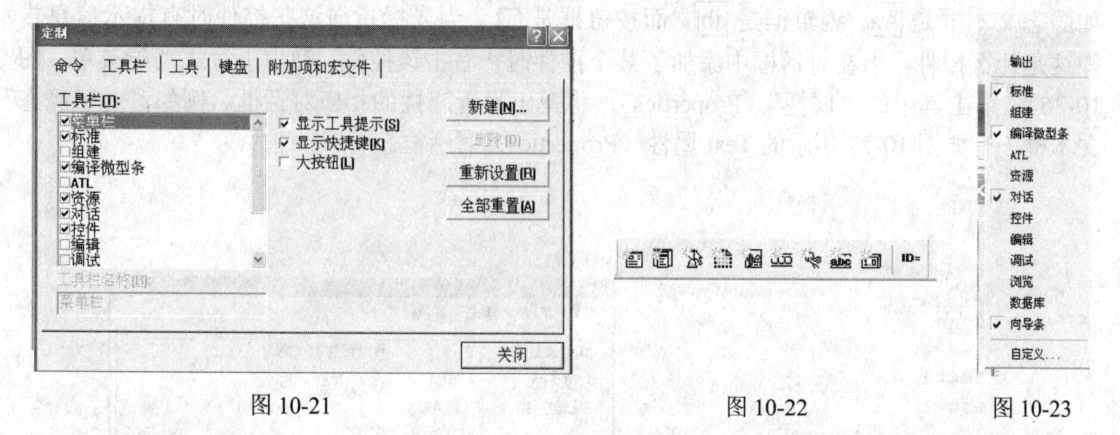

图 10-21　　图 10-22　　图 10-23

对话框编辑器中有标尺来定位。为了设计符合要求的对话框，需要利用控件（Controls）工具栏。如果没有显示控件工具栏，可以在上述工具栏菜单（图 10-23）中选定“控件”

（Controls）而实现。注意，为了要出现“控件”选项，必须打开对话框。如果没有打开对话框，在上述工具栏菜单中将找不到此“控件”选项。

现在假定要设计登录通讯录信息的对话框如图 10-24 所示。

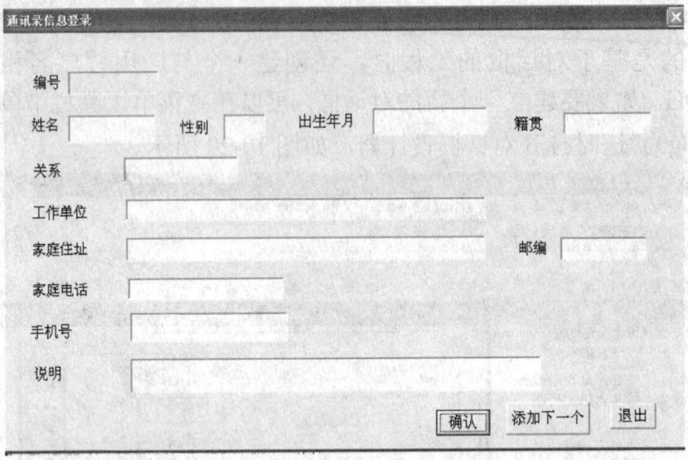

图 10-24

首先在此对话框编辑器最上方的标题栏处，右击弹出下拉式功能菜单，选择“属性”（Properties），设置“标题”（Caption）：“通讯录信息登录”（图 10-25）。

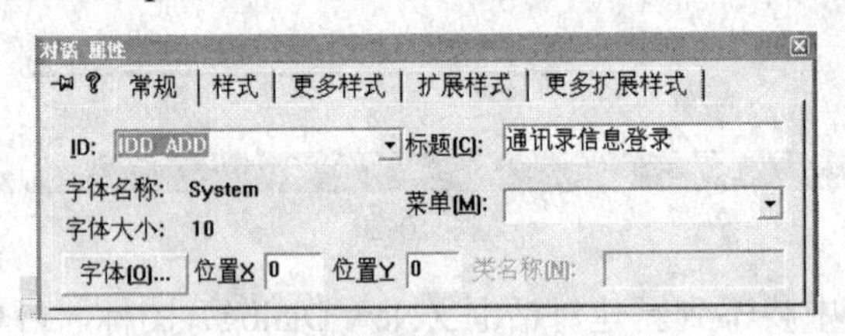

图 10-25

其中的标志号 ID，可以保留系统所给出的，但为了与标题一致，可以把它设置为 IDD_ADD。

然后在控件工具栏中选取（单击）所需的控件，添加到对话框中。这些控件可以是静态文本框（Text）控件、编辑框（Edit）控件与按钮（Button）控件等。这些控件有自己的图标，如静态文本框是 Aa，编辑框是 ab|，而按钮框是 □。当光标指向这些控件时有提示信息告知这是什么控件。当在对话框中添加了某个控件时，右击该控件，弹出下拉式功能菜单（图 10-26），单击其中的“属性”（Properties），将弹出设置属性的相应对话框。例如，对于静态文本框，有如图 10-27 所示的 Text 属性（Properties）对话框。

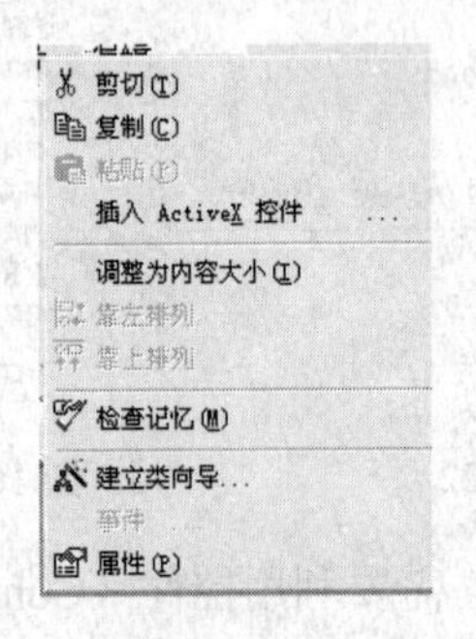

图 10-26

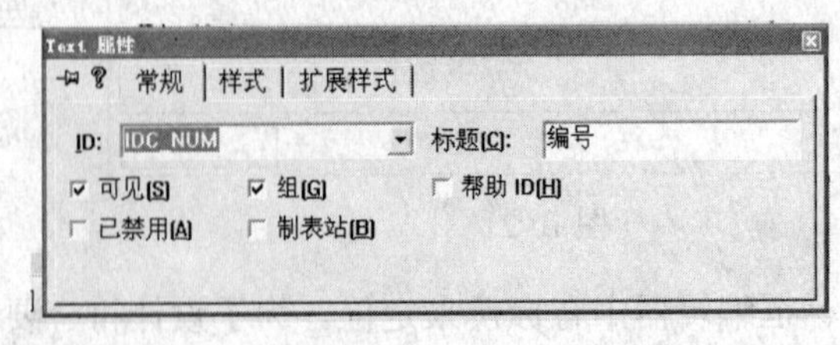

图 10-27

对于编辑框，有如图 10-28 所示的“Edit 属性”对话框，对于按钮控件，则有类似的下拉式功能菜单与如图 10-29 所示的“Push Button 属性”对话框。

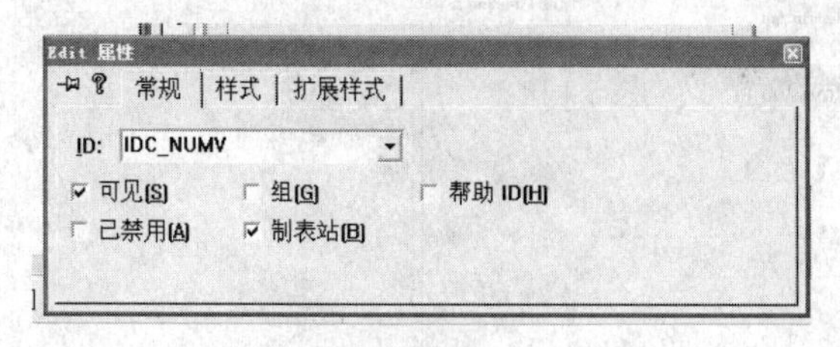

图 10-28

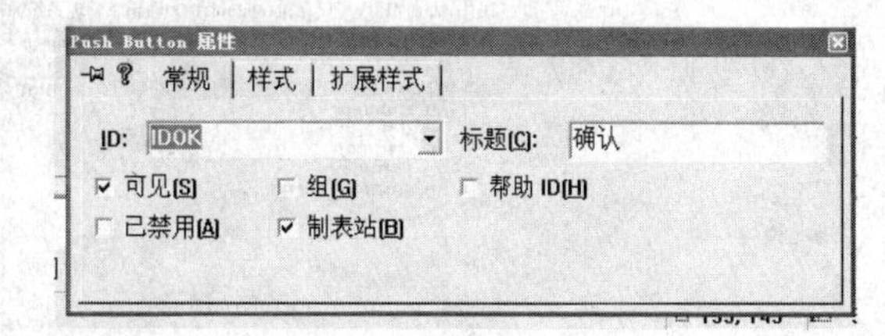

图 10-29

下面说明如何选择控件。

为了指明要输入或显示什么，选择“静态文本框”（Static text）控件，对其编辑时设置“标题”（Caption）；要进行输入或显示某具体内容，选择“编辑框”（Edit）控件，对其编辑时在“样式”（Styles）标签下可以设置多行（Multiline）、需要返回（Want return（换行））与自动垂直滚动（Auto VScroll）等。

如果运行时要键入数据，可以把“常规”（General）标签下“可见”（Visible）框打勾。如果不能修改而仅显示，则“可见”（Visible）与“已禁用”（Disabled）处均打勾。

要进行确定或重输入等时，选择按钮控件，对其编辑时设置“标题”（Caption），如“重新输入”与“退出（取消）”等。

在对控件进行设置时，不论哪种情况，把标题取为与内容相一致的、易理解的名称将更便于管理。例如，对于编号，静态文本框的标题取为“编号”，ID 取为 IDC_NUM，而相应编辑框的 ID 取名为 IDC_NUMV 等。

为进行布局，构成较佳的界面，可利用鼠标把控件拖拉到合适位置，并缩放成合适大小。

为了查看对话框设计的效果，可用鼠标单击“对话框”（Dialog）工具栏（图 10-30）中最左边的“测试”（Test）图标 。这时显示所测试的对话框，在编辑框中可进行键入，且当是数值编辑框时，可以检查出不能键入非数字字符。但这时即使已把编辑框与应用程序联系起来，也不能执行相关的程序，仅仅查看对话框界面而已。如果没有显示“对话框”工具栏，可如同前述“控件”工具栏般操作使其显示。

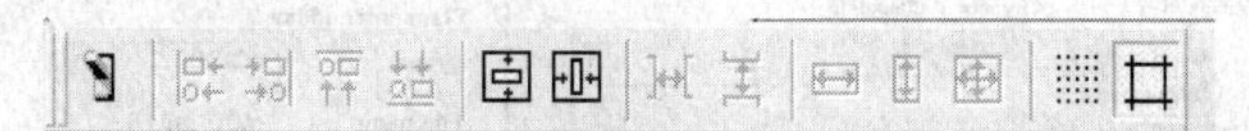

图 10-30

3. 把菜单命令与程序代码相连接

在创建了功能菜单之后，必须把功能菜单选项与程序代码相联系，使得在运行时选中某选项时能完成相应的功能。可按照下列步骤建立菜单选项与程序代码之间的联系。

首先在“资源监视器资源”（ResourceView）标签下的 Menu（菜单）表列上，单击一个菜单名，打开菜单设计器，显示相应的菜单。选中某选项，如通讯录信息管理的下拉式子菜单上的“登录”，右击鼠标，这时在弹出的下拉式功能菜单中，单击选项“建立类向导”（ClassWizard），弹出如图 10-31 所示的 MFC ClassWizard（建立类向导）对话框。

注意，必须建立或打开工程（Project）才能选上“建立类向导”（ClassWizard）选项。如果不能选上，可以通过打开工作空间（WorkSpace）打开相应的.dsw（工程）文件，或从“文件”（File）选项直接打开.dsw 文件建立工程。

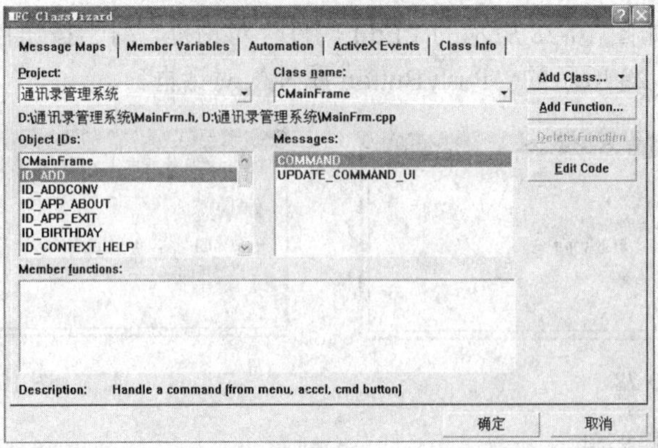

图 10-31

这时在 MFC ClassWizard 对话框中标签 Message Maps 的 Messages 下方选定 COMMAND（命令），这时允许添加函数。选定 Add Function（添加函数），在弹出的对话框 Add Member Function 中置好成员函数名。一般由系统按相应选项的 ID 给出函数名，如对于 ID_ADD，给出 OnAdd，只需按 OK 键就行。这样在功能菜单选项与程序代码间建立了联系。当在运行时刻选定“登录”选项时，将执行登录通讯录信息的程序（函数 OnAdd）。当单击 Edit Code 按钮时，打开相应的.cpp 文件，在 OnAdd 的函数定义位置可键入相应的程序代码。

由于需要通过某个对话框进行输入，必须能在程序代码中打开此对话框。为此对所设计的对话框引进一个新的类（Class），其步骤如下。

右击对话框中无控件图标的某处，弹出下拉式功能菜单，选定建立类向导（ClassWizard），显示类似于图 10-31 的对话框，但这时，Add Function（添加函数）是被屏蔽了的，且同时弹出 Adding a Class（添加类）对话框（图 10-32），鉴于此对话框是新的资源，是自行设计与实现的，不沿用老的类，而是创建一个新的类，因此，在弹出的对话框中只需按 OK 按钮便可。此时弹出如图 10-33 所示的对话框，其中基类（Base Class）是系统定义的类 CDialog，对话框 ID 是在建立时确定的 IDD_ADD，且文件名也是已经确定的，即 Add.cpp。要新确定的是此对话框的相应类名，按功能可以对此类取名，如为 CADD。

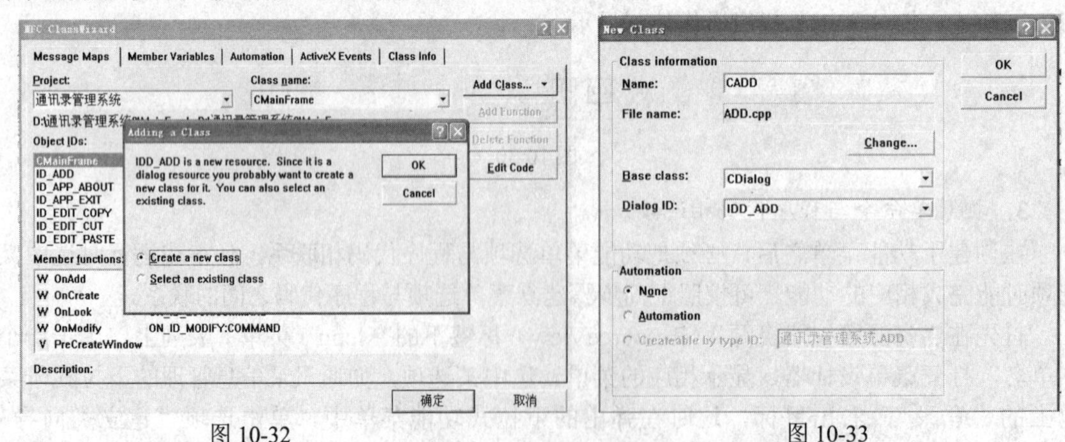

图 10-32　　　　　　　　　　　　　　　图 10-33

现在可以定义 CADD 类的实例对话框 Dlg，并调用显示对话框的成员函数 DoModal，以弹出相应的对话框，写出说明语句与函数调用语句如下：

```
CADD  Dlg;
Dlg.DoModal();
```

在运行时选定选项“登录”，便将显示输入通讯录信息的相应对话框。在此对话框中进行通讯录信息的输入。现在的问题是：这个对话框实例与显示对话框的函数调用语句

```
Dlg.DoModal( );
```

写在程序中的哪个函数定义中？

对话框类 CADD 在头文件 ADD.h 中定义，关于 CADD 类的操作在文件 add.cpp 中定义，如在建立 CADD 类时定义的成员函数 OnChangeNumv 与 OnChangeNamev 的具体实现程序就在此 add.cpp 文件中。然而由于对通讯录既添加记录，又查询或修改通讯录，这些都在主程序 MainFrm.cpp 中进行，即对话框 Dlg 应该是这几个相关功能模块中共享的，因此在 MainFrm.cpp 中定义对话框实例 Dlg：

```
CADD Dlg;
```

由于 MainFrm.cpp 中有下列文件包含语句：

```
#include "CADD.h"      /* 用户添加，对话框类，生成对话框*/
```

MainFrm.cpp 中能取到关于 CADD 类的信息。这时，在 add.cpp 中需要有下列外部语句：

```
extern CADD Dlg;
```

其他引用 Dlg 的.cpp 文件中都需要有这样的外部语句。

4. 把对话框与数据相连接

首先陈述把对话框与数据相连接的处理思想。

当在界面上对话框中选定某编辑框控件时，激发相应的事件而调用相应的函数。键入数据，此数据被赋值给相应的编辑框成员变量。当需要输入的数据输入完毕时，按“确定”按钮，激发相应的事件，调用相应的函数，把这些数据从编辑框成员变量处保存到对话框类的相应数据对象中，供处理之用。如果要重新输入，则对这些编辑框成员变量恢复成初值，然后重新输入。当需要进行查看时，则把相应数据对象的值赋给相应的编辑框成员变量而在相应的编辑框中显示。修改的情况类似。

为此需要完成下列几件事：

（1）为数据对象引进过渡变量，这些过渡变量保存从对话框的编辑框控件中输入的数据。这只需在相应的程序（.cpp）文件中引进相应的说明语句即可。

（2）让每个输入或显示数据的编辑框控件对应于一个编辑框成员变量，作为界面与数据对象相应变量之间的过渡。

（3）让 OK 等按钮控件所相应的事件与某个成员函数定义相联系，在其函数体内把编辑框成员变量与数据对象过渡变量相关联，并作相应的处理。

概括起来，通讯录信息输入图示如下：

编辑框成员变量↔数据对象过渡变量↔通讯录条目

例如，在打开相应的登录对话框之后，执行下列语句输入姓名：

```
CString  NameV;                    /* 定义过渡变量 */
m_NAMEV.GetWindowText(NameV);   /* 过渡变量从对话窗成员变量取得值 */
strcpy(CommuReord[CommuItemNum].Name,NameV);
/* 把过渡变量值传输到通讯录 CommuReord 的当前记录中 */
```

为在打开的查看对话框中显示姓名，可以执行下列语句：

```
NameV=CommuReord[num].Name;
m_LNameV= NameV;
```

说明　如果成员变量与通讯录条目中某款目的数据类型相同，在查看对话框中显示时可以不经过过渡变量。例如，对于姓名可以直接赋值：

```
m_LNameV=CommuReord[num].Name;
```

注意　类型 CString 的用法。

在编辑框成员变量与数据对象过渡变量之间，以及数据对象过渡变量与通讯录记录之间的相互传输，使用赋值语句或某些系统函数（如字符串复制函数）便可实现。这里说明 Visual C++如何实现编辑框成员变量的引进及如何实现输入与保存数据。

为了引进编辑框成员变量，只需右击对话框中某处，在弹出的下拉式菜单中单击“建立类向导”(ClassWizard)，可显示如图 10-31 所示的对话框。现在选定 Member Variables（成员变量）标签，在 Control IDs（编辑框控件标志）栏下选定一个控件 ID，如 IDC_NAMEV。为它建立一个成员变量，选定 Add Variable...（添加成员变量），弹出如图 10-34 所示的 Add Member Variable 对话框。初始时，Member variable name 下的框中显示的是“m_”，把它改为“m_Namev”，这是因为相应的控件 ID 是 IDC_NAMEV，这样便于记忆。一般情况下，为便于管理，成员变量的取名应该与控件 ID 相对应。例如对于控件 ID=IDC_NUMV，成员变量取名为 m_Numv。

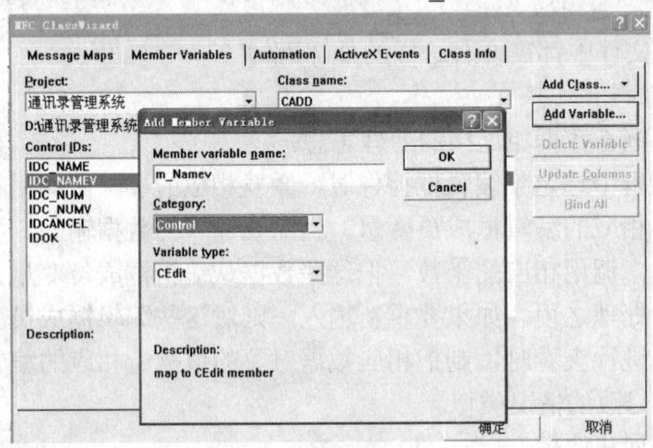

图 10-34

注意，Category（范畴）可以是 Value（值）或 Control（控件）。对于前者，类型是 CString，对于后者，类型是 CEdit。一般情况下，置为 Control，而不是 Value。

当单击 OK 按钮后，便定义了一个成员变量。在相应的头(H)文件中可找到相应的变量说明。例如，在关于登录对话框的文件 add.h 中可以找到下列成员变量说明：

```
CEdit  m_Namev;
```

下面说明如何实现数据的输入与保存。

当执行下列语句：

```
m_Namev.SetWindowText("在此输入姓名");
```

时，将在与此成员变量 m_Namev 相应的编辑框中显示：“在此输入姓名”。当执行下列语句：

```
m_Namev.GetWindowText(namev);
```

时，将使得类型为 CSting 的变量 namev 从 m_Namev 相应的编辑框中获得所键入的数据，即作为字符串的姓名。当然，执行上述 2 个语句时，相应的对话框已经打开，且成员变量相应的编辑框控件与程序代码相联系。

为建立编辑框控件与程序代码之间的联系，还是在 ClassWizard 对话框中设置，即在 Message Maps（消息映像）标签下设置（图 10-31）。首先，选定 Class name（类名）栏下的类名是此编辑框所在的对话框类，如 CADD。然后，在 Object IDs 栏下选定一个编辑框控件，如 IDC_NAMEV，同时在 Messages（消息）栏下方选定一个消息名（现在选定 EN_CHANGE），然后选定添加函数（Add Function…），弹出如图 10-35 所示的对话框，在 Add Member Function（添加成员函数）对话框中设置成员函数名。这通常由系统根据编辑框控件名与消息名给出，例如，现在给出的是 OnChangeNamev，按 OK 按钮便可，这样就建立了编辑框控件中进行键入数据时的相应事件与成员函数之间的联系。当运行过程中登录时，在此编辑框中键入姓名，由系统函数 OnChangeNamev 把所键入的姓名传输到相应的过渡变量 namev 中。

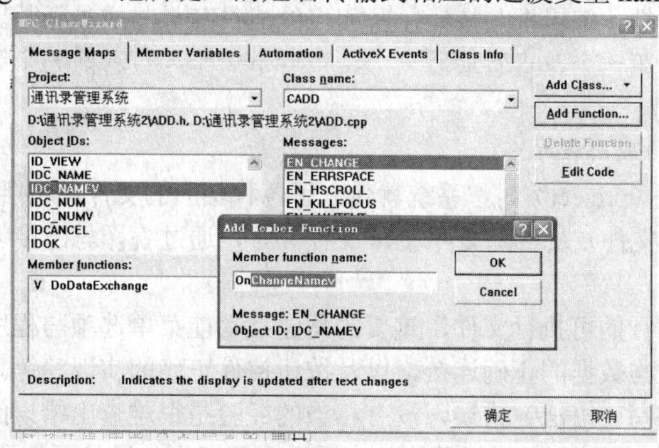

图 10-35

当一个通讯录记录的数据全部键入时，应该进行确认，以便将其保存到通讯录数据库中，这时单击“确认”按钮来激发事件，从而执行相应的程序。

建立按钮控件与程序代码之间的联系，同样是通过如图 10-31 所示的“建立类向导”对话框。这时确定是登录的对话框类 CADD，ObjectIDs 栏下的表列中选与“确认”按钮相应的 ID：IDOK，而 Message 可以是 BN_CLICKED（单击）或 BN_DOUBLECLICKED（双击）。选前者，最后选定 add function（添加函数），弹出如图 10-36 所示的 Add Member Function 对话框，确定相应的成员函数名是 OnOK，单击 OK 按钮，便建立了“确认”按钮控件与函数 OnOK 之间的联系。

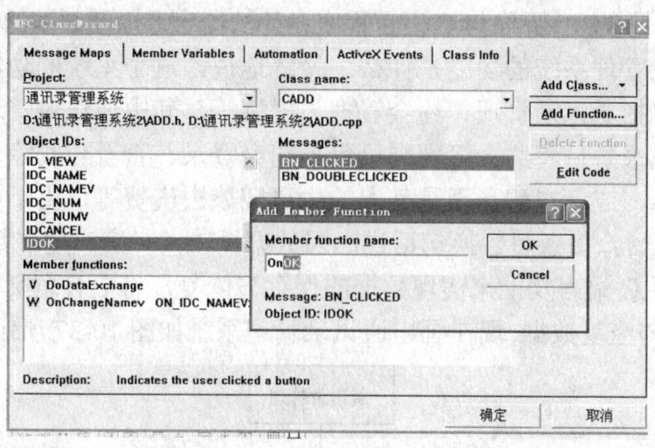

图 10-36

当在程序运行过程中按“确定”按钮时，将调用函数 OnOK，这时可执行下列语句：

```
char temp[6];
++CommuItemNum;                 /* 条目序号加 1 */
ITOS(CommuItemNum, temp);       /* 把条目序号转换成字符串 */
```

```
m_Numv=temp;                          /* 为显示，成员变量从暂存变量得到值*/
m_NAMEV.GetWindowText(NameV);   /* 过渡变量从编辑框得到输入值 */
/* 下面保存到通讯录 */
CommuReord[CommuItemNum].Num=CommuItemNum;
strcpy(CommuReord[CommuItemNum].Name,NameV);
```

所键入的姓名，首先经由通讯录登录对话框类成员变量 m_Namev 存入过渡变量 NameV 中，再从过渡变量 NameV 保存到用数组实现的通讯录 CommuReord 中。其他情况类似。

要查看通讯录信息，可以另设计一个查看对话框，建立一个查看对话框类，类似地引进各类控件：静态文本框、编辑框与按钮，及相应的成员变量与成员函数。与登录对话框不同的是，这时将有查看第一个、查看最后一个、查看下一个与查看前一个等按钮控件，需要有相应的程序实现。

5. *建立可执行的应用程序*

在初始建立工程（project）时，系统就建立了各种相应的文件，包括程序代码文件（.cpp 文件）与头文件（.h 文件）及资源文件（.rc 文件）等，通过编译与链接装配（Build）产生可执行文件（.exe 文件）。

要建立一个可运行的可执行文件，重要的是建立功能菜单选项与程序代码的正确连接、对话框中编辑框控件与数据的正确连接，以及按钮控件正确的实现等等。如果发生错误而不能运行的原因不是书写（语法）错误，没有相当的经验是很难查出错误的。建议读者可以每次完成部分创建工作，便运行此应用程序，查看界面及运行效果是否与预期一致。如果一致，则保存各文件，再继续进行。如果发现有问题便不保存，而是查看错误在何处。这样步步为营，有利于在较短的时间内编写出所需要的程序系统。

10.5.3　通讯录管理系统的设计与实现

前文以通讯录管理系统界面为例说明如何应用 VC++平台设计与实现应用程序的界面。本小节进一步简单介绍通讯录管理系统的设计与实现，说明各个要点。

通讯录管理系统的程序编写已在第 7 章中讨论过，但讨论的侧重点不一样，当时主要是从 C 语言程序设计角度，讨论一般的应用程序编写要点，界面是最简单的古典型界面，而且未考虑大量数据的保存与恢复问题。本节在 VC++开发平台支持下编写通讯录管理系统应用程序，功能更为完善，重点是 VC++界面与 C 语言程序设计的结合，以及数据的保存与恢复。

首先明确通讯录管理系统的功能是什么。笼统地说，这个系统的功能是管理人际交往的事务，具体功能可包括通讯录管理、约会管理与提醒等。其中通讯录管理，可包括登录、查看、修改与删除通讯录条目。约会管理则可包括约会登录、查看与删除。而提醒功能主要是提醒当天有什么约会，或者提醒当天是某人的生日应该去庆贺等。由于可能有较多的人事联系，通讯录中可能包含众多条目。换句话说，因数据量较大，应该建立数据库。但对于 C 语言初学者来说，利用 C 语言功能来实现数据的保存与恢复，将更有意义，因此增加一个系统功能，包括保存数据与恢复数据。现在画出通讯录管理系统如图 10-37 所示的系统层次结构图。

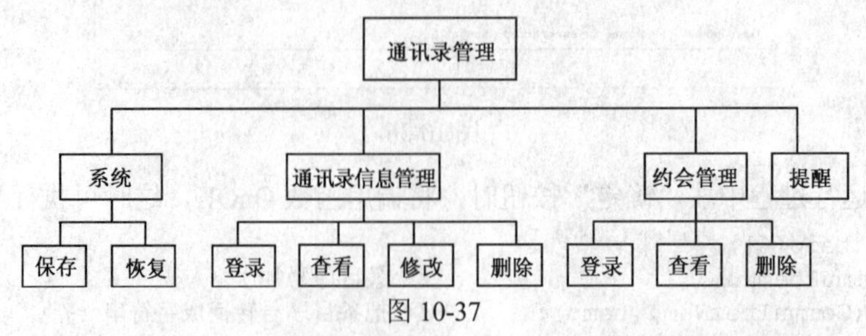

图 10-37

设计功能菜单如图 10-38 所示。

图 10-38

数据性界面以查看通讯录条目界面为例，可设计为如图 10-39 所示。

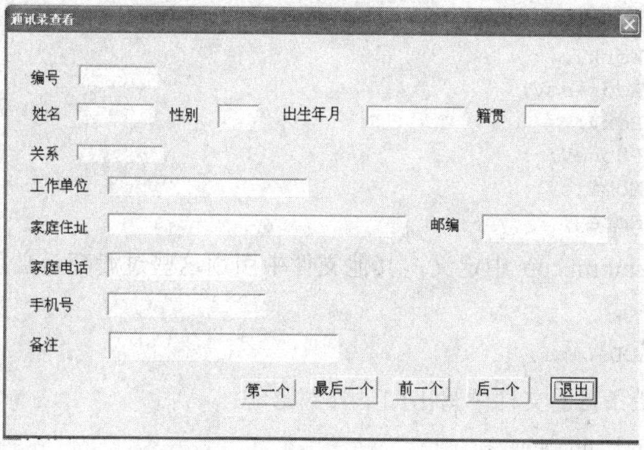

通讯录查看

编号

姓名　性别　出生年月　籍贯

关系

工作单位

家庭住址　邮编

家庭电话

手机号

备注

第一个　最后一个　前一个　后一个　退出

图 10-39

在设计数据性界面时建立相应的类并定义成员变量及相应的响应输入数据事件的函数等。希望读者参照前面的讨论，自行尝试完成相应的工作。

登录通讯录信息的数据性界面类似于查看界面，只是更简单，无需“第一个”、“最后一个”等按钮，代之以“确认”与“重新输入”等。登录界面与查看界面的区别是：查看时，各编辑框控件必须置为“已禁用”，使得不能键入。约会管理子功能中的登录、查看与删除界面等类似，请读者自行设计。

下面讨论数据结构的设计。

从系统的功能出发，显然需要有关于通讯录与约会表两类数据结构。为简单起见，通讯录用一个数组来实现，其元素是通讯录条目。从图 10-39 可见，此条目的内容包括编号、姓名、性别、出生日期、籍贯、关系、工作单位、家庭住址、邮编、家庭电话、手机号与备注等。显然这应该是一个结构类型。例如，可定义如下：

```
typedef struct
{  int Num;                  /* 编号 */
   char Name[10];            /* 姓名 */
   char Sex[4];              /* 性别 */
   char Birthday[14];        /* 出生日期 */
```

```
        char Place[20];            /* 籍贯 */
        char Relation[10];         /* 关系 */
        char Work[40];             /* 工作单位 */
        char Address[40];          /* 家庭住址 */
        char Box[8];               /* 邮编 */
        char Phone[16];            /* 家庭电话 */
        char Mobile[16];           /* 手机号码 */
        char Note[50];             /* 备注 */
    } CommuItemT;
    CommuItemT  CommuReord[100];     /* 通讯录，最多 100 个条目 */
    int CommuItemNum;                /* 通讯录条目数 */
```

为了在对话框中输入数据并保存，需要引进相应的过渡变量，可以定义如下：

```
CString  NumV;
CString  NameV;
CString  SexV;
CString  BirthdayV;
CString  PlaceV;
CString  RelationV;
CString  WorkV;
CString  AddressV;
CString  BoxV;
CString  PhoneV;
CString  MobileV;
CString  NoteV;
```

这些在文件 MainFrm.cpp 中定义，其他文件中引用这些过渡变量必须使用外部语句引进实例对话框：

```
extern CADD Dlg1;
```

同时，在登录通讯录条目的文件中写出如下外部语句：

```
extern CString NumV;
```

其他过渡变量情况类似。

至此，着手编写程序，可以通过菜单设计器对各选项建立类向导，选定 Edit Code 确定相应的文件，并定位到相应的函数定义处。

由于主菜单中进行登录、查看、修改与删除通讯录条目，相应的对话框都在主菜单相应的文件 MainFrm.cpp 中打开，因此在 MainFrm.cpp 中定义对话框类实例。例如，可以有下列文件包含命令与说明语句：

```
#include "ADD.h"          /* 其中包含登录对话框类定义 */
CADD  Dlg1;               /* 创建登录对话框类实例 */
#include "LOOK.h"         /* 其中包含查看对话框类定义 */
CLOOK  Dlg2;              /* 创建查看对话框类实例 */
```

在相应的函数定义内写出：

```
Dlg1.DoModal();
```

便将弹出登录对话框，准备输入通讯录条目。如果在相应的函数定义中写出：

```
Dlg2.DoModal();
```

便将弹出查看对话框，显示通讯录条目。注意，为了弹出查看对话框时就能看到通讯录条目，必须先设置好 Dlg2 各成员变量的值，否则将不能显示条目。

为了便于读者自行研制通讯录管理系统，再说明以下几点。

（1）如何重复进行登录与退出登录。

当在主菜单中选定通讯录管理/登录选项时，将调用 MainFrm.cpp 文件中的函数 OnAdd，这时将执行下列语句：

```
ITOS(CommuItemNum+1, temp);
Dlg1.m_Numv=temp;          /* 置好将登录入的条目的序号 */
Dlg1.DoModal();            /* 显示登录对话框 */
```

这时，在键入条目内容确认时，将不能再继续登录，必须重新在主菜单上选定通讯录管理/登录选项，这显然是十分不方便的。为此在函数 OnAdd 内增加循环：

```
while(条件)
   Dlg1.DoModal();
```

这时应该条件为真，进入通讯录登录对话框。在登录结束时使条件成为假，从而返回到函数 OnAdd 时不再进入通讯录条目登录界面。如何实现请读者自行解决。

（2）由于本教材不讨论使用数据库的问题，而是用文件实现数据的保存与恢复。每次重新运行通讯录管理系统，首先选定辅助功能/恢复，把已登录的通讯录条目恢复到通讯录中。当退出此系统时，应该选定辅助功能/保存，把登录的通讯录条目保存到文件中。这时可以使用有格式的文件输入输出函数 fprintf 与 fsanf。例如，保存时执行下列函数调用语句：

```
fprintf(fp, "%d\n", CommuItemNum); /* 条目个数 */
fprintf(fp, "%d %s %s %s\n",
        CommuReord[k].Num, CommuReord[k].Name,
        CommuReord[k].Sex, CommuReord[k].Birthday);
```

其中 k=1,2,⋯, CommuItemNum。文件指针 fp 打开如下：

```
fp=fopen("d:\\ctest\\Commulist.txt", "w");
```

文件 Commulist.txt 在 d 盘 ctest 文件夹中，也可以在其他的文件夹中，只要路径正确便可打开。为了检查打开文件是否成功，可以改写为：

```
if((fp=fopen("d:\\ctest\\Commulist.txt", "w"))==0)
{  MessageBox("Not Open","不能打开文件 Commulist",MB_OK);
   exit(0);
}
```

当恢复时，由下列函数调用语句:

```
fp=fopen("d:\\ctest\\Commulist.txt", "r");
```

打开文件 Commulist.txt，执行下列函数调用：

```
fscanf(fp, "%d\n",  &CommuItemNum);
fscanf(fp, "%d %s %s %s\n",
       &CommuReord[k].Num, CommuReord[k].Name, CommuReord[k].Sex,
       CommuReord[k].Birthday );
```

把通讯录条目从文件恢复到通讯录中，其中 k=1,2,⋯,CommuItemNum。

注意，每当保存与恢复结束后必须关闭文件：

```
fclose(fp);
```

（3）采用自顶向下、逐步细化的思路编写程序。

首先实现功能菜单，然后逐个地实现各功能，对于主菜单上还未实现的功能，当被选定时，可以弹出对话框，显示待实现的信息框。例如，对于添加约会条目的函数 OnAddconv，可以如下定义：

```
void CMainFrame::OnAddconv()
{
    // TODO: Add your command handler code here
    MessageBox("待实现","添加约会",MB_OK); //用户添加，表明进入此处
}
```

为帮助读者编写通讯录管理系统，本教程所附光盘上有实现部分功能的可运行程序供读者参考。

10.6 小　结

10.6.1 本章 C 语法概括

1. 文件的定义形式

FILE *文件指针变量名;

2. 关于文件的操作

1）文件打开关闭类

（1）打开文件：函数 fopen。

原型：`FILE * fopen( const char *filename, const char *mode);`

（2）关闭文件：函数 fclose。

原型：`fclose(FILE *fp);`

2）文件读写类

（1）二进制写：函数 fwrite。

原型：
```
size_t fwrite
    (const void *buffer,size_t num_bytes,size_t count, FILE *fp);
```

其中，size_t 是无正负号 int 型，定义如下：

```
typedef unsigned size_t;
```

（2）二进制读：函数 fread。

原型：
```
size_t fread
    (void *buffer, size_t num_bytes,size_t count, FILE *fp);
```

（3）有格式文本方式写：函数 fprintf。

原型：`int fprintf(FILE *fp, const char * control_string, …);`

其中省略号省略的是输出项。

（4）有格式文本方式读：函数 fscanf。

原型：`int fscanf(FILE *fp, const char *control_string, …);`

其中省略号省略的是输入项。

（5）读字符：函数 fgetc。

原型：`int fgetc(FILE *fp);`

（6）写字符：函数 fputc。

原型：`int fputc(int ch, FILE *fp);`

（7）读字符串：函数 fgets。

原型：`char *fgets(char *str, int length, FILE *fp);`

（8）写字符串：函数 fputs。

原型：`int fputs(const char *str, FILE *fp);`

3）文件定位类

（1）反绕到头：函数 rewind。

原型：`void rewind(FILE *fp);`

（2）随机定位：函数 fseek。

原型：`int fseek(FILE *fp, long offset, int origin);`

4）文件判别类

（1）判文件结尾：函数 feof。

原型：`int feof(FILE *fp);`

（2）判文件操作错误：函数 ferror。

原型：`int ferror(FILE *fp);`

10.6.2　C 语言中关于日期的数据结构与函数

1. 头文件 time.h 中定义关于日期的数据结构

```
struct  tm
{  int   tm_sec;        /*秒*/   int tm_min; /*分*/
   Int   tm_hour;       /*时*/
   int   tm_mday;       /* 日，值是 1 到 31 */
   int   tm_mon;        /* 月，值是 0 到 11，如 11 月值是 10 */
   int   tm_year;       /* 年，从 1900 开始起算，如 2011 年值是 111 */
   int   tm_wday;       /* 星期，从 Sunday 开始，值是 0 到 6*/
   int   tm_yday;       /* 天数，从一年第 1 天开始，0 到 365 */
   int   tm_isdst;      /*夏日制特征*/
};
```

其中，成员变量 tm_isdst 的值大于 0 时表示正在实行夏日制，等于 0 时表示非夏日制。当没有获得日期的信息时，tm_isdst 的值小于 0。

2. 日期函数 time 与 localtime

原型：
```
time_t time(time_t *timer);
struct tm *localtime(const time_t *timer);
```

其中，函数 time 回送的是类型为 time_t 的值，time_t 定义如下：

```
typedef long time_t;
```

本 章 概 括

本章讨论应用程序界面的设计与实现。一个应用程序通常涉及 3 个方面，即界面、程序与数据。界面是应用程序与用户交互的接口，用户通过界面对应用程序的运行进行控制并进行数据的输入输出。概括地说，应用程序界面可以分为古典型与时尚型两大类。古典型界面可以由 C 语言的输入输出语句实现，而时尚型界面需要由用户编写窗口函数与菜单函数实现。本章给出了一整套可运行的窗口函数与菜单函数，并以家庭计算机辅助管理系统作为实例，阐明应用程序的编写，尤其是界面的设计与实现方法。本章也讨论了如何在 VC++开发平台上设计与实现界面，概括了以 VC++实现界面的要点，并以通讯录管理系统为实例，说明在 VC++开发平台上如何编写应用程序。

数据的输入输出最好是利用数据库，但作为初学者，可以简单地使用 C 语言文件。C 语言文件通过文件指针变量对文件进行存取。文件的操作有文件打开关闭、文件读写、文件定位与文件判别 4 类。在数据量不太大的情况下，一般的应用程序可以使用文件来解决数据的存取问题。

习　题

一、选择与填空题

1. 变量说明“FILE *p;”中的类型标识符“FILE”是在头文件__________中定义的。

2. 设 fp 已定义，执行语句“fp=fopen("file","w");”后，以下针对文本文件 file 操作叙述的选项中，正确的是___________。

A）写操作结束后可以从头开始读　　B）只能写不能读

C）可以在原有内容后追加写　　D）可以随意读和写

3. 下列叙述中，正确的是__________。

A）C 语言中的文件是流式文件,因此只能顺序存取文件中的数据。

B）调用 fopen 函数时若用“r”或“r+”模式打开一个文件,该文件必须在指定存储位置或默认存储位置处存在。

C）当对文件进行了写操作后,必须先关闭该文件然后再打开,才能读到该文件中的第 1 个数据

D）无论以何种模式打开一个已存在的文件,在进行了写操作后,原有文件中的全部数据必定被覆盖

4. 以下程序用来判断指定文件是否能正常打开，请填空。

```
#include <stdio.h>
main()
{  FILE *fp;
   if((fp=fopen("test.txt","r"))== _________ )
      printf("未能打开文件！\n");
   else
      printf("文件打开成功！\n");
}
```

5. 设有以下程序：

```
#include <stdio.h>
main()
{  FILE  *fp; char str[10];
   fp=fopen("myfile.dat","w");
   fputs("abc",fp); fclose(fp);
   fp=fopen("myfile.dat","a+");
   fprintf(fp,"%d",28);
   rewind(fp);
   fscanf(fp,"%s",str); puts(str);
   fclose(fp);
}
```

程序运行后的输出结果是__________。

A）abc　　B）28c　　C）abc28　　D）因类型不一致而出错

二、编程实习题

1. 试使用 C 语言窗口函数与菜单函数设计时尚型界面，实现小学数学自测系统。

2. 试使用 C 语言窗口函数与菜单函数设计时尚型界面，实现通讯录管理系统。

3. *试在 VC++开发平台下，实现通讯录管理系统。

第 11 章　C 语言低级特性及其在系统软件中的应用

C 语言的特点是表达能力强，适宜于编写范围广泛的应用程序，特别是可编写与操作系统和编译系统等系统软件相关的程序，因为它既具有高级语言的特性，又具有低级语言的特性。共用体与位运算等体现了这种低级特性。

11.1　问题的提出

若需编写系统软件——编译程序，其功能是把高级程序设计语言所写源程序翻译（编译）成低级语言目标程序。编译时，首先进行词法分析，这时从源程序产生相应的内部表示，它称为属性字序列，由属性字组成。源程序中每个符号对应一个属性字，一般由两部分组成，即符号类与符号值。如前所述，C 语言符号包括标识符、常量、字符串、标号、关键字与专用符号等。标识符是一类符号，虽然是同一类，却可以有各种各样不同的标识符。一个专用符号，如一个运算符+是一类，这一类中就仅此一个符号。因此，属性字有 2 大类，一类是如运算符之类的特定符号，在这一大类中每类仅一个符号。另一类是如标识符之类的非特定符号，在这一大类中，即使是同一类，也可以有很多不同的符号。现在考虑如何用 C 语言来实现属性字序列。

通常属性字序列定义为数组类型，每个数组元素对应一个属性字。如果利用目前所学到的 C 语言知识，属性字可利用结构类型来实现，可有如下数据结构类型：

```
typedef struct
{   int 符号大类；/* 1：特定符号类；0：非特定符号类 */
    符号类类型   符号类；
    符号值类型   符号值；
} 属性字类型；
```

属性字序列可用数组类型设计如下：

```
属性字类型   属性字序列[MaxAttriWordNum];
```

其中，MaxAttriWordNum 是可允许的属性字序列最大长度。

属性字中，符号值在一般情况下需根据符号的种类而确定，如特定符号类一般是此特定符号的编码值，标识符是它在标识符表中的序号，而常量则是它在常量表中的序号。不论哪种情况，都是一个整数值，即符号值类型是 int。类似地，符号类也需根据符号的种类来决定，如对于特定符号，可能是运算符，具有优先级，可设计如下：

```
typedef struct
{  int 说明符标志；     /* 1：说明符；0：非说明符  */
   int 运算符标志；     /* 1：运算符；0：非运算符  */
   int 运算符优先级；
   int 符号类编码；
} 特定符号类类型；
```

例如，对于 C 语言说明符 float 的属性字是：符号大类=1，说明符标志=1，运算符标志=0，运算符优先级=0（无优先级），符号类编码=29。而运算符+的属性字是：符号大类=1，说明符标志=0，运算符标志=1，运算符优先级=6，符号类编码=3。

对于标识符，虽然它所代表的数据对象具有类型等属性，但在词法分析时还不能确定，符号类中仅包含符号类编码值1。对于常量，情况类似，但其符号类编码值是2。因此，对于非特定符号类，为便于扩充，可以设计如下类型：

```
typedef struct
{  int 符号类编码;
} 非特定符号类类型;
```

这表明，一个特定符号的属性字中的符号类，至少由4个int型值组成，而对于非特定符号类，属性字中的符号类仅占用1个int型值，两者的长度不一样，将造成下一阶段语法分析的不方便。通常的编译实现中，所有属性字都有相同的长度，一种简单的办法是都采用特定符号类类型，但对于非特定符号类，让其说明符标志、运算符标志与运算符优先级都是0。然而，从概念上来说，这是不合适的。

当用C语言实现时，更合适的是利用共用体类型。

下面讨论共用体类型的引进。

11.2 共用体类型

11.2.1 引进的目的

在关于类型的讨论中，众所周知，C语言中char型与int型是通用的，如下列变量说明与输出语句：

```
char c='A';
printf("\nchar c=%c, int c=%d",c,c);
```

将显示输出：

```
char c=A, int c=65
```

这表明对于同一个存储字节，从不同的角度去看，它可以有不同的解释。在日常生活中也存在很多类似的情况，对同一事物，从不同的角度考虑，就有不同的理解和处理方式。典型的例子如人事档案中可能包含的款目有：编号、姓名、性别、出生日期、工作岗位和等级，其中的等级因不同的工作岗位而将有不同的细目。例如，如果是技术人员，等级是职称，如高级工程师与工程师等；如果是工人，则是技术等级，如1级工与2级工等。职称是字符数组（字符串）类型，而技术等级是整数值，因此，当用计算机辅助管理人事档案，设计数据结构时，对于技术人员，可能定义如下：

```
struct PersonType
{  int Number; char name[10]; char sex[4];
   char job[10];  char position[20];
};
```

而对于工人，可能定义如下：

```
struct PersonType
{  int Number; char name[10]; char sex[4];
   char job[10];  int class;
};
```

这样将造成麻烦，应该设法把两种情况甚至更多的情况统一起来，如设计成：

```
struct PersonType
{  int Number; char name[10]; char sex[4];
```

```
    char job[10]; char position[20] 或 int class;
  };
```

不言而喻，“char position[20]或 int class”这样的写法是不允许的，为此，C 语言中引进所谓的共用体类型，即对同一个存储字或若干个存储字，允许从不同的角度去理解，按照不同的情况去处理。例如，引进下列共用体类型：

```
union GradesType
{  char position[20];
   int class;
};
```

其中，关键字 union 标记共用体类型的开始，GradesType 是共用体类型名，position 与 class 称为成员变量。当按成员变量 position 访问时，类型是 char 型数组，而按成员变量 class 访问时，类型是 int 型。例如，定义共用体类型 GradesType 的变量 grade：

```
union GradesType grade;
```

假定为共用体类型变量 grade 分配的存储从 1000 开始，如图 11-1 所示。

注意　由于 position 中置值为“高级工程师”，即地址是 1000 的存储字中的内容应该是“高”，当把它作为 int 型量时，它的值应该是“高”字的二进制表示的相应整数值，如图 11-1 所示，是 16 进制的 DFB8。如果对 class 赋值 8，则从 position 角度看，1000 中是 ASCII 编码值为 8 的字符，即向后空格字符。因此，必须根据工作岗位 job，对 position 存取，或对 class 存取。

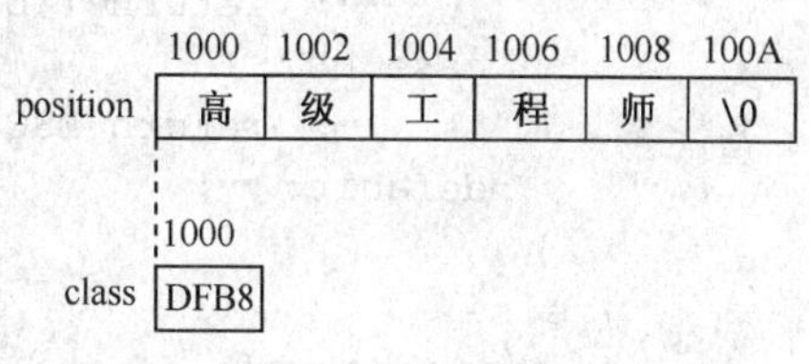

图 11-1

为了存取共用体类型变量中的成员变量，与结构类型变量取成员变量一样，用圆点运算符，如 grade.position 与 grade.class。

人事档案记录的数据类型及变量可以定义如下：

```
struct PersonType
{  int Number; char name[10]; char sex[4];
   char job[10];
   union GradesType
   {  char position[20];
      int class;
   } grade;
}  person;
```

可以有如下的语句：

```
strcpy(person.job, "工人");
person.grade.class=8;
```

或者

```
strcpy(person.job, "技术人员");
strcpy(person.grade.position, "高级工程师");
```

如果要输出人事档案中的某个记录，必须区别 job 是什么，然后按照相应的类型输出，例如：

```
if(strcmp(person.job, "工人")==0)
  printf("\nclass=%d", person.grade.class);
else
  printf("\nposition=%s", person.grade.position);
```

例 11.1　关于左右移键字符的数据类型定义。

解　在第 10 章中讨论过关于左右移键字符的问题，左右移键这样的字符与字母数字键之类的字符不一样，如左移键的编码是 | 75 | 0 |，字母 a 的编码是 | 0 | 97 |，前者的右字节为 0，后者的左字节为 0，但不论哪一种情况，它们都与整型联系，可以看作是一个 int 型值。是字符还是整数，取决于从哪个角度考虑。这表明，同一个存储字，从不同的角度出发，将可能有不同的含义和不同的处理方式。因此，引进共用体类型 inkey 与变量 c 如下：

```
union inkey{ char ch[2]; int i; } c;
```

利用此共用体类型变量，可以进行窗口中的字符输入，并作相应的处理如下：

```
c.ch[0]=getch();
if(!c.ch[0])              /* 判右字节为 0 */
  c.ch[1]=getch();        /* 输入左字节 */
if(c.ch[0])               /* 判右字节非 0 */
{  switch(c.ch[0])
   {  case '\r':          /* 回车键字符 */
         …;  return '\r';
      case '\b' :         /* 向后空格键字符 */
         …;  return '\b';
      case ESC:           /* 符号常量 27，即 ESC 键字符 ASCII 编码 */
         …;  return ESC;
      default: …;         /* 字母字符等 */
   }
} else                    /* 右字节为 0 */
{  switch(c.ch[1])
   {  case 75:            /* ←键 */
         …;  break;
      case 77:            /* →键 */
         …;  break;
      case 59:            /* F1 键 */
         …;
   }
    …
}
…
```

最后回送 c.i，即执行语句“return c.i;”。

注意　对共用体类型变量中成员变量存取之前，必须保证所选择的成员变量，与其他所选的是一致的。例如：

```
strcpy( person.job,"工人");
strcpy( person.grade.position,"高级工程师");
```

显然是错误的，也不能：

```
strcpy( person.job,"技术人员");
strcpy( person.grades.position, "高级工程师");
printf("\nclass=%d", person.grades.class);
```

为了便于检查应该存取共用体类型变量的哪一个成员变量，可以引进相应的特征变量，如 tag，令 tag 是 1 对应于“工人”，tag 是 2 对应于“技术人员”，这样可以有：

```
tag=1;
strcpy(person.job,"工人");
```

```
…
if(tag==1)
   person.grades.class =8;
else
   strcpy(person.grade.position, "高级工程师");
```

下面给出共用体类型的一般定义形式。

11.2.2　共用体类型定义与变量说明

C 语言中，共用体类型的一般定义形式如下：

```
union 类型名
{  类型  成员变量名;
   类型  成员变量名;
   …
   类型  成员变量名;
};
```

它以关键字 union 标志，union 的中文含意是“联合”，因此共用体类型也称联合类型。上文仅定义了共用体类型，要定义共用体类型变量，需要用下列变量说明：

```
union 类型名  变量名,…,变量名;
```

也可以把共用体类型的定义与共用体类型变量说明结合起来，进行变量说明如下：

```
union 类型名
{  类型  成员变量名;
   类型  成员变量名;
   …
   类型  成员变量名;
}  变量名,…,变量名;
```

例如，定义基本类型的共用体类型：

```
union ValueType
{  char c;
   int i;
   float f;
} value;
```

注意　类型关键字 union 不能省略，否则将发生错误。为了省略关键字 union，可以使用类型定义。例如，使用下列类型定义：

```
typedef union
{  char c;
   int i;
   float f;
} ValueType;
```

就可以写出如下的共用体类型变量说明：

```
ValueType v1, v2;
```

说明　union 的英文原意是“联合”，有的教材把 union 类型称为联合类型，显然，这样很容易把 union 误解为“联系使不分散”或“结合在一起”，这与引进 union 的目的是不一致的。理解为“共用体”，更体现了引进 union 的目的，让不同的成员变量占用相同的存储区域，即共用。从另一个角度看，共用体类型变量是从不同的角度理解相同的存储区域。

11.2.3　应用实例

例 11.2　试设计计算各种不同的封闭的规则几何图形的面积与周长的 C 程序。

解　封闭的规则几何图形其共同点是都有面积与周长等，然而不同的几何图形有不同的特征，如圆形的参数仅半径，而正多边形的参数不仅有边长还有边数，至于扇形其参数则有半径与圆心角。如果对每一种几何图形都引进数据类型会显得累赘，可考虑采用共用体类型。对封闭的规则几何图形可引进数据结构如下：

{ 种类，名称，特征，面积，周长 }

其中特征对于不同的几何图形有不同的要素，例如：

（1）一般三角形：边长，边长，边长。

（2）正多边形：边长，边数。

（3）梯形：上底，下底，高。

（4）平行四边形：底边，底角，高。

（5）圆：半径。

（6）椭圆：长半径，短半径。

（7）扇形：半径，圆心角。

其中，为简单起见，一般三角形仅考虑 3 个边长的情况。

可以设计如下的数据类型，并定义图形数组变量 figure：

```
struct GraphicsType
{  int kind;  char name[12];
   union
   {  struct{float edge1; float edge2; float edge3;}triangle;
      struct{float edge; int num;}polygon;
      struct{float upedge; float downedge; float high;}trapezoid;
      struct{float downedge; float downangle; float high;}
           parallelogram;
      struct{float radius;}circle;
      struct{float longradius; float shortradius;}elliptic;
      struct{float radius; float yuanxinjiao;}fan;
   } feature;
   float area;  float perimeter;
} graphics[41];
```

在 graphics 的元素 graphics [k](1≤k≤40)中可以存放关于某个图形的相关数据，包括种类 kind 与图形名称 name。至于具体的是什么图形，可以从种类 kind 来识别，如种类为 kind=1 的图形是一般三角形，种类为 kind=4 的图形是平行四边形等。根据种类，确定具体图形后，再存取相应的特征，计算相应的面积与周长。例如，如果种类为 3，则是梯形，因此存取的是 feature.trapezoid.upedge、feature.trapezoid.downedge 和 feature.trapezoid.high。假定现在是第 k 个图形，面积将计算如下：

```
graphics[k].area
    =(graphics[k].feature.trapezoid.upedge+
      graphics[k].feature.trapezoid.downedge)
      *graphics[k].feature.trapezoid.high/2;
```

为了应用上述共用体类型变量，可以设计如下登录图形的 C 程序：

```
/* 登录封闭规则几何图形 */
while(1)
{
    k=图形总数+1;
    显示图形目录;
    输入图形种类 kind（当 kind=0 时不再登录）;
    if(kind==0) break;
    graphics[k].kind=kind;
    置 graphics[k].name 为相应的图形名称;
    switch(kind)
    {  case 1:  /* 一般三角形 */
         提示并输入 3 个边长;
         if(不能构成三角形)
         {  显示报错信息; 键入 enter 键后重新输入 3 个边长; }
         graphics[k].feature.triangle.edge1=第 1 个边长;
         graphics[k].feature.triangle.edge2=第 2 个边长;
         graphics[k].feature.triangle.edge3=第 3 个边长;
         计算三角形面积 area;
         计算三角形周长 l;
         break;
       case 2:  /* 正多边形 */
         提示并输入边长和边数;
         graphics[k].feature.polygon.edge=边长;
         graphics[k].feature.polygon.num=边数;
         计算正多边形面积 area;
         计算正多边形周长 l;
         break;
       case 3:
         ⋮
    }
    置 graphics[k].perimeter 为周长 l;
    置 graphics[k].area 为面积 area ;
    图形总数=k;
}
```

为了设置图形名称，可以引进如下数组：

```
char GraphicsName[ ][20]
    ={ "\0",
       "一般三角形","正多边形","梯形","平行四边形","圆","椭圆","扇形",
       "\0"
     };
```

为了查看图形信息，包括计算结果，可以编写如下的 C 程序：

```
for(m=1; m<=图形总数; m++)
{  printf("\n\n%3d,%12s", graphics[m].kind, graphics[m].name);
   kind=graphics[m].kind;
   switch(kind)
   {  case 1:  /* 一般三角形 */
        输出: graphics[m].feature.triangle.edge1,
```

```
                graphics[m].feature.triangle.edge2,
                graphics[m].feature.triangle.edge3;
          break;
        case 2:  /* 正多边形 */
          输出: graphics[m].feature.polygon.edge,
               graphics[m].feature.polygon.num;
          break;
        case 3:
          ⋮
      }
      输出: graphics[m].area, graphics[m].perimeter;
    }
```

查看时也可按种类来查看，或者按序号来查看，只需稍作修改即可。

请读者自行设计并实现由功能菜单控制的，可登录、查询、修改与删除封闭规则几何图形的信息等功能的程序。

例 11.3　使用共用体类型实现符号属性字的存取。

解　前面看到，编译程序词法分析时引进的属性字，其中的符号类对于特定符号与非特定符号有着不同的数据结构。关于特定符号类：

```
typedef struct
{  int IsDecla;       /* 说明符标志；1：说明符；0：非说明符  */
   int IsOp;          /* 运算符标志  1：运算符；0：非运算符  */
   int Priority;      /* 运算符优先级 */
   int CodeV;         /* 符号类编码 */
} 特定符号类类型;
```

关于非特定符号类：

```
typedef struct
{  int CodeV;         /* 符号类编码 */
} 非特定符号类类型;
```

现在，利用共用体类型，可定义符号类类型如下：

```
typedef union
{  特定符号类类型    SpecialClass;      /* 特定符号类 */
   非特定符号类类型  NonSpecialClass;   /* 非特定符号类 */
}  符号类类型;
```

属性字类型可设计如下：

```
typedef struct
{   int kind;                    /* 符号大类  1：特定符号类；0：非特定符号类 */
    符号类类型  SymbolClass;     /* 符号类 */
    符号值类型  SymbolValue;     /* 符号值 */
} 属性字类型;
```

属性字序列定义如下：

```
属性字类型 AttributeWords[100];
```

假定编写一个输入符号并生成相应属性字的程序。程序运行时采用古典式界面，功能菜单包含 3 个选项：输入符号、显示属性字与退出，操作流程图如图 11-2 所示。

程序可以有如下轮廓：

```
#include <stdio.h>
#include <string.h>
/* 全局数据定义 */
int NumOfAttriWords=0, NumOfSymbols=0;
char CurSymbol[6];
…
int  DisplayMenu();
void GetSymbol();
void Display();
main()
{  clrscr();
   while(1)
   {  k=DisplayMenu();
      switch(k)
      {  case 1:  GetSymbol(); break;
         case 2:  Display(); break;
         case 3:  printf("\n 结束.  按 Enter 键退出.");
                  getchar();
      }
      if(k==3) break;
   }
}
```

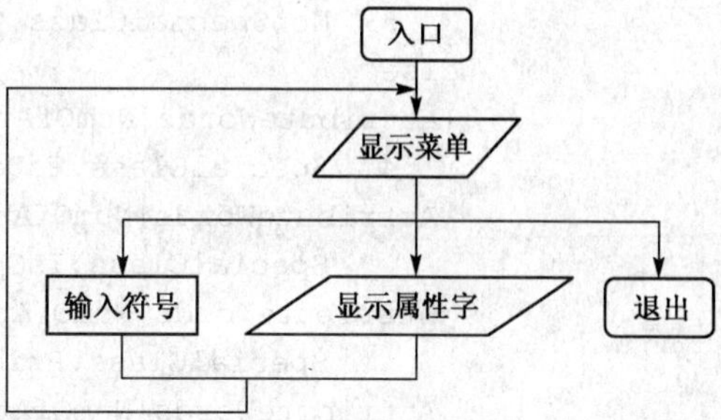

图 11-2

其中，函数 GetSymbol 的功能是输入符号，并生成相应的属性字。它可定义如下：

```
void GetSymbol()
{  while(继续)
   {  显示符号种类，选择输入符号的种类 kind（1～3）；
      输入相应种类的符号 CurSymbol;
      switch(kind)
      {  case 1:           /* 标识符 */
           符号大类=0;     /* 非特定符号 */
           符号类编码=1; 符号值=++标识符表序号;
           strcpy(标识符表[标识符表序号], CurSymbol);
           break;
         case 2:
           符号大类=0;
           符号类编码=2; 符号值=++常量表序号;
           strcpy(常量表[常量表序号], CurSymbol);
           break;
         case 3:
           符号大类=1;
           查特定符号表，输入错误时显示报错信息，重新输入。
           当输入正确时取得：是否为说明符 IsDecla、是否为运算符 IsOp、
                             优先级 Priority、符号类编码 CodeV;
           符号值=符号类编码;
      }
      ++NumOfSymbols;
      把输入符号 CurSymbol 保存在 Input[NumOfSymbols]中;
      /* 以下生成当前输入符号的属性字符号类 */
```

```
         ++NumOfAttriWords;
         AttributeWords[NumOfAttriWords].kind=符号大类;
         if(符号大类==0)
            AttributeWords[NumOfAttriWords].SymbolClass.
                NonSpecialClass.CodeV=符号类编码;
         else
         {AttributeWords[NumOfAttriWords].SymbolClass.
                SpecialClass.IsDecla=IsDecla;
          AttributeWords[NumOfAttriWords].SymbolClass.
                SpecialClass.IsOp=IsOp;
          AttributeWords[NumOfAttriWords].SymbolClass.
                SpecialClass.Priority=Priority;
          AttributeWords[NumOfAttriWords].SymbolClass.
                SpecialClass.CodeV=CodeV;
      }
      /* 把符号值填入属性字属性值部分中 */
      AttributeWords[NumOfAttriWords].SymbolValue=符号值;
   }
```

说明　输入的符号共3类，即标识符、常量与专用符号。标识符的符号类编码是1，符号值是标识符表序号，常量的符号类编码是2，符号值是常量表序号。因此要建立标识符表与常量表。这里，这两个表都仅存放标识符或常量本身，不作其他处理，都是2维字符数组，或者说是字符串数组。相应地，设置两个计数器。

专用符号也就是特定符号。特定符号的符号类编码与符号值相同。为了确定输入的是什么特定符号，首先假定有如下的一些特定符号，并且确定各特定符号的编码值与运算符优先级如下：

编码值：+3,-4,*5,/6,<7,<=8,>9,>=10,= =11,!=12,&&13,||14,=15,(16,)17

优先级：* 7,/ 7,+ 6,-6,< 5,<= 5,> 5,>=5,== 4,!= 4,&& 3,|| 2,= 1

结合所定义的特定符号类类型，可以引进特定符号表SpecialSymbols，这是一个结构数组，通过赋初值给出各特定符号的符号类内容，例如：

```
struct
{  char Symbol[3]; int IsDecla; int IsOp; int Priority; int CodeV;
}  SpecialSymbols[ ]=
{ {"+", 0,1,6, 3},{"-", 0,1,6, 4},{"*", 0,1,7, 5},{"/", 0,1,7, 6},
   …
};
```

函数Display可以如下定义：

```
void Display()
{  while(1)
   {  显示菜单：
           1. 查看输入的各符号
           2. 仅查看当前符号的属性字
           3. 显示全部符号的属性字
           4. 不再查看；
           选择什么？（1～4）
      输入选择k(1～4)；
      if(k==4)
        break;
```

```
switch(k)
{  case 1:  /* 显示输入的符号*/
     显示输入的一切符号，10 个一行；
     break;
   case 2:  /* 仅显示当前符号的属性字 */
     关于当前序号，显示当前符号的属性字；
     break;
   case 3:  /* 显示所有符号的属性字 */
     for(k=1; k<=NumOfAttriWords; k++)
       关于序号 k，显示属性字；
     按 Enter 键后继续；
}
```

建议读者自行完成属性字生成程序的编写与调试。

上面把特定符号与非特定符号两类符号统一为一种类型，显然从易读性角度看，是一个改进。然而，十分明显其存储空间的需要量非常大，每个符号都至少需要 6 个 int 型量的存储空间，而一个源程序往往很长，符号数量巨大，如何减少存储空间，提高效率是十分迫切的。尤其是，对共用体类型变量的成员变量存取的书写形式十分冗长，如 AttributeWordsV 是属性字类型变量，则存取运算符符号的优先级需写出：AttributeWordsV.SymbolClass.SpecialClass.Priority。

事实上，通常的编译程序实现中，每个属性字等长且定长，仅占用 4 个存储字节，共 32 位二进位。其中 16 位作为属性字的符号类，另外 16 位是符号值。之所以能够如此，是利用了 C 语言的位运算类语言成分，将在下节讨论。

11.3　位　运　算

11.3.1　引进的目的

位运算是不以存储字或字节为单位，而是以二进位为单位进行的运算，因此这是 C 语言中表现为低级程序设计语言特征的部分，这对于实现操作系统与编译系统类系统软件是十分必要的。对于一般的应用程序，位运算的引进有利于节省存储空间，提高运算效率和进行特殊处理。例如，在 C 语言中没有集合类型，然而集合的应用是十分广泛的，利用位运算就可以方便地实现集合的概念及相关的运算。如同上面所讨论的，编译系统词法分析所必须建立的属性字序列就需要利用位运算。

11.3.2　位运算及其优先级

位运算是对存储字中的二进位进行的运算，由位运算符指明进行何种位运算。位运算符包括&（按位与）、|（按位或）、^（按位异或）、～（取反）及<<（左移）与>>（右移）。其中，～（取反）是单目运算符，其余的都是双目运算符。显然，位运算符的运算分量必须是整型或字符型的量，不能是实型的量。位运算符也有优先级与结合性，表 11-1 中指明了位运算符的优先级与结合性。完整的表可参看第 2 章。

表 11-1

运算符	含　义	优先级	结合性	运算符	含　义	优先级	结合性
&	按位与	8	左	～	按位取反	14	右
^	按位异或	7	左		左移	11	左
|	按位或	6	左		右移	11	左

下面对各个位运算符的含义进行解释。

（1）按位与&，其含义如同逻辑与，但它是按二进位进行的与运算，即

0 & 0 = 0　　0 & 1 = 0　　1 & 0 = 0　　1 & 1 = 1

只有当两个运算分量都是 1 时，结果才是 1，否则是 0。不过并不能真正对单个二进位进行运算，还是要按存储字进行。例如，假定两个存储字如下：

0000 0000 0000 1001　　与　　0000 0000 0000 0011

则 0000 0000 0000 1001 & 0000 0000 0000 0011=0000 0000 0000 0001。列成直式看得更清楚：

```
    0000 0000 0000 1001    9
&   0000 0000 0000 0011    3
---------------------------
    0000 0000 0000 0001    1
```

由上可见，9&3=1，但是不要以为有 9&&3=1，&就与&&相同，例如虽然 9&&6=1，然而显然 9&6=0。一般地，逻辑与&&的运算结果只能是 0 或 1，但按位与&的运算结果可以不为 1，如 11&3=3。当 2 个整数进行按位与时，必须把它们展开成二进位，才能了解其运算结果。

（2）按位或|，其含义如同逻辑或，但它是按二进位进行的或运算，即

0 | 0 = 0　　0 | 1 = 0　　1 | 0 = 0　　1 | 1 = 1

只有当两个运算分量都是 0 时，结果才是 0，否则是 1。同样，不能真正对单个二进位进行运算, 还是要按存储字进行。例如，假定两个存储字如下：

0000 0000 0000 1001　　与　　0000 0000 0000 0011

则 0000 0000 0000 1001 & 0000 0000 0000 0011=0000 0000 0000 1011：

```
    0000 0000 0000 1001    9
|   0000 0000 0000 0011    3
---------------------------
    0000 0000 0000 1011    11
```

由上可见，9|3=11，按位或|的运算结果可以不是 1，但逻辑或||的运算结果只能是 1 或 0。同样，当 2 个整数进行按位或时，必须把它们展开成二进位，才能了解其运算结果。其他的位运算情况一样。

（3）按位异或^，其含义如下：

0 ^ 0 = 0　　0 ^ 1 = 0　　1 ^ 0 = 1　　1 ^ 1 = 0

从定义可见，两个运算分量不相同时结果才是 1，否则结果是 0，所以称为“异或”。同样地，按位异或运算还是要按存储字进行。例如，假定两个存储字如下：

0000 0000 0000 1001　　与　　0000 0000 0000 0011

则 0000 0000 0000 1001 ^ 0000 0000 0000 0011=0000 0000 0000 1010：

```
    0000 0000 0000 1001    9
^   0000 0000 0000 0011    3
---------------------------
    0000 0000 0000 1010    10
```

由上可见，9^3=10。

（4）按位取反～，是单目运算，其含义类似于逻辑非，把 1 改为 0，把 0 改为 1：

～0=1　～1=0

按位取反运算也要按存储字进行。例如，有存储字 0000 0000 0000 1001,则～0000 0000 0000 1001=1111 1111 1111 0110：

```
~   0000 0000 0000 1001
    ———————————————————
    1111 1111 1111 0110
```

显然，按位取反～的运算结果可以不是 1，而逻辑非！的运算结果只能是 1 或 0。

（5）左移<<，是双目运算，左运算分量是被左移的量，右运算分量是左移的位数，如 1<<3，结果将是 8，因为每左移 1 位，就相当于乘以 2，左移 3 位，乘以 2^3=8。展开成二进位，列成直式看得更清楚：

```
    0000 0000 0000 0001      1
<<                    3      3
    ———————————————————
    0000 0000 0000 1000      8
```

左移时，左边移出的二进位略去不顾，右边空出的二进位补以 0。注意，一个负整数值也可以左移，如补码形式表示的负整数-3 左移 3 位：

```
    1111 1111 1111 1101      -3
<<                    3      3
    ———————————————————
    1111 1111 1110 1000      -24
```

符号位 1 及其后面的 1 从左边移出略去不顾，右边依然补以 0。

例 11.4　设有以下程序：

```
#include <stdio.h>
main()
{  int a=5,b=1,t;
   t=(a<<2|b); printf("%d\n",t);
}
```

程序运行后的输出结果是______。

A）21　　B）11　　C）6　　D）1

解　本题的输出结果 t 是表达式 a<<2|b 的值，按运算符优先级，先左移<<，然后按位或|，由于 a<<2 的值是 $10100_{(2)}$，而 b 的值是 1，即 $00001_{(2)}$，因此 t 的值是 $10101_{(2)}$=21，答案是 A。

（6）右移>>，是双目运算，左运算分量是被右移的量，右运算分量是右移的位数，如 32>>3，结果将是 4，因为每右移 1 位，就相当于除以 2，右移 3 位，除以 2^3=8。展开成二进位：

```
    0000 0000 0010 0000      32
>>                    3      3
    ———————————————————
    0000 0000 0000 0100      4
```

右移时，右边移出的二进位略去不顾，左边空出的二进位补以正负号位值。同样地，一个负整数值也可以右移，如补码形式表示的负整数-32 右移 3 位：

```
    1111 1111 1110 0000      -32
<<                    3      3
    ———————————————————
    1111 1111 1111 1100      -4
```

符号位 1 及其后面的 1 向右边移时，左边空出的位补以正负号位 1，右边移出的位略去不顾。

概括起来，左移时，左边移出的位略去不顾，右边空出来的位补以 0；右移时，左边空出来的位补以正负号位（称为传递正负号位），右边移出的位略去不顾。

注意　上面的讨论是关于有正负号量的。如果被左右移的量是无正负号类型，则最左边的第 1 个二进位不作为正负号位，与其他各位同样处理，也就是说，正负号位不传递。

例 11.5　试求把 int 型变量 x=12 左移 4 位的结果。

解　x=12 在计算机内的原码表示是 0000 0000 0000 1100，可列直式如下：

```
        0000 0000 0000 1100     12
   <<                     4      4
   ----------------------------
        0000 0000 1100 0000     192
```

所以，x=12 左移 4 位的结果是 192。

例 11.6　试求把 int 型变量 x= -12 左移 4 位的结果。

解　因为负数以补码形式存储在存储器中，x= -12 的原码是 1000 0000 0000 1100，反码是 1111 1111 1111 0011，补码是反码加 1 为 1111 1111 1111 0100，可列直式如下：

```
        1111 1111 1111 0100     -12
   <<                     4      4
   ----------------------------
        1111 1111 0100 0000     -192
```

为了解结果值是什么，可以先减 1 求反码，正负号位保持不变。因此，从 1111 1111 0100 0000 得到 1111 1111 0011 1111，取反得到原码 1000 0000 1100 0000，为$-(2^7+2^6)$=-192。所以 x= -12 左移 4 位的结果是-192。

例 11.7　试求把- 416 右移 4 位的结果。

解　由于 $416=256+128+32=2^8+2^7+2^5$，-416 的原码是 1000 0001 1010 0000，反码是 1111 1110 0101 1111，补码是 1111 1110 0110 0000，右移 4 位的直式可列出如下：

```
        1111 1110 0110 0000     -416
   >>                     4      4
   ----------------------------
        1111 1111 1110 0110     -26
```

本例中，值-416 是有正负号数，在右移时，将在存储字左边空出来的二进位处补以正负号位 1（传递正负号位）。

例 11.8　设对无正负号 int 型变量 k，输入值-12，试求把 k 右移 3 位的结果。

解　由于 k 的值是从键盘输入的-12，在计算机内的补码为 1111 1111 1111 0100，即 65524。由于 k 是无正负号 int 型，因此这就是变量 k 的值，在右移时正负号位不“传递”，右移 3 位的结果是 0001 1111 1111 1110，可列出直式如下：

```
        1111 1111 1111 0100     65524(-12)
   >>                     3        3
   ----------------------------
        0001 1111 1111 1110     8190
```

当按无正负号 int 型格式输出 k 及右移的结果：

```
printf("\n%u>>3=%u",k,k>>3);
```

将输出：

```
65524>>3=8190
```

如果把上述输出语句改为：

```
printf("\n%d>>3=%d",k,k>>3);
```

将输出：

```
-12>>3=8190
```

为检查 8190 的正确性，可以从所得的补码验证：

$$(0001\ 1111\ 1111\ 1110_{(2)}+10_{(2)})-10_{(2)}=2^{13}-2=8190$$

因此，对于有正负号整型数按位处理时须小心，通常以无正负号整型进行处理更为合适。

说明　对于负整数-d，转换为无正负号整数 u，方式如下：由于无正负号 int 型占用 16 位，2^{16}的值是 65536,则 u=65536-d，如-12，u=65536-12=65524。一般情况下，u+d=2^{16}，如果是 8 位的 unsigned char 型，u+d=2^8=256。

C 语言中，对于位运算符还允许进行复合赋值，可有&=、|=、^=、<<=与>>=。例如，k &= j 等价于 k=k & j，k<<=j 等价于 k=k<<j。它们的优先级都与赋值运算符一样是 2，且是右结合的。

例 11.9　有以下程序

```
#include <stdio.h>
main()
{  unsigned char a=8,c;
   c=a>>3;
   printf("%d\n",c);
}
```

程序运行后的输出结果是________。

A）32　　B）16　　C）1　　D）0

解　所求输出结果 c 是把变量 a 右移 3 位的结果，由于 char 型变量被赋以初值 8，所以 a 的（整数）值是 8，右移 3 位，即除以 8，因此 c 的（整数）值是 1，答案是 C。注意，如果按字符格式%c 输出情况就不一样了，是 ASCII 编码值为 1 的不可见字符。

11.3.3　应用实例

本小节先给出一些典型的位运算实例，最后给出生成属性字的示例。

例 11.10　为了要存取一个存储字中的连续某几位二进位，如从左到右第 1～4 位、第 5～8 位、第 9～12 位与第 13～16 位，试形成相应的常量，即 1111 0000 0000 0000、0000 1111 0000 0000、0000 0000 1111 0000 与 0000 0000 0000 1111，且存放在变量中。试写出相应的 C 程序。

解　首先引进无正负号整型变量 c1、c2、c3 与 c4 来存放这些常量：

```
unsigned c1,c2,c3,c4;
```

显然，可以有：

```
c4=15;
```

因为 15 的二进制为 0000 0000 0000 1111。于是，下列语句可以实现所有的要求：

```
c3=c4<<4;   /* 0000 0000 1111 0000 */
c2=c3<<4;   /* 0000 1111 0000 0000 */
c1=c2<<4;   /* 1111 0000 0000 0000 */
```

实际上，也可以简单地用 16 进制常量来实现，如 c4=0X000F 与 c3=0X00F0 等。

例 11.11　试利用位运算把存储字清 0。

解　把存储字清 0，意即令所有的二进位都是 0，一种可靠的方法是使用按位异或^运算，它仅当两个运算分量的值不同时才是 1，否则就是 0，因此让同一个变量自己按位异或，结果就是 0，可以进行如下：

```
unsigned int y1;
y1=y1 ^ y1;
```

这时不论 y1 的初值是什么，经按位异或运算，y1 的值必定是 0。

例 11.12　应用位运算实现散列函数的设计。

解　假定要设计一个散列函数，其函数值分布在区间[1，13]上。散列函数的设计要求计算速度快且均匀分布，通常采用的一种算法是平方取中法，即对要查找的键值（如整数值）求平方后取其中间若干位。此处从一个整数平方值的二进制表示中取中间的若干二进位作为所求。例如，取16位的中间8位，平方取中程序可写出如下：

```
unsigned x,y,z;
printf("\nInput an integer value(137): ");
scanf("%u",&x);
y=x*x;
z=(y & 0x0FF0)>>4;
```

例如，输入值137，将得到$z=95_{(16)}$。读者可以以16进制输出来检查结果，例如：

```
printf("\ny=%4x, z=%4x", y, z);
```

如何使散列函数的值分布到特定的范围[1，13]上，请读者自行思考。

例 11.13　符号属性字的生成与输出。

解　如前所述，属性字由符号类与符号值组成，符号值是一个整数值，而符号类类型对于特定符号与非特定符号是不一样的。对于特定符号，定义如下：

```
typedef struct
{ int IsDecla;      /* 说明符标志; 1: 说明符; 0: 非说明符  */
  int IsOp;         /* 运算符标志  1: 运算符; 0: 非运算符  */
  int Priority;     /* 运算符优先级 */
  int CodeV;        /* 符号类编码 */
} 特定符号类类型;
```

而对于非特定符号类，定义如下：

```
typedef struct
{ int CodeV;        /* 符号类编码 */
} 非特定符号类类型;
```

利用共用体类型，把两者统一成符号类类型如下：

```
typedef union
{ 特定符号类类型    SpecialClass; /* 特定符号类 */
  非特定符号类类型  NonSpecialClass; /* 非特定符号类 */
} 符号类类型;
```

因此，属性字类型定义如下：

```
typedef struct
{  int kind; /* 符号大类  1: 特定符号类; 0: 非特定符号类 */
   符号类类型  SymbolClass;  /* 符号类 */
   符号值类型  SymbolValue;  /* 符号值 */
} 属性字类型;
```

通常，实际的编译程序实现中，属性字仅占用2个存储字，1个存储字存放符号值，另1个存储字存放符号类。这表明，对于符号类，特别是对于特定符号的符号类，要把所有内容压缩到一个存储字中。对照上述类型定义，存储字的各位可安排如下。

对于非特定符号类：

ε_0	ε_1 ··· ε_{15}

ε_0=0：非特定符号类

$\varepsilon_1 \cdots \varepsilon_{15}$：符号类编码

对于特定符号类：

ε_0	ε_1	ε_2	ε_3 … ε_6	ε_7 … ε_{15}

ε_0=1：特定符号类

$$\varepsilon_1=\begin{cases}1, & 说明符\\0, & 非说明符\end{cases}\qquad\qquad \varepsilon_2=\begin{cases}1, & 运算符\\0, & 非运算符\end{cases}$$

$\varepsilon_3\varepsilon_4\varepsilon_5\varepsilon_6$：运算符优先级信息

$\varepsilon_7\cdots\varepsilon_{15}$: 符号类编码

下面考虑属性字符号类部分如何生成，又如何输出。

如前所述，符号有 3 类，即标识符、常量与专用符号。标识符的符号类编码是 1，符号值是标识符表序号，常量的符号类编码是 2，符号值是常量表序号。专用符号，也即特定符号，它们的符号类编码就是符号值。

假定有如下一些特定符号，确定各特定符号的编码值与运算符优先级如下：

编码值：+ 3, −4, * 5, / 6, < 7, <= 8, > 9, >= 10, = = 11, != 12, && 13, || 14, = 15, (16,) 17

优先级：* 7, / 7, + 6, −6, < 5, <= 5, > 5, >=5, = = 4, != 4, && 3, || 2, = 1

注意　为简单起见不对括号引进优先级。为便于取得特定符号的编码值与优先级，关于特定符号，引进一个结构数组 SpecialSymbols 如下：

```
struct
{  char Symbol[3]; int IsDecla; int IsOp; int Priority; int CodeV;
}  SpecialSymbols[ ]=
{ {"+", 0,1,6, 3},{"-", 0,1,6, 4},{"*", 0,1,7, 5},{"/", 0,1,7, 6},
  {"<", 0,1,5, 7},{"<=",0,1,5, 8},{">", 0,1,5, 9},{">=",0,1,5,10},
  {"==",0,1,4,11},{"!=",0,1,4,12},{"&&",0,1,3,13},{"||",0,1,2,14},
  {"=", 0,1,1,15},{"(", 0,0,0,16),{")", 0,0,0,17}
};
```

引进属性字表，定义为如下结构数组：

```
struct
{ unsigned int SymbolClass; /* 符号类 */
  int SymbolValue;          /* 符号值 */
}  AttributeWords[100];
```

假定程序运行时采用古典式界面，功能菜单包含 3 个选项：输入符号、显示属性字与退出。操作流程如图 11-2 所示，程序轮廓也与例 11.3 中所给出的一样。因着重讨论位运算，下面给出以位运算实现生成属性字的函数 GetSymbol 的定义。

```
void GetSymbol()
{  unsigned int SymbolClass;  int SymbolValue;
   置初值;
   while(继续)
   {  选择输入的符号种类 kind;/*1 标识符 2 常量 3 专用符号 4 不再输入*/
      if(kind==4){ 置“不再继续”; continue; }
      输入符号 CurSymbol;
      ++NumOfSymbols; 把输入符号保存在 Input[NumOfSymbols]中;
      switch(kind)
      { case 1:                                   /* 标识符 */
           SymbolClass=0X0000;                    /* 符号大类=0 */
           SymbolClass=SymbolClass | 0X0001;/* 符号类编码=1 */
```

```
            SymbolValue=++NumOfIDT              /* 符号值=标识符表序号 */
            CurSymbol 保存到标识符表 IDT;
            break;
        case 2:                                 /* 常量 */
            SymbolClass=0X0000;                 /* 符号大类=0 */
            SymbolClass=SymbolClass | 0X0002;/* 符号类编码=2 */
            SymbolValue=++NumOfConstT           /* 符号值=常量表序号 */
            CurSymbol 保存到常量表 ConstT;
            break;
        case 3:                                 /* 专用符号 */
            SymbolClass=0X8000;                 /* 符号大类=1 */
            查特定符号表，如果没查到，显示报错信息，重新输入;
            查到，取得：是否说明符 IsDecla、是否运算符 IsOp、
                    优先级 Priority、符号类编码 CodeV
            /* 以下生成当前输入特定符号的属性字 */
            SymbolClass |= (IsDecla<<14);       /* 是否说明符符 */
            SymbolClass |=(IsOp<<13);           /* 是否运算符 */
            SymbolClass |= (Priority<<9);       /* 优先级 */
            SymbolClass |= (CodeV&0X000F);      /* 符号类编码 */
            SymbolValue=CodeV;                  /* 符号值与符号类编码相同 */
    }
    /* 以下生成当前输入符号的属性字 */
    ++NumOfAttriWords;
    AttributeWords[NumOfAttriWords].SymbolClass=SymbolClass;
    AttributeWords[NumOfAttriWords].SymbolValue=SymbolValue;
}
```

函数 Display 可以如同例 11.3 中那样定义，这里仅给出显示符号属性字的函数：

```
void DisplayAttriWord(int k)
{  int Class,IsDecla,IsOp,Priority,CodeV;  char sym[6];
   Class=(AttributeWords[k].SymbolClass  &  0X8000)>>15;
   if(Class==1)
   {  IsDecla=(AttributeWords[k].SymbolClass  &  0X4000)>>14;
      IsOp=(AttributeWords[k].SymbolClass  &  0X2000)>>13;
      Priority=(AttributeWords[k].SymbolClass  &  0X1E00)>>9;
      CodeV=(AttributeWords[k].SymbolClass  &  0X01FF);
      从特定符号表中获取序号为 CodeV 的专用符号,存入 sym 中;
      printf("\n 序号%3d 的属性字是：{1,%1d,%1d,%4d,%4d,%8s}",
             k,IsDecla,IsOp,Priority,CodeV,sym};
   } else  /* 非特定符号 */
   {  CodeV=(AttributeWords[k].SymbolClass  &  0X01FF);
      k=AttributeWords[k].SymbolValue;
      if(CodeV==1)
        strcpy(sym, IDT[k]);
      else
        strcpy(sym, ConstT[k]);
      printf("\n 序号%3d 的属性字是：{0,%13d,%8s}",k,CodeV,sym};
}
```

建议读者自行编写完整的、可运行的属性字生成程序。

从以上讨论看到，编译程序词法分析时符号属性字的生成，可以用共用体类型来实现，也可以用位运算来实现，主程序与功能菜单及其他很多程序是相同的，仅生成属性字与显示输出属性字的部分不同。从程序编写的角度看，这体现了以自顶向下、逐步细化的策略编写程序的优点，即具体实现可采用各种不同方法，只要程序模块结构框架正确，模块之间的联系正确，细节实现可以选择合适且效率高的。

现在再进一步考虑 C 语言中的低级成分——位域。

11.4　位　　域

C 语言中允许把存储字中相连的若干个二进位作为一个整体来使用，如前所述，对于符号的属性字使用了位运算，大大节省了存储空间，简化了表达方式。然而，在应用中还存在一些不足，主要是需要通过按位与和移位运算等位运算来实现，不够方便。如果对位或相连的若干位取名，通过名来存取位就方便了，这就是位域的概念。

11.4.1　位域的概念与应用

位域，也称位段，是存储字中取有名字的相连若干二进位，换句话说，是把一个存储字划分成几个区域，对这些区域取名，便可以通过名对这些位区域进行存取。例如，可以引进如下定义：

```
struct  BitAreaType
{ int  a: 3;  int b: 2;  int c: 3; } BitV;
```

这样，结构变量 BitV 所占用存储字的前 3 个二进位可通过成员变量 a 存取，其后的 2 个二进位可通过成员变量 b 存取，再后的 3 个二进位可通过成员变量 c 存取。例如：

```
BitV.a=5;  BitV.b=2;  BitV.c=6;
```

则 BitV 的前 8 位将是 101 10 110，显然这样将很方便。

例 11.14　利用位域生成符号属性字的例子。

解　对照前面讨论的编译程序词法分析阶段属性字的生成，对特定符号属性字的符号类可以引进下列定义：

```
typedef struct
{  unsigned int class:1; unsigned int IsDecla:1; unsigned int IsOp:1;
   unsigned int Priority:4; unsigned int CodeV:9;
} SpecialSymbolClassType;
```

对非特定符号类属性字的符号类，则可以引进如下定义：

```
typedef struct
{ unsigned int class:1; unsigned int CodeV:15;
} NonSpecialSymbolClassType;
```

引进属性字类型如下：

```
struct
{  union
   {  SpecialSymbolClassType     SpecialSymbolClass;
      NonSpecialSymbolClassType  NonSpecialSymbolClass;
   } SymbolClass;
   int SymbolValue;
}  AttributeWords[100];
```

假定当前输入符号在特定符号表中的序号是 k，则属性字中符号类与符号值的生成很容易由下列语句实现：

```
SpecialSymbolClass.class=1;
SpecialSymbolClass.IsDecla=SpecialSymbols[k].IsDecla;
SpecialSymbolClass.IsOp=SpecialSymbols[k].IsOp;
SpecialSymbolClass.Priority=SpecialSymbols[k].Priority;
CodeV=SpecialSymbols[k].CodeV;
SpecialSymbolClass.CodeV=CodeV;
SymbolValue=CodeV;
```

而对于非特定符号类属性字的符号类与符号值，简单地由下列语句实现：

```
NonSpecialSymbolClass.class=0;
if(标识符)
{  NonSpecialSymbolClass.CodeV=1;
   SymbolValue=++NumOfIDT;
   把标识符存入标识符表;
} else  /*  常量  */
{  NonSpecialSymbolClass.CodeV=2;
   SymbolValue=++NumOfConstT;
   把常量存入常量表;
}
```

最终，执行下列语句，实现属性字的生成：

```
++NumOfAttriWords;
if(特定符号类)
  AttributeWords[NumOfAttriWords].SymbolClass.SpecialSymbolClass
    =SpecialSymbolClass;
else
  AttributeWords[NumOfAttriWords].SymbolClass.NonSpecialSymbolClass
    =NonSpecialSymbolClass;
AttributeWords[NumOfAttriWords].SymbolValue=SymbolValue;
```

对于属性字的输出情况可以类似地实现。

11.4.2　位域的一般定义形式

位域通过结构类型引进，它作为结构的成员定义，一般形式如下：

```
struct 位域结构变量类型名
{  类型  成员变量名：长度;
   …
   类型  成员变量名：长度;
} 位域结构变量名;
```

一般来说，作为位域的成员变量其类型是整型，但请注意应该是无正负号的整型，如果不是这样，如将上面关于非特定符号类的类型改写为：

```
typedef struct
{ int class:1;  int CodeV:15;
} NonSpecialSymbolClassType;
```

将造成错误。

显然，位域与共用体类型和数组类型等结合起来，应用于编写系统软件的程序，是十分有效的。

11.5　小　　结

11.5.1　本章 C 语法概括

1. 共用体类型定义与变量说明

1）union 类型名

```
{  类型  成员变量名;
```

```
    类型　成员变量名;
    …
    类型　成员变量名;
  };
  union 类型名　变量名表;
```

2）union 类型名

```
  {  类型　成员变量名;
     类型　成员变量名;
     …
     类型　成员变量名;
  }  变量名表;
```

其中，变量名表由变量名组成，其间用逗号隔开。

2. 位运算及其优先级

```
& 8  ^ 7  | 6  ~ 14  << 11  >> 11
```

3. 位域结构变量类型与变量说明

```
  struct 位域结构变量类型名
  {  类型　成员变量名: 长度;
     …
     类型　成员变量名: 长度;
  } 位域结构变量名表;
```

其中，位域结构变量名表，同样是用逗号隔开的一些变量名。

11.5.2　C 语言有别于其他语言处

本章所讨论的 C 语言低级特性：共用体（联合）类型、位运算与位域的概念都是为了开发操作系统类系统软件而引进的低级语言特性，是为 PASCAL 等语言所没有的。要说明的是，尽管共用体变量可以从各种不同角度去看待其成员变量，但每一次仅一个成员变量起作用，不是所有成员变量同时存在和起作用，总是最后存入的才有意义。尽管存在按位运算与位域，但是事实上，依然必须以存储字（字节）为单位进行运算，不能单拿出一个二进位来运算。

本 章 概 括

本章讨论 C 语言低级特性及其在系统软件中的应用。这些低级特性包括共用体、位运算与位域的概念。共用体类型的引进，使得能从不同的角度去理解存储字，或说使不同的变量共享同一存储区域，以适应大类相同但细目不同的情况。位运算与位域的引进使得可以按位或位域进行处理，大大节省存储空间，简化了处理。讨论中仅以编译程序词法分析中的属性字生成为例来阐述，事实上，在操作系统中涉及相当多的位或位域的处理。正因为有这些低级特性，C 语言才能成为开发操作系统与编译系统这些系统软件的有效工具。

习　　题

一、选择与填空题

1. 设有程序段如下：

```
union chAndint{ char ch[2]; int i; } c;
scanf("%c%c", &c.ch[0], &c.ch[1]);
```

```
c.ch[0]-='0'; c.ch[1]-='0';
printf("c.i=%d\n",c.i);
```

当输入：12<回车>后，输出结果是________。

2. 若 a 是数值型，则逻辑表达式(a= =1)||(a!=1）的值是__________。

A）0　　B）1　　C）2　　D）不知道 a 的值，不能确定

3. 设有以下程序：

```
#include <stdio.h>
main()
{  int a=2,b=2, c=2;
   printf("%d\n",a|b&c);
}
```

程序运行后的输出结果是__________。

A）0　　B）1　　C）2　　D）3

4. 以下程序运行后的输出结果是________。

```
#include <stdio.h>
main()
{  int k=1, s=0;
   do
   {  if((k&2)!=0) continue;
      s+=k; k++;
   } while(k>10);
   printf("s=%d\n",s);
}
```

5. 若有以下程序段：

```
int r=8;
printf("%d\n",r>>1);
```

输出结果是__________。

A）16　　B）8　　C）4　　D）2

6. 设有以下程序：

```
#include  <stdio.h>
main()
{  int  a=2, b;
   b=a<<2;  printf("%d\n",b);
}
```

程序运行后的输出结果是________。

A）2　　B）4　　C）6　　D）8

二、编程实习题

1. 试写出一个 C 程序，查看一些键（包括 Backspace、Tab、Enter、Esc 键及上、下、左、右移动键和 Home、End 键等）相应字符的 ASCII 编码，进一步查看控制键 F1、F2 等的 ASCII 编码请（对照第 10 章表 10.1）。

2. 试编写生成属性字的可执行程序。要求：

（1）自行确定 C 语言的子集，明确所处理的符号。

（2）使用共用体类型与位域概念设计符号属性字。

（3）可以多次输入符号串，进行属性字生成，并查看其正确性。

第 12 章　C 语言程序的阅读与查错

12.1　概　　况

12.1.1　程序阅读的必要性

使用 C 语言编写应用程序，基本功有 3 个方面，即写程序、读程序及对程序查错改错。前面的讨论中涉及的是写程序，即如何应用程序设计方法学原理、方法和技术来进行程序设计。然而相对于写程序而言，读程序与查错改错是更麻烦的事，因为在写程序时，编写人员是主动的、自觉的按照自己的思路去写程序。而读程序，如回顾早先所写的程序，或者所写的程序有错需要检查，尤其是为进行程序交流而阅读他人的程序，及阅读网上现有的开放式程序，因为不了解程序的思路，不了解所用标识符的含义和用途，不了解整个程序的轮廓等，要完全理解他人写的程序是很不容易的事。这需要有相当的经验，一定的方法和技巧，以及较多领域的相关知识。本章将以一些典型的例子阐述阅读程序的方法和技巧，供读者参考。

12.1.2　程序阅读的要点与方法

当拿到一个不是自己编写，而又有些复杂的程序时，要想读懂它，最好先思考一下这是哪方面的问题，实现哪些功能，然后考虑相关的知识是什么，这样就可以有的放矢地去阅读。进一步，依据相关的知识，分析程序采用了什么实现算法，这样可给读懂程序打下良好的基础。

如果对上面提到的这些方面一无所知，那就只好直接从程序着手。这时一般可按自底向上的方式阅读程序，把程序分解成若干小部分，对每个小部分进行分析，概括出子功能，如果不能确定功能，则再分解细一些，直到概括出功能，然后将若干部分子功能联系起来，概括出功能。最终，把所有子功能联系起来，概括出整个系统的功能，这样便完成整个程序的阅读理解。下面的例子十分典型。

例 12.1　设有以下程序：

```
#include <stdio.h>
int fun(int x,int y)
{  if(x==y) return x;
   else return((x+y)/2);
}
main()
{ int a=4,b=5,c=6;
   printf("%d\n",fun(2*a,fun(b,c)))
}
```

程序运行后的输出结果是________。

A）3　　　B）6　　　C）8　　　D）12

解　此程序要求的输出结果由函数调用 fun(2*a,fun(b,c))得到，因此只需了解函数 fun 的功能。从它的定义可见，是求参数 x 与 y 的平均值，因此，fun(b,c)的结果是(5+6)/2，即 5。

注意　这是整除，结果必定是整数。因此，最终结果是 2*a 与 5 的平均值，即 8 与 5 的平均值，是 6。答案是 B。

分析　此题的难点是书写形式，即以函数调用作为函数的参数，把作为参数的函数值求出即可。

当自顶向下地进行程序设计时，是把系统的整体功能分解成若干个顺次组成的子功能，分别实现各个子功能。当某个子功能依然较复杂时，将它进一步分解。而阅读程序以自底向上方式，显然是自顶向下方式的逆过程。

在阅读程序时，非常重要的一点是理清思路，即概括出关键部分的思路，从而确定程序的功能和输出结果。

例 12.2　下列程序运行时，试给出当输入 labced12df<回车> 时的输出结果。

```
#include <stdio.h>
main()
{  char a=0,ch;
   while((ch=getchar())!='\n')
   {  if(a&2!=0 &&(ch>'a' && ch<='z')) ch=ch-'a'+'A';
      a++; putchar(ch);
   }
   printf("\n");
}
```

解　对程序初步分析可知，本程序的功能是把输入字符串中字符 a 以外的小写字母转换为大写字母，但条件是“a&2!=0”，关键是判断何时 a&2!=0。按运算符的优先级，!=的优先级高于&，a&2!=0 相当于 a&(2!=0)或 a&1，由&的定义，变量 a 中右边第 1 位二进位是 1 时此条件成立。因此，当 a=$001_{(2)}$、$011_{(2)}$、$101_{(2)}$、$111_{(2)}$与 $1001_{(2)}$等时，即输入字符串的序号是 2、4、6、8 与 10 等时的字符，是 a 以外的小写字母时被转换为大写字母，由输入 labced12df<回车>，因此最终输出是 labCeD12dF。

分析　此题的易错处在于运算符的优先级。往往容易把 a&2!=0 理解为等价于(a&2)!=0，然而，事实上是等价于 a&(2!=0)。另外，要理解 ch-'a'+'A'这种表示法的含义。此题还有一个细节，就是条件中是 ch>'a'，不是 ch>='a'，即把字母字符 a 排除在外。

从上面两个例子不难看到，阅读理解程序的基本要点可概括为：

　　仔细审题、明确思路、理解功能、模拟执行

阅读理解程序的基本思路，可概括为如下几点：

- 首先看 main 函数；
- 看输出语句要输出的是什么；
- 分析解决此题的要点或明确涉及的知识点；
- 以给定的输入与要得到的输出，确定处理的思路（IPO）；
- 明确函数的功能；
- 了解各个变量的作用、用途；
- 观察对照。

在阅读理解时可以采用各种可行的方法和技巧，如可以采用概念法、IPO 法、列表法、分析法、观察法、图示法、静态模拟追踪法及综合法等。

下面以 C 语言二级等级考试试题为例，说明阅读的方法和技巧。

12.2　C 语言程序阅读方法

12.2.1　基本方法（概念法）

要读懂一个程序，不言而喻，首先要清楚涉及的概念，特别是清楚关键概念的含义，这样才能了解其效果。C 语言等级考试试卷中的一些程序就是检查概念是否清楚，只要概念清楚，程序的阅读理解将十分容易。

例 12.3　设有以下程序：

```
#include <stdio.h>
int fun()
{  static int x=1;
   x*=2;
   return x;
}
main()
{  int i,s=1;
   for(i=1;i<=3;i++)    s*=fun();
   printf("%d\n",s);
}
```

程序运行后的输出结果是________。

A）0　　B）10　　C）30　　D）64

解　此程序由 2 个函数定义组成，输出结果是 s 的值，显然是 3 次调用函数 fun 的返回值的乘积。此题的关键是 static（静态）存储类变量的概念。由于 static（静态）存储类变量在每次调用之后其值依然保存，因此 3 次调用的结果分别是：2、4 与 8，最终结果是 64，答案是 D。

说明　对于此题，当然应该理解复合赋值运算符的概念，即 x op=e 等价于 x=x op (e)。

例 12.4　设有下列 C 程序：

```
main()
{  char  c1='1',  c2='2';
   c1=getchar();  c2=getchar();
   putchar(c1);   putchar(c2);
}
```

如果运行时输入的是：a<回车>，以下正确的是______。

A）变量 c1 被赋予字符 a，c2 被赋予回车字符

B）程序将等待用户输入第 2 个字符

C）变量 c1 被赋予字符 a，c2 中仍是原有字符 2

D）变量 c1 被赋予字符 a，c2 中将无确定值

解　此题的要点是 C 语言输入输出采用缓冲系统，输入的字符串保存在缓冲存储区中，然后按输入语句，逐次从缓冲存储区中取出。因此，输入的是：a<回车>时，缓冲存储区中得到 2 个字符，即字符 a 与回车字符，因此，此题答案只能是 A。

说明　容易误选答案 C，以为没有输入第 2 个字符，因此 c2 保持不变。

例 12.5　若有定义语句“int a=3，b=2，c=1；”，以下选项中错误的赋值表达式是______。

A）a=(b=4)=3;　　B）a=b=c+1;

C）a=(b=4)+c;　　D）a=1+(b=c=4);

解　此题的要点是赋值语句的左部必须是左值，应该取的是变量的地址，而不是值。因此赋值表达式不能出现在赋值表达式赋值号=的左部，因此答案 A：(b=4)=3,是错误的。

说明　要注意赋值运算符的结合性是右结合。

例 12.6　对应 main 函数中的 fun 函数调用语句，以下给出的 4 个 fun 函数首部中，错误的是__________。

```
main()
{ int a[50], n;
   fun(n, &a[9]);
}
```

A）void fun(int m, int x[ ])　　B）void fun(int s, int h[41])

C）void fun(int p, int *s)　　D）void fun(int n, int a)

解　此题中，函数调用 fun(n, &a[9])表明：第 1 个参数是 int 型简单变量，第 2 个参数是 int 型量的存储地址。由于 4 个函数定义中第 1 个参数都是 int 型简单变量，都正确，只需考虑第 2 个参数。A 中 x 是数组名、B 中 h 是数组名，且 C 中 s 是指针，这 3 者都是地址，可以匹配，因此只有 D 是不正确的。事实上，D 中的 a 是形式参数名，与 main 函数中的 int 型数组 a 毫无关系，因此 D 中第 2 个参数仅是 int 型简单变量，与 main 函数中的函数调用第 2 个参数不匹配。

例 12.7　有以下程序

```
#include <stdio.h>
typedef struct
{  int num; double s; } REC;
void fun1(REC x){ x.num=23; x.s=88.5; }
main()
{  REC a={16, 90.0};
   fun1(a);
   printf("%d\n",a.num);
}
```

程序运行后的输出结果是__________。

解　本题的输出结果是 a.num，考察经函数调用 fun1(a)后 a 的值。由于函数参数不是指针类型，不改变实际参数的值，a 的值仍是所置初值，a.num 的值是 16，最终，答案是 16。

上面各例表明，只要概念清楚很容易得到正确答案。下例说明更多阅读程序的方法。

12.2.2　IPO 法

这里的 IPO（Input-process-output）即输入-处理-输出，其含义是：由输入与输出决定如何处理。输入是已知的，输出是要求得到的，因此，从已知的和要得到的，决定应该如何处理。这是一种较为直观的思考方式，以下例说明。

例 12.8　设有下列程序：

```
#include <stdio.h>
#include <string.h>
typedef struct
{  char title[20]; int type; double price;
}BOOK;
typedef struct
{  char c_name[10]; int num; double sum;
} ST;
void statis(BOOK sx[ ],int n, ST sy[ ],char c_name[ ][10])
{ int i, j, k;
  for(i=0;i<3;i++)
      strcpy(sy[i].c_name, c_name[i]);
  for(i=0;i<n;i++)
  {  k=sx[i].type;
```

```
        sy[k].num++;   sy[k].sum+=sx[i].price;
      }
    }
    main()
    { BOOK s[6]=
      {{"A",0,30},{"B",1,15},{"C",2,25},{"D",2,32},{"E",1,20},{"F",0,10}};
      char c_name[3][10]={ "novel", "poem" , "essay"};
      int i;    ST res[3]={0};
      statis(s, 6, res, c_name);
      for(i=0;i<3;i++)
          printf("%10s:%d $%.2f\n",res[i].c_name,res[i].num,res[i].sum);
    }
```

程序的输出结果如下：

```
    novel:  2   $40.00
    poem:   2   $35.00
    essay:  2   $57.00
```

试概括程序的功能是什么。

解　首先查看 main 函数，其中给出了 s 的类型（BOOK）与初值，查看关于 BOOK 的定义，它由 title（标题）、type（种类）与 price（单价）3 个成员组成，这显然可以确定，给出的是图书信息，即书名、分类与单价。再查看输出结果，输出的是 res 的 3 个成员，从它的类型看，3 个成员分别是分类、数量与金额。概括起来，整个程序的功能是进行图书统计，统计各类图书的数量与总金额。例如，输出的第 1 行表明：novel（小说）类共 2 册，总金额是 40.00 元。现在考察函数 statis 来证实以上分析。

statis 的函数体控制部分由 2 个 for 语句组成，第 1 个 for 语句的循环体：

```
    strcpy(res[i], c_name[i]);     /* i=0,1,2 */
```

把 c_name[i]复制到 res[i]中。第 2 个 for 语句的循环体：

```
    k=sx[i].type;                  /* i=0,1,…,n-1 */
    sy[k].num++;   sy[k].sum+=sx[i].price;
```

从 i 得到 k，由于形式参数 sx 对应于实际参数 s，即图书信息，而 sy 对应于 res，从它的定义看，用来存放 c_name、num 与 sun，即图书分类、数量与和，因此，sy[k].num ++的作用是把 sy[k]类图书数量加 1。语句

```
    sy[k].sum+=sx[i].price;
```

的作用是把 sx[i]类图书的单价 price 加入 sy[k]的和 sum 中。由于 k 的值是 1～3，包括了所有类，而 n 对应于 6，即图书的总数。至此，可以证实前面的初步分析是正确的，即程序的功能是统计。函数 statis 的功能是统计 n 册图书中 3 类图书每类的册数与总金额。整个程序的功能是统计 6 册图书中各类图书的总册数与总金额。

说明　原题目为填空题，需填空的是有下划线处（3 处）。请读者注意变量 k 的赋值。

12.2.3　列表法

在采用列表法阅读程序、理解程序的功能时，需要列出程序中变量值的变化过程，从而确定程序的运行结果。一般首先列出初值，即执行第 1 个可执行语句之前各个变量的值，然后给出相继执行语句时变量值的变化，一个变量的值只要没有被重新赋值，它的值不变，当前值也总是最后被赋值时得到的值。

例 12.9　以下程序运行时，输出结果的第 1 行是________，第 2 行是________。

```
#include <stdio.h>
int f(int a)
{  int b=1;   static int c=1;
   b=b*a;  c=c*a;
   return  c/b;
}
main()
{  printf("%d", f(3));
   printf("\n%d", f(5));
}
```

解　由程序可知，输出结果由 main 函数中第 1 个和第 2 个输出语句得到，也即分别由函数调用 f(3)与 f(5)得到。这两者看似情况一样，但仔细看 f 的函数定义，可发现其中的变量 c 定义为 static 存储类（静态），每次调用的结果，c 的值都要保存到下次调用时使用。因此可以列表如表 12-1 所示。

表 12-1

函数 f	t0	t1	t2	t3
a	3		5	
b	1	3	1	5
c	1	3		15
回送		f(3)=1		f(5)=3

程序第 1 行输出的是 1，第 2 行输出的是 3。

例 12.10　以下程序运行时，输出结果是________。

```
#include <stdio.h>
void f(int *p, int n)
{  int t;
   t=*p; *p=*(p+n-1); *(p+n-1)=t;
}
main()
{ int a[5]={1, 2, 3, 4, 5}, i;
  f(&a[1], 3);
  for(i=0; i<5; i++)
     printf("%d ", a[i]);
}
```

解　类似地，首先查看在何处进行输出。显然是在 main 函数的 for 循环中，输出的是 a[0]、a[1]、…、a[4]，它们在调用函数 f 后获得值。因此考察 f 的函数定义，依次执行 f 中的各语句，把得到的值列表，如表 12-2 所示。

表 12-2

函数 f	t0	t1	t2	t3
p	&a[1]			
*p	2		4	
n	3			
t		2		
p+n-1	&a[3]			
*(p+n-1)	4			2

可见，函数 f 的功能是交换数组 a 中 2 个元素 a[1]与 a[3]的值，其他元素值不变。现在 a[1]与 a[3]进行了交换，因此输出结果是：

```
1  4  3  2  5
```

说明　不要忘记，C 语言数组元素的序号从 0 开始，a[1]是第 2 个元素，初始值是 2。

例 12.11　执行下列程序，输出结果的第 1 行是______，第 2 行是______。

```
#include <stdio.h>
#define N 20
main()
{  int i,j,k,n, arr[N][N];
   k=1; i=0; n=3;
```

```
    while(i<n/2)
    {  for(j=i; j<n-i; j++)
          arr[j][n-i-1]=k++;
       for(j=n-i-2; j>=i; j--)
          arr[n-i-1][j]=k++;
       for(j=n-i-2; j>=i; j--)
          arr[j][i]=k++;
       for(j=i+1; j<=n-i-2; j++)
          arr[i][j]=k++;
       i++;
    }
    if(n%2) arr[i][i]=k;
    for(i=0; i<n; i++)
    {  for(j=0; j<n; j++) printf("%4d",arr[i][j]);
       printf("\n");
    }
}
```

解　题目要求给出输出结果的第 1 行与第 2 行，从输出语句可知第 1 行是 arr[0][0]、arr[0][1]、…、arr[0][n−1]，第 2 行是 arr[1][0]、arr[1][1]、…、arr[1][n−1]。采用列表法，依次执行 main 函数中的各语句，把得到的值列表，如表 12-3 所示。

表 12-3

变量	t0	t1	t2	t3	t4
k	1		2	3	4
i	0				
n	3				
j		0	1	2	1
n−i−1		2		2	
arr[j][n−i−1]		arr[0][2]=1	arr[1][2]=2	arr[2][2]=3	
arr[n−i−1][j]					arr[2][1]=4

变量	t5	t6	t7	t8	t9
k	5	6	7	8	9
i	0			0	1
n	3				
j	0	1	0	1	
n−i−2	1	1			
arr[n−i−1][j]	arr[2][0]=5				
arr[j][i]		arr[1][0]=6	arr[0][0]=7		
i+1				1	
arr[i][j]				arr[0][1]=8	
n%2					0
arr[i][i]					arr[1][1]=9

当程序执行完毕时，可以看到 3 行的输出结果分别是：

□□□7□□□8□□□1
□□□6□□□9□□□2
□□□5□□□4□□□3

其中，□表示空格。

说明　列表法是模拟执行程序中的各个语句，把程序中变量值的变化过程记录下来，从中找出规律或得到运行结果，因此通常称为静态模拟追踪法，是一种非常有成效的程序阅读方法，当综合应用多种方法时效果更为显著。

12.2.4　分析法

所谓分析法，是对程序中主要计算部分的程序进行分析与观察，理解其算法思路，并概括出解题思路，得到答案。

例 12.7 采用分析法将更为简便。

例 12.12　采用分析法概括例 12.11 中程序的功能。

解　分析例 12.11 程序中的 while 循环，可见把变量 k 的值从 1 开始，每次加 1 地填入二维数组 arr 中，即把 1、2、…填入数组 arr 中。尽管 arr 定义为：

```
int arr[N][N];
```

其中 N 的值是 20，但从循环看，使用的仅是 arr[n][n]，其中 n=3。填入数值的也就是此 3×3 数组，1、2、…、9 共 9 个值。

现在只需确定相继填入的位置。分析各个 for 循环，不难确定各个填入的位置。

```
for(j=i; j<n-i; j++)
  arr[j][n-i-1]=k++;
```

i=0，j=0、1 与 2，且 n−i−1=2，因此相继填入的位置是 arr[0][2]、arr[1][2]和 arr[2][2]，填入的值是 1、2 与 3。

```
for(j=n-i-2; j>=i; j--)
  arr[n-i-1][j]=k++;
```

i=0, j=1 与 0，且 n−i−1=2，因此相继填入的位置是 arr[2][1]和 arr[2][0]，填入的值是 4 与 5。

```
for(j=n-i-2; j>=i; j--)
  arr[j][i]=k++;
```

i=0, j=1 与 0，因此相继填入的位置是 arr[1][0]和 arr[0][0]，填入的值是 6 与 7。

```
for(j=i+1; j<=n-i-2; j++)
  arr[i][j]=k++;
```

i=0, j=1，因此填入的位置仅 arr[0][1]，填入的值是 8。

最后，由于 n%2≠0，arr[i][i]=k，此时 i 已加 1，i=1，因此确定位置 arr[1][1]，填入的值是 9。概括起来，整个程序的功能与例 12.11 中讨论的完全一致。

例 12.13　设有程序如下，运行的输出结果，第 1 行是__________，第 2 行是__________。

```
#include <stdio.h>
main()
{  int i, k, x[10]={1, 2, 3, 4, 5, 6, 7, 8, 9, 10},  y[3]={0};
   for(i=0; i<10; i++)
   { k=x[i]%3;     y[k]+=x[i]; }
   printf("%d\n%d\n%d", y[0], y[1], y[2]);
}
```

解　从程序中的输出语句可见，总共输出 3 行，其中第 1 行是 y[0]，第 2 行是 y[1]，因此关键是从 for 循环计算 y[0]与 y[1]。for 循环的控制变量 i 从 0～9，每次加 1，关键是赋值语句：

```
y[k]+=x[i];
```

中变量 k 的值。k 为 0 时，得到的是 y[0]的值，k 为 1 时，得到的是 y[1]的值，因此考虑什么时候 k 值为 0，什么时候为 1。由于 k=x[i]%3，因此，x[i]是 3 的倍数时，k 值为 0；x[i]除以 3 的余数是 1 时，k 值为 1。从 x 的初值可见，是 3 的倍数的，是 x[2]、x[5]与 x[8]，除以 3 的余数是 1 的，是 x[0]、x[3]、x[6]与 x[9]，因此 y[0]=x[2]+x[5]+x[8]=18，y[1]= x[0]+x[3]+x[6]+x[9]=22。所以，答案为：第 1 行是 18，第 2 行是 22。

由此题可见，只需进行分析、观察，无需从头到底地执行程序就可能得到运行结果。读者可以自行考虑第 3 行输出的结果是什么。

在采用分析法时，也可能需要执行若干步后观察变量值的变化情况，从而确定程序的功能。

例 12.14　设有下列程序，试概括函数 fun 的功能是什么。

```
#include <stdio.h>
float fun(int n)
{  float s=0.0, w, f=-1.0;  int i;
   for(i=0; i<=n; i++)
   {  f=   -f          ;
      w=f/(2*i+1);
      s=s+w            ;
   }
   return s;
}
main()
{  int n=5;  float s;
   s=fun(n)            ;
   printf("%f\n", s);
}
```

解　要确定函数 fun 的功能，显然是观察 fun 函数定义中的 for 语句。依次执行 for 语句的循环体，记录变量的值，列表如表 12-4 所示。

表 12-4

变量	t0	t1	t2	t3	t4
n	5				
i		0	1	2	3
f	−1.0	1.0	−1.0	1.0	−1.0
w		1.0/1	−1.0/3	1.0/5	−1.0/7
s	0.0	1.0/1	1.0/1−1.0/3	1.0/1−1.0/3+1.0/5	1.0/1−1.0/3+1.0/5−1.0/7

通过此表进行观察分析，可以归纳出如下几点：

（1）f 的值：i=0 时是 1.0，i=1 时是−1.0，i=2 时是 1.0，i=3 时又是−1.0,…因此，$f=(-1.0)^i$。

（2）由语句 “w=f/(2*i+1);”，　$w=(-1.0)^i/(2\times i+1)$。

（3）s 的初值是 0.0，由语句 “s=s+w;” ,即 $s=s+(-1.0)^i/(2\times i+1)$，i 从 0～n，由此可见函数 fun 的功能是计算和 s：

$$s=\sum_{i=0}^{n}\frac{(-1)^i}{2\times i+1}$$

说明　原题目为填空题，已知函数 fun 按上述公式计算和 s，需填空的是有下划线处（3 处）。请读者注意变量 f 的赋值。

12.2.5　图示法

图示法是用图形来表示程序执行的中间运算结果与/或输出结果，好处是非常直观，如对于例 12.11，如果把每步的计算结果填在图形上，再加以推测或概括，不执行完便可得到计算结果，因为输出是一个 3×3 方阵，填了前 5 个数值后的图形如图 12-1(a)所示，这时就可能推测，最终结果将如图 12-1(b)所示。

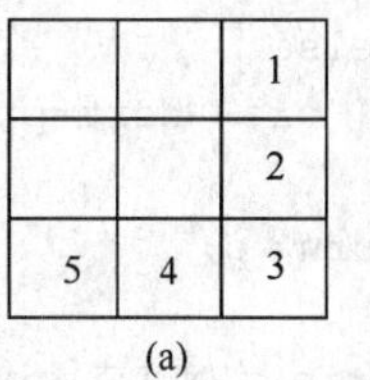

图 12-1

下面再给出图示法示例。

例 12.15　设有下列程序，试给出执行此C程序的结果。

```
int fac( int n)
{  if(n<=1)
     return 1;
   return  n*fac (n-1);
}
main()
{  printf("\nfac(4)=%d", fac(4));
}
```

解　为了得到程序的运行结果，现采用图示法，即用图形表示程序的运行过程，如图 12-2 所示。

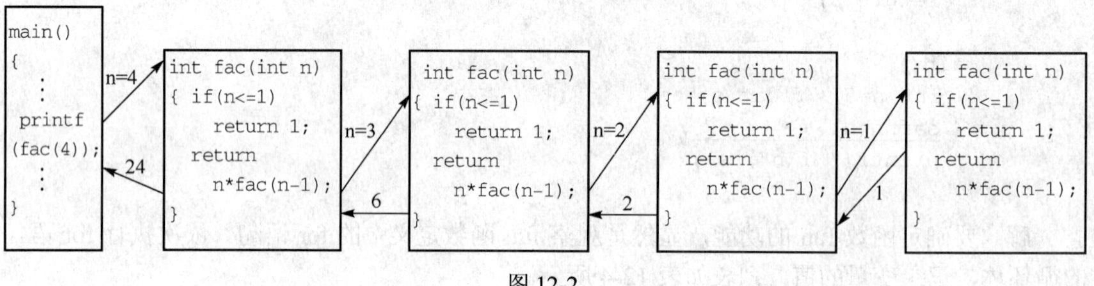

图 12-2

当 main 函数中调用 fac(4)时，以 n=4 调用 fac，回送 n*fac(n−1)，即 4*fac(3)。当以 n=3 调用 fac 时，回送 n*fac(n−1)，即 3*fac(2)。当以 n=2 调用 fac 时，回送 n*fac(n−1)，即 2*fac(1)。调用 fac(1)，回送 1，不再调用函数 fac，这样，逐次回送 1、2、6 与 24，fac(4)的值是 24，因此最后输出结果为 24。显然这种图示法具有直观的特点，下例同样具有直观的特点。

例 12.16　以下程序运行时，输出结果的第 1 行是________，第 2 行是________。

```
#include <stdio.h>
#include <stdlib.h>
typedef struct p
{  char c;
   struct  p *next;
}PNODE;
PNODE *create(char x[ ])
{  int i; PNODE *pt, *pre, *p=0;
   for(i=0;x[i]!= '\0'; i++)
   {  pt=(PNODE *)malloc(sizeof(PNODE));          (1)
      pt->c=x[i];   pt->next=NULL;                (2)
      if(p==0)
      {  p=pt; pre=pt; }                          (3)
      else
      { pre->next=pt; pre=pre->next; }            (4)
   }
   return  p;
}
void print(PNODE *p)
{  while(p)
   {  putchar(p->c);  p=p->next;  }
```

```
    putchar('\n');
  }
  PNODE  *joint(PNODE *pha, PNODE *phb)
  {  PNODE *pa=pha, *pb=phb, *pc=NULL, *pt, *pre;
     while(pa)
     { pb=phb;
       while(pb)
       { if( pa->c==pb->c )                         (5)
         {  pt=(PNODE *)malloc(sizeof(PNODE));      (6)
            pt->c=pa->c;  pt->next=NULL;            (7)
            if(pc==NULL)
            { pc=pt; pre=pt;}                       (8)
            else
            {  pre->next=pt;   pre=pt; }            (9)
         }
         pb=pb->next;                               (10)
       }
       pa=pa->next;                                 (11)
     }
     return pc;
  }
  main()
  {  char a[ ]= "coma", b[ ]="becomec";
     PNODE *ha=0, *hb=0, *hc=0;
     ha=create(a);  print(ha);
     hb=create(b);  hc=joint(ha, hb);
     print(hc);
  }
```

解　输出结果的第 1 行与第 2 行分别由 main 函数中的 print(ha)与 print(hc)输出，对于前者，考察 create(a)，对于后者，考察 create(b)与 joint(ha, hb)。

对于 create(a)，可以用图示法把程序执行过程记录下来。

当 i=0 时，执行（1）中的语句，将建立一个由 pt 指向的结点，执行（2）中的语句，将置好该结点的值，即 x[i](x[0])，x 对应的实际参数是数组 a，a[0]是字符 c，由于 p=0(NULL)，执行（3）中语句，p 与 pre 将指向此结点，如图 12-3(a)所示。

当 i=1 时，执行（1）中的语句，将再次建立一个由 pt 指向的结点，执行（2）中的语句，将置好该结点的值，即 x[i](x[1])，这时是 a[1]，即字符 o，如图 12-3(b)所示。由于 p=pt≠0，将执行（4）中的语句，使得第 1 个结点与第 2 个结点链接，并且 pre 指向新建结点。先后次序用序号指明，如图 12-3(c)所示。

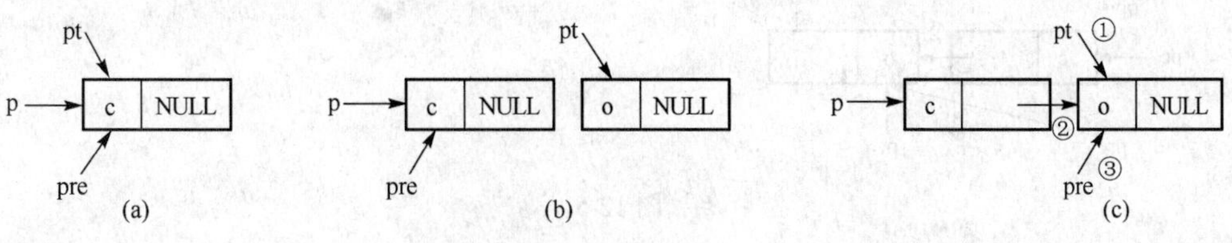

图 12-3

可见，函数 create 的功能是创建一个链表，回送指向第 1 个结点的指针值。由于 a 的值是“coma”，包含 4 个字符，最终此链表将包含 4 个结点，由于 ha=create(a)，ha 将指向此链表的第 1 个结点，如图 12-4 所示。现在通过图示法考察函数 print 的功能。

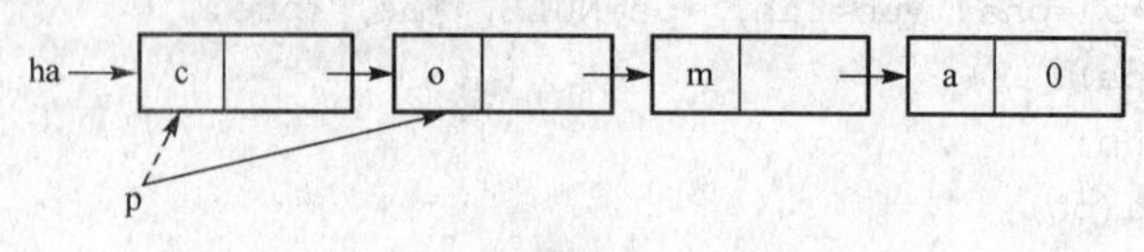

图 12-4

函数 print 的参数 p 对应于实际参数 ha，因此，一开始时，p 指向 ha 指向的链表第 1 个结点，执行 putchar(p->c)，把第 1 个结点中的字符 c 输出，执行 p=p->next，使 p 指向第 2 个结点，如图 12-4 所示。用实线表示 p 当前指向的结点，虚线表示之前 p 指向的结点。最终 p 指向第 4 个结点，并输出字符 a 后，再执行 p=p->next，这时因 p->next=0(NULL)，while 循环结束，输出回车字符\n 后，函数 print 结束执行。

现在考察函数 joint 的功能。

函数调用 joint(ha, hb)中的实际参数 ha 对应于形式参数 pha，hb 对应于形式参数 phb，在 joint 的函数体中，pa=pha，因此，第 1 个链表由函数体的局部变量 pa 指向。

考察 joint 的程序结构，这是一个二重循环，外层 while 循环，pa=pha，pa 指向第 1 个链表，当 pa≠0 时，pa 指向一个结点，内层 while 循环，pb=phb，因此，第 2 个链表由 pb 指向。当 pb≠0 时，pb 指向一个结点，（5）中判别此结点中的字符 c 是否与 pa 指向的结点中的字符相同，如果相同，则由（6）建立 pt 指向的新结点，并由（7）把 pa 指向的结点与 pb 指向的结点共同有的字符填入此新结点。如果 pc 的值是 NULL，为空指针，还未指向任何结点，则由（8），pc=pt 与 pre=pt，使 pc 与 pre 指向此结点，否则，由（9），pre->next=pt 与 pre=pt，把新建结点链接到原有结点之后，并让 pre 指向这个新结点。

（5）中判别不相同时，不建立新结点。不论是否相同，都要由（10）执行 pb=pb->next，使 pb 指向下一个结点；类似地判别这个结点中的字符与 pa 指向的结点中的字符是否相同，重复前面所述工作，直到 pb=0，即已比较过 phb 指向的链表中的全部结点。这时，由（11），pa=pa->next，使得 pa 指向 pha 指向的链表中下一个结点，重复上述工作直到 pa=0，即处理过 pha 指向的链表中全部结点。

当 pa 指向第 2 个结点，从 pb 指向的结点中找到相同的字符而建立新结点时的情况如图 12-5 所示。

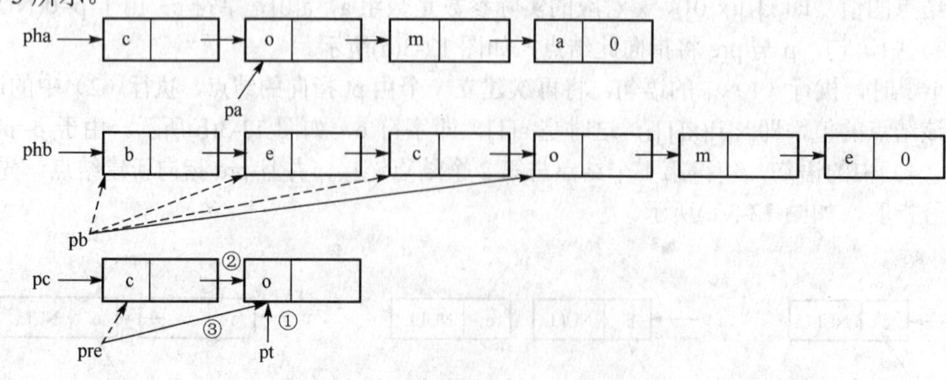

图 12-5

关于 joint 画出相应的控制流程图，将能更好地理解程序的功能，如图 12-6 所示。

综上所述，函数 joint 的功能是：建立一个新链表，其中结点中的字符是两个源链表中共同具有的，即把 phb 指向的链表中的结点逐个与 pha 指向的链表中第 1 个结点比较，对字符相同的，在新链表中建立新结点，即使重复出现也如此。然后，逐个与第 2 个结点比较，对字符相同的，在新链表中建立新结点，如此继续，直到比较到 pha 指向的链表中最后一个结点。

对于

```
char a[]= "coma",b[]="becomec";
```

输出的结果是：

```
coma
ccom
```

对于

```
chara[]="comac",b[]="becomec";
```

输出的结果将是：

```
comac
ccomcc
```

注意　pb=phb 必须在内层循环开始前执行，不能在外层循环外执行，因为对于第 1 个链表中的每一个结点，都要查看第 2 个链表中的全部结点。还要说明的是，对 pa 与 pb 置初值，NULL 与 0 是一样的，因为 NULL 的定义是：

```
#define NULL 0
```

这时不要忘记，应该有文件包含命令：

```
#include <stdio.h>
```

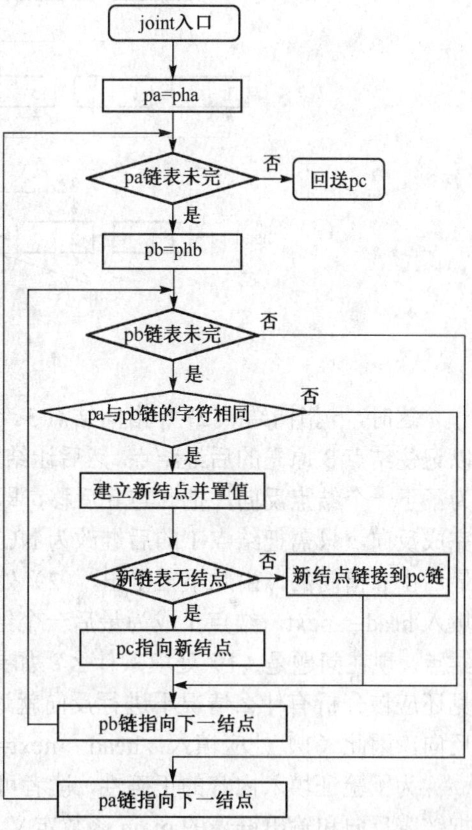

图 12-6

例 12.17　设有链表结点的定义及不完整的函数定义如下：

```
typedef struct node
{ int d; struct node *next;} NODE;
NODE *invert (NODE *head)
{  NODE  *p, *q, *r;
   if(head==0 ||__________)                 (1)
      return head;
   p=head;
   q=p->next;
   while(q!=0)
   { r= ______________________;             (2)
      q->next=p; p=q; q=r;
   }
   _______________=0;                       (3)
   head=___________;                        (4)
   return head;
}
```

该函数的功能是把链表置成反向的，即第 1 个结点成为最后 1 个，第 2 个结点成为倒数第 2 个，最后 1 个结点成为第 1 个，试将程序补充完整。

解　按照题意，假设已有链表如图 12-7(a)所示，它由指针变量 head 指向第 1 个结点。反向链表如图 12-7(b)所示。为了不重新生成结点并得到反向的链表，仅改变链接方向，引进指针变量 p、q 与 r。p 开始时指向链表的第 1 个结点，q 指向 p 所指向结点的后继结点。由于在 q 所指向结点的成员变量 next 反向指向 p 所指向结点时，q 原先指向的结点将会失去，因此由 r 指向 q 所指向结点的后继结点。为了清楚地看到反向的步骤，以结点 2、3 与 4 的情况为例说明，如图 12-7(c)所示。

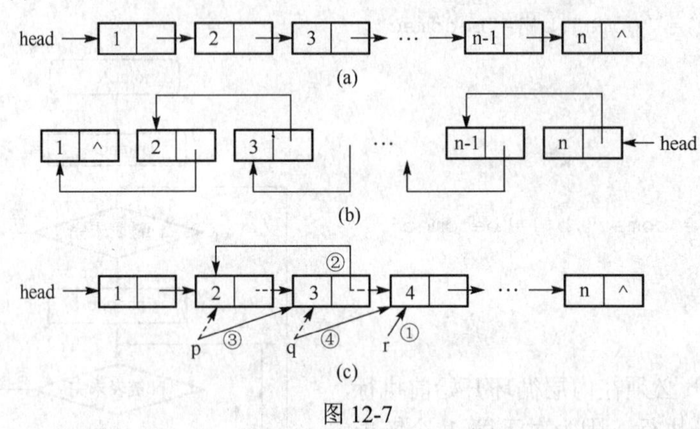

图 12-7

这时，p 指向结点 2，q 指向结点 3。要使得结点 3 的后继结点是 2，首先让 r 指向结点 4，以记住结点 3 原先的后继结点。然后让结点 3 的后继结点是 2，这样结点 2 与结点 3 便反向了。为了下一个结点反向，把 p 与 q 后移，即让 p 指向结点 3，而 q 指向结点 4。如此继续，便可完成反向，只需把结点 1 的后继改为 NULL，且让 head 指向最后 1 个结点，这个结点显然是最后由 p 指向的。由此不难得出，（2）处填入 q->next，使 r 记住 q 原先的后继结点，（3）处填入 head->next，结点 1 成为最后一个结点，而（4）处填入 p，最后的一个结点成为第 1 个结点。现在问题是（1）处填入什么？如果 head=0，链表中无结点，会立即回送 head。由此可见还应该分析有什么情况不进行反向就返回，很明显，仅有一个结点的情况，也无需实际地反向，因此（1）处应填入：head->next= =0。

为了验证填入内容的正确性，读者可以自行补充创建链表的函数定义，并设计创建链表、把链表反向和输出链表的 main 函数定义，上机实际运行。

此题表明，当涉及链表时使用图示法是十分有效的。

12.2.6　观察法

将列表法和分析法相结合来阅读程序，一般情况下是很有效的，但是有时难以把程序运行过程中产生的所有结果全部罗列，不能完全采用列表法阅读理解，这时只能通过对部分计算结果进行分析观察，找到规律，从而确定程序的功能。观察法也就是通过对部分计算结果进行观察分析，从而确定程序功能的方法。以下例说明观察法的应用。

例 12.18　试说明如下程序的功能。

```
#include <stdio.h>
#include <math.h>
int p(int n)
{  int i, j=sqrt(n);
   for(i=2; i<=j; i++)
   if( n % i==0 ) return 0;
   return 1;
```

```
}
int convert(int n)
{  int m=0;
   while(n>0)
   {  m=m*10+n%10;
      n=n/10;
   }
   return m;
}
int f(int m, int n, int a[ ])
{  int i,j=0;
   for(i=m;i<=n;i++)
     if(p(i)&& p(convert(i)))
        a[j++]=i;
     return j;
}
main()
{  int i, n, a[50];
   n=f(50, 150, a);
   for(i=0; i<n-1; i++)
     printf("%d, ", a[i]);
   printf("%d", a[n-1]);
}
```

解　整个程序由 4 个函数定义组成，其中 main 函数调用函数 f，函数 f 又调用函数 p 与 convert，因此，必要的是先考察函数 p 与 convert 的功能。

函数 p 中，i 从 2 开始，每次加 1 地去除参数 n，直到 j= $\sqrt{n}$ (sqrt(n))。只要有一次被除尽，n 便不是素数，这时回送值 0，当一次也没除尽时，回送 1，因此，函数 p 的功能是：判别 n 是否为素数，若为素数，则回送 1，否则回送 0。

对于函数 convert 的调用，以 n=123 为例，采用列表法如右表。

变量	t0	t1	t2	t3
m	0	3	32	321
n	123	12	1	0

再以 n=4567 为例，可以列表如下表。

变量	t0	t1	t2	t3	t4
m	0	7	76	765	7654
n	4567	456	45	4	0

结合对函数体中语句的观察分析，可以肯定函数 convert 的功能是求一个正整数的反序数，如对于4位数，千位数作为个位数、百位数作为十位数，十位数作为百位数，个位数作为千位数。

现在考察函数 f。显然，函数体中，把区间[m,n]中满足条件：

p(i)&& p(convert(i))为真

的 i 存放到数组 a 中。这个条件为真，表明 i 是素数，且 i 的反序数也是素数。

如果一个数及该数的反序数都是素数，则称该数为可逆素数。例如，17 是素数，17 的反序数 71 也是素数，所以，17 是一个可逆素数。因此，函数 f 的功能是，在[m，n]区间内查找所有可逆素数，并将这些可逆素数依次保存到数组 a 中，且回送 a 数组中可逆素数的个数。对照 main 函数中的函数调用 f(50, 150, a)，整个程序找出区间[50，100]中的所有可逆素数，把它们保存在数组 a 中，并显示输出，其中每 2 个可逆素数间用一个逗号隔开。上机运行此程序，可以立即得到输出结果如下：

```
71, 73, 79, 97, 101, 107, 113, 131, 149
```

经验算，这些整数确实都是可逆素数，且区间[50，150]内仅这些可逆素数。

说明　原题目为填空，请读者注意下划线处的内容。

从这个例子可以看出，在阅读理解程序时，观察法往往结合列表法与分析法。综合采用几种方法，往往有较好的效果。

12.2.7　静态模拟追踪法

所谓静态模拟追踪法，就是读者把自己设想为一台计算机，静态地逐个语句地模拟执行程序，依据程序中各个语句的含义，给出相应的效果，列表记录变量值的变化情况，从而概括出程序的功能。采用静态模拟追踪法，往往可以发现程序中大部分的错误。事实上，前面讨论的列表法与分析法等，都采用了静态模拟追踪法。这里给出进一步的例子。

例 12.19　以下程序运行时，输出结果是＿＿＿＿＿＿。

```
#include <stdio.h>
main()
{  int s, i, sum(int);
   for(i=1; i<=5; i++)
      s=sum(i);
   printf("%d\n", s);
}
sum(int k)
{  static int x=0;
   return x+=k;
}
```

解　此题目的要点是 static 存储类变量，采用静态模拟追踪法，可以依据逐个语句执行的过程，记录变量值的变化情况，列表如表 12-5 所示。

表 12-5

作用域	变量	t0	t1	t2	t3	t4	t5	t6	t7	t8	t9	t10	t11
main	s			1		3		6		10		15	
	i		1		2		3		4		5		6
sum	k		1		2		3		4		5		
	x	0	0+1		1+2		3+3		6+4		10+5		
	回送		1		3		6		10		15		

输出结果是 s 的最终值，因此是 15。注意，s 仅得到 sum(i)的值，并不累加。

显然，如果不采用静态模拟追踪法，一不小心很容易会搞错。

例 12.20　以下程序运行时，输出结果为＿＿＿＿＿。

```
#include <stdio.h>
main()
{  printf("%d\n", f(21,35)); }
int f(int a, int b)
{  if(a==b) return a;
   if(a>b) return f(a-b,b);
   return f(a,b-a);
}
```

解　输出结果是 main 函数中 printf 语句输出的 f(21,35)的值，调用了递归定义的函数 f，采用静态模拟追踪法，记录程序执行过程中变量值的变化，可以一清二楚地了解输出的是什么。可以列表如表 12-6 所示。

因此，最终输出结果是 7。如果把 main 函数中的调用 f(21,35)改为 f(84,60)，采用静态模拟追踪法，将看到结果是 12。7 是 21 与 35 的最大公约数，12 是 84 与 60 的最大公约数，可以概括出函数 f 的功能是求两个参数 a 与 b 的最大公约数。如果函数调用是 f(91,36)，结果将是 1，这是正确的，因为 91 与 36 没有不等于 1 的其他最大公约数。读者也可以验证 f 的功能。

表 12-6

作用域	变量	t0	t1	t2	t3
f	a	21			
	b	35			
f	a		21		
	b		14		
f	a			7	
	b			14	
f	a				7
	b				7
	回送				7

说明　如果采用图示法，调用关系可以看得更清楚，如可画出如图 12-8 所示示意图。

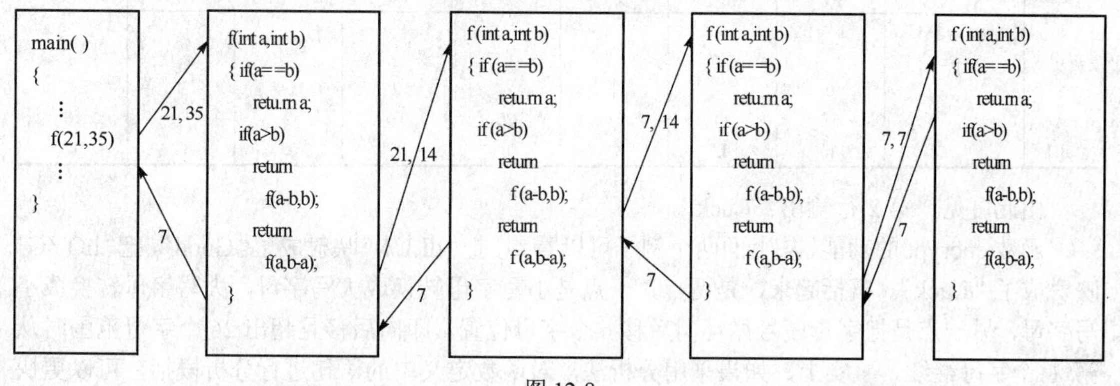

图 12-8

例 12.21　试给出下列程序的运行结果。

```
#include <stdio.h>
#include <ctype.h>
char *encrypt( char a[ ] ,int n)
{ int i,t;
  for(i=0;a[i]!='\0';i++)
  { if(isalpha(a[i]))
     { t=(toupper(a[i])-'A'+n)%26;
       a[i]= a[i]>='a' ? 'A'+t: 'a'+t;
     }
  }
  return a;
}
void main()
{ char *s[2] = {"dLLA", "hQYG"};
  printf("%s\n", encrypt(s[0], 3));
  printf("%s\n", encrypt(s[1], 4));
}
```

解　输出是在 main 函数中由两个 printf 函数调用而得到的。考察其输出项，即函数调用 encrypt(s[0],3)。其中，实际参数 s[0]与形式参数 a 相联系，实际参数 3 与形式参数 n 相联系，因此，执行 encrypt 的函数体，可以记录变量值变化情况，列表如表 12-7 所示。使用静态模拟追踪法之前，请记住函数 isalpha 的功能是判别其参数（字符）是否为字母字符，而函数 toupper 的功能是把其参数（字母字符）转换为大写字母。

表 12-7

变量	t0	t1	t2	t3	t4	t5	t6	t7	t8
a	s[0]="dLLA"								
n	3								
i		0		1		2		3	
t			6		14		14		3
a[i]		'd'	'G'	'L'	'o'	'L'	'o'	'A'	'd'

由此可见，第 1 行输出“Good”，对于第 2 个函数调用 encrypt(s[1], 4)，可以类似地记录变量值变化情况，列表如表 12-8 所示。

表 12-8

变量	t0	t1	t2	t3	t4	t5	t6	t7	t8
a	s[0]="hQYG"								
n	4								
i		0		1		2		3	
t			11		20		2		10
a[i]		'h'	'L'	'Q'	'u'	'Y'	'c'	'G'	'k'

由此可见，第 2 行输出“Luck”。

函数 encrypt 的功能，从上面两个例子可以看到，把“dLLA”映射成了“Good”，把“hQYG”映射成了“Luck”。概括起来，是两点，一点是小写字母转换成大写字母，大写字母转换成小写字母，另一点是把字母序号循环向后移 n 个字母位置，即向后移且超出 26 个字母范围时从第 1 个字母继续。事实上，如果采用分析法，对函数定义中的语句进行分析概括，可以更快地概括函数 encrypt 的功能。函数定义中判别字符数组参数 a 中的每个字符 a[i]，如果 isalpha(a[i]) 为真，即 a[i]是字母字符，则执行下列两个语句：

```
t=(toupper(a[i])-'A'+n)%26;
a[i]= a[i]>='a' ? 'A'+t : 'a'+t;
```

第 1 个语句中，toupper(a[i])把 a[i]转换成大写字母字符，toupper(a[i])−'A'求得 a[i]在字母表中的序号，如'A'的序号是 0，'B'的序号是 1 等。toupper(a[i])−'A'+n 使序号向右移 n 个字母位置，这个值可能超过英文字母的总数 26，因此计算 t=(toupper(a[i])−'A'+n)%26，这样，t 的值总在 26 之内，如'Y'的序号+3=27，t=('Y'的序号+3)%26=1。一般情况下，如图 12-9 所示。

n=3 的情况：原序号映射到（原序号+3）。

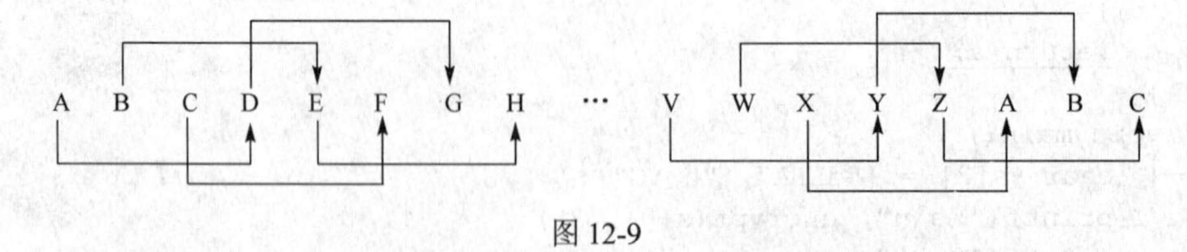

图 12-9

第 2 个语句判别 a[i]是否为小写字母字符。如果是小写字母，'A'+t 将把小写字母转换成大写字母字符，a[i]将改变为这个大写字母字符。否则，如果是大写字母，'a'+t 将把大写字母转换成小写字母字符，a[i]将改变为这个小写字母字符。

概括起来，大写字母表和小写字母表均被看作是首尾相连的环形表。2 个语句的作用是：判断字符串中各个字符是否为英文字母字符，如果不是字母字符，保持原字符不变；如果是大写字母字符，则用字母表中该大写字母对应的小写字母之后的第 n 个小写字母取代原字母；

如果是小写字母字符，则用字母表中该小写字母对应的大写字母之后的第 n 个大写字母取代原字母。因此函数 encrypt 的功能可以看作是实现加密算法。事实上，从函数名 encrypt 意为加密，已可猜到函数的功能是加密。

说明　原题目为填空题，请注意有下划线的 3 处。

12.2.8　综合法

当阅读一个程序时，往往不是仅采用一种方法，而是根据程序的具体情况，采用多种方法，以便尽快概括出程序的功能，这就是所谓的综合法。前面的例子已不止一次地体现综合法的应用，下例进一步说明综合法的应用。

例 12.22　试阅读下列程序，概括其功能。

```
#include <stdio.h>
main()
{  int a[9][9]={0}, i, j, k, n=3;
   j=n/2;   i=n-1;
   a[i][j]=1;
   for(k=2; k<=n*n; k++)
   {  i++; j++;
      if(i>n-1&&j>n-1)
      {  i=i-2;   j--; }
      else
      {  if(i>n-1) i=0;
         if(j>n-1) j=0;
      }
      if(a[i][j]==0)
         a[i][j]=k;
      else
      {i=i-2; j--; a[i][j]=k;}
   }
   for(i=0; i<3; i++)
   {  for(j=0; j<3; j++)
          printf("%5d", a[i][j]);
   printf("\n");
}
}
```

解　对于此程序，首先采用静态模拟追踪法，并用图示法获得初步的计算结果。粗略地看，是把 k=1,…,n^2 填入如图 12-10 所示的表格中。依次执行各个语句，记录变量值的变化，列表如表 12-9 所示，在图 12-10 中记录填入的位置与值。

到此，可以推测此程序的功能是填 n=3 阶幻方，k=1 填入 a[2][1]，此后将 k=2 填入 a[2][1]的右下方，即 a[2+1][1+1]，但 i=3，下方出界，则改填入上方（a[0][2]），此后 k=3 又将填入它的右下方，即 a[1][3]，但这时 j=3，右方出界，改填入左端，即 a[1][0]。对于 k=4，将填入 a[1][0]的右下方，即 a[2][1]，但这个位置已填入过 1，这时改填入 a[1][0]的上方，即 a[0][0]。

表 12-9

变量	t0	t1	t2	t3	t4	t5	t6
n	3						
i	2	3	0	1		2	0
j	1	2		3	0	1	0
k		2		3		4	
a[i][j]	1		2		3		4

通过对上面初步计算结果的观察与分析，已可以概括出填入 k 值的规律：一般情况

下，下一个值 k+1 应该填入正填入值 k 的格子的右下方。如果下方出界，则改填入上方，如果右方出界，则改填入左端。如果没有出界，但已被占用，便改填入紧上方，因此，k=5 填入 a[1][1]，k=6 填入 a[2][2]。对于 k=7，因为 a[3][3]下方与右方都出界，则从程序中的语句：

```
if(i>n-1 && j>n-1)
{ i=i-2; j--; }
```

可知应该填入 a[1][2]，即 a[2][2]的上方。继续下去，最终结果如图 12-11(a)所示。

一般的 n（奇数）阶幻方都可以按上述规则顺次填入 k 值（k=1,2，…，n^2），如 n=5 阶的幻方如图 12-11(b)所示。

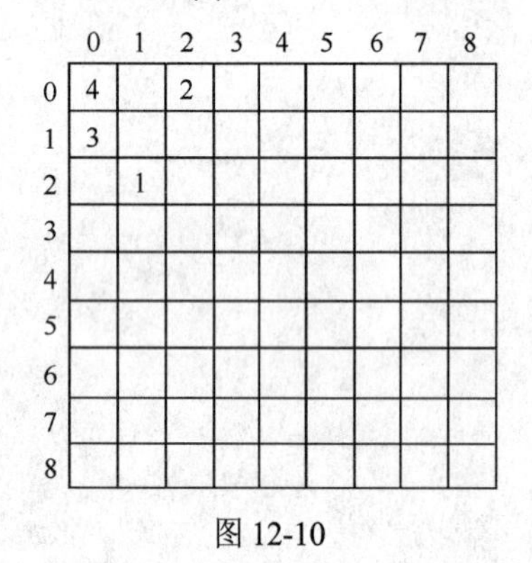

图 12-10

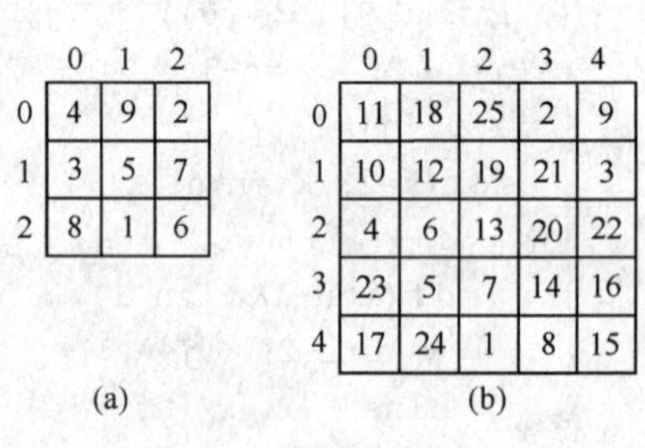

图 12-11

显然，通过静态模拟追踪法、观察法与分析法的综合应用，可以较快地找出填入 k 值的规律，无需执行全部语句到程序结束，便可以概括出程序的功能，得到程序的运行结果。

12.3　典型算法阅读之例

本节给出若干典型的算法程序，供读者参考。

12.3.1　关于字符串操作的程序

例 12.23　试阅读下列程序，概括此程序的功能。

```
#include <stdio.h>
#include <string.h>
void delete(char s[ ], char c);
void insert(char s[ ], char c1, char c2);
main()
{  char s[50]="This is a book.", op, c1[2], c2[2];
   int i, p, k;
   printf("\nInput command\n");
   scanf("%c", &op );
   switch(op)
   {  case 'D': scanf("%s",c1); delete(s, c1[0]); break;
      case 'I': scanf("%s%s",c1,c2); insert(s, c1[0], c2[0]);break;
      default: printf("\nCommand format error!\n"); return 1;
   }
   printf("%s\n",s);
}
void delete(char s[ ], char c)
{  int i, n=-1;
```

```
    for(i=0; s[i]!='\0'; i++)
        if(s[i]==c){ n=i;  break; }
    if(n==-1)
    {  printf("\nThere is no \'%c\' in the \"%s\n", c,s);  exit(1); }
    for(i=n; s[i]!='\0'; i++)
        s[i]=  s[i+1]             ;
}
void insert(char s[ ], char c1, char c2)
{  int i, n=-1, m;
    for(i=0; s[i]!='\0'; i++)
        if(s[i]==c1) n=i;
    if(n==-1)
    {printf("\nThere is no \'%c\' in the \"%s\"\n",c1,s); exit(0);}
    m=strlen(s);
    for(i=m; i>n; i--)
        s[i]=s[i-1];
    s[n]=c2                   ;
}
```

解　首先查看 main 函数，其中，在输入命令（Input command）之后，按照输入的是字母 D 还是 I，分别调用函数 delete 或 insert，然后输出结果 s，因此考察这两个函数。

delete 函数的参数是字符串（字符数组）s 与字符 c，第 1 个 for 循环的功能显然是在 s 中找到第 1 次出现的 c，把此 c 的位置记录在变量 n 中。如果此 c 不出现在 s 中，n=−1，立即显示输出 s 中不包含 c 的信息，结束。如果 c 在 s 中，下列语句：

```
for(i=n; s[i]!='\0'; i++)
  s[i]=s[i+1];
```

的执行情况示意图如图 12-12 所示，从位置 n 处开始，把右边的字符左移一个字符位置，直到左移字符串结束字符'\0'。

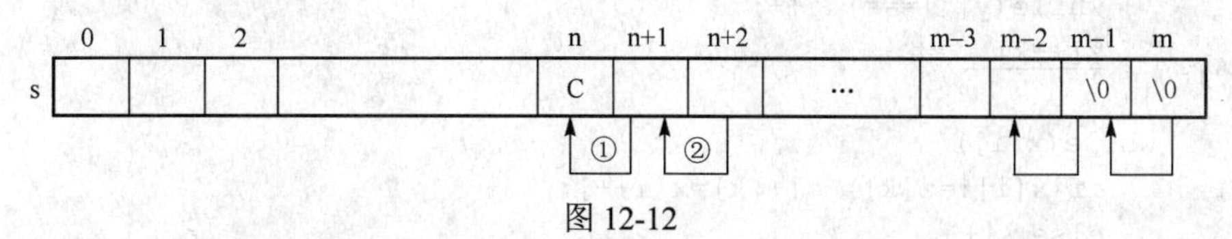

图 12-12

显然，函数 delete 的功能是把 s 中第 1 次出现的 c 删除。例如，s 是“This is a book.”，输入的命令是“D s”时，删除第 1 次出现的字符 s，输出“Thi is a book.”。

关于函数 insert，参数是字符串（字符数组）s 及字符 c1 与 c2。下列语句：

```
for(i=0; s[i]!='\0'; i++)
  if(s[i]==c1) n=i;
```

执行的结果也是找到字符 c1 在 s 中的位置，但这时是 c1 最后 1 次出现的位置，记录在变量 n 中。如果 s 中不包含 c1，n=−1，则显示输出 s 中不包含 c1 的信息，结束。如果 c1 在 s 中，下列语句：

```
m=strlen(s);
for(i=m; i>n; i--) s[i]=s[i-1];
s[n]=c2;
```

的执行情况如图 12-13 所示，从 s 的最后 1 个字符开始，逐个字符右移 1 个字符位置，直到位置 n+1。然后把 c2 存入 n 指明的位置上。

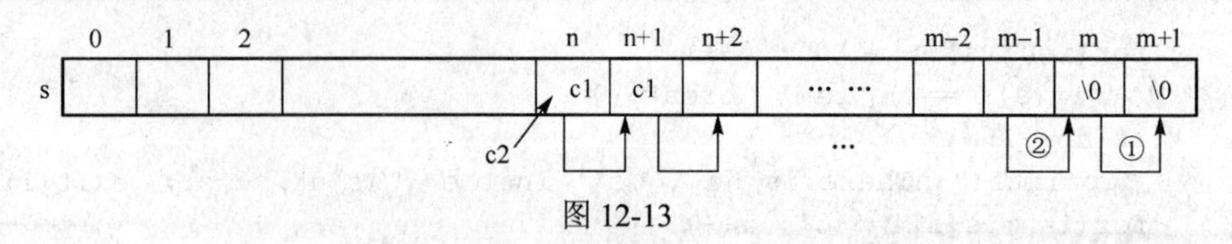

图 12-13

显然，函数 insert 的功能是在 s 中最后 1 次出现的字符 c1 之前插入字符 c2。例如，s 是“This is a book.”，输入的命令是“I s d”时，在第 2 次出现的字符 s 前插入字符 d，输出“This ids a book.”。

概括起来，所给程序的功能是：对于一个长度不超过 50 的字符串 s，按输入的命令进行删除或插入字符的操作。删除和插入命令的格式如下：

- 删除命令格式： D c (c 表示将被删除的字符)

功能：从字符串 s 中删除字符 c，若 s 中有多个 c，只删除第一个。

- 插入命令格式：I c1 c2 (c1 表示定位字符，c2 表示将要插入的字符)

功能：将字符 c2 插入到字符串 s 中最后一次出现的字符 c1 的前面。

本例中，主要综合应用了图示法与分析法。

说明　原题为填空题，请注意填空的 3 处。

例 12.24　试阅读下列程序，概括此程序的功能。

```
#include <stdio.h>
#include <string.h>
void merge(char *x, char *y, char *z)
{  char t;  int i=0,  j=0, k=-1;
   while( x[i]!='\0'&& y[j]!='\0' )
   {  if(x[i]<y[j]) t=x[i++];
      else  t=y[j++];
      while(x[i]==t) i++;
      while(y[j]==t) j++;
      z[++k]   =t;
   }
   while(x[i])
      if(x[i]!=z[k]) z[++k]=x[i++];
      else  i++;
   while(y[j])
      if (x[j]!=z[k]) z[++k]=y[j++];
      else  j++;
   z[++k]='\0';
}
void sort(char s[ ])
{  int i, j, k, n;   char t;
   n=strlen(s);                /* 取字符串 s 的长度 */
   for( i=0; i<n-1; i++)
   {  k= i  ;
      for( j=i+1; j<n; j++)
           if(s[k]>s[j]) k=j;
      if(k!=i)
      {  t=s[k]; s[k]=s[i]; s[i]=t; }
   }
}
```

```
main()
{  char s1[100]="good", s2[100]="morning", s3[200];
   sort(s1); sort(s2);
   merge(s1, s2, s3);
   puts(s3);
}
```

解　首先考察 main 函数。其中先后以 s1 与 s2 为实际参数调用函数 sort，然后调用函数 merge（合并），再调用函数 puts（输出字符串）。先阅读理解函数 sort。函数调用 sort(s1)，其中 s1="good"，形式参数与实际参数对应，因此 s 是“good”。可以采用静态模拟追踪法，列表如表 12-10 所示。

表 12-10

变量	t0	t1	t2	t3	t4	t5	t6	t7	t8	t9
s	"good"				"doog"				"dgoo"	
i	0					1				2
j	1	2	3			2	3			3
k	0			3		1		3		2
n	4									
t					'd'				'g'	
s[k]	'g'			'd'	'g'	'o'		'g'	'o'	'o'
s[j]	'o'	'o'	'd'		'g'	'o'	'g'		'o'	'o'
s[i]	'g'				'd'	'o'			'g'	'o'

最终得到 s1="dgoo"。如果关于 s2="morning"对函数调用 sort(s2)进行静态模拟追踪，类似地可以得到 s2="gimnnor"。因此可以概括出，函数 sort 的功能是把字符串中的字符按 ASCII 编码值从左到右、从小到大进行排序。函数名 sort 的中文解释就是“排序”。

现在对函数 merge 进行静态模拟追踪，函数调用 merge(s1, s2, s3)在进行形式参数与实际参数对应之后，s1="dgoo"与 s2="gimnnor"，依次执行 merge 的函数体控制部分，将计算结果列表如表 12-11 所示。

表 12-11

变量	t0	t1	t2	t3	t4	t5	t6	t7	t8	t9	t10	t11	t12	t13
x	"dgoo"													
y	"gimnnor"													
z	""		"d"		"dg"		"dgi"		"dgim"		"dgimn"		"dgimno"	"dgimnor"
i	0	1			2								4	
j	0			1		2		3		5		6		7
k	−1		0		1		2		3		4		5	
t		'd'		'g'		'i'		'm'		'n'		'o'		
x[i]	'd'		'g'		'o'		'o'		'o'		'o'		'\0'	
y[j]	'g'		'g'		'i'		'm'		'n'		'o'		'r'	'\0'
z[k]			'd'		'g'		'i'		'm'		'n'		'o'	

最终得到的输出结果是 z="dgimnor"，相应的实际参数 s3="dgimnor"。从表 12-11 的建立过程可见，函数 merge 的功能是把两个排好序的字符串合并成一个有序的字符串，并且删除其中重复出现的字符，每个字符仅出现一次。

说明，原题目为填空题，请注意程序中下划线处。

12.3.2　其他典型程序

例 12.25　试阅读下列程序，概括其功能。

```
/* 12E25.c */
#include <stdio.h>
#define N 10
void rotate(int (*t)[N], int n)
{  int i,j,r[N];
   for(j=0; j<n; j++) r[j]=t[0][j];
   for(j=0; j<n; j++) t[0][n-j-1]=t[j][0];
   for(j=0; j<n; j++) t[j][0]=t[n-1][j];
   for(j=n-1; j>=0; j--) t[n-1][n-1-j]=t[j][n-1];
   for(j=n-1; j>=0; j--) t[j][n-1]=r[j];
}
main()
{  int t[N][N],n,i,j,k=0;
   FILE *fp;
   fp=fopen("myf2.out", "w");
   printf("\nInput an integer: ");
   scanf("%d", &n);   /* 输入 4 */
   for(i=0; i<n; i++)
       for(j=0; j<n; j++)
          t[i][j]=++k;
   rotate(t,n);
   for(i=0; i<n; i++)
   {  for(j=0; j<n; j++)
      {  printf("%2d  ", t[i][j]);
         fprintf(fp,"%2d  ", t[i][j]);
      }
      printf("\n");  fprintf(fp,"\n");
   }
   fprintf(fp, "My exam Number is : 20110300123");
   getch();
}
```

解　类似于前两个例子，关于此程序未给出任何解释，要求完全通过阅读程序来概括其功能。首先考察 main 函数，查看其关键部分。显然是以输入的 n（以 n=4 为例）与生成的二维数组 t 作为实际参数，调用函数 rotate。调用结束后显示输出二维数组 t。因此，重点考察函数 rotate。

函数 rotate 的一个参数是 t，它定义为：int (*t)[N]，即指针数组，如同第 8 章中讨论的，*(t+i)等价于 t[i]，而*(*(t+i)+j)等价于 t[i][j]。因此，指针数组类型的形式参数 t 对应于二维数组的实际参数 t。从 main 函数中生成 t 的部分可知，t 的值如下：

```
t[0][0]=1     t[0][1]=2     t[0][2]=3     t[0][3]=4
t[1][0]=5     t[1][1]=6     t[1][2]=7     t[1][3]=8
t[2][0]=9     t[2][1]=10    t[2][2]=11    t[2][3]=12
t[3][0]=13    t[3][1]=14    t[3][2]=15    t[3][3]=16
```

列表如表 12-12 所示。

表 12-12

1	2	3	4
5	6	7	8
9	10	11	12
13	14	15	16

此函数体控制部分由 5 个 for 循环组成，查看执行的效果。显然第 1 个 for 循环：

```
for(j=0; j<n; j++) r[j]=t[0][j];           /* n=4 */
```

把 t[0]的各值保存在 r 中。第 2 个 for 循环：

```
for(j=0; j<n; j++) t[0][n-j-1]=t[j][0];
```

把 0 列（第 1 列）的值分别传送入 t[0][3]、t[0][2]、t[0][1]与 t[0][0]。即把第 1 列的值倒序传送入第 1 行中。第 3 个 for 循环：

```
for(j=0; j<n; j++) t[j][0]=t[n-1][j];
```

把 3 行（第 4 行）的值依次传送入 0 列（第 1 列）。第 4 个 for 循环：

```
for(j=n-1; j>=0; j--) t[n-1][n-1-j]=t[j][n-1];
```

把 t[3][3]、t[2][3]、t[1][3]与 t[0][3]分别传送入 t[3][0]、t[3][1]、t[3][2]与 t[3][3]，可见是把 3 列（第 4 列）的值倒序传送入 3 行（第 4 行）。第 5 个 for 循环：

```
for(j=n-1; j>=0; j--) t[j][n-1]=r[j];
```

把保存在 r 中的值传送入第 4 列中。为明确函数功能是什么，把函数体第 2 个开始的 4 个 for 循环的效果列在一起：

- 把第 1 列的值传送入第 1 行；
- 把第 4 行的值传送入第 1 列；
- 把第 4 列的值传送入第 4 行；
- 把原第 1 行的值传送入第 4 列。

为了更直观地了解，可以采用与图示法相结合的静态模拟追踪法画出值的变化，依次如图 12-14(a)～(d)所示。

13	9	5	1
5	6	7	8
9	10	11	12
13	14	15	16

(a)

13	9	5	1
14	6	7	8
15	10	11	12
16	14	15	16

(b)

13	9	5	1
14	6	7	8
15	10	11	12
16	12	8	1

(c)

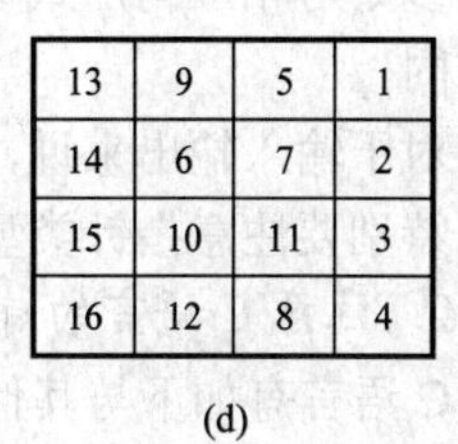

13	9	5	1
14	6	7	2
15	10	11	3
16	12	8	4

(d)

图 12-14

比较图 12-14(d)与表 12-12，不难看出，函数 rotate 的功能是把 n 阶方阵的最外层数值向右转 90°。

说明　此题目原为编程题，要求将输出结果保存在文件中，并给出考试证号。通过此题目读者可了解一般编程题程序的结构大致如下：

```
文件包含命令
全局数据定义
自编程函数定义
main()
{  数据定义
   定义文件指针变量，打开文件
   输入数据
   调用自编程函数
   输出运行结果，同时保存入文件
   把考试证号保存入文件
   getch();      /* 为查看运行结果而引进 */
}
```

12.4 程 序 查 错

12.4.1 程序查错的要点与常见错误种类

一般来说，在一个编好的程序中总会包含或多或少的错误，对于初学者来说，错误往往较多。如何在尽可能短的时间内，查出尽可能多的错误，甚至全部错误，是程序编写人员最为关心的事。查错，不是一件易事。首先概念必须清楚，要熟悉程序设计语言的符号拼写规则、语法成分的书写规则，以及各个语法成分的含义。程序查错时如果能预先知道程序的功能，了解程序的结构和各部分的功能，将对查错有很大的帮助。

在这里，希望读者在查错时注意以下要点：

1. 注意程序书写法则

（1）“先定义后使用”法则，表现在：标识符先说明后使用；变量先赋值后引用。

特别要注意：C 语言局部量不自动置初值。

系统定义的函数或常量是在特定的头文件中定义的，当使用它们时，必须有相应的文件包含预处理命令（参看光盘附录 1）。如果没有相应的文件包含命令，将出现无定义错误。

（2）作用域法则，表现在：全局变量与局部变量，同名标识符在不同的作用域代表不同的数据对象，必须分清是在哪个作用域中定义，是否被赋值等。

（3）一致性，表现在：函数定义与函数调用的形式参数与实际参数对应关系的一致性，实际参数与相应的形式参数必须在参数表中的序号相同，类型（或种类）相同，总的参数个数相同。

对于输入输出来说，输入输出量的类型、输入输出格式和量的值三者必须一致。

特别要注意指针类型，应用指针类型变量时，所指向的对象必须具有所允许的类型。

2. 注意 C 语言的特殊性

C 语言有如下与其他程序设计语言不同的特性：

（1）自增自减运算符，前置和后置自增自减运算的区别。

（2）逻辑表达式的优化：A && B，A||B，对于它们，存在短路计算。

（3）全局量和局部静态变量有缺省初始值，其他局部量不由系统自动给出初始值，其值不确定。

（4）静态局部变量的特点是在定义它的函数结束运行后依然保存最终所得值。

（5）赋值语句左部变量的存储地址，在右部表达式计算之后再计算。

（6）函数调用的参数有若干个时，参数的计算次序是从右到左。

读者还可以挖掘 C 语言的其他特殊之处。

3. 查错的十六字诀

对 C 语言程序查错可以概括如下十六字诀：

认真审题、明确思路、对照概念、仔细阅读

4. 常见错误的种类

C 语言程序中的错误，与其他程序设计语言一样，包含下列 4 类：

拼写错误、语法错误、语义错误（包括逻辑错误）、违反环境限制错误

其中，违反环境限制错误是指不注意语言支持环境的设置而造成的错误。例如，把较大的整数定义为 int 型，可能使运行结果不正确，便是这类错误。

下面列出一些常见错误供读者参考：

（1）关键字拼写错，如 return 拼错成 retrun，if 写成 If。

（2）明显不符合语法成分书写规则，如括号不配对、else 无相应的 if。

（3）语句不以分号结束。

（4）标识符无定义或重定义。

（5）缺少头文件。

（6）变量无值便被使用。

（7）运算符不合法或类型不一致。

（8）比较相等运算符= =错写成赋值运算符=。

（9）对数组赋初值时初值个数比数组元素个数多。

（10）下标越界。

（11）缺少函数原型，或函数定义中函数值的类型和函数原型中的不一致。

（12）实际参数的个数和/或类型，与形式参数不一致。

（13）数组参数，相应的实参不是数组名，或不是指针（存储地址）。

（14）指针使用不正确（空指针赋值，悬空引用）。

（15）指针类型转换不正确。

（16）赋值语句左部不是左值。

（17）输入输出语句中格式说明符和输入输出项的类型不一致。

（18）输入输出项的个数与格式转换符的个数不一致。

还可能存在其他容易出错的情况，希望读者进行补充。

当然，在程序查错时，也会采用一些方法，总的来说分为静态查错与动态查错两大类。

12.4.2　静态程序查错

静态查错是指由人来阅读检查程序中的错误，典型的是静态模拟追踪法，把逐个语句模拟执行得到的结果与正确的相比较，从而发现错误所在。以下例题可说明一些检查程序错误的方法。

例 12.26　设有以下程序：

```
#include  <stdio.h>
main()
{  char  s[]="021xy\08s34f4w2";
   int i,n=0;
   for(i=0;s!=0;i++)
      if(s>='0'&& s<='9') n++;
   printf("%d\n",n);
}
```

程序运行后的结果是：______。

A）0　　　　B）3　　　　C）7　　　　D）8

解　从 for 循环中语句可以看出，此题要求统计一个字符串（字符数组）变量中包含的数字字符个数，粗看答案应是 C，即数字字符'0'、'2'、'1'、'3'、'4'、'4'与'2'，共 7 个。但其实是错的。

本题的要点是考察答题者对字符串变量与字符串结束字符的掌握。由于字符串结束于字符'\0'，'\08'并不是一个（转义）字符，因此，s 中的内容实际上是“021xy”，答案应该是 B，即 n=3。但是此题的 for 循环中，对如何取接字符串中各个字符及如何判别取到字符串末字符等没有处理好，不能识别是否为数字字符，尤其是不能判别字符串是否结束，将形成死循环。本质上，此程序段存在 3 个重大错误。

（1）字符数组名是一个地址，这个地址显然是不能改变的，因此不能使用 s!=0 作为判别循环结束与否的条件。由于 s 是数组的首地址，只要 s 不是空串，永远不会是 0（NULL），因此以此为控制条件，将导致死循环。

（2）另外，s 是地址，或说是指针，要检查其指向的字符是否为数字字符，必须去指针，即要检查的是*s，

（3）s 的值在循环中没有变，即使写成*s，它也只能指向同一个字符位置，因此必须要使得能指向下一个字符位置。

上述循环可以修改如下：

```
for(i=0;*(s+i)!=0;i++)
    if(*(s+i)>='0' && *(s+i)<='9')  n++;
```

更直观的是修改为：

```
for(i=0;s[i]!=0;i++)
    if(s[i]>='0' && s[i]<='9')  n++;
```

这是因为*(s+i)与 s[i]是等价的表示。

静态查错是由人阅读程序并查错，可将各种阅读程序的方法用于查错。换句话说，阅读程序的方法也是静态程序查错的方法。

12.4.3　动态程序查错

动态程序查错是在 C 语言支持平台上，利用编译系统提供的调试程序进行查错。具体说，是在 Turbo C 下运行程序并查出错误。如前所述，Turbo C 提供的调试措施有：加断点、查看变量值与步进等。例如对于例 12.26，可以在 for 循环的循环体（if 语句）处用 Ctrl+F8 加断点，程序运行到此时暂停，这时可用 Ctrl+F7 设置要查看的变量名 s、i 与 n，即可在观察（watch）窗中看到 s 是“021xy”，'\08'并不是一个字符，而'\0'已经结束字符串 s。这时明显的是，连续按 F8 键，i 的值在变，但 s 一直是相同的内容，当 i 的值非常大时，情况没有改变，这时就可以看出是死循环了，且 n 的值依然是 0。这样问题就发现了，可如前面静态查错讨论中所说的改正。

下面给出动态程序查错示例。

例 12.27　若程序的功能是对存储在 string 数组内的英文句子，其中所有以 a 开始并以 e 结尾的单词做加密处理。加密规则：若单词长度为偶数个字符，则将组成该单词的所有字母循环左移一次；否则循环右移一次。例如，单词 able 经循环左移一次后变为 blea；单词 abide 经循环右移一次后变为 eabid。输入的测试数据与运行结果分别为：

测试数据　　she is able to abide her.
屏幕输出　　she is blea to eabid her.

含有错误的源程序如下，请改正（改错时，可以修改语句中的一部分内容，调整语句次序，增加少量的变量说明或编译预处理命令，但不能增加其他语句，也不能删除整个语句）：

```
#include <stdio.h>
#include <ctype.h>
void wordchange(char str[])
{  int i,j,k,m;  char c;
   for(i=0;str[i];i++)
   {  for(j=i,k=i;isalpha(str[k]);k++);
      if(str[j]=='a' || str[k-1]=='e')
      {  if((k-j)%2=0)
```

```
            {  c=str[j];
               for(m=k-1;m>j;m--)
                  str[m]=str[m+1];
               str[k-1]=c;
            } else
            {  c=str[k-1];
               for(m=k-1;m>j;m--)
                  str[m]=str[m-1];
               str[j]=c;
            }
         }
         i=k;
      }
   }
   void main()
   {  char string[80]="she is able to abide her.";
      wordchange(string[80]);
      puts(string);
   }
```

解　本题重点讨论动态查错问题，直接用 Turbo C 对上述程序进行调试。编译时，立即显示下列警告信息：

```
Error:12E27.c 8: Lvalue required in function wordchange
Warning 12E27.c 25: Non-portable pointer conversion in function main
```

指出在第 8 行，函数 wordchange 内需要左值；在第 25 行，函数 main 内不可移植的指针类型转换，查看相应的出错处，第 9 行处是：

```
if((k-j)%2=0)
```

显然应该是判别相等运算符= =，不是赋值运算符=，改正为：

```
if((k-j)%2==0)
```

第 25 行处是：

```
wordchange(string[80]);
```

对照函数 wordchange 的首部，参数是 char str[ ]，即应该是 char 型数组，或者是指针。但现在的实际参数是 int 型数组的元素 string[80]，特别地，下标值是 80，是越界的元素。显然应该改正为：

```
wordchange(string);
```

改正 2 处后继续编译，已不再显示报错信息，运行程序。这时的输出结果是；

```
esh is a  a to eabid her.
```

与预期结果：

```
she is blea to eabid her.
```

比较，相去甚远。这时必须进行动态调试，在函数 wordchange 的函数体内外层 for 循环第 1 行处设置断点，运行到此断点时，步进执行语句。这时发现在按下列条件：

```
str[j]=='a' || str[k-1]=='e'
```

进行判别时，条件为真进入 if 语句的真部语句部分。但题目中所述条件是：对“所有以 a 开始并以 e 结尾的单词做加密处理”，现在仅是以字母 e 结尾，并不是以字母 a 开始，这表明应该把逻辑运算符||改为&&：

```
str[j]=='a' && str[k-1]=='e'
```

改正后再次运行，得到下列结果：

```
she is a  a to eabid her.
```

与预期结果比较，显然当是奇数个字符时结果正确，当是偶数个字符时有问题，查看处理偶数个字符的部分。判别奇偶的条件是(k-j)%2==0，其中 k 是字母字符之后的非字母字符位置的序号，j 是字母字符串的开始位置的序号，因此，k-j 是字母字符串的长度。条件(k-j)%2==0 判别的是偶数个字符的情况，因此考察此条件为真时的部分：

```
c=str[j];
for(m=k-1;m>j;m--)
    str[m]=str[m+1];
str[k-1]=c;
```

此时把 str[m+1]赋值给 str[m]，是左移，但是 m 的值从 k-1 开始，这时把 str[k]的值（空格字符）赋值给 str[k-1]，使 str[k-1]成为空格字符。再减 1，进行左移，又把空格字符赋值给 str[k-2]，直到 str[j+1]，最后 str[k-1]=c，使 str[k-1]的值是字母字符 a。最终，"able"被加密成为"a　a"。分析原因所在，不是从左边第 2 个字符开始左移，而是从最后一个字符开始左移，因此，应该改正为：

```
for(m=j+1; m<k; m++)
    str[m]=str[m+1];
```

这样，得到的最终结果与预期结果相同，改正 4 处之后，程序正确运行。

对本题的改正过程进行概括，可以得出这样的结论：利用动态调试，甚至无需对程序的每个语句都仔细检查，只需理解题意，透彻了解程序的功能和要求等，掌握关键点，利用调试功能便可十分方便地查出程序中的所有错误。

12.5　小　　结

程序的写、读与查错改错是程序设计的基本功。写程序时，程序员掌握着主动性，可以按照自己的思路去书写，然而读程序，却必须顺着编写者的思路去理解和概括程序的功能，因此难度更大。读程序需要有一定的经验。本章给出了读程序的一些要点和众多方法，可供读者参考。要读懂程序，首先要概念清楚，然后结合各种方法，如观察法、列表法、分析法与图示法等，尤其是静态模拟追踪法，将使程序阅读效率大大提高。程序的查错改错，同样难度较大，本章中给出了查错的要点与常见的错误种类，可供读者参考。查错时首先也要概念清楚，然后采用相应的方法，进行静态检查与动态检查，静态检查主要采用静态模拟追踪法，动态检查则利用语言集成支持环境中的调试功能，熟练掌握动态调试是十分有效的基本功。

本 章 概 括

本章给出了阅读程序的要点和各种方法，包括基本（概念）法、IPO 法、列表法、分析法、图示法、观察法与静态模拟追踪法，通常要综合应用各种方法，即采用综合法来阅读程序。本章也给出了程序查错的要点与查错方法，即静态模拟追踪法与动态调试法。静态查错时可参考阅读程序的方法，如必要时可结合图示法等。阅读程序的方法也是静态查错的方法。动态查错时，可先由编译程序给出报错信息或警告信息，再根据报错信息中指明的行号与错误信息有的放矢地改正，千万不要忽视警告信息。

习　题

一、选择与填空题

1. 以下程序运行后输出屏幕的结果是__________。

```
#include <stdio.h>
void swap(int a,int b)
{  int t;
   if(a>b) t=a,a=b,b=t;
}
void main()
{  int x=13,y=11,z=12;
   if(x>y)swap(x,y);
   if(x>z)swap(x,z);
   if(y>z)swap(y,z);
   printf("%d\t%d\t%d\n",x,y,z);
}
```

2. 以下程序将同时出现在数组 a 和 b 中的数据复制到数组 c 中。例如，如果数组 a 中的数据是{8,5,7,1,6,4,9}，数组 b 中的数据是{2,9,3,7,4,5,10}，则数组 c 中的结果数据为{5,7,4,9}。程序中 in 函数判断 x 中的整数值是否在数组 a 的前 n 个元素中出现，如果出现，则函数返回 1，否则返回 0。完善程序以达到要求的功能。

```
#include <stdio.h>
int in(int a[],int n,int x)
{  int i;
   for(i=0;i<n;i++)
     if(__________) return 1;
   return 0;
}
void main( )
{  int a[7]={8,5,7,1,6,4,9},b[7]={2,9,3,7,4,5,10},c[7]={0},i,j=0;
   for(i=0;i<7;i++)
    if(__________)
      c[j++]=a[i];
   for(i=0;________;i++)
    printf("%d\t",c[i]);
}
```

3. 设有以下程序:

```
#include <stdio.h>
int b=2;
int fun(int *k)
{  b=*k+b; return(b);}
main()
{  int a[10]={1,2,3,4,5,6,7,8},i;
   for(i=2;i<4;i++){ b=fun(&a[i])+b; printf("%d ",b);}
   printf("\n");
}
```

程序运行后的输出结果是__________。

A）10　12　　B）8　10　　C）10　28　　D）10　16

4. 设有以下程序：

```
#include <stdio.h>
main()
{  int c[3]={0}, k, i;
   while((k=getchar( ))!='\n')
     c[k-'A']++;
   for(i=0; i<3; i++) printf("%d",c[i]);  printf("\n");
}
```

若运行程序时从键盘输入：ABCACC<回车>，则输出结果为________。

5. 以下程序运行后输出屏幕的结果是________。

```
#include <stdio.h>
int fun(int x)
{  static int c,y;
   if(c==0) y=1;
   else y=y+x;
   c++;
   return y;
}
void main( )
{  int i;
   for(i=0;i<2;i++)
      printf("%d",fun(2));
}
```

6. 下列程序运行时的输出结果是________。试概括函数 fun 的功能是什么（采用分析法解题，并给出过程）。

```
#include <stdio.h>
void fun(char *t, int count[])
{  char *p=t;
   while( _*p_ )
   {  if(*p>='0' && *p<='9')
        count[ _*p-'0'_ ]++;
      p++;
   }
}
void main()
{  char s[80]="1enterschar4543123564879ffgh";
   int count[10]={0},i;
   fun(s,count);
   printf("\n");
   for(i=0;i<10;i++)
      if(count[i]) printf("%d:%d  ",i,count[i]);
}
```

7. 设有如下程序：

```
#include <stdio.h>
fun(int x)
{  if(x/2>0) fun(x/2);
   printf("%d ",x);
}
main()
{  fun(5); printf("\n"); }
```

程序运行后的输出结果是______。

8. 设有以下程序：

```
#include <stdio.h>
void fun(int *a)
{  a[0]=a[1]; }
main()
{  int a[10]={10,9,8,7,6,5,4,3,2,1},i;
   for(i=2;i>=0;i--) fun(&a[i]);
   for(i=0;i<10;i++) printf("%d",a[i]);
   printf("\n");
}
```

程序运行后的输出结果是________。

9. 设有以下程序：

```
#include <stdio.h>
main()
{  int a[]={2,3,5,4},i;
   for(i=0;i<4;i++)
       switch(i%2)
       {  case 0:  switch(a[i]%2)
                   {  case 0:a[i]++;break;
                      case 1:a[i]--;
                   }
                   break;
          case 1:a[i]=0;
       }
   for(i=0;i<4;i++) printf("%d",a[i]);
   printf("\n");
}
```

程序运行后的输出结果是________。

A）3344　　B）2050　　C）3040　　D）0304

10. 以下程序运行时输出屏幕的结果第 2 行是________，第 4 行是________。

```
#include <stdio.h>
#define N 6
void main( )
{  int i,j,a[N+1][N+1];
   for(i=1;i<=N;i++)
   {  a[i][i]=1; a[i][1]=1; }
   for(i=3;i<=N;i++)
      for(j=2;j<i; j++)
          a[i][j]=a[i-1][j-1]+a[i-1][j];
   for(i=1;i<=N;i++)
   {  for(j=1;j<=i;j++)
          printf("%4d",a[i][j]);
      printf("\n");
   }
}
```

11. 以下程序运行时若输入“2010 10”，则输出屏幕的结果中第 1 行是__________，第 3 行是__________。

```
#include <stdio.h>
#include <string.h>
```

```
char *fun(int n)
{  static char s[20];
   static int c;
   char t[10]={0},i=0,j,k;
   while(n>0)
     t[i++]=n%10+'0',n=n/10;
   puts(t);
   for(j=0;j<i/2;j++)
     k=t[j],t[j]=t[i-1-j],t[i-1-j]=k;
   strcat(s,t);
   if(c<1)
   {  strcat(s,"/");c++; }
   else
    strcat(s,"\0");
   return s;
}
void main()
{  int i,m; char *p;
   for(i=0;i<2;i++)
   {  scanf("%d",&m);
      p=fun(m);
   }
   puts(p);
}
```

12. 设有以下程序（函数 fun 只对下标为偶数的元素进行操作）：

```
#include <stdio.h>
void fun(int *a,int n)
{  int i,j,k,t;
   for(i=0;i<n-1;i+=2)
   {  k=i;
      for(j=i; j<n; j+=2)
          if(a[j]>a[k]) k=j;
      t=a[i]; a[i]=a[k]; a[k]=t;
   }
}
main()
{  int i,aa[ ]={1,2,3,4,5,6,7};
   fun(aa,7);
   for(i=0;i<7;i++)
      printf("%d," ,aa[i]);
   printf("\n");
}
```

程序运行后的输出结果是________。

A）7,2,5,4,3,6,1　　B）1,6,3,4,5,2,7

C）7,6,5,4,3,2,1　　D）1,7,3,5,6,2,1

参 考 文 献

Herbert Schildt. 1991. 最新 C 语言大全. 叶亚明译. 北京：中国科学院希望高级电脑技术公司.

信息处理流程图图形符号国家标准 GB 1526—1979. 1979. 北京：技术标准出版社.

张幸儿. 2009. 计算机编译原理. 3 版. 北京：科学出版社.

张幸儿. 2009. 计算机编译原理——编译程序构造实践. 2 版. 北京：科学出版社.

张幸儿. 1992. 程序设计方法学教程. 南京：南京大学出版社.